XING & LinkedIn

Die besten Erfolgsstrategien im Business-Networking

Isabella Mader
Michael Rajiv Shah

DATA BECKER

Copyright	© by DATA BECKER GmbH & Co. KG
	Merowingerstr. 30
	40223 Düsseldorf
Produktmanagement und Lektorat	Peter Meisner
Umschlaggestaltung	David Haberkamp
Coverfotos	@ arrow – Fotolia.com
Textbearbeitung und Gestaltung	Andreas Quednau (www.aquednau.de)
Druck	Beltz Druckpartner GmbH & Co. KG

ISBN 978-3-8158-3104-5

Folgen Sie uns auf Facebook und Twitter:

www.facebook.com/databecker
www.twitter.com/data_becker

Besuchen Sie unseren Internetauftritt:

www.databecker.de

Wichtiger Hinweis

Die in diesem Buch wiedergegebenen Verfahren und Programme werden ohne Rücksicht auf die Patentlage mitgeteilt. Sie sind für Amateur- und Lehrzwecke bestimmt.

Alle technischen Angaben und Programme in diesem Buch wurden von den Autoren mit größter Sorgfalt erarbeitet bzw. zusammengestellt und unter Einschaltung wirksamer Kontroll-maßnahmen reproduziert. Trotzdem sind Fehler nicht ganz auszuschließen. DATA BECKER sieht sich deshalb gezwungen, darauf hinzuweisen, dass weder eine Garantie noch die juristische Verantwortung oder irgendeine Haftung für Folgen, die auf fehlerhafte Angaben zurückgehen, übernommen werden kann. Für die Mitteilung eventueller Fehler sind die Autoren jederzeit dankbar.

Wir weisen darauf hin, dass die im Buch verwendeten Soft- und Hardwarebezeichnungen und Markennamen der jeweiligen Firmen im Allgemeinen warenzeichen-, marken- oder patent-rechtlichem Schutz unterliegen.

Vorwort & die Autoren

Im Sommer 2010 lernten wir uns bei einer Podiumsdiskussion des Consultants Competence Circle der UBIT Niederösterreichs zum Thema Social Media kennen. Darin, dass **Social** mehr als **Media** ist, fanden wir Autoren unsere Gemeinsamkeit. Nur wenige Monate ließ unser erster gemeinsamer Fachbeitrag im Wirtschaftsblatt auf sich warten. In der Beantwortung der Frage, ob Coca-Cola ein Freund sein könne, ergänzten sich unsere unterschiedlichen Zugänge so gut, dass die Anfrage des Verlags nur mit der Nachfrage zum Autorenteam zu beantworten war. Da sind wir:

Serendipity – heraufbeschworene Zufälle

Für mehrere Interviewpartner ist der professionell heraufbeschworene Zufall (Serendipity) einer der wichtigsten Faktoren, die Networking ausmachen. Daher auch die Eingangsgeschichte, wie wir als Autoren zusammengefunden haben. Lektion 1: Mit reinem „Kundensuchfokus" wäre dieses Buch für keinen von uns beiden möglich geworden. Ganz streng genommen ist auch das Buch selbst ein Ergebnis aktiver Bewegung in Richtung der Dinge, die einem tatsächlich zufallen, wenn man sich darauf vorbereitet, dass sie einem zufallen werden.

Mehr Social als Media – Die beiden Autoren stellen sich vor

Michael Rajiv Shah – B2B-Networktrainer, Community-Manager, Coach

Meine für Social Media relevante Geschichte beginnt im Sommer 2005, als ich in der Indienplattform (theinder.net) meine österreichische Frau als anonymen Avatar kennen (ja auch lieben) lernte. Bis zu meinem Umzug aus Düsseldorf nach Wien 2007 stellten openBC/XING-Gruppen einen Teil unserer „Beziehungsnabelschnur" dar. Mein Ankommen im neuen Zuhause Österreich stellt daher auch den Anfang meiner Trainerlaufbahn mit Hunderten Seminarteilnehmern und Referenzgebern derweil als Österreichs erfahrenstem B2B-Social-Network-Trainer und -Berater dar.

Von frühester Kindheit an konnte ich an vielen Orten (D-West, Indien, D-Ost, Türkei) neue Zelte aufgeschlagen. Niemals war es so einfach, nicht nur ein Zelt aufzuschlagen, sondern neue Wurzeln zu schlagen. Unter anderem gelingt dies auch deshalb, weil Social Networks wie XING, Facebook, LinkedIn, Twitter, Google+ & Co. vor allem darin unterstützen, tatsächlich auch reale Nähe zu anderen Menschen herzustellen. 1.493 meiner XING-Kontakte, 815 meiner Facebook-Freunde und 553 Twitteristi „kenne" ich persönlich. Das Motiv meiner Arbeit für meine Kunden, aber auch dieses Buch zu schreiben, ist pure Begeisterung für die Kraft, die Social Networking entfaltet, wenn man bereit ist, ihm Leben einzuhauchen.

http://www.networkfinder.cc/blog
https://www.xing.com/profile/MichaelRajiv_Shah
http://at.linkedin.com/in/michaelrajivshah
http://www.facebook.com/michaelrajivshah

Isabella Mader, MSc, Vorstand der NetHotels AG, Lehrbeauftragte, Unternehmensberaterin

Kommunikation, Information und Networking im Sinne von Schaffen nachhaltiger Vertrauensbildung waren seit Beginn meiner Berufslaufbahn integrale Bestandteile meiner Arbeit: Zu Beginn elf Jahre lang für die Stadt Wien im touristischen Destinationsmarketing, danach als Kommunikations- und Eventmanagerin in der Privatwirtschaft, dann einige Jahre bei den Vereinten Nationen und seit 2007 als Lehrbeauftragte, dann als Lehrgangsleiterin für einen universitären Masterlehrgang für Unternehmenskommunikation 2.0 und gleichzeitig als Leiterin einer Unternehmensberatung mit Schwerpunkt Wissensmanagement und Social Media. Seit Beginn dieses Jahres in meiner neuen Funktion als Vorstand der NetHotels AG war auch eine der ersten Maßnahmen das Aufstellen einer Social-Media-Strategie im Rahmen der Unternehmenskommunikation. Meine intensivere Beschäftigung mit Social Media begann mit einem Postgraduate-Studium 2005. In meiner Tätigkeit als Lehbeauftragte an sechs Hochschulen, als Lehrgangsleiterin und Unternehmensberaterin zu diesem Thema begleitete ich viele Hundert Studierende und viele Dutzend Unternehmen mit ihren Projekten. Als Fallbeispiel habe ich mich selbst nach den Prinzipien online inszeniert und positioniert. Ohne jeden weiteren Hinweis, wo Sie mich finden, kann ich deshalb sagen: Sie werden mich finden, und das haben meine Kunden auch getan. Ich wurde dazu auch oft gefragt, was die Mindestgröße eines Unternehmens wäre, für das eine solche Vorgehensweise geeignet wäre. Die Antwort lautet: eine Person – selbst ein Selbstständiger als Ein-Personen-Unternehmen kann mit diesen Prinzipien erfolgreich sein. Ich selbst bin der Beweis – einer unter vielen. Der Autor David Meerman Scott hat auch als einzelne Person seine Empfehlungen zu Social Media an sich selbst angewandt – und gehört heute zu den teuersten und bestgebuchten internationalen Social-Media-Beratern und -Referenten.

Als Gutachterin konnte ich auch viele Projekte sehen, die gescheitert waren. Die Gründe zu evaluieren, an denen das Scheitern festzumachen war, gehört zum zentralen Mehrwert, der sich aus einer Gutachter-Tätigkeit ergibt. Der daraus entstehende Überblick über Erfolgs- und Killerfaktoren von Projekten fließt damit auch wieder in die Optimierung von Lehre und Planung mit ein. Freilich kommen diese Erfahrungen auch diesem Buch zugute, das Ihnen hoffentlich gute Dienste leisten wird. Ein ganz konkretes Learning, das wir beide aus der Praxis in dieses Buch versucht haben zu überführen ist, dass die Beschäftigung mit einer Materie nicht nur stoischer Ernst sein darf, sondern vor allem auch Spaß machen soll. Wir hoffen also, dass Sie bei dem einen oder anderen Kapitel gut unterhalten sind und herzhaft lachen. Wenn wir nämlich davon ausgehen, dass das, was in letzter Zeit Studien immer besser untermauern, dass der rationale Mensch bestenfalls ein Gerücht ist, vermutlich sogar nie existierte, dann sind Spaß, Vertrauen und Emotionalität die zentralen Erfolgsfaktoren für Ihr Business.

http://123information.wordpress.com
https://www.xing.com/profile/Isabella_Mader
http://at.linkedin.com/in/isabellamader
http://www.facebook.com/isabella.mader

Unser Service für Sie

Zwecks optimaler Web-Vernetzung finden Sie eine nach Kapiteln sortierte Linkliste auf der Webseite *www.networkfinder.cc/tag/Linksammlung.*

Inhalt

1. XING = geschäftlicher Erfolg: So funktioniert es!

Erfolg hat nur, wer etwas tut,
während er auf den Erfolg wartet.

Thomas Alva Edison

Stellen Sie sich vor, Sie würden in bester Lage Ihrer (Groß-)Stadt einen Geschäftsraum anmieten. Diesen „State of the Art" für Ihre Ansprüche umbauen lassen, nötige Waren einkaufen, die Schaufenster dekorieren und das richtige Personal einstellen. Alles ist getan. Es fehlen nur noch die Kunden. Also warten Sie halt, dass diese kommen.

Ach, kommen sie, das wär doch fein, wenn es so einfach wäre. Richtig, ohne dass Sie darüber (dem statisch professionellen Dasein) hinaus aktiv werden und Menschen für Ihr neues Geschäftslokal begeistern, mit Ihnen sprechen und interagieren, wird das nichts.

In diesem Buch finden Sie neben dem notwendigen „statischen" Aufbau insbesondere die vielen Möglichkeiten, aktiv und authentisch mit den Menschen zu interagieren (networken), die Sie heute schon kennen, und mit denen, die zukünftig Ihre Kunden, Mitarbeiter, Kooperationspartner oder auch „nur" Netzwerkkontakte sein werden. Wer auf seinen Erfolg wartet, ohne sich bewegen zu wollen, ist leider nicht geeignet, dieses schmackhaft zu finden.

Hinweis

Wenn nicht anders vermerkt, ist die Quelle der Abbildungen *www.xing.com* und *www.linkedin.com*.

1.1 Businessnetzwerke verstehen und das vorliegende Buch anwenden

Zu keiner Zeit waren Veränderungen so schnell und Gewissheiten so kurzlebig wie heute. Seit wir im Sommer 2011 begannen, uns mit dem vorliegenden Buch „XING & LinkedIn – Die besten Erfolgsstrategien im Business-

Networking" zu beschäftigen, hat sich der Kontext, in dem das Buch stattfindet, mehrfach stark verändert. Social Media schien bis zum Auftauchen von Google+ relativ klar definiert, und der Markt war doch einigermaßen klar verteilt. Eine trügerische Ruhe, wenn man glauben möchte, dass die sozialen Netze so sind, wie sie sind, und so auch bleiben werden. Zwei auch in Deutschland, Österreich und der Schweiz ehemals bedeutsame soziale Netzwerke (MySpace und StudiVZ) sinken im Verbraucherinteresse immer tiefer ab, während Facebook mittlerweile 850.000 Mio. Mitglieder erreicht hat und einen Großteil der von Nutzern verwendeten Onlinezeit für sich beansprucht. Der ehemalige Traffic-Marktführer Google wurde schon früher von Facebook überholt. Mit Auftauchen von Google+ belebte sich der Wettbewerb, sodass Facebook kurzerhand binnen weniger Wochen mittels einiger Verbesserungen im Beziehungsmanagement und Privatsphärenregulierungen nachzog. Im August, wenige Monate nach LinkedIn's Börsengang eröffnete der amerikanische Konzern seine deutsche Niederlassung. Der Leiter dieser Niederlassung verließ aber schon Ende des Jahres das Unternehmen. Facebook relaunchte Ende Februar seine Businesspages und gab ihnen die gleiche Optik wie der sogenannten Chronik der persönlichen Profile, während XING fast gleichzeitig seine Schnittstellen – die sogenannten API – öffnete, um im Betatest ca. 1.000 Entwicklern die Möglichkeit zu geben, eine Vernetzung von XING mit anderen Webseiten zu erstellen.

Halt, halt, halt – das ist zu viel und zu schnelle Information in zu kurzer Zeit!

Im Buch geht es darum, Ihnen die besten grundsätzlichen Strategien an die Hand zu geben, und nicht darum, Sie zu einem Social-Media-Spezialisten zu machen. Wir wollen Ihnen einen Einblick in die Geschwindigkeit der Veränderungen geben, die als permanentes technisches Hintergrundrauschen beim erfolgreichen Social-Business-Networking vorhanden ist.

Die Netzwerke sind die Kulisse, nicht der Inhalt des Buchs

Das Thema Business-Networking findet nur in der technischen Kulisse der beiden wichtigsten Businessnetzwerke im deutschsprachigen Raum statt. Es geht mehr um das Handwerkszeug, das Sie befähigt, Ihre Unternehmensrealität bestmöglich in die technischen Hintergründe der beiden Businessnetzwerke einflechten und umsetzen zu können, als um die technische Erläuterung, wie Sie welchen Knopf klicken und wo Sie was genau hinschreiben.

XING vs. LinkedIn sollen andere diskutieren

Aufgrund der unglaublichen Geschwindigkeit der Veränderungen in Social Media diskutieren viele Fachleute, welche Plattform das Rennen um die Gunst der Nutzer machen wird. Unserer Meinung nach ergibt sich ein „Entweder/Oder", aber auch ein „Sowohl als auch" aus Ihren individuellen Erfordernissen. Das Marktsegment und die Internationalität, die Ihr Business ausmachen, aber auch Ressourcen und Vorlieben, vor allem aber der virtuelle Ort, an dem sich Ihr tatsächliches Netzwerk aktiv kommunizierend aufhält, sind die bestimmenden Faktoren für die Standortwahl zum Aufbau Ihrer Unternehmensfilialen in sozialen Businessnetzwerken. Schon die folgende Grafik (Unternehmensgrößen nach Ländern) zeigt, wie genau man sich Inhalte anschauen muss, um die richtige Wahl treffen zu können.

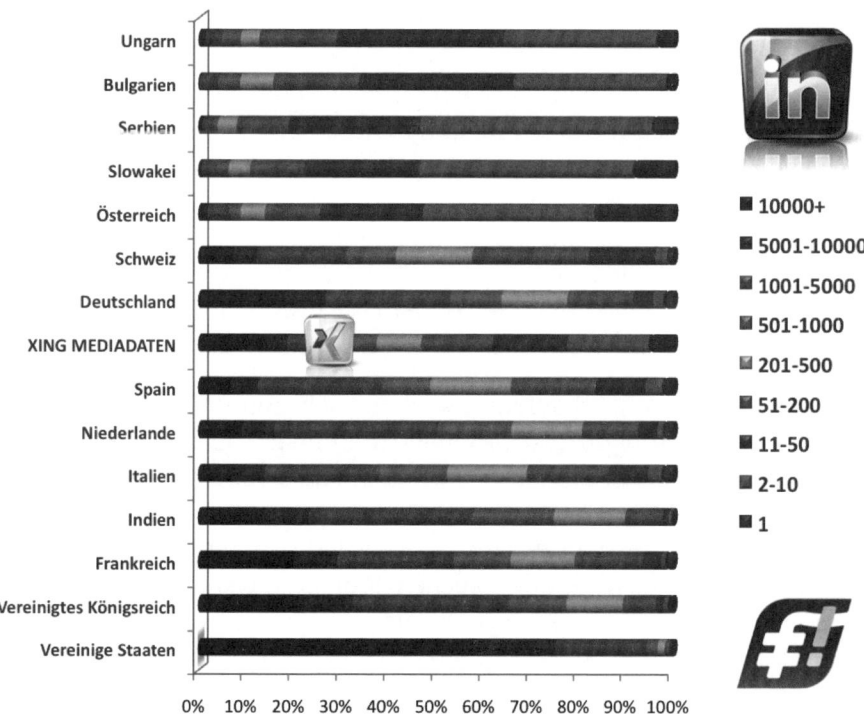

Unterschiedlichkeit der Unternehmensgrößen nach Ländern, Quelle: zoomsphere.com / XING-Mediadaten.

Warum es wichtiger ist zu wissen, wo Ihr Netzwerk sich aufhält, als generellen, nicht Ihr Unternehmen betreffenden Aussagen zuzuhören

In den meisten Bereichen, in denen KMUs tätig sind, entstehen die besten Geschäfte und Verbindungen durch Empfehlungen. Auch in der gängigen Netzwerktheorie von Granovetter zu sogenannten Strong & Weak Ties (starken und schwachen Verbindungen) geht es vor allem um Bindungen. (*http://bit.ly/Qualitaet_in_Sozialen_Netzwerken*). Networking mit Business-netzwerken, aber auch Facebook & Co. entsteht auf der Basis von bestehen-den Verbindungen, zu denen sich neue hinzugesellen. Die starken Verbin-dungen (Empfehlungsgeber) ermöglichen Ihnen die Erschließung neuer Verbindungen zu schwach vernetzen Kontakten, die Sie infolge durch Be-ziehungsaufbau zu neuen starken Bindungen wachsen lassen können. Daher ist die wichtigste Überlegung **da** zu sein, **wo** sich Ihre Empfehlungs-geber aufhalten.

Das soziale Businessnetzwerk als Raum verstehen

Damit es Ihnen leicht fällt, sich im virtuellen Raum der sozialen Netzwerke zurechtzufinden, verwenden wir ein durchgängiges Bild, das sich durch das komplette Buch wie ein dramaturgischer roter Faden ziehen wird und einzelne Räume in Verbindung bringt. Den gesamten Raum eines Netz-werks beschreiben wir als Shoppingmall oder großes Einkaufszentrum. Der ursprüngliche Ausgangspunkt für die Metapher sind die Personen-profile. Personenprofile sind der eigentliche Kern eines jeden Netzwerks und stellen das Schaufenster dar, vor dem Netzwerkmitglieder stehen blei-ben oder an denen mit mehr oder weniger Beachtung vorbeigegangen wird.

Das Ziel eines jeden Schaufensters, aber auch den größeren Einheiten (Unternehmensprofilen) und Gruppen (Kino oder Theatersäle) ist es, so attraktiv für das potenzielle Publikum zu sein, dass diese gerne stehen blei-ben und sich mit Ihnen bzw. dem Anliegen Ihres Unternehmens beschäf-tigen. Die Vielfalt an Werkzeugen, die Social Media mitunter ausmachen (Neues aus dem Netzwerk, Powersuchen, Profilbesucheranzeigen), sind die Räume und Gänge des Einkaufszentrums, durch das sich die Besucher des Netzwerks bewegen. Dort befinden sich Aktionsflächen der Mieter des Einkaufszentrums, laden ein, Ihr Interesse zu wecken, aber buhlen auch um die Aufmerksamkeit aller.

Im Marketing geht es immer darum, dass die Richtigen sich finden

Natürlich hätten wir auch eine Blumenwiese als Bild nehmen können, denn auch dort ist es so, dass jede Pflanze sich so attraktiv wie möglich macht, damit das richtige Insekt zu ihr findet. Wie Sie wissen, haben manche Pflanzen sogar nur ein Insekt oder auch eine Vogelart (beispielsweise der Kolibri), der auf die richtige Weise ausgestattet ist, um die passende Verbindung eingehen zu können. Wir haben uns dennoch entschieden, nicht so sehr durch die Blume zu schreiben. Wir wollten, dass das Buch zum angedachten Businesskontext auch wirklich passt, dennoch aber bildhaft Vergleiche zieht.

Wahrnehmen – Verstehen (Verarbeiten) – Umsetzen (Handeln)

Dieser zweite rote Faden des Buchs ist ein grundsätzlicher Kreislauf, der in Social Media mit etwas anderen Worten tituliert wird und daher nicht immer auf jedes Thema passt.

- ➤ **Wahrnehmen** – Beobachten – Monitoring – Messen – Analysieren
- ➤ **Verarbeiten** – Auswerten – Ziele definieren – Strategie ableiten
- ➤ **Handeln** – Abläufe organisieren – Workflow einrichten

Kreislauf, weil Handeln wieder Beobachtung (Monitoring), Auswertung der Daten inkl. Korrektur der Strategie oder Ziel bedarf, um dann in neuen Abläufen umgesetzt zu werden.

Kreislaufmodell aus „Wahrnehmen-Verabeiten-Handeln", Quelle: Flipchart Michael Rajiv Shah.

Interviews mit Best Practices

Durch alle Kapitel hindurch haben wir sehr unterschiedliche Unternehmen vom Einpersonenunternehmen über KMUs bis hin zu Konzernen mit deren Social-Media-Managern zu Wort kommen lassen, um Ihnen die Breite an unterschiedlichen Erfolgswegen aufzeigen zu können. Wir waren selber erstaunt darüber, dass sich die „Erfolgsstrategien" in drei grobe Lager einteilen ließen:

> ➤ sehr strategische, geschäftlich geplante Vorgehensweise
> ➤ sehr dem Serendipity-Prinzip folgende, menschliche Vorgehensweise
> ➤ Strategische Ausgangsposition mit menschlicher Vorgehensweise

In diesem Zusammenhang einen ganz kurzen Einblick in das, was man als Serendipity bezeichnet und was genau genommen auch als Strategie betrachtet werden kann, weil man durch strategische, geplante Vorgehensweise der Serendipität (dem Zufallsprinzip) entgegengeht.

Serendipity

(Quelle: Wikipedia; http://de.wikipedia.org/wiki/Serendipity; Text unterliegt der Lizenz CC-BY-SA, http://creativecommons.org/licenses/by-sa/3.0/deed.de)

Der Begriff Serendipität (auch: Glücksfund, engl. Serendipity), gelegentlich auch Serendipity-Prinzip bzw. Serendipitätsprinzip, bezeichnet eine zufällige Beobachtung von etwas ursprünglich nicht Gesuchtem, das sich als neue und überraschende Entdeckung erweist. Verwandt, aber nicht identisch, ist der weiter gefasste Begriff „glücklicher Zufall". Serendipität betont zusätzlich „Untersuchung"; auch „intelligente Schlussfolgerung" oder „Findigkeit".

Bekannte Beispiele für Serendipität sind die Entdeckung Amerikas 1492, die Entdeckungen der Röntgenstrahlung, des Penicillins und Viagras, des Sekundenklebers oder der kosmischen Hintergrundstrahlung. Auch geradezu überzufällige Begebenheiten sind beschrieben, die fleißige Forscher zu Entdeckungen führen, bis hin zum Benzolring, der schließlich in einem Traum vorkam. Andere Beispiele sind der Klettverschluss, Post-it, Teflon, Linoleum, die „Erfindung" des Teebeutels, der Nylonstrümpfe oder auch die Entdeckung des LSD. In diesem Zusammenhang fällt oft der Satz: „Der Zufall begünstigt nur einen vorbereiteten Geist"; soll heißen: Die Entdeckung kommt, wenn jemand viel daran gearbeitet hat, aber oft **ungezwungen** und fällt ihm zu.

Informationswissenschaft: Auch im Bereich des Information Retrievals können Serendipitätseffekte eine Rolle spielen, wenn beispielsweise beim Surfen im Internet unbeabsichtigt nützliche Informationen entdeckt werden (dabei ist nicht der Zustand der Desorientierung in Hypertexten und virtuellen Informationsräumen gemeint, diesen bezeichnet man als Lost in Hyperspace). Aber auch bei der Recherche in professionellen Datenbanken und vergleichbaren Informationssystemen kann es zu Serendipity-Effekten kommen.

Spielerisch ungezwungener Umgang mit Strategien

Die sozialen Netzwerke sind für die meisten Menschen in Ihrer technischen Ausprägung etwas sehr Neues. Heute wissen wir alle noch nicht, wo die Reise insgesamt hingehen wird. Alle, die nicht mit diesen Medien aufgewachsen sind, tun gut daran, sich spielerisches Lernen offen zu halten (vielleicht neu zu lernen) und auszuprobieren.

Nur ein zwei kleine Beispiele:

➢ Kinder, die heute aufwachsen, wissen nicht mehr, wie ein Telefon mit Wählscheibe aussieht.

➢ Analoges Fernsehen gibt es seit kurzem nicht mehr.

Strategische Vorgehensweise halten wir für unerlässlich, um überhaupt Erfolge erzielen zu können. Zu viel an Strategie behindert jedoch die Ungezwungenheit – und da es in Netzwerken, aber auch in Unternehmen um Beziehungen geht, ist es wichtig, sich den Freiraum für spielerische Elemente und Begeisterung offen zu halten.

Sich selbst überholende Veränderungen der Netzwerk-Kulisse

Wenige Tage nach Abgabe des kompletten Manuskriptes beim Verlag veränderten sich bis dahin relevante technische Nachteile zugunsten von XING. Gerade in einem der wesentlichen XING-Schwachpunkte für Unternehmensauftritte – den Unternehmensprofilen – holte XING massiv auf. Dennoch waren wir uns nach kurzem Hin und Her einig, dass wir keine Veränderungen an den technischen Informationen des Buchs vornehmen werden.

Dahinter stecken zwei Überlegungen:

1. Networking-Strategien für Ihr professionelles Business sind die wesentlichen Inhalte des Buchs. In diesem professionellen Erfolgsleitfaden ist Technologie nur das „Hintergrundrauschen" dieser Inhalte bzw. die Kulisse Ihres jeweiligen Unternehmensauftritts. Auf den größten Teil der Veränderungen technologischer Plattform-Kulissen haben Sie und wir weder bei Facebook, LinkedIn, XING oder Twitter & Co. einen Einfluss. Ist Ihre Zielgruppe vor Ort und ist das Erreichen dieser ein Teil Ihrer Unternehmensstrategie, müssen Sie immer wieder technologisch adaptieren. Strategische Ausrichtung und Konzepte können Sie an diese Veränderungen immer wieder anpassen – indem Sie entscheiden, ob ein neues Feature, das angeboten wird, zu Ihrer Strategie passt. Die Vision und Systematik, die Sie bei der Erstellung Ihrer Strategien zugrunde legen, nutzen eben nur technologische Tools und sind auf diese abgestimmt, suchen sich aber bei Hinzukommen oder Wegfallen von Features (selten) entsprechende Alternativen. Diese Flexibilität ist ohnedies im Umgang mit Plattformen, Netzwerken und auch Software geboten.

2. Der XING AG waren aufgrund des Beitrags von Herrn Kopka (VP Corporate Communication) sowohl das Datum der Manuskriptabgabe als auch unsere Sicht des schwachen Abschneidens bei den Unternehmensprofilen bekannt, sodass wir die neuerlichen positiven Änderungen bei Events, Unternehmensprofilen und der Einführung des Follow-Prinzips (Mitgliedern folgen zu können, ohne ein Kontakt werden zu müssen) nicht mehr berücksichtigen. Das Prinzip des Folgens ähnelt den Konzepten, die auch auf Twitter und Google+

bekannt sind und jüngst von Facebook ergänzt wurden. Wir erwarten, dass die XING Community besser auf das Follow-Pinzip reagieren wird als die Facebook Community, wo die Einstellung zum Einschränken der Folgemöglichkeit breit genutzt wird – eben weil dies im privaten Umfeld (das Facebook typischerweise bedient) nicht gewollt ist. Wir rechnen damit, dass im beruflichen Umfeld die Folgemöglichkeit besser ankommen wird.

Die XING AG zeigt derzeit auf allen Ebenen, bis hin zum eigenen Auftritt auf Facebook, eine sehr starke Tendenz technologischer und kommunikativer Professionalisierung, die auf die deutschsprachigen Mentalitäten ausgerichtet ist. LinkedIn kann bei den Features nur noch wenig Komplexität oben drauf setzen. Ob LinkedIn einen großen Wurf in Richtung klarer Strukturierung (Architektur) für unsere D/A/CH-KMU-Mentalitäten machen wird, wird sich zeigen. Denn die Komplexität ist LinkedIn's Vor- und Nachteil zugleich.

1.2 Das Eco-System der sozialen Netzwerke: XING & LinkedIn und ihre Abgrenzung zu Google+, Facebook & Co.

Es ist nichts Außergewöhnliches.
Alles, was man zu tun hat, ist,
die richtigen Tasten zur rechten Zeit anzuschlagen,
dann spielt sich das Instrument von selbst.

Johann Sebastian Bach

Wert und Charakteristik einer Online-Community werden im Wesentlichen von folgenden Faktoren bestimmt:

➢ Anzahl der Mitglieder
➢ Aktivität der Mitglieder (Anzahl der Aktionen bzw. Interaktionen)
➢ Art der Interaktion
➢ Inhaltliche bzw. thematische Ausrichtung der Community

Badehosen- oder Anzugskultur

Der Director Community der XING AG, Stefan Kunze, prägte bei einer Veranstaltung für österreichische XING-ModeratorInnen das Bild der Badehosen- & Anzugskultur. Natürlich lassen sich auch über Netzwerke wie Facebook, das aus Sicht der Nutzer eher als privates Endverbraucher-Netzwerk angesehen werden kann, wichtige geschäftliche Kontakte schließen und echte Geschäftsverbindungen eröffnen. Nur der Zugang dazu ist ein wesentlich anderer als im Falle von Netzwerken, die sich in ihrer Ausrichtung bereits auf das Businessumfeld und das professionelle Netzwerken spezialisiert haben.

Um beim Bild der Badehosenkultur zu bleiben, bietet sich folgender Vergleich an: Im Falle von Facebook fahren Sie an einen schönen Urlaubsort, treffen neue Menschen, sind entspannt, trinken am Pool den einen oder anderen Cocktail und kommen mit anderen Menschen ins Gespräch. Es mag sein, dass bei diesen Gesprächen auch einmal jemand dabei ist, mit dem sich später ein wertvoller Geschäftskontakt oder eine Kooperation ergibt oder der ein Neukunde Ihres Unternehmens wird. Im Falle von XING oder LinkedIn besuchen Sie eine Fachkonferenz und kommen über berufliche Themen in der Kaffeepause mit Personen ins Gespräch, deren Interessen sich mit den Ihren vielleicht beruflich verbinden lassen.

Natürlich ist es auch in diesem privaten Kontext möglich, Geschäftsverbindungen zu knüpfen, doch der Faktor Zufall spielt hier eine viel größere Rolle als im beruflichen Rahmen. In den Umfragen und Studien zu Facebook rangieren die beruflichen Eigeninteressen der NutzerInnen weit hinten.

Businessnetzwerke zeichnen sich vor allen dadurch aus, dass bei den Mitgliedern ein Fokus auf Geschäftskontakte besteht. Die technischen Möglichkeiten dieser Plattformen sind mit speziellen Werkzeugen ausgestattet, die eine effiziente Umsetzbarkeit gewährleisten, und grenzen sich unter anderem mit diesen vom Wettbewerb ab.

Im Vordergrund der kompletten Informationsarchitektur stehen berufsrelevante Datenfelder, die gezielt mit speziellen Suchfunktionen durchsucht und kombiniert werden können.

> Suche & Biete (XING)
> Berufserfahrungen/Lebenslauf (XING/LinkedIn)/Unternehmen
> Heute/Vergangenheit (XING/LinkedIn)
> Branche, Beziehungsgrad, Unternehmensgröße, Karrierestufe, Sprachkenntnisse, PLZ, Land (XING/LinkedIn)
> Interessiert an, Fortune 1000, nach Relevanz-Beziehung-Keywords sortiert, Anzeige der Premium-Mitgliederer (LinkedIn)
> dauerhafte Suchagenten (XING/LinkedIn)
> Skills & Recommendations (LinkedIn)

Darüber hinaus statten viele Businessnetzwerke ihre Plattformen mit Werkzeugen aus, die ganz konkret der Datenverwaltung, Informationsaufbereitung und Kooperationsmöglichkeit dienen.

> ➢ Contact Relationship Management (Tags & Kategorien)
> ➢ Dateianhänge (XING)
> ➢ Businessapplikationen Webinar-/Meetingsoftware Spreed (XING)
> ➢ Slide Share, WordPress, TravelMe (LinkedIn)

Die Geschäftsmodelle von Businessnetzwerken sind stark auf Recruiting, Employer Branding, Kundengewinnung, aber auch Kooperationen zwischen Unternehmen, Selbstständigen und FreiberuflerInnen sowie Event-Vermarktung aufgebaut.

Fünf Social-Networking-Plattformen im Vergleich

Web	xing.com	linkedin.com	facebook.com	twitter.com	plus.google.com
Gründung	2003	2003	2004	2006	2011
Mitglieder weltweit	<11,1 Mio[1]	<120 Mio[2,3]	800 Mio[4]	<200 Mio.	<50 Mio.[5]
Mitglieder in Europa	tbd	<26 Mio[6]	216,6 Mio.[7]	k. A.	k. A.
Umsatz Geschäftsjahr 2010	54,3 Mio EUR[8]	243 Mio USD[9]	2 Mrd. USD	45 Mio. USD[10]	k. A.
Gewinn Geschäftsjahr 2010	16.7 Mio EUR[11]	15 Mio USD[12]	k. A.	k. A.	k. A.
Mitarbeiter	<380	1.515[13]	<2.000[14]	<400[15]	anteilig: k. A.

---

1 http://corporate.xing.com/english/investor-relations/basic-information/
2 http://press.linkedin.com/867/linkedin-expands-german-presence
3 http://www.socialbakers.com/linkedin-statistics
4 http://www.socialbakers.com/
5 http://mygoogleplus.de/2011/09/google-plus-nutzerzahlen-50-millionen-nutzer
6 http://press.linkedin.com/node/508
7 http://www.socialbakers.com/
8 http://corporate.xing.com/english/investor-relations/basic-information/qas/
9 http://www.gevestor.de/details/linkedin-kgv-800-zeigt-neuen-boersenstar-501791.html
10 http://mashable.com/2011/01/24/twitter-revenue-150-million/
11 http://corporate.xing.com/english/investor-relations/basic-information/qas/
12 http://www.gevestor.de/details/linkedin-kgv-800-zeigt-neuen-boersenstar-501791.html
13 http://de.press.linkedin.com/about
14 http://www.facebook.com/press/info.php?factsheet
15 http://de.statista.com/statistik/daten/studie/181777/umfrage/mitarbeiter-von-twitter/

Steckbrief XING

www.xing.com

XING **)(**

Gegründet: 2003
Sitz: Hamburg, Deutschland
Umsatz/Gewinn: Umsatz 54,3 Mio EUR, Gewinn 16,7 Mio EUR (2010)
Mitarbeiter: <380
Mitglieder: <11,1 Mio

Die Plattform XING wurde 2003 ursprünglich noch unter dem Namen openBC (**O**pen **B**usiness **C**lub) gegründet, unter dem es bis Juli 2007 firmierte. Der heute verwendete Firmenname XING ist angelehnt an das im angloamerikanischen Raum verwendete XING für „Crossing" – seitens des Unternehmens wird allerdings die deutsche Aussprache „Xing" verwendet.

Die Gründung erfolgte mit Risikokapital von Business Angels. Seit 2009 hält das Medienhaus Burda Digital die Aktienmehrheit, heute mit knapp 30 %[1].

XING hat es als einer der wenigen relevanten Networking-Plattformanbieter geschafft, eine anteilig beachtliche Mitgliederbasis mit bezahlten Premium-Mitgliedschaften aufzubauen. 769.000 zahlende Mitglieder hat XING derzeit, deren Mitgliedsbeiträge (6 EUR/Monat) die wesentliche Einnahmequelle darstellen. Seit Kurzem werden auch Firmenprofile angeboten, die ein weiteres Standbein in der Finanzierung des Unternehmens werden sollen. Beachtlich ist tatsächlich auch, dass in Deutschland in manchen Branchen bis zu 25 % aller Arbeitnehmer dieser Branche als Mitglieder auf XING zu finden sind.

Mit knapp 40.000 Diskussionsforen ist XING auch ein Big Player im Bereich von Experten- und Fachforen im deutschsprachigen Raum. Vielfach ist XING dabei aber auch der Kritik der Mitglieder ausgesetzt, es handle sich dabei überwiegend um Selbstdarstellungsforen und weniger um eigentlichen Informationsaustausch und echtes Netzwerken. Wie Sie dieses Problem umschiffen, behandeln wir bereits ab Kapitel 1.3.

Die Ausrichtung von XING wird strikt als Business-Plattform geführt. Spam, Direktansprache und Werbung gehören mit zu den am wenigsten erwünschten Vorgängen und werden mit Ermahnungen oder Profilsperrungen geahndet. Der Hintergrund: Viele Mitglieder sind auf XING, um sich

---

[1] http://corporate.xing.com/deutsch/investor-relations/berichtepraesentationen/

selbst zu präsentieren oder um Leistungen zu verkaufen, nicht aber um etwas zu kaufen. Nur eine verschwindend geringe Anzahl an XING-Mitgliedern ist am Einkauf interessiert. Diese „Marketingresistenz" findet sich auf fast allen Networking-Plattformen.

Steckbrief LinkedIn

www.linkedin.com

Linked in

Gegründet: 2003

Sitz: LinkedIn Corporation
1840 Embarcadero Road, Palo Alto, CA 94303, USA

Umsatz/Gewinn: Umsatz 243 Mio. USD, Gewinn 15 Mio. USD (2010)

Mitarbeiter: 1.515

Mitglieder: <120 Mio

So wie die Plattform XING wurde auch LinkedIn im Jahr 2003 gelauncht, ist aber mit derzeit knapp 120 Millionen Nutzern die weitaus größte Plattform dieser Art. LinkedIn ist in über 200 Ländern weltweit verfügbar, seit 2009 auch in deutscher Sprache.

LinkedIn arbeitet so wie XING mit dem sogenannten Freemium Modell[1] und bietet eine Gratis-Basismitgliedschaft sowie drei kostenpflichtige Mitgliedschaftsvarianten: Business (ab 19,95 USD monatlich), Business Plus (ab 39,95 USD monatlich) und Executive (ab 74,95 USD monatlich). Der Anteil der Premium-Mitglieder ist allerdings mit 1 % nicht sehr hoch[2]. Ca. 12 Millionen zahlende Nutzer rechnen sich jedoch auch bereits zu einem respektablen Budget.

Mit über 870.000 Diskussionsgruppen ist LinkedIn auch hier unter den Networking-Plattformen unangefochten an der Spitze. Die Gruppengrößen variieren zwischen 1 und 377.000 Mitgliedern. Seit November 2010 bietet LinkedIn die Möglichkeit zur Einrichtung von Firmenprofilen: Ende 2011 betreiben bereits 2 Millionen Unternehmen betreiben auf LinkedIn Firmenseiten[3].

2008 führte LinkedIn die sogenannten DirectAds hinzu. Dabei handelt es sich um eine Mischform zwischen Sponsoring und Anzeigen, die LinkedIn-

---

1 Freemium bezeichnet ein Geschäftsmodell, bei dem zusätzlich zu einer Basismitgliedschaft („free") auch kostenpflichtige Mitgliedschaften („Premium") mit über die Basismitgliedschaft hinausgehenden Nutzerrechten angeboten wird.
2 http://en.wikipedia.org/wiki/LinkedIn
3 http://press.linkedin.com/about

Kunden schalten können. Besonders erfolgreich im Web 2.0 sind auch Produktbewertungen und Produkt-Reviews. LinkedIn bietet deshalb seit November 2010 die Möglichkeit, für Produkte und Dienstleistungen Empfehlungen abzugeben und Reviews zu schreiben.

LinkedIn ist trotz seiner unangefochtenen Marktstellung aktuell auf sehr pro-aktivem Expansionskurs und notiert seit Mai 2011 an der New Yorker Börse im freien Handel.

Das Werbemotto von LinkedIn lautet „Relationships matter" (Beziehungen sind bedeutend).

Steckbrief Facebook

www.facebook.com

Gegründet: 2004
Sitz: 17 Network Cir, # 17
                Menlo Park, CA 94025, USA
                (seit 2011)
Umsatz/Gewinn: Umsatz 2 Mrd. USD (2010)
Mitarbeiter: <2.000
Mitglieder: ca. 800 Mio

Facebook wurde 2004 von Mark Zuckerberg gegründet, der auch heute noch der größte Anteilseigner des Unternehmens ist. Weitere Eigentümer sind: Accel Partners mit 10 %, Digital Sky Technologies 10 %, Dustin Moskovitz 6 %, Eduardo Saverin 5 %, Sean Parker 4 %, Peter Thiel 3 %, Microsoft 1,3 %, und einige weitere kleinere Anteile bis 2 %. Ungefähr 30 % der Unternehmensanteile werden von bekannten Persönlichkeiten und Mitarbeitern und einigen nicht bekannten Investoren gehalten. Der Umsatz des Unternehmens beläuft sich 2010 auf kolportierte 2 Milliarden US Dollar und soll 2011 auf knappe 4,3 Milliarden US Dollar ansteigen[1]. Facebook unterhält Büros in 15 Ländern und hat als weitaus größte Social-Media-Plattform knapp 800 Millionen registrierte Nutzer. Wäre Facebook ein Land, wäre es demnach bereits das drittgrößte der Welt nach China und Indien und 2,5 Mal so groß wie die USA (in Bevölkerung).

Facebook bedient eine der in Nutzerbefragungen immer wieder zentral hervorstechende Motivation für den Gang ins Internet: mit Freunden und

---

1   http://www.bloomberg.com/news/2011-09-20/facebook-revenue-will-reach-4-27-billion-emarketer-says-1-.html

Familie in Kontakt treten (für 70 % aller Nutzer die wichtigste Motivation, weit vor weiteren Motivationen). Das erklärt mit ein Stück den Erfolg von Facebook, weil diese zentrale Motivation ganz konkret bedient wird. Das macht die Teilnahme an Facebook für Unternehmen deshalb auch nicht unbedingt einfacher – unkonventionelle Strategien und Ideen sind gefragt, um positiv zu reüssieren.

Facebook kämpft seit einiger Zeit mit dem Hinterfragen des Datenschutzes und der Privatsphäre und Datensicherheit seiner Nutzer.

Facebook bietet nur Gratisprofile für seine Nutzer an, die Einnahmen werden deshalb anderweitig generiert, und zwar über ein ausgeklügeltes, vielstufiges Anzeigensystem, das überwiegend Banner-Ads verkauft. Diese Werbebanner werden zielgruppengerecht platziert, entsprechend den Suchbegriffen und Interessen der jeweiligen Nutzer. Diese Art der Onlineanzeigenschaltung, wie sie auch Google anbietet, heißt Hypertargeting. Damit werden dem Nutzer nur solche Anzeigen angezeigt, die zu seinem Profil bzw. Suchverhalten passen, was für den Nutzer den Vorteil bietet, dass er nicht völlig beliebige Anzeigen, sondern zu seinen Interessensgebieten passende angezeigt bekommt, für die Auftraggeber bedeutet dies, mit einer relativ hohen Treffsicherheit Anzeigen nur für jene Zielgruppen zu schalten und zu bezahlen, die bereits zumindest ein Grundinteresse haben werden.

Die Schaltung der Anzeigen erfolgt fast stufenlos in Eigenregie einstellbar, mit einem genau vorzugebenden Budget und einer hohen Kontrolle über das erreichte Zielpublikum. Beginnend mit wenigen Euro bis hin zu respektablen Anzeigenetats eignen sich die Facebook-Banneranzeigen für alle Budgets. In ihrem Buch „The Facebook Era", dem diesbezüglichen Weltbestseller, beschreibt die Autorin Clara Shih, wie Unternehmen diese Form der Anzeigenschaltung und allgemein Facebook für betriebliche Zwecke nutzbar machen kann, und gibt eine Einführung in die Besonderheiten (anders als bei Businessnetzwerken), die Unternehmen dabei zu berücksichtigen haben.

Über Facebook wurde auch ein Film gedreht, der von Facebook bzw. Mark Zuckerberg als nicht korrekt abgelehnt wird. Der Film „The Social Network" thematisiert die Geschichte von Facebook von seiner Gründung bis zum Erreichen von 500 Millionen Nutzern nur sechs Jahre später. Zu diesem Zeitpunkt ist der Gründer von Facebook, Mark Zuckerberg, dadurch bereits der jüngste Milliardär weltweit. Der Film thematisiert nicht nur die Idee und den sozialen Wandel, der von sozialen Plattformen ausgeht, sondern auch die nicht unproblematische Rolle von Facebook in der Gesellschaft, im Rahmen des Datenschutzes, im Rahmen des (möglichen) politischen Einflusses und der dadurch auf im Wesentlichen eine Person konzentrierten persönlichen Macht des Eigentümers und einer gewissen Intransparenz und Spekulationen, die diese Macht umgeben.

Steckbrief Twitter

www.twitter.com

Gegründet:	2006
Sitz:	795 Folsom Street, Suite 600
	San Francisco, CA 94107 USA
Umsatz/Gewinn:	Umsatz 45 Millionen USD (2010),
	2011 projektierte 145 Millionen USD
Mitarbeiter	<400
Mitglieder weltweit:	ca. 200 Mio[1]

Twitter ist als sogenannter Microblogging-Dienst eine Spezialform unter den Social-Networking-Plattformen. Microblogging oder Kurznachrichten sind im Falle von Twitter Postings von Benutzern mit maximal 140 Zeichen Länge. Das führt dazu, dass Nutzer die Nachrichten leicht und schnell verfolgen können und sich in kurzer Zeit einen breiten Überblick über aktuelle Nachrichten der von ihnen bevorzugten Themen und Nutzer verschaffen können.

Die Nutzer können jeweils den Kurznachrichten (genannt Tweets) anderer Nutzer folgen, und zwar indem sie deren Profil abonnieren (genannt „folgen"). Folgen die gefolgten Nutzer zurück, spricht man von „Freunden" – was im Kontext von Twitter jedoch anders zu verstehen ist als im Falle von Facebook: Bei Facebook können nur Freunde deren Kommunikation mitverfolgen (bei den von den meisten Nutzern gewählten Privatsphäreneinstellungen), auf Twitter sehen alle Nutzer, die das möchten, alle Tweets eines Nutzers. Auf Twitter gibt es eine von einer sehr kleinen Zahl der Mitglieder genutzte Möglichkeit, nämlich die der gesperrten Profile, bei der nur jene Nutzer Tweets eines anderen mitverfolgen, wenn sie speziell dafür autorisiert wurden.

Twitter hatte durch die große Zahl Nutzer, die aber keine Mitgliedsbeiträge bezahlten, längere Zeit Unklarheit über ein nachhaltiges Geschäftsmodell. Die Finanzierung wurde über mehrere Finanzierungsrunden von Venture

---

1 http://www.bbc.co.uk/news/business-12889048

Capitalists getragen, die Nachhaltigkeit des Geschäftsmodells und die Überlebenschancen von Twitter wurden aber 2008 durch das Fehlen eigener Einnahmen nicht mehr als günstig beurteilt, obwohl die Marke sich immer stärker etablierte. Weitere Finanzierungsrunden folgten. Im April 2010 schließlich gab Twitter den Start seines promoted Tweets-Programms, für das gleich zu Beginn einige renommierte Großkunden gewonnen werden konnten (z. B. Starbucks, Best Buy, Red Bull). Inzwischen ergänzen weitere Einnahmenquellen das Geschäftsmodell: Eine Vereinbarung mit WENN (**W**orld **E**ntertainment **N**ews **N**etwork) ermöglicht die Generierung von Einnahmen aus den Nutzerfotos mit freiem Nutzungsrecht und ein Anzeigenschaltsystem für Kleinunternehmen im Selbstbedienungsverfahren (ähnlich wie bei Facebook).

Twitter stellte sich bei aktuellen Ereignissen immer wieder als schnelle Informationsquelle heraus, weil von vielen Millionen Nutzern für alle anderen sofort einsehbare Inhalte aktuell verfügbar gemacht werden können (im Falle von Facebook ist die Verbreitung durch die Privatsphäreneinstellungen und Suchmöglichkeiten stark limitiert). Insbesondere auch im Umfeld der Ereignisse des arabischen Frühlings spielte Twitter eine nicht unbedeutende Rolle in der Verbreitung von Informationen zwischen Aufständischen und den internationalen Medien. Eine respektable Anzahl internationaler Stars, aber auch Journalisten und Aktivisten, ist als engagierte Twitter-Nutzer bekannt und zieht Informationen, Networking-Kontakte und Popularität aus dem Netzwerk. Die Lingo (typische Sprache einer Nutzergruppe) auf Twitter und typische Gepflogenheiten – die durchaus unterschiedlich zur Alltagskommunikation sein können – gehören für neue Nutzer allerdings zu den Basics des Einsteigerwissens, das nötig ist, um von der Community akzeptiert zu werden.

Steckbrief Google+

plus.google.com

Google+

Gelauncht:	2011
Sitz:	1600 Amphitheatre Parkway Mountain View, California, USA
Umsatz/Gewinn:	anteiliges Budget und Ertragslage derzeit unbekannt
Mitarbeiter	anteilig unbekannt, Google Inc.: <31.000

Google+ ist gewissermaßen die Antwort von Google auf den Erfolg von Facebook und integriert die Lektionen, die aus dem Misserfolg Googles mit dem Aggregationsdienst Google Buzz gezogen wurden. Mit einer konsequenten Marketingstrategie der Verknappung startete Google+ zu Beginn nur mit eingeladenen Nutzern, die Anzahl der Testaccounts zu Beginn war vergleichsweise gering, auch eingeladene Nutzer konnten nur wenige weitere einladen, sodass die Begehrlichkeit unter den anderen Social-Media-Nutzern wuchs. Der Launch von Google+ fällt im Juni 2008 in eine Phase, als unter den Facebook-Nutzern bereits zu einem gewissen Teil Unzufriedenheit über Privatsphäreneinstellungen und Datenschutzthemen herrscht.

Bezüglich der Funktionalität positioniert sich Google+ zwischen Facebook und Twitter. „Freundschaften" wie typischerweise auf Facebook gibt es nicht, Nutzer können einander „folgen", einer Bestätigung des Folgens bedarf es nicht.

Die ambitionierte Zielrichtung von Google+ ist es, ernsthafter Konkurrent von Facebook zu werden. Nach anfänglicher Euphorie auch unter Branchenexperten nehmen gegen Ende 2011 die Erwartungen bereits ab – die Aktivität der Nutzer (Anzahl der Postings) wäre im Vergleich zum Beginn bereits deutlich rückläufig. Google+ hatte nach 88 Tagen in Betrieb bereits 50 Millionen Nutzer erreicht, Twitter hatte diese Marke nach 1.096 Tagen erreicht, Facebook nach 1.325 Tagen[1]. Bis September 2011 hatte Google+ bereits Platz 8 im Traffic-Ranking erreicht[2]. Über die weitere Entwicklung können jedoch noch keine seriösen Prognosen abgegeben werden. Derzeit liegt eine starke Abflachung der Zuwächse vor, vermutlich wird Google+ im Konkurrenzkampf mit Facebook zurückbleiben. Die nächsten Monate und Quartale werden weitere Aufschlüsse geben.

Ihre Take-Aways

➢ Wählen Sie die Plattformen entsprechend Ihrer eigenen Zielgruppen – nutzen Sie dazu den Plattformenvergleich, um abzuschätzen, wo Sie tätig werden.

➢ XING ist dominanter im deutschsprachigen Markt, LinkedIn ist weltweit vertreten und größer.

➢ XING ist 100 % auf den deutschsprachigen Kernmarkt fokussiert, LinkedIn ist überwiegend englischsprachig zu nutzen.

➢ Facebook ist der „Badehosenkultur" verschrieben.

➢ Twitter ist und bleibt „Zwitter" – es ist für Business und private Inhalte gut nutzbar.

---

1 http://mygoogleplus.de/2011/09/google-plus-nutzerzahlen-50-millionen-nutzer/
2 http://mygoogleplus.de/2011/09/enormer-aufschwung-bei-google-plus-laut-hitwise/

> ➢ Google+ konnte die anfänglichen Erwartungen nicht erfüllen und ist
> noch kein relevanter Konkurrent für Facebook im B2C – für B2B ist
> Google+ durchaus schon einsetzbar – prüfen Sie aber genau, ob Sie dort
> Ihre Zielgruppen wirklich antreffen und geeignet ansprechen können.

1.3 Businessnetzwerke nutzen: Wie kann ein lukratives Geschäft in sozialen Netzwerken entstehen?

*Leben ist die Kunst, taugliche Schlussfolgerungen
aus unzureichenden Prämissen zu ziehen.*

Samuel Butler

Wäre das nicht die wichtigste Frage des Buchs, würden Sie weder Mitglied
eines Businessnetzwerks sein, noch hätten Sie dieses Buch gekauft.

Ein 3-Phasen-Modell als Arbeitskreislauf verstehen

Die meisten Prozesse im menschlichen Leben lassen sich grob vereinfacht
auf drei Abschnitte reduzieren. In Businessnetzwerken geht es immer mehr
um Menschen und gewünschte Interaktion als um die technischen Funktionen der Netzwerke selbst. Daher erinnern wir im Verlauf des Buchs
immer wieder an die Grundstruktur aller Arbeitsprozesse im Zusammenhang mit Onlinenetzwerken.

> ➢ **ZUHÖREN – alles beginnt mit Wahrnehmen**
> Weitere Begriffe in diesem Kontext sind: Zuhören, Aufmerksamkeit,
> Beobachten. Den technischen Aspekt nennt man Monitoring.

> ➢ **PLANEN – Verarbeiten ist der 2. Schritt**
> Weitere Begriffe: Analysieren, Grundlagen legen, Lernen, Verstehen,
> Ziele definieren, Strategien entwickeln und Planen.

> ➢ **AGIEREN – Handeln wird für andere wahrnehmbar**
> Weitere Begriffe: Profilieren, Kommunizieren, Interagieren.

Mit Handeln beginnt der Kreislauf im Sinne von Messung eigener Zielerreichung wieder von vorne. Insbesondere weil einer der wichtigsten Erfolgsfaktoren in sozialen Businessnetzwerken die Ausdauer ist.

Die erste Überlegung vor einer Entscheidung (Handeln) für das eine oder andere Netzwerk ist die Frage, ob Ihr Unternehmen etwas bietet, das im sozialen Netzwerk auf potenzielle Nachfrager treffen kann (siehe Kapitel 3.2).

Grundsätzlich lassen sich folgende Gruppen lukrativer Geschäfte ausmachen:

➢ Human Resources (Headhunting, Employer Branding, Alumni)
➢ Vertrieb (Produkte, Dienstleistungen und Veranstaltungen)
➢ Einkauf und Kooperationen
➢ Geschäftsmodelle mit den Plattformen

Was es im erfolgreichen B2B-Networking wahrzunehmen gibt

Human Ressources

Mehr als 5 Mio. XING- und 2 Mio. LinkedIn-Mitglieder in Deutschland, Österreich und der Schweiz (D-A-CH), die in der Regel ein inhaltlich sauber ausgefülltes Profil besitzen, machen ein enormes Arbeitnehmer- und Akquisitionspotenzial für Personaler, Recruiter aber auch Personal- und Changemanagementberater aus.

Mitglieder von Businessplattformen sind sowohl überproportional gebildet als auch einkommensstark. Gleichzeitig gehört 1/3 aller Arbeitnehmer zu den sogenannt latent Wechselwilligen und laut neuester Studien (*http:// bit.ly/Karrieretrends*) sind knapp über 10 % konkret Arbeitssuchende. Das ist eindeutig anders zusammengesetzt als in klassischen Jobbörsen.

Besonders erfolgreich sind diejenigen Personaler, die Ihre Kommunikation darauf abstimmen und bedürfnisorientiertes Networking als Akquisitionsvorstufe (Kapitel 5.1) oder Episode im Recruiting-Prozess verstehen. Als Arbeitgeber ist eine Kombination von Networking, Mitarbeiter zu Unternehmensbotschaftern zu machen, Akquisition zukünftiger Arbeitnehmer und das Halten des Kontakts (Alumni-Netzwerke) zu ehemaligen ArbeitnehmerInnen die Bandbreite der Möglichkeiten im Personalmarketing.

Die zu entwickelnde Strategie ist auf die jeweils unterschiedlichen Ausrichtungen, Netzwerkkulturen und deren technische Möglichkeiten anzupassen.

Vertrieb von Produkten und Dienstleistungen

Wer verkaufen möchte, braucht (Ein-)Käufer. Daher ist die wichtigste Ausgangsfrage für den richtigen Ansatz der Entwicklung einer Vertriebsstrategie für Verkäufer & Anbieter:

Wer will einkaufen und zeigt in seinem Profil, dass er das tun möchte?

Überlegen Sie kurz, was Ihre Motivation war, dieses Buch zu kaufen. Lassen Sie Ihre Phantasie schweifen und fragen Sie sich, was die Motive anderer Mitglieder sein könnten, als diese einem Businessnetzwerk beitraten?

Richtig. Selten sind es Kaufabsichten, es sei denn, man ist professioneller Einkäufer. Selbst Arbeitnehmer sind Anbieter ihrer Arbeitskraft. Ein kurzer Blick in die erweiterten Suchen schärft die Wahrnehmung. Derzeit finden Sie auf XING ca. 44.500 (20.10.2011) und auf LinkedIn ca. 6.300 (20.10.2011) Mitglieder in der Position Einkäufer oder Einkauf aus D-A-CH (*http://bit.ly/Einkaeufer*).

Wer um die Ecke denkt, gewinnt

Die Erkenntnis, dass in Businessnetzwerken auf den ersten Blick Anbieter überwiegen, ist einer der maßgeblichen Faktoren für den Aufbau nachhaltiger lukrativer Geschäfte. Erfolgreiche Businessnetzwerker haben verstanden, dass „Networking eine Episode im Vertriebsprozess" ist. Eine einfache Formel des Vertriebstrainers und Autors des Buchs „77 Irrtümer im Networking erfolgreich vermeiden", Thorsten Hahn (siehe auch Best-Practice-Beispiel Kapitel 6.2) verdeutlicht das.

> **Networking ist eine Episode im Vertriebsprozess**
>
> 100 % Akquise ergeben je nach Quote bis zu 0 % Akquiseerfolg.
> 0 % Akquise ergeben bis zu 100 % Akquiseerfolg.

Selbstverständlich ist auch klassisches Hardselling möglich. Die Nachhaltigkeit ist meist „nur" für diejenigen gegeben, die sich selber auf diesem Wege akquirieren lassen. Wie der Name „Netzwerke" schon sagt, geht es auf XING & LinkedIn um Networking (Vertiefung in Kapitel 3.3 und 5) – und „Gespräch und Netzwerken voraus" und „Verkauf und Produkt erst als nachrangiger Effekt" sind hier die weit erfolgreichere Strategie.

Kooperation und Einkauf

Nichts ist in Businessnetzwerken leichter möglich, als Kooperationen und Einkauf zu initiieren. Völlig klar, wenn man bedenkt, dass jemand, der etwas einkaufen möchte bzw. als ergänzenden Punkt für sein Unternehmen oder seine Kunden braucht, es in einem Anbietermarkt besonders leicht hat.

Networking kann auch heißen: Erst geben, dann nehmen

Selbst wenn Sie nichts außer Absatzwege suchen sollten, könnten Sie in Ihrer Suche Dinge aufnehmen, die bestehende Kooperationspartner, Arbeitskollegen oder auch Familienmitglieder suchen. Sie werden sehen, dass Ihr Netzwerk sich freut, Sie in Ihrem Einkaufs- und Kooperationswünschen zu unterstützen.

Geschäftsmodelle mit den Plattformen

Anders als auf Facebook gibt es für IT-, Werbe- und Medienbranche weitaus weniger kreative und technische Gestaltungsmöglichkeiten, die für größere Geschäftsmodelle förderlich sind.

Marketing-, Werbe-, Stellenschaltungen und Vorteilsangebote sind neben einer Beratungstätigkeit für Mitglieder in der Anwendung der Plattformen nebst Texten die Hauptmöglichkeiten, mit XING oder LinkedIn Geschäftsmodelle umzusetzen.

XING	LinkedIn	Anmerkungen
Werbeschaltung auf Profilen von Basismitgliedern	Werbeschaltung möglich	siehe Mediadaten
Individuelle Kampagnen müssen gebucht werden	Individuelle LinkedIn Ads – Unternehmensprofile – Externe Webseiten	IN: Manuell einstellbar XING: Support
Jobanzeigen	Jobanzeigen	Unterschiedliche Pakete
Vorteilsangebote – Mitgliederrabatte	Keine Vorteilsangebote	XING: nur flächendeckende Produkte
Event-Vermarktung – Ticketing	Derzeit bescheiden	
Gruppenmoderation	Gruppenmoderation	XING: Ambassadormodell
Beratungen, Trainings, Coachings, Positionierung, Text, Webdesign, Fotodienstleistungen mit Ausrichtung auf den Plattformkontext sind hochspezialisiert denkbar		

Insbesondere kleineren Unternehmen sind kreativer Vielfalt in der Neu-Erfindung keine Grenzen gesetzt. Erfolgreich ist alles, was bestehende Bedürfnisse anderer Mitglieder deckt. Seien Sie kreativ und erschaffen Sie sich Ihr eigenes Businessmodell auf und mit XING/LinkedIn.

Ihre Take-Aways

➤ Richten Sie Ihre Aktivität am 3-Phasen-Modell aus: Zuhören – Planen – Agieren.

➤ Lukrative Geschäfte liegen insbesondere in den Bereichen Human Resources, Vertrieb, Einkauf und Kooperationen und in Geschäftsmodellen mit den Plattformen.

➤ Vermeiden Sie Hardselling um jeden Preis – es funktioniert nicht mehr. Kunden sind so übersättigt, dass sie nur noch genervt fliehen. Drehen Sie den Spieß um – und akquirieren Sie über die Vision –, so werden Ihre Botschaften bemerkt.

➤ Reziprozität ist ein zentraler Erfolgsfaktor: Möglicherweise müssen Sie zuerst etwas geben, bevor etwas zurückkommt.

➤ Denken Sie um: weniger „was kann mein Produkt?" und mehr „welche Probleme haben meine Kunden, die mein Produkt, meine Dienstleistung lösen kann?".

2. B2B-Netzwerke: XING und LinkedIn als virtuellen Akquise- und Geschäftsraum erfassen

Viele Menschen betrachten das Internet als virtuell. Das ist richtig, solange es nicht als Gegenteil von real gesehen wird. Virtuell bezeichnet im ursprünglichen Sinne, Wirksamkeit in einem nicht physischen Raum zu ermöglichen. Die Räume, in denen wir uns im sozialen Netzwerk bewegen, liegen physisch auf Servern. An jedem Ende des Netzwerkfadens sitzt ein Ich wie Sie, und die Plattformtechnologien geben uns die für uns sichtbare Raumstruktur. Nicht umsonst spricht man beim Aufbau einer Plattform von Architektur. Die Unterschiedlichkeit der Räume (Standorte) erkennen zu können, in denen Sie Ihre virtuelle Businessfiliale einrichten können, vermehrt Ihre gestalterischen Möglichkeiten.

2.1 Die wesentlichen Unterschiede von XING und LinkedIn in jeweilige Standortvorteile verwandeln

> *Die zweitwichtigste Kunst nach der Fähigkeit,*
> *Gelegenheiten zu ergreifen, ist zu wissen,*
> *wann ein Vorteil ungenutzt bleiben muss.*
>
> *Benjamin Disraeli*

Um zu wissen, was auf einer Plattform Aussicht auf Erfolg hat und welche Ziele sich umsetzen lassen, braucht es ein Verständnis für den jeweiligen Raum und seine Besonderheiten und Unterschiedlichkeiten.

2003 war für beide Plattformen das Jahr des ersten Launches

Also ein Jahr bevor das heute größte Netzwerk der westlichen Welt Facebook seinen Betrieb aufnahm. Das ist insofern wichtig zu erwähnen, da in dieser Zeit viele Erstanwender (Early Adopters) im heutigen SocialWeb alles ausprobierten, was es im Internet an interaktiven Möglichkeiten gab.

Markt, Mitgliederpotenz, Hintergrund-informationen

XING (openBC)

Die heute als XING bekannte Plattform wurde von Lars Hinrichs gegründet und hatte bis Ende 2010 einen internationalen Fokus. Herr Hinrichs ließ sich stark von anderen Gründern dieser Zeit inspirieren.

Nicht nur Ryze, Plaxo und LinkedIn haben im Sinne des Wettbewerbs zur Entwicklung der Plattform beigetragen, sondern auch international verflochtene Mitglieder aus dem Mittleren & Fernen Osten begründen das starke internationale Wachstum der ersten vier bis fünf Jahre. So erklärt sich auch, dass XING trotz Fokussierung auf den Kernmarkt in Deutschland, Österreich & der Schweiz in 16 Systemsprachen verfügbar ist.

XING: Das erste Netzwerk mit gehobener Businessklientel in D-A-CH ist mit über 5 Mio. deutschsprachigen Mitgliedern das größte seiner Art

Die heutige Kraft der Plattform ergibt sich auch aus dem Umstand, dass es in den Anfangsjahren bis zum Launch der deutschsprachigen Facebook-Version im Frühjahr 2008 kaum nennenswerten Wettbewerb im deutschsprachigen gehobenen Businessmarkt gab.

Bis zu diesem Zeitpunkt war XING nicht „nur" eine Businessplattform wie LinkedIn. Man tauschte sich ebenso stark über privat-persönliche Interessen (im Sinne des heutigen Facebooks) wie zu Business-, Fachthemen und regionalen, aber auch politischen Interessen aus.

Gruppenkommunikation und Reallife-Treffen

Community = Gruppen und Reallife-Treffen. Das sind die Kernelemente, die neben einer Vielzahl technischer Instrumente zur Kontaktaufnahme, die in den folgenden Kapiteln ihren strategischen Einsatz finden, dazu führten, dass XING das stärkste Businessnetzwerk im deutschsprachigen Raum werden konnte.

Branchenverteilung
Stark in nahezu allen Branchen

Branche	%
Dienstleistungen	14%
Industrie	12%
Medien	11%
IT Sektor	8%
Beratung	8%
Banken & Versicherungen	8%
Handel	7%
Verkehr	6%
Öfftl. Dienst	6%
Medizin & Pharma	6%
Baugewerbe & Herstellungsgewerbe	5%
Reise	3%
Telekommunikation	2%
Hochschulen	2%
Produktion	1%

Haushaltsnettoeinkommen*
46% der XING-Mitglieder verfügen über ein monatliches Haushaltsnettoeinkommen von über 3000 €

	%
unter 1000 €	12%
1000- unter 2000 €	22%
2000- unter 3000 €	24%
3000 - unter 4000 €	18%
4000 € und mehr	23%

Unternehmensgröße
38% der Mitglieder arbeiten in einem Unternehmen mit mehr als 500 Beschäftigten

	%
Einzelunternehmung	5,1%
1-10 Mitarbeiter	17,3%
11-50 Mitarbeiter	15,8%
51-200 Mitarbeiter	15%
201-500 Mitarbeiter	9,3%
501-1000 Mitarbeiter	6,8%
1001-5000 Mitarbeiter	12%
5001-10.000 Mitarbeiter	4,1%
>10.001 Mitarbeiter	14,6%

*Quelle: AGOF internet facts 2011-10, monatlich & IVW Januar 2012.

Branchenmix, Haushaltseinkommen & Unternehmensgrößen, Quelle: XING Mediadaten 02.2012.

LinkedIn: das mit 170 Mio. Mitgliedern weltweit größte Businessnetzwerk hat in D-A-CH derzeit 2,5 Mio. Mitglieder

Neun Jahre nach seiner Gründung legte der amerikanische Branchenriese einen der spektakulärsten internationalen Börsengänge der letzten Jahre aufs Parkett. Um den Gesamtkontext sowohl für Ihr eigenes Business als auch im Wettbewerb mit der XING AG (nicht nur auf dem deutschsprachigen) Markt zu verstehen, betrachten wir kurz die Verteilung von LinkedIn auf dem Weltmarkt.

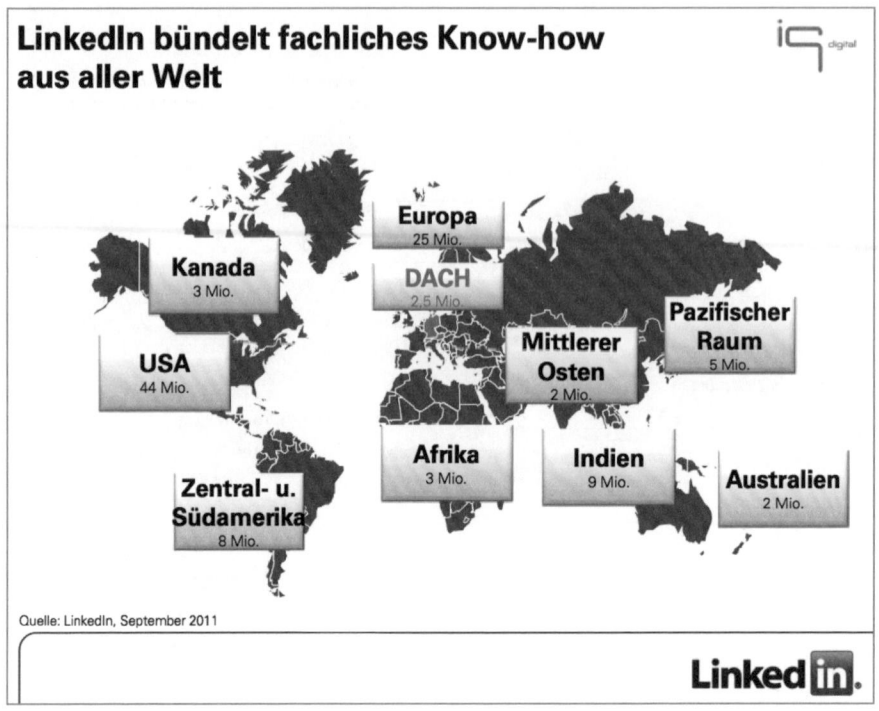

LinkedIn hat mehr als 25 Millionen europäische Mitglieder, Quelle: iqm.de – LinkedIn Mediadaten.

Für Mitglieder in D-A-CH hat LinkedIn vor allem eine europäische Dimension	
10 Mio. Mitglieder in Great Britain & Irland	4,4 Mio. Mitglieder in Beneluxstaaten
4 Mio. Mitglieder in Spanien & Portugal	3,6 Mio. Mitglieder in Frankreich
3,2 Mio. Mitglieder in Osteuropa	2,5 Mio. Mitglieder in D-A-CH
2,8 Mio. Mitglieder in Skandinavien	

Mit dem Rückzug aus dem türkischen Markt und Verkleinerung der spanischen Niederlassung bzw. der Komplettabschreibung beider Niederlassungen in der 2011er-Bilanz, fokussiert sich XING erstmalig seit Gründung auf einen Kernmarkt. Gleichzeitig startet LinkedIn in Europa durch. Nach 2,5 Jahren mit einer deutschsprachigen Variante der Plattform eröffnete LinkedIn im Spätsommer 2011 ihre sechste europäische Niederlassung in München (weitere Niederlassungen Amsterdam, Dublin, London, Mailand, Paris, Stockholm). Der Leiter der Niederlassung verließ allerdings zu Jahreswechsel schon wieder das Unternehmen.

Damit setzt LinkedIn mit seinem diametral anderen Geschäftsmodell mitten in der XING-Heimat an. Wie schwierig es ist, ein objektives Bild beider

Plattformen in Zahlen und Daten zu bekommen, zeigt der Vergleich der Einkommensdarstellung von XING-Mitgliedern, in denen alle Einkommensgruppen berücksichtigt wurden – und der Folgenden, in der Haushaltseinkommen unter monatlichen 3.000 € netto gar nicht berücksichtigt sind.

Für beide Plattformen gilt, dass der Einkommensdurchschnitt hoch ist.

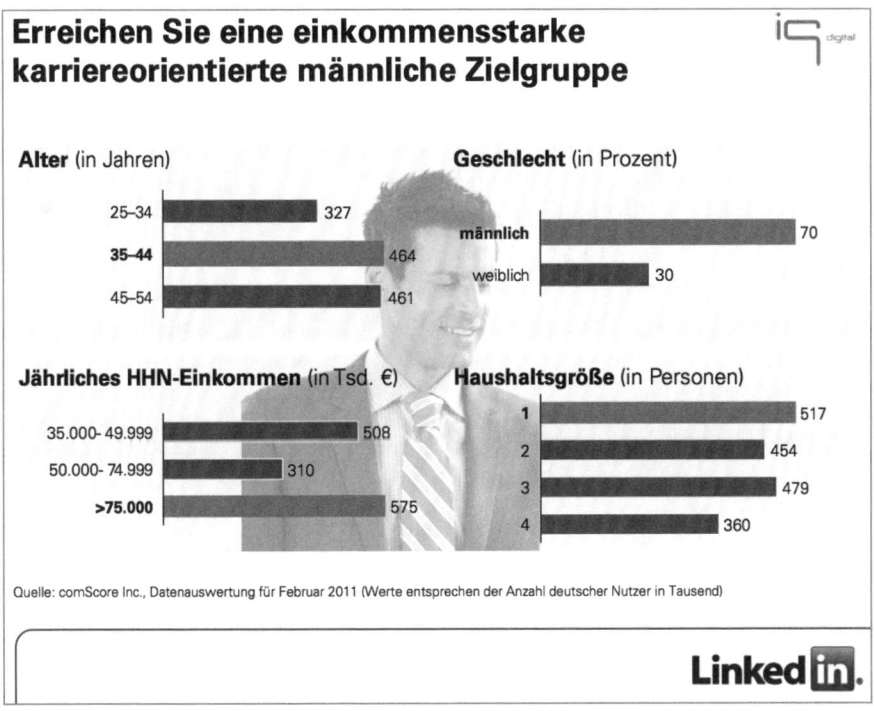

Hoher Einkommensdurchschnitt, Quelle: IQM.de – LinkedIn Mediadaten (Comscore).

Fazit Mitgliedermarkt im Generellen

Unternehmen, die wirtschaftlich ausschließlich deutschsprachig in D-A-CH tätig sind oder dort ihre Zukunft sehen, sollten unbedingt auf XING vertreten sein.

Unternehmen, die darüber hinaus in einem europäischen Kontext tätig sind oder werden wollen, sollten auf LinkedIn präsent sein.

Unternehmen, die national und international agieren, sollten sich auf beiden Plattformen positionieren (siehe Kapital 3.3 Zielgruppen).

Was sind die USPs der Plattformen im einzelnen und in welchem kulturellen Kontext ist das zu betrachten?

Im Kreislauf aus Wahrnehmen – Planen – Agieren sind wir nach wie vor im Bereich des Wahrnehmens, um nötige Planungsschritte auf den für Sie richtigen Weg zu bringen.

Das Hauptargument für eine Plattformentscheidung innerhalb Europas

Mit dem 11. September des Jahres 2001 stürzte nicht nur eines der bekanntesten Gebäude der Welt ein und tötete über 3.000 Menschen. Dies war auch der Tag, der den Datenschutz der westlichen Welt in zwei Teile aufbrach. Der US-amerikanische Teil spaltete sich mit dem „Uniting and Strengthening America by Providing Appropriate Tools Required to Intercept and Obstruct Terrorism Act of 2001" schon 3 Tage nach den Attentaten ab.

Der US Patriot Act

(Zitat Handelblatt – Quelle: *http://bit.ly/Cloud_PatriotAct*)

Der US Patriot Act ist Teil einer Gesetzgebung, mit der die USA auf den Anschlag vom 11. September 2001 reagiert haben. Das Gesetz gibt dem FBI und anderen US-Behörden weitreichende Befugnisse im Rahmen der Terrorabwehr und der Verfolgung anderer Straftaten. US-Unternehmen sind unter bestimmten Umständen verpflichtet, Informationen über ihre Kunden weiterzugeben, auch wenn die Kunden ihren Sitz im Ausland haben. Die US-Behörden können in einem sogenannten **N**ational **S**ecurity **L**etter (NSL) sogar anordnen, dass der Empfänger der Aufforderung darüber Stillschweigen zu bewahren hat.

Auch aktuelle Entscheidungen des US-Repräsentantenhauses weisen darauf hin, dass unter Datenschutzgesichtspunkten, über die man hierzulande hauptsächlich unter dem Hintergrund der Cloud-Diskussion liest, ein besonderes Bewusstsein für sensible Informationen (Mitarbeiterstamm, nachvollziehbare Verbindungen etc.) von Bedeutung sein kann.

Daher ein kurzer Blick in die LinkedIn-Datenschutzrichtlinie, in der man folgende Stellen findet, die solche US-Bestimmungen betreffen, aber auch eine Interviewempfehlung mit dem Microsoft Chief Security Advisor, der die innereuropäische Handhabung des Patriot Acts in einfach verständlichen Worten erläutert.

Die LinkedIn-Datenschutzrichtlinie

Quelle: *http://linkd.in/Privacy_policy*

1. Erfasste Informationen

1. I) Protokolldateien, IP-Adressen und Informationen über Ihren Computer und Ihr Mobilgerät ... Die Verknüpfung zwischen IP-Adresse und Ihren persönlichen Daten wird nicht ohne Zustimmung an Dritte weitergegeben, außer in den unter Abschnitt 2.L. (Einhaltung rechtlicher Bestimmungen) beschriebenen Fällen.

2.L) Einhaltung rechtlicher Bestimmungen

Unter Umständen müssen wir personenbezogene Daten, Profilinformationen und/oder Informationen über Ihre Aktivitäten als Mitglied von LinkedIn offenlegen, wenn dies gesetzlich, beispielsweise aufgrund der Anordnung einer Zwangsmaßnahme oder aus anderen rechtlichen Gründen erforderlich ist.

http://linkd.in/Privacy_policy
http://bit.ly/Microsoft_Chief_Security_Advisor_im_Interview

Auswirkungen der Geschäftsmodelle auf die Produktunterscheidung

Grundsätzlich sind Beides sogenannte Freemium-Plattformen. Das heißt, die Basisnutzung ist kostenlos, und es gibt darüber hinaus eine bezahlte Premium-Mitgliedschaft. Damit wird dem ersten Ziel eines jeden Netzwerks (Quantität) Rechnung getragen.

Während LinkedIn darauf abzielt, eine größtmögliche Mitgliederbasis für Recruiting-Lösungen herzustellen und dafür die Strategie wählte, zum einen allen Mitgliedern sehr weitreichende technische Werkzeuge kostenlos zur Verfügung zu stellen, und zum anderen hochpreisige Bezahlpakete nur für echte Poweruser attraktiv zu machen, geht XING einen anderen Weg.

XING setzt auf „hanseatisch" schnellstmögliche Refinanzierung über Mitgliedsbeiträge. Als Strategie stellen die Hanseaten Premium-Mitgliedern für „kleines Geld" viele der Leistungen zur Verfügung, die man auf LinkedIn kostenlos bekommt.

Merke

LinkedIn = keine Kosten für die breite Masse bei hoher technischer Leistung

XING = kleine Kosten, wenn man technische Leistung haben möchte

Welches Netzwerk zu welcher Art des Netzwerkaufbaus gedacht ist

Networking zahlt sich dann am besten aus, wenn es zu Empfehlungen führt. Unternehmerisch Tätige wissen, wie hoch die Wirksamkeit von Empfehlungen ist. In der Realität sind diese allerdings meistens zufällig.

Aus diesem Grund sind die Kontakte der Kontakte (Kontakte zweiten und dritten Grades) sowohl auf LinkedIn als auch bei XING zentrale Instrumente (siehe Kapitel 2.2).

XING: das Netzwerk zum einfachen Aufbau neuer Kontakte

Das XING-Geschäftsmodell sieht für einen verhältnismäßig geringen Mindestmonatsbeitrag (ab 5,55 €) drei Hauptnutzen vor. Diese sind vor allem dazu gedacht, eine einfache Kommunikation zu potenziell neuen Kontakten zu ermöglichen. Die Komfortfunktionen der XING-Mitgliedschaft:

➢ Profilbesucher sehen können

➢ Täglich bis zu 20 Nachrichten an Nichtkontakte schreiben können

➢ Erweiterte Suchfunktionen nutzen

LinkedIn: Kontaktaufbau über bestehende Kontakte

Anders als XING ermöglicht LinkedIn seinen Freemium-Nutzern sehr weitreichende kostenlose Suchfunktionen. Diese stellen bereits bestehende Verbindungen bzw. den 1. bis 3. Kontaktgrad in den Vordergrund. Die Kontaktaufnahme zu neuen, bisher unbekannten Netzwerkpartnern kann durch maximal fünf kostenfreie Vorstellungen je Monat erfolgen.

➢ Kommunikation mit Nichtkontakten kostet 7,95 € je Nachricht

Im kleinsten Premiumpaket (14,95 €) sind folgende Leistungen enthalten:

➢ drei „Kaltnachrichten" je Monat

➢ 15 Vorstellungen über bestehende Kontakte

➢ fünf Ordner zum Merken/Abspeichern von Kontakten & Nichtkontakten

---

Merke

XING = besonders geeignet zum Kontaktaufbau ohne bestehendes Netzwerk

LinkedIn = nur geeignet zum Netzwerkaufbau über bestehende Kontakte

---

Funktionen auf XING und LinkedIn im quantitativen Vergleich

Versucht man, die Funktionen in einzelne Gruppen zu unterteilen, und betrachtet diese erst einmal nicht unter Kostenfaktoren, ergeben sich unterschiedlich quantitative Schwerpunkte beider Plattformen.

Funktionen	Anzahl auf XING	Anzahl auf LinkedIn
im Personenprofil	13	24
einzeln durchsuchbare Datenfelder	12	9
externe Profilwerkzeuge	keine	17
Unternehmensprofile	7	12
externe Werkzeuge	3 + BetaLabs	21
Umfragen	BetaLabs	2
Nachrichten	20	20
Events	27	11
Gruppen	11	12
Neues aus dem Netzwerk	10	7
Twitter	8	8
Personensuche	24	24
Unternehmenssuche	9	12
Jobsuche	12	17
Gruppensuche	6	3
Eventsuche	6	1
Update-Suche	keine	10
Referenzen	3	4
News	keine	9
Summe	**171**	**223**

In späteren Kapiteln werden wir in der nötigen Tiefe auf die einzelnen Produktbereiche und deren Konsequenzen auf die strategische Verwendung für Sie eingehen. An dieser Stelle deshalb nur eine ganz grobe Einschätzung der einzelnen Positionen, die Sie für spätere Kapitel im Hinterkopf haben sollten.

LinkedIn ist alles in allem komplexer als XING. Das gilt besonders seit dem letzten sogenannten X4-Relaunch im Juni 2011.

Von openBC zu XING
zum aktuellen X4,
Quellen: XING AG.

Es war das wesentliche Ziel des ersten großen Relaunchs nach der Um-stellung von openBC auf XING im Jahr 2006, den in den letzen drei bis vier Jahren neu hinzugekommenen fünf Millionen Mitgliedern eine zeitgemäße einfache Struktur (Fachsprache: Systemarchitektur) anzubieten. Der Grund dafür liegt auf der Hand. Einer breiten Schicht aus Normalnutzer, die sich durchschnittlich ein- bis zweimal im Monat auf der Plattform einloggen, kann so eine intuitiv einfache, gegebenenfalls auch mit Facebook assoziier-bare Oberfläche angeboten werden.

Wer kollaborative Applikationen sucht, ist auf LinkedIn richtig

Die bewusste Entscheidung der XING AG, auf Applikationen, trotz zweijäh-riger Investitionsphase in News, Umfragen, TwitterBuzz und weitere, zum Teil sehr interessante kollaborative Tools, zu verzichten, hatte einen zwei-ten Grund. Nur Powernutzer verwendeten diese. Bei den im Social Web eher unerfahrenen Neumitgliedern führte der Mehrnutzen zu keiner nach-haltigen Einnahmequelle. Sie erinnern sich an die vorhin erwähnte „hanseatische Strategie", die sich hier ebenfalls niederschlägt.

Mit Einführung der BetaLabs (*http://bit.ly/XING_BetaLabs*) beschreitet die XING AG nach dem Großreinemachen mit X4 den Weg zurück zu innova-tiven Funktionen, dennoch bleibt der technische Funktionsumfang ein weiteres Hauptunterscheidungsmerkmal zwischen LinkedIn und XING. Auf LinkedIn stehen über 60 Funktionen zur Verfügung (siehe quantitative

Gegenüberstellung auf vorheriger Seite), die über externe Anbieter ermöglicht werden, und die man auf XING nicht findet.

Die einzige Ausnahme war das Webinar- und Onlinemeeting-Werkzeug Spreed. Allerdings zog LinkedIn kürzlich erst mit einem Partner, der über deren API arbeitet mit einem professionellen Webinarwerkzeug nach. *http://bit.ly/LinkedIn_SalesCrunch* Da auch XING seine API Ende Februar für 1.000 Entwickler geöffnet hat, werden wir in den kommenden Monaten eine Vielzahl von externen Anwendungmöglichkeiten vorfinden, die, so spannend dies sein wird, in diesem Buch keine Rolle spielen, da wir uns auf die Kernfunktionen beschränken.

> **Merke**
>
> XING = einfache visuelle Architektur ermöglicht intuitives Arbeiten mit der Technik
>
> LinkedIn = die Komplexität der Plattform macht das Arbeiten oft kompliziert

„Weniger ist Mehr" – wichtiges Unterscheidungsmerkmal der Profile

In der quantitativen Funktionsübersicht (Seite 43) ist die Anzahl möglicher Profilfunktionen auf LinkedIn doppelt so hoch wie auf XING. Ohne eine qualitativ-inhaltliche Beurteilung sagt es lediglich aus, dass man sehr große Auswahlmöglichkeiten hat. Der springende Punkt ist die Frage, ob bzw. für wen eine solche Menge tatsächlich ausschlaggebend ist. Einer Studie aus dem Jahr 2006 zufolge dauert der erste Eindruck zur Beurteilung einer Webseite ganze 50 Millisekunden (Link: *http://bit.ly/50_Millisekunden*). Andere Fachmeinungen dazu sagen, man hätte 5–10 Sekunden Zeit für den ersten Eindruck. Die zur Verfügung stehende, in jedem Fall kurze Zeit weist bereits auf die Bedeutung einer übersichtlichen Gestaltung hin, die alles sein darf außer überladen.

Maximal zehn Sekunden, die entscheiden, ob man Ihnen mehr Zeit einräumt

Stellen Sie sich selbst bei einem Einkaufsbummel in Ihrer Stadt vor. Sie schauen sich die Schaufenster an. In keinem Schaufenster finden Sie die komplette Bandbreite des Angebots. Der Grund dafür ist, dass das Schaufenster (Profil im sozialen Netzwerk) als Teaser dient, sich tiefer mit dem Sortiment (Person) zu beschäftigen.

Eines der wenigen visuellen Elemente der XING-Plattform findet man als zweiten Eindruck unterhalb der Profilvisitenkarte. Die Über-Mich-Seite ist der Eyecatcher schlechthin, um den ersten Eindruck zu unterstützen.

Die XING-Über-Mich-Seite und der erste Eindruck.

Über mich

> Mehr

Für KMU, die neue Kunden oder Kooperationspartner suchen, kommt es darauf an, dass nach dem Gefundenwerden die Essenz eines Angebots, einer Person oder eines Unternehmens so schnell als möglich erfasst werden können und eine Aktion in das „Geschäft" hineinzugehen vorgeschlagen wird.

Das kann der Besuch Ihrer Webseite oder Über-Mich-Seite (XING-Profildramaturgie), Kommunikation oder Kontaktaufnahme sein. Diversifikation von Information innerhalb eines Webprofils ist vor allem dann wichtig, wenn sich wirklich jemand für Sie und Ihr Angebot interessiert. In Kapitel 4.1 werden wir darauf noch intensiver eingehen.

Merke

Wer komplexe technologische Mittel einsetzen will, sollte sicherstellen, eine Klientel zu haben, die damit umgehen kann und sich davon angezogen fühlt!

XING bietet 30 % mehr „erweitert durchsuchbare" Profildatenfelder

Auch hier sagt die Quantität dann etwas aus, wenn man sich qualitative Kriterien genau anschaut. Anders als LinkedIn verfügt XING über die Datenfelder „Ich suche", „Ich biete" und „Interessen", die in der erweiterten Suche gezielt durchsucht werden können. Auf LinkedIn gibt es diese weder als Datenfelder noch als Suchkriterium. Sie sind Bestandteil der Stichwortsuche, die alle dafür vorgesehenen Datenfelder erfasst, wodurch die Treffermenge allerdings um einiges ungenauer wird.

Damit ist die XING-Suche für eine Vorauswahl geeigneter Ansprechpartner wesentlich fokussierter einsetzbar als die LinkedIn-Suche, die „nur" alle Bereiche durchsucht.

XING-Auswahlergebnisse Ich suche/Ich biete bringt klare Ergebnisse.

In Kapitel 3.3 (Wo sind meine Zielgruppen) werden wir uns intensiv mit dem Finden (und Suchen) geeigneter Zielgruppen und Ansprechpartner beschäftigen.

Wenige Klicks im LinkedIn-Ads-Marketingtool geben einen kompletten Branchenüberblick (Beispiel: Deutschland Verbrauchsgüter)

Kompletter Branchenüberblick mit dem LinkedIn-Marketingtool.

Merke

XING: Die Verknüpfung einzelner Profildatenfelder wie „Ich suche", „Ich biete" und „Interessen" führt zu eindeutigeren personenbezogenen Suchergebnissen als die Stichwortsuche, die LinkedIn ohne gezielten Fokus anbietet.

LinkedIn: Das Marketingwerkzeug zur Schaltung von Werbeanzeigen ermöglicht einen raschen Überblick über das Potenzial einer bestimmten Region, Branche, Gruppe, Unternehmensgröße, Gruppenmitgliedschaften, Geschlecht und Alter.

Die Nachrichtenzentrale auf LinkedIn bietet viele Vorteile

Über den Vorteil hinaus, auf XING, im Rahmen des kostengünstigen Premiumpakets täglich bis zu 20 Nachrichten an Nichtkontakte senden zu können, ist die Anzahl der Funktionen beider Plattformen gleich. Viele kleine Zusatzelemente machen die Nachrichtenzentrale auf LinkedIn jedoch überlegen:

> ➢ Nachrichten an bis zu 50 Kontakte gleichzeitig (dieser Vorteil hebelt an anderer Stelle auch den Nachteil aus, aus LinkedIn-Events keine direkten Einladungen senden zu können).

> ➢ Nachrichten können nach Volltext durchsucht werden (XING bietet nur eine Suche nach Namen; viele Menschen merken sich Namen schwer, sodass Nachrichten schwer wieder zu finden sind).

> ➢ Nachrichten auf LinkedIn können archiviert werden.

> ➢ Zusammenfassende Mail aus Gruppenaktivitäten.

Wir werden im Verlauf an unterschiedlichen Stellen tiefer auf das wichtigste Kommunikationsmittel „Nachricht" im strategischen Netzwerkaufbau eingehen. Da die Nachrichten bei fast jedem Kontaktpunkt (wenn die Information nicht öffentlich ist) eine große Rolle spielen, schauen wir sie uns jetzt schon aus technischer Sicht wie eben hier an.

So können Sie Bedeutung der Nachrichtenzentralen unterscheiden

Bei manchen LinkedIn-Werkzeugen gibt es keine direkte Nachrichtenfunktion, wie man es zum Beispiel von Facebook oder XING gewohnt ist. LinkedIn-Applikationen wie Events und Umfragen sind technisch auf öffentliche Kommunikation im Newsfeed und Mitteilungen an das Netzwerk bzw. den Möglichkeiten viraler Effekte ausgerichtet.

LinkedIn bietet eine Kontaktverwaltung, die Nachrichten an bis zu 50 Kontakte gleichzeitig ermöglicht (Contact Relationship Management)

LinkedIn-Adressbuch mit Tags und weiteren Kriterien.

In Kapitel 5.4 kommen wir zu den Strategien, mit denen Sie Ihr **C**ontact-**R**elationship-**M**angement (in Folge CRM genannt) aufsetzen können. Jetzt geht es darum wahrzunehmen, welche Vorteile mit welcher Plattform unterschiedlichen Erfolg bringen.

Kategorisierungen (bei LinkedIn-Taggings) ermöglichen nur dann auch ein Relationship-Management (wechselseitiges Beziehungsmanagement), wenn aus den Kategorien heraus eine Aktion möglich wird. XING bietet derzeit „nur" in der Event-Applikation & der Newsletter-Funktion als GruppenmoderatorIn eine direkte Verbindung zwischen kategorisierten Kontakten und dem Versand einer Nachricht (Event-Einladungen und bis zu fünf Folgeinformationen) an komplette Kontaktgruppen.

LinkedIn verbindet sein CRM, *http://linkd.in/Connection_Manager*, auf eine Weise mit der Nachrichtenzentrale, dass eigentlich jede erdenkliche (möglichst werthaltige) Information oder Kommunikation mit einer Gruppe von bis zu 50 Kontakten als Nachricht versendet werden kann. Bitte denken Sie daran, dass nicht alles, was technisch möglich ist, auch in der geschäftlichen Kommunikation sinnvoll ist. Es geht in Netzwerken immer um Beziehungen bzw. um das Ziel, eine solche aufzubauen. One-Way-Marketing ist ebenso unerwünscht wie bei den meisten von Ihnen die Werbung im Samstagabend-Fernsehprogramm (Stichwort Wertschätzung).

Merke

XING: Events-/Gruppen-Newsletter bieten durch Auswahl kategorisierter Kontaktgruppen die Möglichkeit des Nachrichtenversands an größere Mitgliederkreise

LinkedIn: Sie können aus Ihrem Adressbuch heraus Nachrichten jeder Art an bis zu 50 kategorisierte (getaggte) Kontakte versenden. Applikationen wie Events verfügen nicht über diese Möglichkeit

---

Nachrichten an bis zu zehn Kontakte mit & ohne CRM (XING)

Natürlich können Sie auch im XING-CRM eine zuvor angelegte Kategorie (Kapitel 5.4) auswählen: *http://bit.ly/XING_contact*. Während Sie auf LinkedIn alle Kontakte durchscrollen (Bildschirmrollen) können, sind Sie in XING auf maximal zehn Kontakte je angezeigter Seite festgelegt.

Um ein ähnliches Ergebnis beim Versenden einzelner 10er-Nachrichten wie auf LinkedIn erzielen zu können, benötigen Sie einen Work-Around (Hilfskonstruktion): Sie geben direkt in der Nachrichtenmaske einzelne Namen ins Adressfeld ein. Selbstverständlich lässt sich auch ohne direkten

Anschluss an das CRM eine Nachricht auf XING an bis zu zehn Kontakte gleichzeitig versenden.

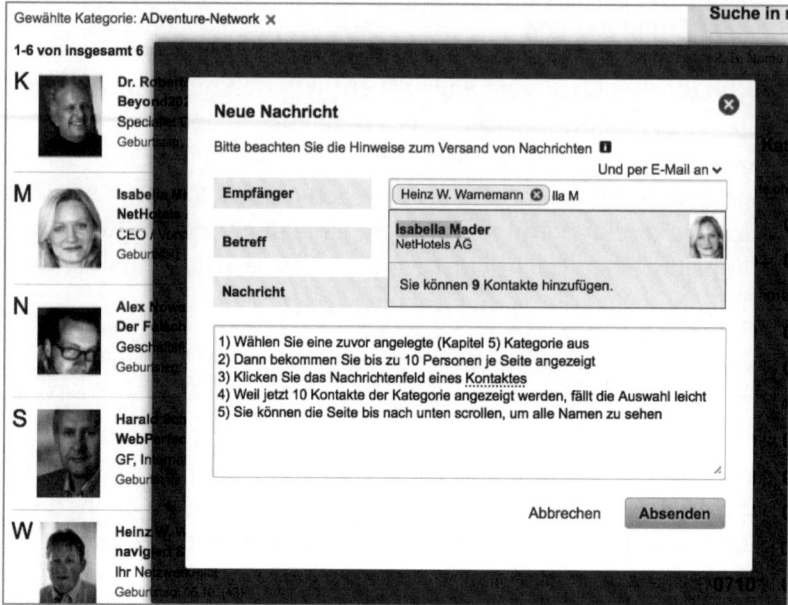

Workflow, um auf XING Nachrichten an eine Kategorie zu senden.

XING macht Nachrichten einfach direkt aus Applikationen möglich

Der große Unterschied zu LinkedIn besteht darin, dass die Nachrichten aus Applikationen auf XING immer gleich strukturiert und maximal drei Optionen möglich sind (Nachricht an Kontakte, Statusmeldung ans Netzwerk mit Twitter-Option). Wie schon im Abschnitt der Profilfunktionen angemerkt, ist die Einfachheit ein klarer Vorteil für den Großteil der Nutzer. Zu Fragen der Anbindung an externe Netzwerke kommen wir in Kapitel 5.5.

Funktionen, die an XING-Nachrichten direkt anknüpfen:

➤ Generelle Nachrichten
➤ Empfehlung eines Profils/Kontakts
➤ Empfehlung eines Unternehmensprofils
➤ Empfehlung einer Unternehmensneuigkeit
➤ Empfehlung eines Links
➤ Empfehlung eines Jobangebots
➤ Empfehlung einer Gruppe
➤ Empfehlung eines Gruppenartikels
➤ Empfehlung eines Events

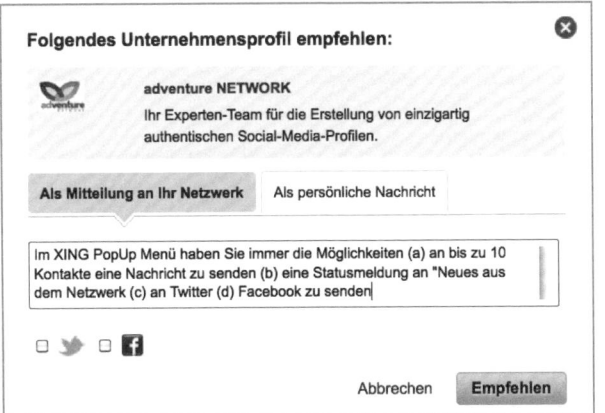

XING-Standard-Pop-up.

Das LinkedIn-Nachrichtensystem ist sehr komplex

Der **Vergleich** zur einfach strukturierten Empfehlung von XING-Inhalten zeigt, wie komplex die Funktionsvielfalt auf LinkedIn ist. Will man aus den Applikationen heraus eine Empfehlung eines Inhalts versenden, sind selbst geübte Nutzer schon einmal verwirrt, weil Funktionen, die in der einen Applikation möglich sind, an anderer Stelle fehlen.

Außer bei Profilempfehlungen gibt es immer ein Standardmodul

Die folgende Aufstellung zeigt auf, welche Möglichkeiten LinkedIn über das zuvor dargestellte Standard-Pop-up-Menü bietet. Auf den strategischen Einsatz dieser Zusatzfunktionen, die sich alle mit der Anbindung an externe Netzwerke beschäftigen, kommen wir in Kapitel 5.5 zu sprechen, wenn es darum geht, Ihre Webseite und andere Kanäle optimal einzubinden.

- ➤ Standard = Statusmeldung ans Netzwerk, inkl. Twitter-Option, als Gruppenbeitrag veröffentlichen, Nachricht an bis zu 50 Kontakte senden
- ➤ Standard-Facebook = Standard inkl. Facebook-Anbindung (Jobangebote)
- ➤ Twitter-/Facebook-Sharer = zusätzliche Einzelbuttons, um Twitter oder Facebook zu bedienen (Gruppen, Gruppenartikel, Events, Umfragen)
- ➤ G+ = zusätzlicher Einzelbutton zum Bedienen von Google+ (Gruppenartikel)
- ➤ Link = extra Link, um diesen direkt kopieren zu können (Gruppenartikel, Events, Umfragen)
- ➤ Embed Code = Code, der zum Einbetten der Meldung in andere Webseiten, Blogs usw. verwendet werden kann, *http://bit.ly/Einbindung_ von_Umfragen_in_Webseiten.*

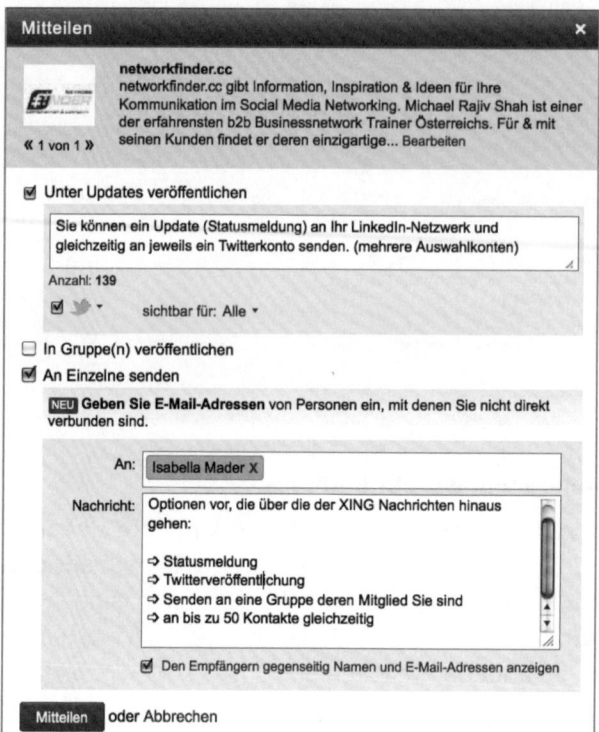

LinkedIn-Standard-Pop-up.

Übersicht der Empfehlung von Inhalten & daran gekoppelter Nachrichtenoptionen	Standard	Standard-Facebook inkl.	Twitter-/ Facebook-Sharer	G+-Sharer	Link
Profilempfehlung (nur Nachricht)	Nein				
Unternehmensprofile	Ja				
Unternehmensneuigkeiten	Ja				
Links	Ja				
Gruppen	Ja		Ja		
Gruppenartikel	Ja		Ja	Ja	Ja
Jobangebote	Ja	Ja			
Events	Ja		Ja		Ja
Umfragen (zzgl. Embed Code)	Ja		Ja		Ja

> **Merke**
>
> **XING:** Die Nachrichten zur Weiterleitung (Empfehlung) von Informationen sind immer gleich aufgebaut. Drei Optionen: 1. Nachricht, 2. Empfehlung ans Netzwerk ohne oder 3. mit Twitter- und Facebook-Option.
>
> **LinkedIn:** Die Weiterleitungsoptionen sind sehr komplex, was für erfahrene Poweruser ein großer Vorteil ist, führt bei vielen Anfängern zu Verwirrung.

XING-Events sind mit Europas führendem Ticketingsystem verbunden

Nach einer 1½-jährigen Testphase mit der Ankoppelung des Amiando Ticketinganbieters übernahm die XING AG im Dezember 2010 die Amiando AG. Neben der schon erwähnten Tatsache, dass das XING-Eventmodul direkt an das CRM (XING-Adressbuch) angeschlossen ist, können Sie Ihre Veranstaltung mittels Amiando sowohl über Facebook und Twitter vermarkten als auch direkt Teilnehmergebühren über das Werkzeug, abrechnen *http://bit.ly/XING_events*.

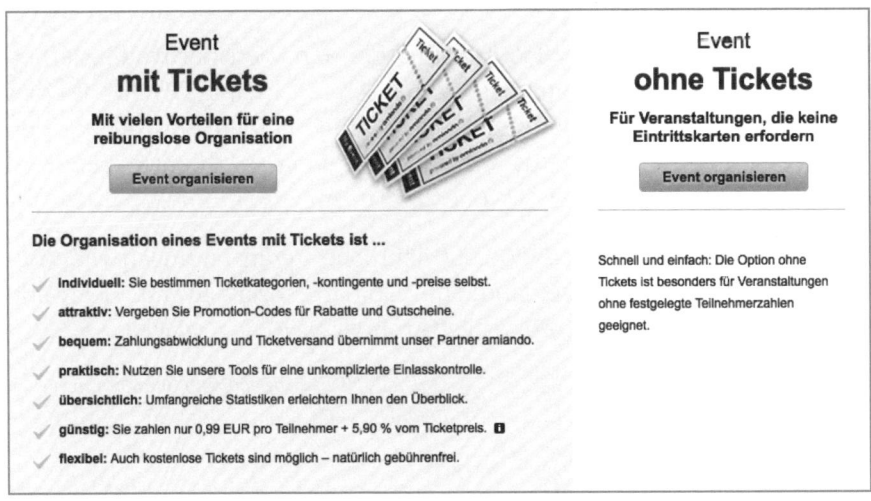

XING-Events mit dem Ticketinganbieter Amiando.

In Kapitel 5.7 erhalten Veranstalter- und Teilnehmer einen tiefen strategischen Einblick in einen der größten Assets der Plattform.

Reale Offline-Events sind eine der Kernkompetenzen von XING

Schon recht bald nach Gründung des ehemaligen openBC zeichnete sich ab, dass sogenannte Offline-Veranstaltungen (Treffen im realen Leben), die zunächst vor allem aus Gruppenaktivitäten entstanden, zu einem der wichtigsten Erfolgsfaktoren der Plattform wurden.

Das XING-Motto: „Persönliches zählt und Berufliches ergibt sich"

Dieses Motto ist geradzu eine der, wenn nicht sogar **die** Zauberformel im Social Networking. Wie beim realen Netzwerken, beispielsweise bei einer Fachmesse, aber auch auf dem Golfplatz oder im Tennisclub, geht es auch im Social Networking vor allem um Beziehungsaufbau mit potenziellen Ansprechpartnern.

Die wenigsten Mitglieder eines Netzwerks sind deswegen Mitglieder einer Plattform weil sie professionell ein Produkt oder Dienstleistung einkaufen wollen (siehe: *http://bit.ly/Einkaeufer_auf_XING_und_LinkedIn*).

Zum einen geht es darum, jene Mitglieder zu finden, die Ihre Leistungen einkaufen wollen, und zum anderen diejenigen auszumachen, die potenziell für Ihre Leistungen infrage kommen. Vor allem geht es aber zuerst darum, sich mit beiden Gruppen so zu vernetzen, dass Sie zum Zeitpunkt eines konkreten Bedarfs in Erinnerung sind. Reale Treffen sind eine der nachhaltigsten Möglichkeiten, zeiteffizient den Beziehungsaufbau bis zum Bedarfsfall zu starten.

Die frühen „Aktivisten" der Plattform hatten den Wert der realen Vernetzung erkannt und veranstalteten systematisch regelmäßige Events. Da dies so erfolgreich war, adaptierte XING diese Eigeninitiativen und bot den größten Gruppen den Status offizieller regionaler, thematischer und AlumniGruppen, *http://bit.ly/XING_Gruppen*, an.

Insgesamt werden heute ca. 200.000 jährliche Veranstaltungen wie Messen, Seminare, Produktpräsentationen, Webinare, soziale Events, Netzwerktreffen, aber auch private Treffen aller Art über XING abgewickelt.

Offizielle XING-Gruppen sind Garanten für Reallife-Events.

Im deutschsprachigen Raum haben LinkedIn-Events kaum Bedeutung

Dem Zugang zum Thema Veranstaltungen auf LinkedIn fehlt das zuvor genannte XING-typische Motto gänzlich. Nicht nur die Technologie (siehe quantitativer Funktionsvergleich) ist vergleichsweise flach gehalten. So verfügt LinkedIn über marginale Suchmöglichkeiten, und Einladungen setzten auf virale Verteilungseffekte über Twitter, Facebook und die Einbindung in Ihre Webseite. In anderen Netzwerken übliche, normale direkte Einladungen an sein Netzwerk zu versenden (XING und Facebook), sucht man hier vergeblich. Somit ist LinkedIn auch in diesem Bereich etwas für geübte technikversierte Nutzer. Das Wichtigste für den deutschsprachigen Raum ist, dass Sie nur wenige Veranstaltungen in Deutschland, Österreich und der Schweiz finden. Die Plattform ist auf internationale Veranstaltungen ausgerichtet.

Merke

Netzwerkveranstaltungen sind das zeiteffizienteste Mittel, um menschliche Nähe zu potenziellen Ansprechpartnern in einer zwanglosen Atmosphäre herzustellen.

Onlinemeetings über XING sind eine Alternative zu realen Treffen

Das Webinarwerkzeug Spreed steht allen XING-Premium-Mitgliederern kostenfrei zur Verfügung. Damit lassen sich Onlinekonferenzen mit Videochats, Screensharing (gemeinsames Teilen des Bildschirms an Zuschauer), kollaboratives Mindmapping, Powerpoint-Präsentationen und auch Aufzeichnung der Treffen organisieren.

Solche Anwendungen, die eine Anfahrt ersparen und überregionale Treffen möglich machen, gibt es mittlerweile Hunderte. Je nach Konferenzraumgröße und Funktionsumfang kosten sie zwischen 0 € (Skype bis zu fünf Teilnehmer, Google-Hangouts bis zu 20 Teilnehmer) und 50 € im Monat (voll integrierte Konferenzsysteme mit automatischem Anrufverfahren). Aufgrund des Funktionsumfangs für Premium-Mitgliederer liegt Spreed in der Spitzenklasse und kann auf bis zu 100 Teilnehmer erweitert werden, *http://bit.ly/Spreed_auf_XING*.

Anbindung an das XING-Adressbuch ist der unschlagbare Vorteil

Wie schon im Zusammenhang mit den XING-Events erläutert, kommt hinzu, dass Spreed direkt an Ihr Kontaktadressbuch angebunden ist, und Sie ohne jegliche Softwareinstallation mit einem Headset und einer Kamera jegliche Art von Onlinetreffen (auch adhoc) starten können.

Der zwischenmenschlichen Qualität eines realen Treffen kann dies natürlich niemals entsprechen. Dafür überbrücken Sie große Distanzen, Kontakte lassen sich leichter und letztlich auch finanziell weniger aufwendig halten als ausschließlich mit Präsenzmeetings. Hierzu geben wir Ihnen auch im Kapitel 5.7 interessante strategische Ideen.

Der XING-Lunchtermin

Diese Applikation ist das neueste Eventfeature der XING-Plattform. Mit wenigen Handgriffen organisieren Sie jede Art von Treffen in einer kleinen Runde. Das für XING Neue daran ist die Einbindung von regionalen Standorten, die über die Bewertungsplattform Qype zur Verfügung gestellt werden, *http://bit.ly/Lunchtermin_auf_XING*.

Das Thema Events ist der große USP der XING-Plattform – Hervorgehobene Empfehlungen auf LinkedIn fördern die Reputation

Wenn Sie die Wege Ihrer Neukundengewinnung betrachten, werden Sie zustimmen, dass es weder eine effektivere noch kostengünstigere Form der Kundengewinnung gibt, als von Bestandskunden an deren Umfeld weiterempfohlen zu werden.

Empfehlungsmarketing

(Quelle: Wikipedia; *http://de.wikipedia.org/wiki/empfehlungsmarketing*; Text unterliegt der Lizenz CC-BY-SA, *http://creativecommons.org/licenses/by-sa/3.0/deed.de*)

Empfehlungsmarketing ist sowohl im Marketing als auch im Vertrieb einsetzbar. Im Vertrieb wird zwischen aktivem Empfehlungsmarketing oder Empfehlungsmanagement (Wer würde sich über ein Angebot freuen?) und passivem Empfehlungsmarketing (Bitte empfehlen Sie mich weiter!) unterschieden. Somit ist dieses Instrument zur gesteuerten Akquise einsetzbar.

Die Unterscheidung im Wikipedia-Zitat durch Anne M. Schuller zwischen aktivem und passivem Empfehlungsmarketing betrifft uns hier insofern, als wir uns in Kapitel 4.2 dem aktiven Prozess dazu widmen und an dieser Stelle aufzeigen, wie das technische Werkzeug LinkedIn den passiven Teil in besonderer Weise fördert, *http://bit.ly/Empfehlungsmarketing_und_-Management*.

XING bietet auch ein Empfehlungstool an, dieses ist leider wenig sichtbar und wirkt sich kaum auf Ihre Reputation aus

Auf LinkedIn werden Ihre Empfehlungen und deren Anzahl schon im Profilkopf angezeigt – auf Wunsch auch bei dem für Nicht-LinkedIn-Nutzer im Internet angezeigten Profil.

Darüber hinaus wirken sich Referenzen, die von Ihren Kunden stammen, so auf die erweiterten Suchergebnisse im Dienstleisterverzeichnis aus, dass Sie aufgrund dieser weit vor anderen Anbietern aufgeführt werden. Anbei ein Suchbeispiel zum Thema XING in Österreich, *http://linkd.in/XING_Suche_nach_Empfehlungen*.

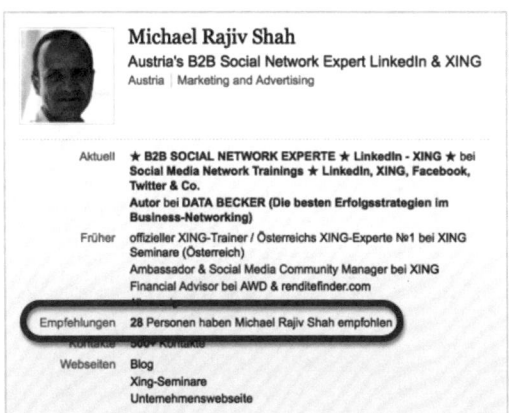

Hohe Prominenz der Empfehlungen im LinkedIn-Profil.

LinkedIn-Empfehlungen führen zu besseren Suchergebnissen für Sie

Die wichtigste Überlegung für die Wahl des passenden Businessnetzwerks ist die Frage, auf welcher der Plattformen Sie die Zielgruppe, die Sie ansprechen wollen und die zu Ihrem Geschäft passt, finden.

Wie Sie in den diversen Aufstellungen und Erläuterungen über die Unterschiedlichkeit der virtuellen Räume entnehmen können, ist LinkedIn in vielen Bereichen technologisch sehr stark, dadurch aber auch sehr komplex. Dies wird auch am Beispiel der Unternehmensprofile deutlich.

Unternehmensprofile auf LinkedIn sind kostenfrei und bieten darüber hinaus mehr Möglichkeiten als die kostenpflichten XING-Varianten

Unternehmensprofile Eigenschaften im Überblick	XING Basis	XING Standard	XING Plus	LinkedIn
Preis pro Monat	kostenfrei	24,90 €	129 €	kostenfrei
Unternehmensbeschreibung/Logo	Ja	Ja	Ja	Ja
Verlinkung zu Jobanzeigen	Ja	Ja	Ja	Ja
Service und Produktseiten (inkl. Bannern, Empfehlungen, YouTube)				Ja
Mitarbeiterliste	Ja	Ja	Ja	Ja
Mitarbeiter werden mit Firmenangabe automatisch hinzugefügt	Ja	Ja	Ja	
SEO Suchbegriffe		drei 45 Zeichen	fünf 75 Zeichen	
Manuelle Eingabe der Neuigkeiten			Html & Freitext	Link, Bild & Freitext

Unternehmensprofile Eigenschaften im Überblick	XING Basis	XING Standard	XING Plus	LinkedIn
Arbeitgeberbewertung kununu		Ja	Ja	
Automatischer Twitterfeed			Ja	Ja
Automatischer Blogfeed				Ja
Mitarbeiter erhalten Neuigkeiten			automatisch	wahlweise
Neuigkeiten des Untern. folgen			Ja	Ja
Neuigkeiten liken (interessant), mitteilen und kommentieren			Ja	Ja
Umfangreiche Traffic-Statistiken				Ja

Insbesondere beide Profilarten, persönliche und Unternehmensprofile, offenbaren die Unterschiedlichkeit der Unternehmensstrategien beider Konzerne, die auf ein Freemium-Modell aufbauen. Zur Erinnerung einige Überlegungen aus der Sicht der Plattformbetreiber:

„LinkedIn bietet allen Mitgliedern sehr weitreichende technische Werkzeuge kostenlos zur Verfügung, um Konzernen und großen Mittelständlern attraktive Recruiting- und Marketingtools anbieten zu können, Bei XING steht immer auch die schnellstmögliche Refinanzierung der Produkte im Fokus.“

XINGs hauptsächlich deutschsprachiger Markt ist begrenzt. Insofern ist auch hier die Betreiberwahl für ein Bezahlmodell einleuchtend. Denn für das große Unternehmensprofilpaket kommen quantitativ niemals so viele Unternehmen infrage, wie aufgrund der globalen Dimension LinkedIns.

Vergleichen Sie zum Beispiel deutsche DAX30-Unternehmen, so finden Sie deren Unternehmensprofile auf beiden Plattformen (quantitativer Vergleich: *http://bit.ly/Dax30_Unternehmensprofile*). Für Konzerne und große Mittelständler gibt es sowohl fast immer eine Deutschland-Österreich-Schweiz-Ebene als auch eine europäische bzw. internationale Dimension im Unternehmen.

Für Sie kommt es bei der Entscheidung, ob bzw. wo Sie Ihr Unternehmensprofil installieren, auf folgende Faktoren an:

➢ Hat Ihr Unternehmen eine europäische Dimension?

➢ In welchem der beiden Netzwerke halten sich Ihre Mitarbeiter bzw. diejenigen auf, denen sich Ihr Unternehmen als Arbeitgeber präsentieren möchte (siehe Kapitel 2.3 Employer Branding)?

➢ Arbeiten Sie hauptsächlich mit kleinen und mittleren Unternehmen?

Je nachdem, wie Ihre Antworten auf diese Fragen ausfallen, kommen wir in Kapitel 3.2 ausführlich zu den für Ihre Netzwerkauswahl wichtigsten Punkten. Erst dann kann die Entscheidung für die eine oder die andere, nach Maßgabe der Ressourcen auch für beide Plattformen ausfallen.

Einfaches Targetmarketing wie es auch auf Facebook möglich ist

Einen weiteren wesentlichen Unterschied auf LinkedIn stellt die Möglichkeit dar, ohne Zwischenschaltung eines Salesteams, Anzeigen für Marketingkampagnen zu schalten. Die Zielgruppenauswahl erfolgt über das LinkedIn-Ads-Tool, *http://linkd.in/LinkedIn_Ads*. Die Abrechnung erfolgt amerikanisch einfach über eine hinterlegte Kreditkarte.

Hypertargeting

Diese Art des Marketings wird mit Hypertargeting bezeichnet, weil Netzwerkplattformen die Möglichkeit bieten, Anzeigen nur ausgewählten Zielgruppen anzuzeigen, deren Profil zu der vom Anzeigenkunden geschalteten Werbung passt. Auf diese Weise kann großer Streuverlust bei Werbeschaltung vermieden und gezielter passende Zielgruppen erreicht werden. Für den Nutzer bietet diese Werbeform den Vorteil, dass ihm Produkte und Dienstleistungen mit Werbeanzeigen angeboten/gezeigt werden, die zu seinen Interessen passen.

Abschließende Gesamtübersicht wesentlicher Plattformunterschiede (technisch & strategisch)	XING	LinkedIn
Datenschutz	europäisch	Patriot Act
Mitgliederanzahl weltweit	11 Mio.	150 Mio.
Mitgliederanzahl europaweit	keine Angaben	25 Mio.
Mitgliederanzahl D-A-CH-weit	5 Mio.	2,5 Mio.
Mitglieder Einkommen & Ausbildung	hoch	hoch
Preise Premiumpaket (schwer vergleichbar)	ab 5,55 €	ab 14,95 €
Preise Businesspakete (Sales & Recruiter)	ab 29,95 €	ab 29,95 €
Kontaktphilosophie der Netzwerke	Neukontakte ohne u. mit Vorstellung	Neukontakte mit Vorstellung
Kommunikation mit Nichtkontakten (Freemium)	nicht möglich	7,95 € je Nachricht
Kommunikation mit Nichtkontakten (Premium)	20 pro Tag (5,55 €)	3/Monat (14,95) 10/Monat (29,95)
Komplexität der Plattform	mittel bis hoch	sehr hoch

Abschließende Gesamtübersicht wesentlicher Plattformunterschiede (technisch & strategisch)	XING	LinkedIn
Kollaborative Applikationen	Webinare Umfragen	16 Applikationen
Profileigenschaften	mehr Suchfelder visuelle Effekte	viele externe Applikationen
Profilbesucher-Analysefunktionen	Powersuche	SEO-Tuning
Adressbuch und Nachrichtenfunktionen	rudimentäre CRM-Anbindung	leistungsfähiges CRM-Anbindung
Applikationen und CRM	Events & Gruppen	keine
Einheitliche Mitteilungsfunktionen	ja	nein
Events mit Ticketing-System	Amiando	nein
Art der Events	regionales Networking und Business	überwiegend internationales Buisness
Webinarapplikation	ja	API
Empfehlungen/Recommendations	techn. rudimentär	sehr leistungsstark
Unternehmensprofile	drei Preisvarianten Jobs	kostenfrei Jobs & Produkte
Jobanzeigen	unterschiedliche Varianten	unterschiedliche Varianten
Neuigkeiten liken (interessant), mitteilen und kommentieren	ja	ja
Umfangreiche Traffic-Statistiken	nur bei Links	ja

Ihre Take-Aways

➢ Stellen Sie Ihre Aktivität und Profilgestaltung auf die für Sie relevanten und anwesenden Zielgruppen sowie auf die Demographie der jeweiligen Plattform ab.

➢ Je nach Ihrer eigenen Ausrichtung werden Sie allenfalls nur auf einer der beiden Plattformen aktiv.

➢ Unterscheiden Sie Ihr Contact-Relationship-Management je nach Plattform.

➢ Evaluieren Sie die Möglichkeit, aus Events/Gruppen heraus kategorisierte Kontaktgruppen anzuschreiben.

➢ Bieten Sie mit Ihren Kontaktaufnahmen unbedingt einen Mehrwert – versenden Sie niemals reine Werbenachrichten/Produktinformationen.

> ➤ Wenn Sie Events veranstalten und einladen, prüfen Sie die Möglichkeit, das Ticketings gleich auf der Plattform mit einzuschließen.

> ➤ Hypertargeting – plattformtypische Zielgruppensegmentierung bei Ansprache und Werbung ist zentraler Vorteil auf den meisten sozialen Plattformen.

> ➤ Behalten Sie immer das Motto im Hinterkopf: **„Persönliches zählt und Berufliches ergibt sich"**.

2.2 Die wesentlichen Gemeinsamkeiten von XING und LinkedIn entdecken und nutzen!

Gemeinsame geistige Tätigkeit verbindet enger als das Band der Ehe.

Marie von Ebner-Eschenbach

Aus den beschriebenen Unterschieden der Funktionalitäten beider Netzwerk-Plattformen ließen sich schon einige gemeinsame Möglichkeiten in jeweils unterschiedlichen Ausprägungen ableiten, hier sind sie nun zusammengeführt.

Die wichtigsten Gemeinsamkeiten sind folgende Möglichkeiten

> ➤ Kontakte der Kontakte zum „warmen" Kontaktaufbau verwenden
> ➤ Suchmaschinenrelevanz der persönlichen und Unternehmensprofile
> ➤ Neues aus dem Netzwerk
> ➤ Einbindung von Twitter als externem Informationskanal
> ➤ Sehen können, wer das Profil besucht hat
> ➤ Gruppen sind die zentralen Kommunikationsinstrumente

Die Kontakte der Kontakte oder 2. und 3. Grades in Kombination mit erweiterten Suchen unterscheiden beide vom Rest des Internets

In Kapitel 2.1 (ab Seite 42) erhielten Sie Einblick in den strategischen Kontaktaufbau über Ihr bestehendes Netzwerk und darauf aufbauend in die Möglichkeiten des passiven Empfehlungsmanagements.

Folgende Grafiken zeigen, worum es damit im Kern geht:

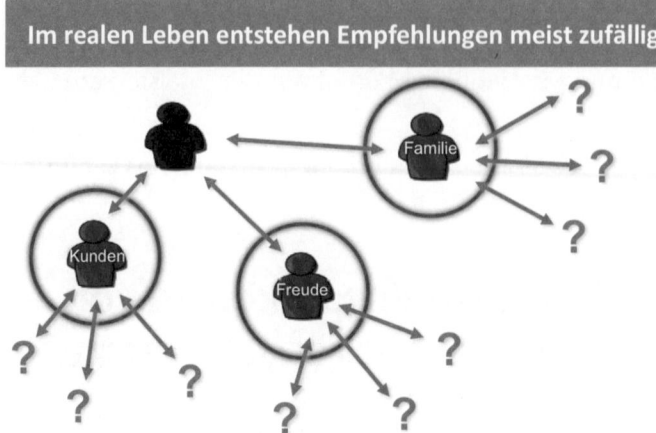

Im realen Leben entstehen Empfehlungen zufällig, Quelle: XING-Seminare.

Die meisten Empfehlungen zu neuen potenziellen Kunden entstehen aus zwei Gründen meist zufällig. Zum einen wissen Sie in den wenigsten Fällen, welche Kontakte Ihre Familie, Freunde (Bekannte, Kommilitonen, ArbeitskollegenInnen) oder Ihre Kunden haben. Zum anderen fragen wir uns nahestehende Menschen selten danach, ob sie Kontakte kennen, die für unser berufliches Fortkommen interessant sein könnten bzw. ob sie uns diese vorstellen würden.

Auf XING und LinkedIn haben Sie die Möglichkeit, die „erweiterte Suche" (*http://bit.ly/XING_erweiterte_Suche/ http://linkd.in/erweiterte_Suche*) so einzugrenzen, dass Sie gezielt die Kontakte Ihrer Kontakte nach den Themen durchforsten können, um die Menschen zu finden, die für Ihre beruflichen, aber auch persönlichen Zwecke interessant sein könnten.

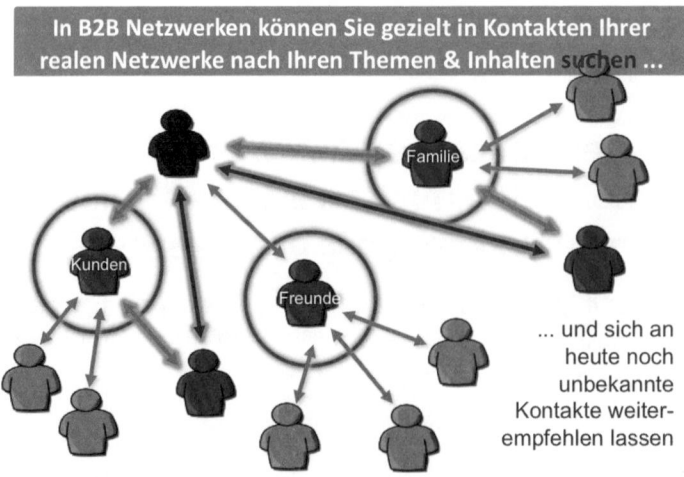

Mit B2B-Netzwerken gezielt nach Themen im realen Netzwerk suchen, Quelle: XING-Seminare.

... und sich an heute noch unbekannte Kontakte weiterempfehlen lassen

Natürlich können Sie Ihre „Fundstücke" auch direkt ansprechen. Damit würden Sie auf den Vorteil verzichten, den Ihnen Ihre (echten) Kontakte faktisch bieten. Beispiel: Jemand kennt Sie wirklich und ist im besten Falle sogar einer Ihrer zufriedenen Kunden. Mit diesem Entree wären Sie über den „halbwarmen" Kontakt (im Gegensatz zum Kaltkontakt) hinaus, ganz Nahe einer echten aktiven Empfehlung Ihres Kontakts (Kunden, Freunds, Bekannten oder Familienmitglieds) (mehr dazu in Kapitel 4.2 Referenzen).

Der Weg über echte Kontakte kann mit dem nötigen Fingerspitzengefühl auch dazu führen, in größeren Unternehmen an den sogenannten Doorkeepern vorbei in die Abteilung hinein empfohlen zu werden. Sie werden staunen, was alles möglich ist, wenn Sie Ihre Kontakte einfach fragen. Je nach Größe Ihres Netzwerks könnten Ihnen sogar mehrere direkte Kontakte einen Weg zu den gewünschten Verbindungen weisen.

Suchmaschinenrelevanz der Profile

Soweit Sie oder Ihre Mitarbeiter persönliche und Unternehmensprofile beider Netzwerke öffentlich sichtbar einrichten, werden diese von den Suchmaschinen erfasst. In den meisten Fällen, es kommt dabei auf die Häufigkeit Ihres Namens an, werden Sie mit einem XING- oder LinkedIn-Profil bei Google top platziert (siehe: *http://bit.ly/Isabella_Mader*).

Bei häufig vorkommenden Namen unterstützen individuelle Schlüsselbegriffe beim Gefundenwerden Ihres B2B-Profils (siehe Kapitel 4.1 Das Profil als Schaufenster/4.4 Finden/Gefunden werden). Zu den Einstellungen: *http://bit.ly/XING_privacy* oder *http://linkd.in/profileprivacy*.

Neues aus dem Netzwerk (Status-Updates Ihres Netzwerks)

Mit relevanter werdendem Facebook und Twitter wird ein wachsender Teil der Kommunikation und Interaktion im Rahmen einer chronologisch wiedergegebenen Informationskette Ihrer Kontakte, der sogenannten Timeline („Neues aus dem Netzwerk" bzw. „Updates"), geführt. „Neues aus dem Netzwerk" ist seither auch in den Businessnetzwerken zu einem so zentralen Element geworden, dass die Startseiten zum größten Teil von diesen eingenommen werden. Wir werden diesen Teil der Aktionsflächen intensiv in Kapitel 4.3 behandeln.

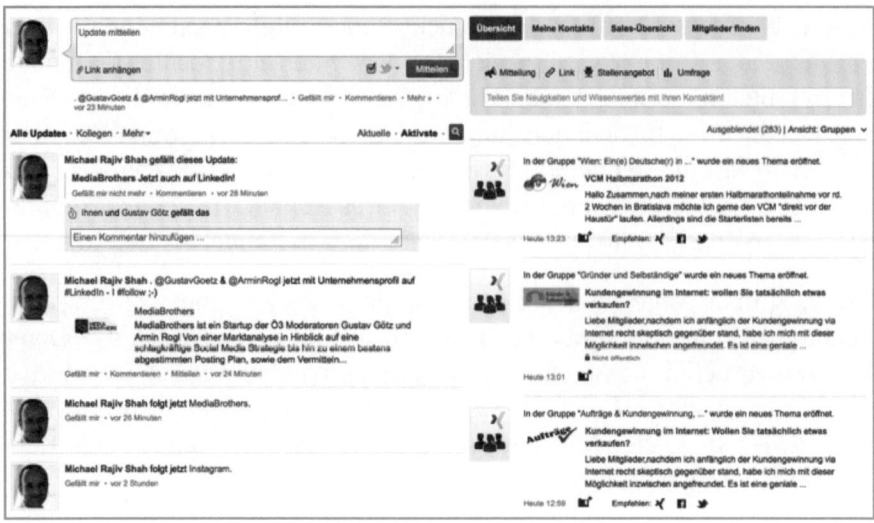

Timeline: auf LinkedIn = Updates; auf XING = Neues aus dem Netzwerk.

Einbindung eines Twitter-Kontos

Twitter als verbindendes Element zwischen den Netzwerken ist ebenso wenig wegzudenken wie das zuvor genannte Feature „Neues aus dem Netzwerk". Beide Anbieter haben Twitter in die Netzwerkkommunikation eingebunden. Das jeweilige Netzwerk verlassende Statusmeldungen bringen diesen Webtraffic durch die auf die Plattformen hinweisenden Links (siehe Twittersuche: *http://bit.ly/twitter_xingcom* oder *http://bit.ly/twitter_linkedincom*).

Um Twitter in Ihre Accounts einzubinden, stellen Sie über die folgenden Links eine Verbindung zwischen XING und Twitter (*http://bit.ly/XING_privacy*) bzw. LinkedIn und Twitter (*http://linkd.in/LinkedIn_Twitter_settings*) her.

Auf LinkedIn gibt es die Option, mehrere Twitter-Accounts zu verbinden. Allerding können Sie auf eingelesene Twitter-Nachrichten nicht mehr innerhalb des „LinkedIn-Raums" kommunizieren (siehe Kapitel 5.5).

Ein weiterer B2B-USP ist sehen zu können, wer Ihr Profil besucht hat

Wenn Sie sich Ihr Businessprofil auf XING oder LinkedIn als eines Ihrer Schaufenster Ihrer Internetpräsenzen vorstellen, dann ist die Information darüber, wer vor Ihrem Schaufenster stehen geblieben ist, eine der interessantesten, die das Internet zu bieten hat.

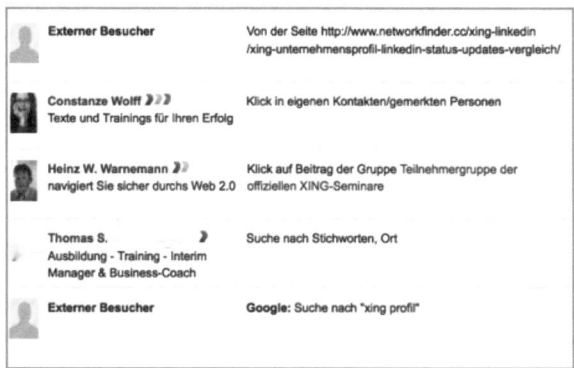

Hinweise auf die Profilbesucherherkunft mit der XING-Powersuche.

Im Vergleich zu Ihrer Webseite – oder auch einem realen Geschäftslokal bzw. bei Facebook und Twitter – können Sie nirgendwo so genau über die Besucher Ihrer Firma (mit Namen, Firmenzugehörigkeit, Produktangeboten und Suchen, Lebensläufen und Webadressen) Auskunft erhalten wie auf XING und LinkedIn. Das bietet große Vorteile für eine gezielte Erstansprache. Mehr dazu siehe auch unter: *http://bit.ly/XING_Profilbesucher.*

Vieles, was zum Beispiel ein Verkäufer eines stationären Geschäfts bei seinem Laufkunden noch herausfinden muss, können Sie vor einem ersten Kontakt einsehen. XING bietet darüber hinaus weitere Informationen dazu, ob die Besucher, die vor Ihrem „Schaufenster" gestanden haben, auch in Ihren „Flagshipstore" (Vorzeigeladen – Ihre Webseite) oder Ihre „XING-Filiale" (Über-Mich-Seite) hineingegangen sind. Wir nennen das **Profildramaturgie**. Die aus diesen Vorteilen möglich werdende Strategie finden Sie in Kapitel 4.1 beschrieben; *http://bit.ly/Shoppingcenter dramaturgie.*

Auf LinkedIn lassen sich Ihre Profileinstellungen so regulieren, dass Ihre Besuche auf anderen Profilen auf zwei unterschiedliche Arten anonymisiert werden, *http://linkd.in/profile_visibility.*

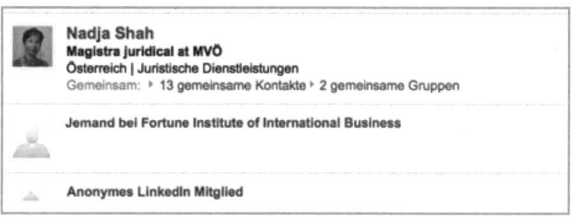

Profilbesucher bei LinkedIn.

Die LinkedIn-Dramaturgie ist sehr auf Suchanalyse ausgerichtet

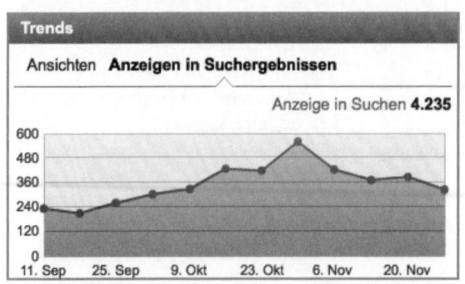

Ausgabe der Suchanzeigen auf LinkedIn.

Basismitglieder erhalten eine Suchstatistik der letzten drei Monate. Premium-Mitglieder haben zudem Einsicht in die Häufigkeit der Topsuchbegriffe, unter denen Ihr Profil in der Suche angezeigt wurde. Nutzen Sie diese Funktion – und optimieren Sie jene Suchbegriffe (Schlüsselwörter), mit denen Sie gefunden werden wollen. Nennen Sie auch auf anderen Plattformen (wie z. B. Twitter oder in Blogs usw.) diese Begriffe in Zusammenhang mit Ihrem Namen ganz konsequent – es verbessert Ihr Suchmaschinen-Ranking mit diesem Begriff, Sie werden damit öfter indiziert und gefunden.

Ihre Take-Aways

➢ Kontakte der Kontakte systematisch durchsehen.

➢ Empfehlungen aus dem eigenen Netzwerk sind besser als „Kaltakquise".

➢ Suchmaschinenrelevanz: Schalten Sie Ihr Profil frei.

➢ Binden Sie Ihren Twitter-Account für mehr Links und Suchmaschinenrelevanz ein.

➢ Nutzen Sie Status-Updates für Information und die Gelegenheit zur direkten Ansprache.

➢ Profilbesucher ansehen und allenfalls – wenn passend – ansprechen.

➢ Überlegen Sie Ihre Profildramaturgie: Was sieht ein Besucher Ihres Profils?

➢ Optimieren Sie die Suchbegriffe (Schlüsselwörter) in Ihrem Profil – womit wollen bzw. müssen Sie gefunden werden?

2.3 Recruiting, HR und Unternehmensprofile: Employer Branding

> *Es ist nett, wichtig zu sein.*
> *Aber es ist wichtiger, nett zu sein.*
>
> anonym

Waren es 2009 noch 68 % der Unternehmen, die Social Media im Recruiting einsetzen, so waren es 2010 bereits 73 % und 2011 schließlich 80 %. Weitere 9 % wollten zum Zeitpunkt der Umfrage noch 2011 damit anfangen[1]. International ist bereits der überwiegende Anteil der Fortune 100 Unternehmen sehr professionell in diesem Bereich unterwegs.

Laut neuesten Studien sind Mitglieder von Businessplattformen überproportional gebildet und auch einkommensstark. Ein Drittel aller Arbeitnehmer gehört zu den sogenannt latent Wechselwilligen, während 10 Prozent ganz konkret Arbeitssuchende sind[2]. Damit sind Businessplattformen vom demografischen Profil klassischen Jobbörsen eindeutig qualitativ überlegen.

Employer Branding – was bringt das?

Employer Branding bedeutet, dass Sie Ihr Unternehmen in der Funktion als Arbeitgeber positionieren. Dies hat nicht nur den Grund, dass man dadurch nachvollziehbar Sympathien auf sich zieht, weil der Status des Arbeitgebers gesellschaftlich verständlicherweise sehr positiv besetzt ist. Gleichzeitig eröffnen Sie Ihrem Unternehmen damit auch die Möglichkeit, ihre Vision und Mission zu kommunizieren, Markenbindung und den wichtigsten Faktor, das so wichtige „Liking", zu erzeugen – also Sympathie, bekanntlich der Kaufentscheidungsgrund Nummer eins[3]. Wie gehen Sie also vor?

Personaler, die bedürfnisorientiertes Networking einerseits als Akquisitionsvorstufe (Kapitel 5.1) und andererseits als Episode im Recruiting-Prozess verstehen, sind dabei am erfolgreichsten. In Ihrer Arbeitgeberfunktion brauchen Sie eine Kombination von Networking und der Kommunikation Ihrer Unternehmensvision. Einerseits müssen Sie Mitarbeiter zu Unter-

---

1   Studie „Quo Vadis Recruitment 2011", ICR (Institute for Competitive Recruiting)
2   http://www.karrieretrends.de/wissen/analysen-und-studien/wechselwilligkeit-von-fach-und-fuehrungskraften-laesst-nach/0010780/
3   Cialidini (2007) – Cialdini, Robert (2007) Die Psychologie des Überzeugens.

nehmensbotschaftern machen, zukünftige Arbeitnehmer akquirieren und andererseits nach Möglichkeit auch positive Kontakte zu ehemaligen ArbeitnehmerInnen halten (Alumni-Netzwerke). Damit decken Sie im Idealfall die gesamte Bandbreite der Möglichkeiten im Personalmarketing ab.

Employer Branding ist aber mehr als reines Personalmarketing: Dadurch, dass Sie Ihr Unternehmen als Arbeitgeber darstellen, haben Sie die Gelegenheit, einer interessierten und voraussichtlich zur Arbeitgeberfunktion positiv gestimmten Teilöffentlichkeit ihre Unternehmensvision zu kommunizieren, Werte darzustellen, Markenerkennung und -bindung zu generieren und Sympathie zu erzeugen, die, wie wir wissen, **die** Kaufmotivation Nummer 1 ist. Jobinteressenten und generell am Unternehmen Interessierte sind positive Multiplikatoren, die auf dem Wege der Mundpropaganda die wirksamste Werbung generieren, die wir kennen: die persönliche positive Empfehlung.

Nebenwirkungen und Gegenanzeigen

Die viel zitierte Transparenz, die durch soziale Medien geschaffen wurde (jeder spricht mit jedem, d. h., das Kommunikationsmonopol der Unternehmen ist gefallen), macht hier einen Hinweis notwendig: Einer positiven Wahrnehmung abträglich wäre auch im Falle von positiv gestaltetem Employer Branding eine Firmenpolitik, die nicht auf Wertschätzung von Mitarbeitern oder auf schlechtes Betriebsklima schließen lässt. Onlinebewertungsportale für Arbeitgeber wie z. B. *www.glassdoor.com*, *www. kununu.com* und andere gewinnen rasch an Bekanntheit und Relevanz.

Ein positives Employer Branding kann daher im Zusammenspiel mit einem Überhang an negativen Äußerungen in Onlineforen unter Umständen sogar eine negative Auswirkung haben. Unternehmen, die im Social-Media-Monitoring hier schlecht abschneiden, sei deshalb vorerst von offensiven Employer-Branding-Maßnahmen abgeraten. Hier empfiehlt sich zuerst eine positive Bearbeitung der negativen Sentimente. Der Hintergrund: Online geäußerte Probleme können nur durch Ursachenbeseitigung, direktes Adressieren und wertschätzendes Ernstnehmen der Beschwerden und der Beschwerdeführer nachhaltig beigelegt werden. Ein Gegensteuern allein mit positiven Maßnahmen auf anderen Onlineparketten (wie man das aus der klassischen Unternehmenskommunikation kennt) funktioniert online nicht – es könnte sogar nach hinten los gehen.

Employment-Branding-Checkliste – so gehen Sie vor

Analyse

1. Finden Sie die Profile Ihrer Mitarbeiter.

2. Kontextanalyse: Recherchieren Sie die Bedürfnisse Ihrer Bewerber und sehen Sie die Profile Ihrer Konkurrenz an.

Planung

3. Entwickeln Sie eine identitätsbasierte Strategie: Nur ein Unternehmensprofil, das authentisch und glaubwürdig Ihr Unternehmen widerspiegelt, ermöglicht nachhaltigen Erfolg. Mehr zu Strategie lesen Sie in Kapitel 3.4.

4. Entwickeln Sie einen Kommunikationsplan, der Ihre Aktivitäten begleitet und verbreitet (und der natürlich mit der gesamthaften Unternehmenskommunikation integriert und abgestimmt ist). Dieser Kommunikationsplan sollte interne (Einbindung der eigenen Belegschaft) und externe Kommunikationsmaßnahmen umfassen.

Umsetzung

5. Gestalten Sie den Corporate-Account und das Recruiting-Profil Ihres Unternehmens.
    Achten Sie besonders auf ein ansprechendes Design der Seite im Stile Ihrer Corporate-Identity. Erwägen Sie auch Employer-Storys: Geschichten sind ein mächtiges Instrument der Visionskommunikation. Schlagen Sie Mitarbeitern bei Bedarf Anpassungen ihrer Profile vor (z. B. Wording, Terminologie, Suchbegriffe usw.).

6. Arbeiten Sie insbesondere heraus:
    Wer sind typische Mitarbeiter Ihres Unternehmens (featured employees)? Was ist die Vision und Mission Ihres Unternehmens?

7. Stellen Sie sicher, dass Ihr Employer-Profil mit dem allgemeinen Auftritt Ihres Unternehmens in sozialen Netzwerken harmonisch abgestimmt und verbunden ist.

Analyse	Planung	Umsetzung
Profile der Mitarbeiter finden	Identitätsbasierte Strategie erstellen	Aufsetzen & Gestaltung der Accounts
Bewerber-Bedürfnisse recherhieren	Leitbild und Vision einbinden	Verbindung mit anderen SM-Profilen
Profile der Konkurrenz analysieren	Kommunikationsmaßnahmen	Kommunikationsmaßnahmen
Eigenen Bedarf abschätzen	Ressourcenplanung für Profilpflege	Konsequente Netzwerkausweitung

Employer Branding Prozess, Quelle: Isabella Mader – www.imac.de.

Tools der Plattformen zu Employer Branding

Sowohl auf XING als auch auf LinkedIn können Sie dazu ein Unternehmensprofil erstellen (siehe auch Kapitel 4.1 Unternehmensprofile als Marketing- und Brandingzentrale) und/oder zusätzlich auf Recruiter-Werkzeuge der Plattformen zurückgreifen.

LinkedIn

Als erste Möglichkeit empfiehlt sich die Gestaltung einer LinkedIn-Career-Page. Von dieser aus sind auch die Profile Ihrer Mitarbeiter erreichbar, sodass Sie einen einheitlichen, gemanagten Auftritt gestalten können. Die Employment-Branding-Solutions-Seite von LinkedIn, auf der Sie jeweils eine Übersicht der aktuellen Recruiting-Funktionen finden, heißt LinkedIn-Career-Pages und findet sich hier: *http://talent.linkedin.com/Career-Pages.*

Mit dem LinkedIn-Recruiter (Link: *http://talent.linkedin.com/recruiter/*) nutzen Sie dabei Zugang und Powersuche über das gesamte LinkedIn-Netzwerk, können Kandidaten direkt kontaktieren und mit Ihrem Recruiting-Team gemeinsam in Corporate Shared Folders verwalten. Das ist ein Vorteil, wenn Recruiter Ihr Unternehmen verlassen: Kontakte, Korrespondenz und andere Kommunikation bleiben auf Ihrem Corporate-Recruiting-Account. Damit kann die Kandidatenansprache systematisch und über das Recruiting-Team hinweg koordiniert erfolgen, und der Eindruck den Kandidaten gegenüber wirkt professionell und abgestimmt. Mehr als zwei Drittel der Fortune-100-Unternehmen nutzen bereits diese Art des Accounts – was durchaus als eindrucksvoller Beleg für seine Nützlichkeit gelten kann.

Weiter haben Sie die Möglichkeit, von diesem Account aus Stellenanzeigen auf LinkedIn zu schalten (Jobs Network), die auch passiven Kandidaten angezeigt werden (die sich gerade aktuell nicht aktiv umsehen) und die von LinkedIn-Mitgliedern mithilfe von Social-Media-Sharing-Funktionen ihrem Netzwerk auf anderen Plattformen mitgeteilt werden können (z. B. Facebook und Twitter).

XING

In Deutschland ist immer noch XING das Netzwerk, mit dem Sie die meisten Mitarbeiter einer Branche erreichen.

Die XING-Unternehmensprofile generieren sich selbst aus der Summe der Einträge Ihrer Mitarbeiter (ab sechs Mitarbeitern), die bereits persönliche XING-Profile haben – wenn Sie dies nicht mit einem aktiv gestalteten Unternehmensprofil angehen. Über den Karteireiter „Unternehmen" und den Menüpunkt „Unternehmensprofil anlegen" gelangen Sie zu einer Übersichtsseite mit den verschiedenen Angeboten: Derzeit können Sie aus der Gestaltungsvariante Basis (gratis), Standard (24,90 EUR monatlich) und Plus (129 EUR monatlich) mit entsprechend unterschiedlichen Funktionen wählen.

Leistungen	Unternehmensprofil BASIS	Unternehmensprofil STANDARD	Unternehmensprofil PLUS
Detaillierte Unternehmensbeschreibung und Logo	✓	✓	✓
Verlinkung zu Ihren Anzeigen auf XING Jobs	✓	✓	✓
Mitarbeiterliste	✓	✓	✓
Max. Anzahl Profil-Editoren	1	3	5
Profil in Suchmaschinen auffindbar (optional)	✓	✓	✓
Prominente Platzierung inkl. Logo in den XING-Suchergebnissen	✓	✓	✓
Präsentation von Ansprechpartnern im Unternehmen		4	10
Anzahl Suchbegriffe, unter denen Ihr Unternehmen gefunden wird		3 45 Zeichen	5 75 Zeichen
Arbeitgeber-Bewertungen von kununu.com anzeigen (optional) ☐		✓	✓
Individuelles Design durch verlinkbare Grafik			✓
Unbegrenztes Veröffentlichen von Unternehmens-Neuigkeiten mit Abofunktion			✓
Unternehmens-Neuigkeiten werden auf der Startseite Ihrer Abonnenten angezeigt			✓

XING-Unternehmensprofile – Leistungen.

So sieht gut gemachtes Employer Branding aus

Bevor Sie mit dem Anlegen eines Unternehmensprofils beginnen, lassen Sie sich von einigen gut gemachten Beispielen inspirieren. Best-Practise-Beispiele sagen meist mehr als zu viele Worte. Statt überlanger Anleitungen empfehlen sich beispielsweise die folgenden Darstellungen:

Deutsche Lufthansa AG:

https://www.xing.com/companies/deutschelufthansaag

Die Deutsche Lufthansa AG führt auf XING ein Best-Practise-Employer-Branding mit einem Unternehmensprofil, das über 5.000 Mitarbeiter vereint und über 12.000 Abonnenten hat.

Daimler AG: *https://www.xing.com/companies/daimlerag*

Ebenfalls als Best-Practise-Beispiel XXL geeignet: Die Daimler AG hat mit über 10.000 Mitarbeitern und über 16.000 Abonnenten ein eindrucksvolles Unternehmens- und Arbeitgeberprofil geschaffen, das auch optisch sehr ansprechend im Stile des Unternehmens gelungen ist.

Accenture: *http://www.linkedin.com/company/accenture/careers*

Als Best-Practise-Klassiker des Employer Brandings in Social Media allgemein empfiehlt sich beispielsweise das LinkedIn-Employer-Profil von Accenture. 385.000 Abonnenten und über 145.000 Mitarbeiter, die weltweit über dieses Profil verbunden sind, sind ein eindrucksvoller Beleg für eine erfolgreiche Strategie, die Accenture auch mit Diskussionsgruppen zu unternehmensrelevanten Themen unterstützt, wodurch über Fachthemen weitere Experten und Interessenten angezogen werden. Note: top.

Pilot Group Agenturgruppe für moderne Markenkommunikation:

https://www.xing.com/companies/PILOT1%252f0

Auch kleinere und mittlere Unternehmen (KMU) können einen fulminanten Auftritt als Arbeitgeber und Unternehmen mit einem professionell gemanagten Unternehmensprofil hinlegen. Im Segment der KMU ist dies wohl noch eher die Ausnahme – aber je früher Sie beginnen, desto größer der Vorsprung, den Sie gegenüber Ihrer Konkurrenz herausfahren. Idealtypisch vorexerziert finden Sie dies beispielsweise bei der Agenturgruppe für moderne Markenkommunikation Pilot, die bei 173 Mitarbeitern stolze über 900 Abonnenten zählt.

Ihre Take-Aways

➢ Arbeitgeberschaft ist positiv besetzt.

➢ Employer Branding ist ein Weg, Sympathien zu erzeugen.

➢ Die Transparenz in sozialen Netzwerken ist hoch – achten Sie auf Fallstricke durch allenfalls schlechtes Betriebsklima und dessen Auswirkungen und setzen Sie interne Maßnahmen zur Verbesserung desselben und zum Bewusstsein über die Folgen und Außenwirkung ein. Keine Verbots- und Verhinderungspolitik – das ist kontraproduktiv!

➢ Machen Sie sich ein Bild aller Mitarbeiterprofile und konsolidieren Sie zu einem einheitlichen Auftreten.

➢ Gestalten Sie ein interessantes Firmenprofil.

➢ Entwickeln Sie einen Kommunikationsplan.

➢ Nutzen Sie typische Recruiter-Tools der Plattformen.

➢ Sehen Sie sich die Best-Practise-Beispiele an.

3. Ihre Strategie bestimmt Perspektive und Erfolgsaussichten

Wir alle kennen sogenannte glückliche Zufälle. Diese glücklichen Zufälle sind sehr schön, aber auf deren Eintreten können Sie keine Geschäftsstrategie aufbauen. Weil aber die Realität freilich auch nur bedingt bis ins Letzte planbar ist, wollen wir es vielleicht so formulieren: Eine Methode, viele glückliche Zufälle zu ermöglichen, ist es, sich strategisch und professionell in die Lage zu versetzen, diesen Zufällen zielgerichtet entgegenzugehen und sich systematisch Chancen zu eröffnen – von denen auch einige unerwartete positive Zufälle sein dürfen, die so direkt gar nicht planbar waren.

Ein paar historische Beispiele für solche erfolgreiche Serendipity-Effekte sind die Entdeckung Amerikas, die Entdeckung der Röntgenstrahlen, des Penecillins, Post-it-Notes oder auch der Klettverschluß. Diese waren nur möglich, weil deren Entdecker sich professionell darauf ausrichteten, Entdeckungen zu machen. Ein paar der Interviews machen sehr gut deutlich, wie wichtig es ist, positiven Zufällen aktiv entgegenzugehen, *http://bit.ly/ Wiki_Serendipity*.

'Würdest Du mir bitte sagen, wie ich von hier aus weiter gehen soll?' 'Das hängt zum großen Teil davon ab, wohin Du möchtest', sagte die Katze.
Lewis Carroll aus: Alice im Wunderland

Alice speaks to Cheshire Cat, in: Tenniel, John: The Tenniel Illustrations for Caroll's Alice in Wonderland, Abb. 23. http://www.gutenberg.org/files/114/114-h/114-h.htm.

3.1 Ihre Ziele definieren den Erfolgsweg

Es gibt mehrere Dinge, die Sie für die Entwicklung einer Strategie benötigen. Sie werden die nötigen Bausteine und Vorgehensweisen kennenlernen, die Sie zu Ihrer Business-Networking-Strategie führen werden.

Wahrnehmung: zwischen Zielen und Strategie unterscheiden

Häufig werden Strategien mit Zielen verwechselt. Noch häufiger findet sich unter der Überschrift „Ziele" die Liste der Projekte, die alle Business Units durchführen wollen. Dabei handelt es sich allerdings weder um Ziele noch um eine Strategie, sondern einfach eben nur um eine Liste. Wie Ziele aussehen sollten, sodass sie sich als Grundlage für Ihre Strategiegenerierung und als Zugpferd für den Geschäftserfolg eignen, erfahren Sie jetzt.

Zuerst: Warum sind Ziele so wichtig?

Erfolgreiche Verkaufsstrategien laufen heute nicht mehr über das sogenannte Hard-Selling, also über direkte Ansprache des Kunden mit dem Produkt. Der Konsument ist heute als ein Individuum zu verstehen, das nicht nur einem permanenten „Bombardement" mit Werbebotschaften, sondern ganz allgemein einer Reizüberflutung durch eine Flut von Informationen und Kommunikation in einem Ausmaß ausgesetzt ist, sodass er überreizt und genervt abwinkt. Der Kampf der Informationen um die Aufmerksamkeit läuft bereits seit einigen Jahren, und er wird täglich härter – und zwar insbesondere durch die starke Zunahme der Informationen, die sich spätestens seit 2006 gesamtgesellschaftlich jährlich mindestens verdoppeln – bei gleich bleibendem Zeitbudget des Einzelnen.

Die Gesellschaft steht also einer Informationsflut gegenüber, die sich gleich auf mehreren Ebenen auswirkt: zunehmender Druck im beruflichen Umfeld durch Informations- und Kommunikationsstress, und eine unüberschaubare Menge an Informationen, die der Einzelne für täglich notwendige Entscheidungen gewichten und überblicken muss. Die Menschen reagieren deshalb zunehmend abwehrend auf zusätzlich auf sie einströmende Information, die sie als unwichtig oder als nicht prioritär einstufen (also zumeist werbliche Ansprache). Andererseits werden immer mehr Entscheidungen durch Gespräche mit Personen des Vertrauens oder mit Experten abgesichert – weil der Einzelne den Eindruck hat, nicht mehr gesichert alle relevanten Informationen überblicken zu können. Diskussionen und dem Austausch im Web kommt nach einer Prognose von Gartner[1] eine weiter ansteigende Bedeutung zu: Gartner rechnet damit, dass 80 % aller Kaufentscheidungen im Jahr 2015 von Diskussionen im Social Web beeinflusst sein werden.

---

1   Gartner Inc.: weltweit führendes Research & Management Consulting Unternehmen
    www.gartner.com

Es geht also um die Aufmerksamkeit

Überlegen Sie aus der Position eines Journalisten oder aus der Position eines Kunden: Ist das wirklich interessant? Spannend? Würde ich das als Journalist bringen? Oder ist es das, was Hunderte andere auch sagen?

Womit Sie in einer übersättigten Gesellschaft Aufmerksamkeit generieren ist nicht etwa das noch lautere Kommunizieren von Verkaufs- und Werbebotschaften, sondern geradezu die Umkehrung der Argumentation. Beginnen Sie nicht mit dem Produkt, sondern mit der Vision. Produkte haben alle, Produkte und Dienstleistungen wie Sie sie haben, bieten voraussichtlich auch jede Menge andere Unternehmen. Formulieren Sie also zuerst Ihre Vision. Erzählen Sie dann, wie diese Vision umgesetzt wurde, und kommen Sie erst dann zum Produkt selbst[1]. Klingt langatmig? Nun, wenn Sie bedenken, dass fast alle Ansprechpartner in dem Moment, da sie erkennen, dass es um Verkauf geht, die Antennen einfahren und als Gesprächspartner gedanklich oder konkret aussteigen, dann lohnt es sich vielleicht, dazu zwei Beispiele in Drehbuchform durchzuspielen:

„Darf ich Ihnen unser neues Sportlimousinen-Modell zeigen?"
84 % der Zuhörer steigen hier bereits aus und denken „Klar, alle anderen haben auch schöne Autos."

„Wir haben im neuen Modell das Chassis verstärkt und die Sicherheitseinstellungen stark verbessert."
Weitere 12 % verabschieden sich und denken „Das sagen die anderen auch."

„Wir dachten uns, wenn wir die Sicherheit verbessern, dann erhöht das Ihr Freiheitsgefühl beim Fahren – und das war uns wichtig."
Leider hören diesen Satz nur mehr vielleicht 4 % der Personen, die insgesamt angesprochen wurden. Wie viele davon werden einen Kauf infrage ziehen? Nun, es ist wahrscheinlich nicht der Rede wert. Fazit: Unverhältnismäßig viel Kommunikationsaufwand für bescheidene Ausbeute.

Kehren wir nun in unserem kleinen Experiment die Argumentation um:

„Wir dachten uns, wenn wir die Sicherheit verbessern, dann erhöht das Ihr Freiheitsgefühl beim Fahren – und das war uns wichtig."
„Das ist doch mal eine Ansage – klingt doch ansprechend." All jene, die hier Ihre Vision teilen, sind zumeist bereit, weiter zuzuhören – Sie nehmen sie also mit in die nächste Runde.

---

1 vgl. Sinek, Simon (2009) Start With Why.

„Dazu haben wir im neuen Modell das Chassis verstärkt und die Sicherheitseinstellungen stark verbessert."
„Gut, das war eine logische Konsequenz. Lass mal hören."

„Hier ist sie, unsere neue Sportlimousine, sie ist für Sie."
Klingt besser? Ja, tut es. Funktioniert auch besser.

Wenn Sie sich bei erfolgreichen Kampagnen umsehen, werden Sie immer häufiger beobachten, dass eine Abkehr von reiner Produktwerbung stattfindet und ein starker Zug in Richtung Kommunikation über Visionen Platz greift. Aktuell wirbt beispielsweise eine der großen Versicherungen nicht mit einer Haushalts-, Haftpflicht- oder Rechtsschutzversicherung, sondern mit „Zuhören können. Das macht einen verlässlichen Partner aus." Kein Wort von einem Produkt – der Kunde weiß ja, dass Versicherungsunternehmen Versicherungen verkaufen. Was hier aufgebaut wird, ist Vertrauen und Sympathie – wie hier schon mehrfach erwähnt, ist dies die relevanteste Kaufmotivation.

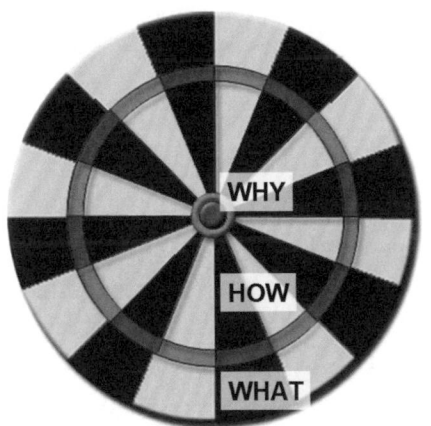

Beginnen Sie mit dem WHY – mit der Vision,
Quelle: Isabella Mader

Übung „Elevator Pitch":

Können Sie in einem Satz zusammenfassen, was Ihre Vision ist?

1. _____ , _____ . (!) (?)

Formulieren Sie drei unterstützende Argumente: Warum ist das wichtig?

1.1 _____ , _____ . (!) (?)

1.2 _____ , _____ . (!) (?)

1.3 _____ , _____ . (!) (?)

Nun beschreiben Sie in zwei Sätzen ein plakatives, interessantes Beispiel.

2. _____ , _____ . (!) (?)

   _____ , _____ . (!) (?)

Um die gesamte Aussage aller Punkte jemandem vorzutragen, brauchen Sie maximal eineinhalb Minuten inklusive der zwei Zwischenfragen. Gar nicht so einfach? Stimmt. Die überzeugende Vision eines Unternehmens formulieren Sie nicht in fünf Minuten – so etwas schießen Sie einfach nicht aus der Hüfte. Die hier investierte Zeit – auch in das „Abklopfen" mit kritischen Testpersonen – rechnet sich aber ab dem Zeitpunkt, da Sie mit dieser Vision die Bühne der Öffentlichkeit betreten. Wenn die Formulierung Ihrer Vision sitzt, kritische Rückfragen ausgehalten hat und dadurch noch weiter geschärft wurde, dann ist sie bereit, auch jene Menschen zu inspirieren, die Sie damit erreichen wollen.

Verstehen: Ziele definieren

Warum sprechen wir über Vision, wenn wir danach ganz konkrete, wahrscheinlich überwiegend wirtschaftliche Ziele definieren? Wir tun das, weil Sie eine Vision kommunizieren sollten – die Vision beeinflusst Ihre Zieldefinition – sie ist sozusagen das höhere Ziel, dem dann konkrete wirtschaftliche Ziele zur Seite gestellt werden.

Achten Sie darauf, allgemein-weltverbesserliche Ziele wie „Wir wollen die Besten in unserer Branche werden" oder „Wir wollen allgemein besser werden" zu vermeiden. Am Beginn muss neben einer überzeugenden Vision das Ziel (unter anderem) von nachhaltiger Profitabilität, eines realen wirtschaftlichen Erfolgs und eines Returns auf Ihr Investment stehen (vorausgesetzt Sie führen ein Wirtschaftsunternehmen und keine soziale Institution). Daran ist nichts Verwerfliches – auch Kunden erwarten, dass Sie mit Ihren Leistungen Geld verdienen, auch und gerade wenn Sie einer Vision folgen. Die Zeit, die Sie in Aktivitäten wie Unternehmenskommunikation, Networking oder Werbung investieren, müssen eine Rentabilität erzielen können – zumindest indirekt: Wenn Sie auf die Verbesserung der Reputation oder das Generieren von Vertrauen hinarbeiten, lassen sich diese beiden Ziele nicht primär messen, müssen aber sekundär einen Niederschlag in besseren Geschäftsergebnissen finden (wieder: sofern Sie kein soziales Institut führen). Ein Ziel muss es ermöglichen, ein Wertversprechen abzugeben oder ein Set von Vorteilen anzubieten, das sich von dem der Konkurrenz abhebt und klar unterscheidet. Und: Achten Sie darauf, dass Ihre Ziele einer kommunizierbaren Vision folgen und messbar sind.

Ihre Ziele-Checkliste:

➢ **Vision**

Folgen Ihre Ziele einer Vision? Welcher? Ist diese Vision klar vermittelbar und kommuniziert? Insbesondere: Kann sie im Geschäftsalltag durchgehalten werden? Wird sie jeden Tag eingehalten, für den Kunden eingelöst?

➢ **Rentabilität**

Für die Erreichung von Zielen eingesetzte Ressourcen müssen (indirekte) Rentabilität erzielen (können).

➢ **Wertversprechen**

Was sind die Vorteile, die Sie (zukünftig) anbieten? Wie heben Sie sich von der Konkurrenz ab?

Dazu ein ein Beispiel:

„Unser Ziel ist es, auf XING mindestens 500 Mitglieder in unserer Gruppe zu haben." Schön. Und? Was tut das? Was tun Sie mit diesen Mitgliedern? Was tun diese Mitglieder für Sie?

Wie können Ziele nun beispielsweise lauten?

„Wir wollen Begeisterung kreieren und die Mitarbeiter unserer Kunden einbinden und inspirieren. Wir wollen eine Abkehr vom monodirektionalen Roll-out hin zu einer Implementierung, die Mitarbeitern und Unternehmen gegenüber ein konkretes Nutzenversprechen einlöst und Mitarbeiter in ihrem Tun unterstützt." (Vision)

„In drei Jahren wollen wir unsere Umsätze um 50 % gesteigert haben und ein darauf abgestimmtes, gesundes, organisches Wachstum an Mitarbeitern und Kunden erreicht haben.
Wir wollen beispielsweise in unserer XING-Gruppe mindestens 500 Mitglieder im ersten Jahr haben, von denen mindestens 50 zu neuen Kunden oder Multiplikatoren werden." (Rentabilität)

„Wir wollen der Solutions-Champion unserer Branche werden und die besten maßgeschneiderten Lösungen und ein führendes Projektmanagement für unsere Kunden anbieten – und wir wollen, dass alle wissen, dass ihre Projekte mit uns erfolgreicher sein werden." (Wertversprechen)

Ihre Take-Aways

➢ Ohne klar formulierte Ziele fahren Sie einen undirigierten Weg – sich selbst die eigenen Ziele oder jene des Unternehmens klar zu machen, wirkt auch auf andere: Sie kommunizieren viel klarer.

➢ Beginnen Sie Ihre Argumentation immer mit der Vision und enden Sie mit dem Produkt – nicht umgekehrt.

➢ Legen Sie sich Argumentationen vorab zurecht: Erarbeiten Sie für jedes Produkt und für das Unternehmen bzw. für jedes Projekt einen sogenannten Elevator Pitch.

➢ Prüfen Sie Ihre Ziele auf: Vision, Rentabilität, Wertversprechen.

3.2 Bestandaufnahme Ihrer Ist-Situation

Es bedarf eines außergewöhnlichen Geistes
für die Analyse des Offensichtlichen.

Alfred North Whitehead

Ein sehr großer Teil des Neumitgliederaufkommens der letzten 2–3 Jahre auf XING gehört unserer Meinung nach zur sogenannten Early Majority oder Majotity (siehe: *http://en.wikipedia.org/wiki/Diffusion_of_Innovations*).

Erkennen können Sie sich am besten daran, dass Sie Mitglied bei XING geworden sind, nachdem Sie in privaten oder beruflichen Gesprächen festgestellt haben, wie groß die Menge Ihres Umfelds ist, das schon Mitglied ist. Gleiches gilt für Facebook, dessen größte Wachstumsraten mit einer Marktsättigung zwischen 26 % und 36 % in D-A-CH erreicht sind. Aus den Erfahrungen Hunderter Workshops ist es ein sehr bezeichnendes Merkmal, dass die überwiegende Anzahl dieser Gruppe einen Großteil der hier im Buch beschriebenen Möglichkeiten zwar erahnt, sie aber aufgrund der Komplexität im Dschungel der sozialen Netzwerke schwer erfassen kann.

In Zeiten, da Facebook im Bewusstsein ganzer Nationen angekommen ist, wird vieles mit eben diesen Maßstäben gemessen. XING und LinkedIn werden im direkten Vergleich zu Facebook oft als selbsterneuernde Adressbücher angesehen. Den Hauptunterschied unternehmerischer Betrachtung beschrieb Andrea Zajicek, Online- & Social-Media-Managerin der Voestalpine AG und Autorin des sehr empfehlenswerten Social-Media-Buchs „Social Comm", in einem kürzlichen Telefonat wie folgt:

„Die Wirksamkeit von Business-Networking wird vor allem durch 1:1-Kommunikation unter businessrelevanten Kontakten geprägt. Dadurch wächst der Schulungsaufwand mit Größe einer Unternehmung zur flächendeckenden Umsetzung wesentlich stärker an, als es bei Facebook & Co. nötig ist!"

Andrea Zajicek – Online- und Social-Media-Manager der voestalpine AG.

Im Umkehrschluss bietet die 1:1-Kommunikation besondere Möglichkeiten für Unternehmen, die kleiner und weniger sind als ein Konzern, der immer eine Gesamtstrategie platzieren muss. Einzelpersonen und Unternehmensabteilungen wie zum Beispiel Vertrieb und Human Resources können besonders punkten.

Die virtuellen Vitamin B-Netzwerke

Warum der richtige Social-Media-Mix so wertvoll ist

Facebook, Twitter und YouTube sind für die meisten Unternehmen, unabhängig von Größe und Geschäftsmodell, tragende Säulen der Social-Media-Strategie. Doch warum sind Business-Networks, speziell XING und LinkedIn, noch wenig in den Web-2.0-Aktivitäten verankert, wo sich doch Experten einig sind, dass hierin sehr viel Potenzial liegt?

Meiner Erfahrung nach liegt die Ursache dafür in einfachen wirtschaftlichen Prinzipien, die in Business Social Networks (noch) nicht ausreichend abgebildet werden können: Im Wesentlichen geht es um Input und Output. Erfolgreiche Unternehmen wirtschaften unter dem Gesichtspunkt, dass möglichst effizienter Ressourceneinsatz zu einem möglichst hohen Ergebnis führt. Setzt man die Mittel gekonnt ein und erzielt gleichzeitig einen hohen Gewinn, entspricht das grundsätzlich dem ökonomischen Idealprinzip. Das gilt heute nicht nur für die Kern-Geschäftsprozesse, wie z. B. die Produktion, sondern zieht sich durch alle Unternehmensbereiche.

Speziell im Bereich Kommunikation und Marketing ist der Ressourceneinsatz intensiv, sowohl bei „Man-" als auch bei „Money-Power". Umso mehr Wirkung man erreichen will, umso mehr muss investiert werden. Vor allem für KMU stellte dies in der Vergangenheit eine große Hürde dar. In Zeiten von Social Media ist die Hürde glücklicherweise geschrumpft, und auch kleinere Unternehmen mit weniger potenten Portokassen können sich heute einen effektiven Marktauftritt im Web aufbauen. Beginnt man mit Kommunikations- und Marketing-Aktiviäten im Social-Media-Bereich, gestalten sich die ersten Schritte meist sehr ähnlich zu den altbewährten Maßnahmen: Es geht vordergründig um das Publizieren von Nachrichten, das Verbreiten von Informationen und die Bekanntmachung von Services und Angeboten – gerichtet an eine oder mehrere Zielgruppe(n). Es handelt sich also um eine One-to-Many-Kommunikationsform. Dabei lassen sich die eingesetzten Ressourcen eigentlich gut argumentieren, weil es ein Leichtes ist, Reichweite und Benutzerreaktionen zu messen, in Kenngrößen überzuleiten und damit einen Mehrwert fürs Unternehmen darzustellen. Parade-Plattformen für One-to-Many-Kommunikation sind Facebook, Twitter und YouTube. Sie basieren auf einseitgen, lockeren Connections und entsprechen dem Broadcasting-Prinzip. Deshalb sind sie am Anfang die effizientesten „Zugpferde" im Web 2.0.

Etwas später in der Social-Media-Evolution eines Unternehmens folgt dann in der Regel die Erkenntnis, dass die „Zugpferde" immer mehr Ressourcen verschlingen und nichts mehr übrig bleibt, um anderswo zu investieren. Aber die One-to-Many-Strategie allein ist nicht nachhaltig – weder für große Unternehmungen noch für KMUs. Spätestens jetzt wäre es daher an der Zeit, seinen Blick auch in die andere Richtung zu lenken und mögliche Ansatzpunkte für eine One-to-One-Initiative zu überlegen. Im Marketing spricht man von dem richtigen Mix an Instrumenten, um in der Zielgruppenansprache möglichst erfolgreich zu sein. Dabei macht die Kombination und Integration den Erfolg aus. Genau das gilt auch für den Social-Media-Bereich.

Jedes Unternehmen sollte daher die verschiedenen Facetten der Social-Media-Welt miteinander kombinieren. 1.000 Likes auf Facebook sind genial, aber einen neuen Mitarbeiter über XING zu rekrutieren ist auch nicht schlecht, oder? Spätestens bei genauerer Betrachtung der Möglichkeiten von Business Social Networks wird klar, dass es sich lohnt, seinen Fokus ein Stück weit in One-to-one-

Aktivitäten zu verlagern. Das Knüpfen von Kontakten, Eingehen von Beziehungen und Initiieren von Verbindungen sind ohne Zweifel wichtige Teile unternehmerischer Tätigkeit. Auf XING und LinkedIn wimmelt es nur so von interessanten Kontakten, die geknüpft werden wollen: bestehende und potenzielle Kunden, Lieferanten, Experten, Fachleute, eigene und zukünftige Mitarbeiter usw. Längst tummeln sich auch schon Unternehmen dort, allerdings nur bei wenigen ist eine schlagkräftige Strategie und ein konkreter Nutzen ablesbar. Dabei wäre es eigentlich so einfach: Was bei Facebook und Co. die Reichweite ist, ist bei den Business-Networks die Beziehungsstärke. Ich nenne es gerne auch das „virtuelle Vitamin B". Menschen gehen gerne Beziehungen ein und profitieren davon – egal ob der Nutzen durch eine Geschäftspartnerschaft, gegenseitige Empfehlungen oder einfach nur im Erfahrungsaustausch besteht. Wir brauchen Vitamin B – auch für unser Unternehmen!

Die Gesetze der „Vitamin-B-Networks" muss ich nicht näher ausführen, da sie in diesem Buch detailliert beleuchtet werden. Am Anfang muss man sich an das Thema annähern und die eine oder andere Idee muss entstehen. Mein Tipp ist, möglichst bald den ersten Schritt zu setzen – dieses Buch hilft dabei und kann dazu inspirieren und mögliche Wege aufzeigen. Es lohnt sich auf jeden Fall, nach einem Nutzen der One-to-One-Kommunikation für das eigene Unternehmen zu suchen und daraus eine Zielsetzung abzuleiten und in der Social-Media-Strategie zu verankern. Was der konkrete Business Value sein kann, muss jedes Unternehmen für sich herausfinden. Ich gebe nur zu bedenken, dass man sämtliche Aktivitäten immer im Gesamtkontext betrachten muss. Eine Maßnahme allein kann kein Allheilmittel sein. Das Stichwort ist wie schon erwähnt die Kombination – am Anfang des Tages stehen Ihnen Ressourcen zur Verfügung, am Ende des Tages möchten Sie damit ein tolles Ergebnis erzielen. Die Schritte dorthin können Sie selbst kombinieren, denn es gibt nicht nur einen Weg dorthin und er muss auch nicht schnurgerade sein. Diesen Weg selbst erfolgreich zu gestalten ist genau das, was uns motiviert und die tägliche Arbeit zur Leidenschaft macht!

Checkliste der 1:1-Kommunikation

Checkliste der Möglichkeiten der 1:1-Kommunikation		
Welche Funktionen & Möglichkeiten es gibt und welche nutzen Sie?	**auf XING**	**auf LinkedIn**
Neues aus Netzwerk/Updates - Statusmeldung veröffentlichen - Link veröffentlichen - Umfrage erstellen (XING – Beta) - Filtern nach Informationsart - als interessant (like) markieren	Freemium	Freemium

Welche Funktionen & Möglichkeiten es gibt und welche nutzen Sie?	auf XING	auf LinkedIn
– kommentieren – an Ihr Netzwerk weiterleiten – Kontakt ausblenden – Update-Suche (nur LinkedIn)	nicht möglich	mit allen Suchfiltern
Powersuche	**Premium**	**Freemium**
– Besucher des Profils (XING/LinkedIn)		
– Besucher meiner Webseite		nicht möglich
– Besucher meiner Über-Mich-Seite		nicht möglich
– Kontakte mit Positionveränderung		nicht möglich
– vergangene Geburtstage von Kontakten		nicht möglich
– nächste Geburtstage von Kontakten		nicht möglich
– alle Kontakte 2. Grades		erweiterte Suche
– Mitglieder gleicher Organisation		erweiterte Suche
– Mitglieder gleicher Hochschule		
– Mitglieder, die suchen, was ich biete		nicht möglich
– Mitglieder, die bieten, was ich suche		nicht möglich
– Mitglieder, die mehrere meiner Kontakte kennen		nicht möglich erweiterte Suche
– Mitglieder in gleichen Gruppen		
– derzeitige & ehemalige Kollegen		
– Mitglieder, die ich kennen könnte		nicht möglich
– neueste Mitglieder		nicht möglich
– Mitglieder, die kürzlich angemeldet waren		nicht möglich
– Mitglieder mit Über-Mich-Seite		erweiterte Suche
– Mitglieder in der Nähe		
erweiterte Suche	**Freemium**	**Freemium**
– Stichwortsuche – Kontaktgrad		
erweiterte Suche	**Premium**	**Freemium**
– Vor-/Nachname		Vor- oder Nachname
– Person bietet		nicht möglich
– Person sucht		nicht möglich
– Interessen		Premium
– Hochschulen		
– Firma + Position jetzt		
– Firma + Position zuvor		
– Beschäftigungsart		Premium
– Branche		
– Organisation		nicht möglich
– Postleitzahl		
– Bundesland		(Umkreis)
– Land		
– Sprache		
– Referenzen	nicht möglich	

Welche Funktionen & Möglichkeiten es gibt und welche nutzen Sie?	auf XING	auf LinkedIn
Facettenfilter	Freemium	Freemium
– Kontaktgrad	Freemium	Freemium
– Land	Freemium	Freemium
– Ort	Freemium	Freemium
– Branche	Freemium	Freemium
– Unternehmen	Premium	Freemium
– Sprache	Premium	Freemium
– Beschäftigungsart	Premium	Premium
– Salesfilter nach Aktivität & Premium	Sales	Premium
– Unternehmensgröße	Sales	Premium
– Position/Karrierestufe	Sales	Premium
– Position seit	Sales	nicht möglich
– vorherige Position	Recruiting	nicht möglich
– Postleitzahlgebiet	Sales	nicht möglich
– interessiert an	nicht möglich	Premium
Referenzen		
– GästebuchRobert		nicht vorhanden
Vorstellen		
Events		
– zu Events einladen; Einladern antworten		
– Events besuchen		
– Event-Teilnehmer anschreiben		
(Kalt-)Nachrichten an Nichtkontakte		
– Basis	nicht möglich	7,95 €
– Basis	–	OpenLink
– Premium	20/Tag	ab 3/Monat
– Sales/Recruiting	50/Tag	bis zu 50/Monat
Gruppen		
– Mitglied werden, sich vorstellen		
– Diskussionen folgen (abonnieren)		
– Diskussion führen, Diskutanten anschreiben		

Diese Checkliste ist nicht nur um etliche Punkte erweiterbar, sondern auch noch volantil. Sie soll Anhaltspunkte zur Breite der Möglichkeiten geben. Wenn Sie jeden einzelnen Punkt der Liste durchgehen, werden Sie festzustellen, wie viel Potenzials bisher ungenutzt ist.

Was macht die XING-Powersuche zu einem einzigartigen Instrument?

Nach vielen Jahren der Vorherrschaft von Printmedien wurden Webseiten & Onlineshops zu einer großen Erweiterung für Marketing und Vertrieb. Die Streuverluste des Internets sind um ein Wesentliches geringer als im Print- oder Reallifebereich. Dennoch haben klassische Printmedien und das Internet (Web1.0) gemeinsam, dass Sie ohne Aktivität eines potenziellen Interessenten nie erfahren können, welche Personen sich konkret für ein Unternehmen, deren Produkte oder Informationen interessierte.

Auf Ihrer Webseite können Sie analysieren, wann jemand da war, womit dieser sich beschäftigte, von wo er zu Ihnen kam, wie lange er sich auf Ihrer Seite (Ihrem Geschäft) aufhielt und vieles mehr.

Ohne einen Eintrag in ein Kontaktformular, Bestellung eines Produkts, Eintrag in einem Newsletterverteiler oder Ähnlichem erhalten Sie niemals eine 100 % eindeutige Information darüber, **wer** sich für die Informationen interessierte und was diese Person selber an Interessen hat.

Statische „Werbeformen" im Vergleich			
Print (Flyer, Zeitung)	**Webseite**	**XING**	**LinkedIn**
Anzeigen, Verteilung	Suche, Anzeigen	Suche & Kontakte	Suche & Kontakte
Sehr hohe Streuverluste	Geringe Streuverluste – Targeting	Geringe Streuverluste – Targeting	Geringe Streuverluste – Targeting
Kaum Kontrolle möglich	Analytics bietet Kontrolle – ohne Individaldaten	Klick im Profil – mit Individualdaten – Sucher oder Finder? – RSS-Feed d. Besucher Klick auf Webseite Klick auf Über-Mich-Seite	Klick im Profil – ggf. mit Individualdaten – aggregierte Sucher
Passiver Kontaktaufbau – Telefon, Mail, Post – Einkauf, Bestellung	Passiver Kontaktaufbau – Telefon, Mail, Post – Newsletterbestellung – Einkauf, Bestellung – Onlinebuchung	Passiver Kontaktaufbau – Telefon*, Mail, Post* – Direktkontakt – Gruppeneinladung – Kontakt empfehlen – Gästebucheintrag	Passiver Kontaktaufbau – Telefon*, Mail, Post* – Direktkontakt* – Vorstellung über Dritten

Print (Flyer, Zeitung)	Webseite	XING	LinkedIn
		Aktiver Kontaktaufbau – siehe Passiv – Direktkontakt – Gruppeneinladung – Kontakt empfehlen – Gästebucheintrag	Aktiver Kontaktaufbau – siehe Passiv – Direktkontakt* – Vorstellen über Dritten
* = im Falle der Kontaktbestätigung			

Analyse der XING-Powersuchergebnisse

Wie schon zuvor beschrieben ist die Powersuche, insbesondere die Punkte rund um Ihren Profilbesuch ein USP, der Seinesgleichen im Internet sucht. Die XING-Powersuche gibt zudem noch mehr individuelle Information über die Besucherherkunft.

Das Profil ist Ihr Ladenlokal in einem „Einkaufszentrum"

Ersetzen Sie das Wort XING-Profil durch den Begriff Schaufenster und stellen Sie sich vor, Sie hätten Ihre Geschäftsadresse in einem Shoppingcenter oder einer Einkaufsstraße Ihrer Stadt. Je mehr Laufkundschaft Ihre Geschäftsadresse hat, desto wertvoller ist die Lage. In der Immobilienwirtschaft gibt es einen Aussage, dass die wichtigsten drei Bewertungspunkte (a) die Lage, (b) die Lage und (c) noch mal die Lage ist.

Als Betreiber eines „stationären Geschäfts" gibt es zwei Möglichkeiten. Entweder man wird gesucht, weil die Produkte gebraucht, einzigartig oder unschlagbar gut sind. Für einen Ikea-Besuch fährt man weit, man weiß genau, was man bekommt. Das gegenteilige Konzept ist, sich in eine Lage mit höchstmöglicher Frequenz einzukaufen. Am Umfeld von Ikea kann man sehen, dass eine Kombination beider Konzepte möglich ist.

Die Powersuchergebnisse geben Aufschluss darüber, zu welchen der beiden Gruppen Ihr Profil (Geschäftslokal) zählt, *http://bit.ly/XING_ Profilbesucher*.

> ➢ **Klick in und Klick auf der Powersuche deuten darauf hin, dass Sie in einer guten (Lauf-)Lage sind**. Sie haben individuell kommuniziert (Klick in Nachrichten), Sie haben Kontakte gemacht (Klick in Kontakten von), Sie haben einen Gruppenbeitrag geschrieben (Klick auf einen Beitrag der Gruppe), Sie haben eine Statusmeldung, Link, sonstige Ak-

tivität aktiv oder passiv veröffentlicht (Klick in Neues aus dem Netzwerk) oder sind Moderator einer Gruppe (Klick auf Moderator der Gruppe).

> **Suche nach Stichwörtern besagt, dass Inhalte Ihres (Profil-)Schaufensters mittels Volltextsuche gefunden wurden.**

> **Suche nach Ort, PLZ, Sprachen, Ich suche, Ich biete bzw. allen zwölf weiteren Datenfeldern** der Erweiterten Suche besagen, dass Ihr Profilbesucher sehr gezielt nach Ihrerseits angebotenen Inhalten gesucht hat.

> **Google: Suche nach** zeigt einen Suchmaschinentreffer aus dem Web an. Das setzt voraus, dass Ihr Profil für das Internet und Suchmaschinen sichtbar ist, *http://bit.ly/XING_privacy*.

> **Link von extern:** zeigt einen Ort an, an dem Ihr XING-Profil verlinkt ist.

Wir empfehlen aus mehreren Gründen eine langfristige Beobachtungen und Analyse der Ergebnisse Ihrer Profilbesucher:

1. Sie können sehen, wer in Ihr Geschäft hineinschaut. Das kann eine tolle Chance für eine erste Kontaktaufnahme sein.

2. Die Ergebnisse können Ihnen zeigen, ob angebotene Inhalte (Keywords, Schlüsselbegriffe) überhaupt gesucht werden. Feedbackfragen an Ihre Besucher können Sie darin unterstützen, Ihre Inhalte zu optimieren.

3. Stellen Sie trotz Ausprobieren unterschiedlicher Varianten (Dekoration Ihres Schaufensters) fest, dass überwiegend Laufkunden zu Ihnen kommen, so hat das eine Konsequenz für den grundsätzlichen Aufbau Ihrer Auslage. Laufkundschaft möchte i. d. R. mehr inspiriert werden, als einen Bauchladen aus harten Fakten vorzufinden.

Offizielle Daten der XING AG zum Suchverhalten der Mitglieder liegen keine vor. Ein Einblick in die Powersuchergebnisse von Michael Rajiv Shah der letzten Monate gibt noch mehr Aufschluss über das Warum einer längerfristigen Beobachtung Ihrer Profilbesucher. Bleibt man beim Bild der Dramaturgie, *http://bit.ly/Shoppingcenterdramaturgie*, so machen sowohl Einkaufsstraßen, Geschäfte und Shoppingcenter auch Zählungen, um Besucherströme beurteilen und strategische Maßnahmen treffen zu können. In der Fachsprache nennt man es Monitoring (*http://de.wikipedia.org/wiki/Monitoring*).

Bis Ende September war das Profil so designed, dass jeder, der das Stichwort Social Media in Österreich sucht, auf der ersten Seite mein Profil finden musste. Bis dahin kamen 75 % meiner Profilbesucher über „Klick In".

Das kann zwei Gründe haben:

➢ Falscher Suchbegriff: Zum Beispiel Social Media wird nicht gesucht.

➢ Oder der richtige Suchbegriff wird gar nicht gesucht.

Eine Googleanalyse (*http://bit.ly/Google_AdWords_Tools*) gibt Aufschluss über die Suchhäufigkeit der Suchanfragen bestimmter Keywords und Kombinationen im gesamten Web.

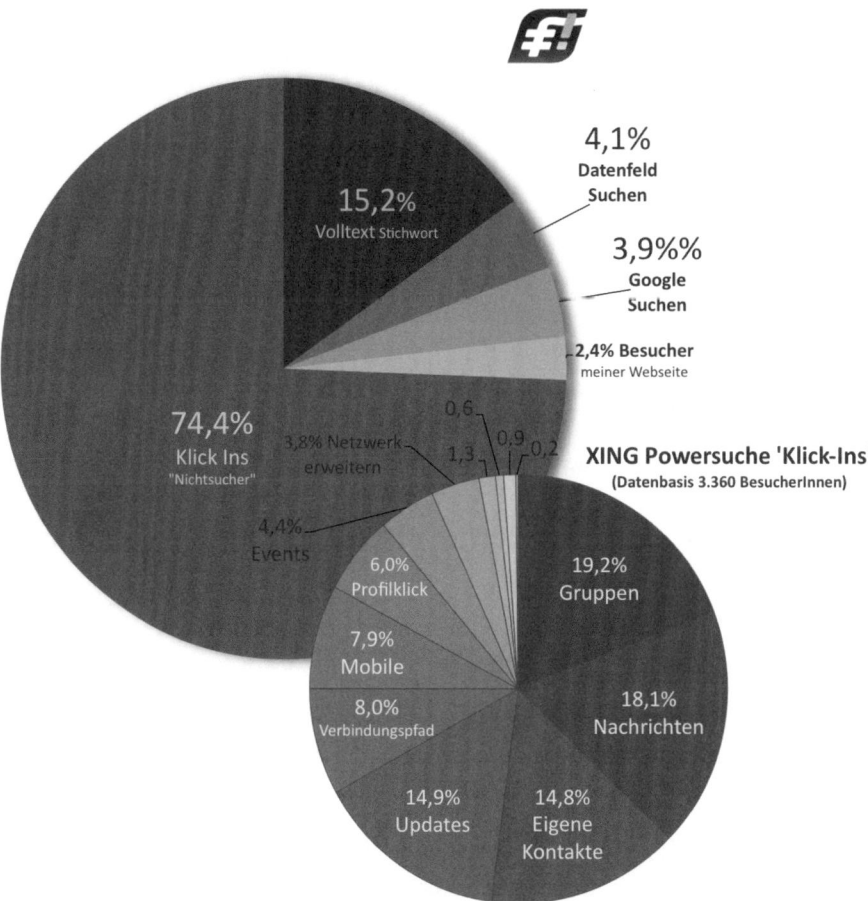

Profilbesucherherkunft von Michael Rajiv Shah, Quelle: 28-Wochenstatistik der Powersuche.

Die Hintergrundinformation, wie viel Zeit Netzwerkmitglieder auf welcher Plattform verbringen, gibt ein Gefühl für die durchschnittliche Intensität des sozialen Netzwerkens. Ende November wurde XING in Deutschland 20 Millionen Mal mit einer durchschnittlichen Verweildauer von 9,4 Minuten besucht. Zum Vergleich: Facebook hatte 1.100 Mio. à 23,2 Min. und LinkedIn 4,8 Mio. à 7,1 Min. (*http://bit.ly/Google_AdPlanner_Netzwerke*).

Mit einem inhaltlich veränderten Profil stehen jetzt Social Network, soziale Netzwerke und Networking im Vordergrund. Das Profilbesucherverhalten veränderte sich interessanterweise nur marginal.

15,2 % Stichwortsucher, 4,1 % Datenfeldsucher, 3,9 % Google-Sucher und 2,4 % Webseitenbesucher bedeutet natürlich nicht, dass die ¾ nicht auf Suche sind, doch diese wurden durch eigene Aktivitäten auf das Profil aufmerksam. Die Anteile variieren mit dem eigenen Verhalten.

Fragen Sie sich selber, ob 19 %, die ein Branchenbuch aufschlagen, nach etwas suchen, das in Ihrem Schaufenster liegt, um dann vor Ihrem Schaufenster stehen zu bleiben, wenig oder viel ist?

Sollte Ihr Profilmonitoring dauerhaft Ähnliches ergeben, ist die Konsequenz, dass Ihr Profil für Laufkundschaft (ansprechend, menschlich bis „sexy") zu designen wäre, ohne die echten Sucher zu vernachlässigen. An beidem beständig zu arbeiten ist die beste Strategie für langfristigen Erfolg.

Ein Social-Network-Profil wächst und ändert sich mit der Veränderung im Leben. Daher ist es von außen gesehen ähnlich, als wenn Sie beim Shoppen an einem Geschäft vorbeigehen, wo die Fenster schmutzig sind und im Juni noch die Winterware dekoriert ist.

Analyse der Profildramaturgie mittels der XING-Powersuche

Die XING-Powersuche zeigt auch, wohin Ihre Besucher nach dem Schaufensterbesuch hingegangen sind.

➢ Mitglieder, die kürzlich meine Firmen-Homepage besucht haben
➢ Mitglieder, die die „Über-Mich"-Seite kürzlich besucht haben
➢ Mitglieder, die kürzlich eine meiner vorherigen Firmen-Hompages besucht haben

Befinden sich in einer der drei Powersuchen Anzeigen von XING-Mitgliedern, können Sie das so deuten, dass diese dramaturgisch die Türe geöffnet haben und in Ihr Geschäft hineingekommen sind.

Dramaturgie

(Quelle: Wikipedia; *http://de.wikipedia.org/wiki/dramaturgie*; Text unterliegt der Lizenz CC-BY-SA, *http://creativecommons.org/licenses/by-sa/3.0/deed.de*

Die Dramaturgie (von griechisch dramaturgein „ein Drama verfassen") bezeichnet einerseits das Kompositionsprinzip eines Theaterstücks, das je nach Epoche variiert, oder auch die Kunst, im Bereich Literatur, Theater, Tanz, Filmkunst, Fernsehen und Computerspiel, aber auch in der Musik, einen Spannungsbogen zu gestalten.

Mit dem wöchentlichen XING-Newsletter erhalten Sie die Information (*http://bit.ly/ XING_Nachrichten*) wie viele Profilbesucher Sie insgesamt hatten. Eine andere Möglichkeit ist es, sich einen eigenen Stichtag zu setzen und einmal die tagesaktuelle Profilklickzahl zu notieren und

Gruppenmoderator
Premium-Mitglied
Mitglied seit: 08/2004
Seitenaufrufe: 136.381

100%

Aktivitäts-Index: 100%

fortlaufend Ihre eigene Statistik zu führen. Die Angabe befindet sich auch in Ihrem und dem Profil aller anderen XING-Mitglieder.

Später erhalten Sie ausführliche Screenshots bzw. Beschreibungen der Stellen, an denen Sie diese Informationen finden.

Für die Analyse stehen folgende Informationen zur Verfügung:

➢ Anzahl aller Schaufensterbesucher seit Beitritt
➢ Gesamtanzahl Besucher der vergangenen Woche
➢ Wie viele dieser Besucher als identifizierbare Sucher kamen
➢ Wie viele dieser Besucher als Laufkundschaft kamen
➢ Wie viele von diesen Ihre einzelnen Filialen besucht haben
➢ Wie viele Besucher die Über-Mich-Seite insgesamt hatte

Die Dramaturgie meines Profils gibt mir die Information, dass 11,9 % der klar identifizierten Profilbesucher meine Über-Mich-Seite besucht haben. Insgesamt 4,7 % aller 135.000. Aufgrund des Vorhandenseins der sehr plakativen auch wechselnden Über-Mich-Seite sind die Besucher der Webseite in meinem Beispiel relativ gering. Wir möchten anmerken, mit der Einbindung der weiteren Webprofile in die Profilvisitenkarte (seit X4) ist es zu einer Verringerung, dcr in der Powersuche gemessenen Homepagebesuche gekommen. Es kommt auf Ihr Ziel und die verfolgte Strategie an, wo Sie Ihre Profilbesucher hinschicken (siehe Kapitel 4).

Profildramaturgie mit Perspektive, Person & Passion

Mal angenommen, Sie kommen nach beschriebener Analyse zum gleichen oder ähnlichen Ergebnis, das da lautet, es macht keinen Sinn, 100 % seiner Profilinhalte auf Keywortsuchinhalte abzustellen, dann stehen Sie jetzt vor einer neuen Herausforderung. Der Fokus Ihres Profilaufbaus hat eine neue Möglichkeit für positive Veränderungen bekommen: **Von x % Schlüsselbegriffen auf y % für Menschen gemachte Inhalte.**

Ihre Take-Aways

➢ Überprüfen Sie Ihre Kommunikation anhand der 1:1-Checkliste: Status-Updates, Powersuche, erweiterte Suche, Facettenfilter, Referenzen, Vorstellen, Events, Nachrichten, Gruppen.

➢ Analysieren Sie Ihre Profilbesucher systematisch.

➢ Optimieren Sie Ihr eigenes Profil auf gewünschte Suchergebnisse hin.

3.3 Wo sind meine Zielgruppen auf XING und LinkedIn?

Diejenigen, die aus einer inneren Vernunft denken, können erkennen, dass alle Dinge durch Verbindungsglieder miteinander zusammenhängen, und dass alles, was nicht im Zusammenhang steht, zerfällt.

Emanuel Swedenborg

Der Aufbau von Kontakten kann ja einerseits „kalt" erfolgen, also durch direkte Ansprache bisher Unbekannter – oder „warm" über bestehende gemeinsame Kontakte. Bekanntlich sind die Erfolgsaussichten im letzteren Fall ungleich höher. Wenn Ihnen der Ansprechpartneraufbau über warme Kontakte ebenso zusagt wie uns, unterteilen wir Ihre Zielgruppen zunächst einmal in drei Teile:

1. Ihre bestehenden Kontakte (Kunden, Geschäfts- und Kooperationspartner, Kommilitonen, Bekannte, Freunde, Familienmitglieder)

2. Deren Kontakte (also Ihre Kontakte 2. und 3. Grades)

3. Kontakte außerhalb Ihres Netzwerks (Kaltkontakte)

Damit Sie feststellen können, ob ein Netzwerk für diese eleganteste Art des Netzwerkaufbaus geeignet ist, bedarf es zuallererst einer Potenzialanalyse Ihres bereits bestehenden Netzwerks mit der Plattform.

Bestehende Kontakte

Sowohl XING als auch LinkedIn bieten dafür unterschiedliche voll- oder halbautomatisierte Instrumente, deren Ziel es ist, Ihre Kontakte zu neuen Mitgliedern zu machen. Mit der Einladung beschäftigen wir uns in einem weiteren Schritt.

Funktionen und Werkzeuge	XING	LinkedIn
Outlook Connector (2003, 2007, 2010)	*http://bit.ly/XING_Outlook_Connector*	*http://linkd.in/Outlook_Connector*
Einladung (Eingabe von Mailadressen)	ja	ja
Einladung per Webmailzugang	ja (3 Anbieter)	ja (39 Anbieter)
Upload per Text, CSV- oder VCF-Datei	ja	ja
Persönlicher Einladungslink	ja	nein
Link zur Einladungsverwaltung	*http://bit.ly/XING_invite*	*http://linkd.in/IN_invite*
Offlineadressbuch	nicht vorhanden	ja
Achtung: Das Ziel jeder Plattform ist es, neue Mitglieder zu bekommen. Die Mechanismen sind darauf ausgerichtet, dass Sie leicht und komfortabel Ihr bestehendes Netzwerk auf eine der Plattformen einladen. **Wir empfehlen Ihnen, jede Art automatisierter Einladung zu unterlassen!**		

Für die Analyse Ihrer bereits vorhandenen Kontakte im jeweiligen Netzwerk empfehlen wir Ihnen die Erstellung einer **.csv*, **.txt*, **.vcf*-Datei der gewünschten Kontakte (1. Grades). Die *http://bit.ly/XING_Export_Hilfe* und *http://linkd.in/Export_Hilfe* bieten eine Anleitung, wie Sie dies mit Ihrem Mailprogramm oder anderen Werkzeugen umsetzen können.

Im nächsten Schritt können Sie die erstellten Dateien auf XING (*http://bit.ly/XING_invite*) bzw. LinkedIn (*http://linkd.in/desktop_invite*) hochladen (importieren).

Bitte beachten Sie dabei die Datenschutzrichtlinien Ihrer Firma

XING und LinkedIn haben eigene Datenschutzrichtlinien. Besprechen Sie diese mit der Rechtsabteilung Ihres Unternehmens. Beim Social-Media-Manual (Kapitel 7.2) gehen wir noch einmal darauf ein.

Das erste Ziel ist die Potenzialanalyse Ihres bestehenden Netzwerks auf der Plattform. Das Ergebnis besteht aus den Kontakten, die sie aktiv weiterempfehlen könnten. **Vermeiden Sie alle Schritte, die zu einer Masseneinladung führen, indem Sie die Schritte überspringen** (siehe Abbildung).

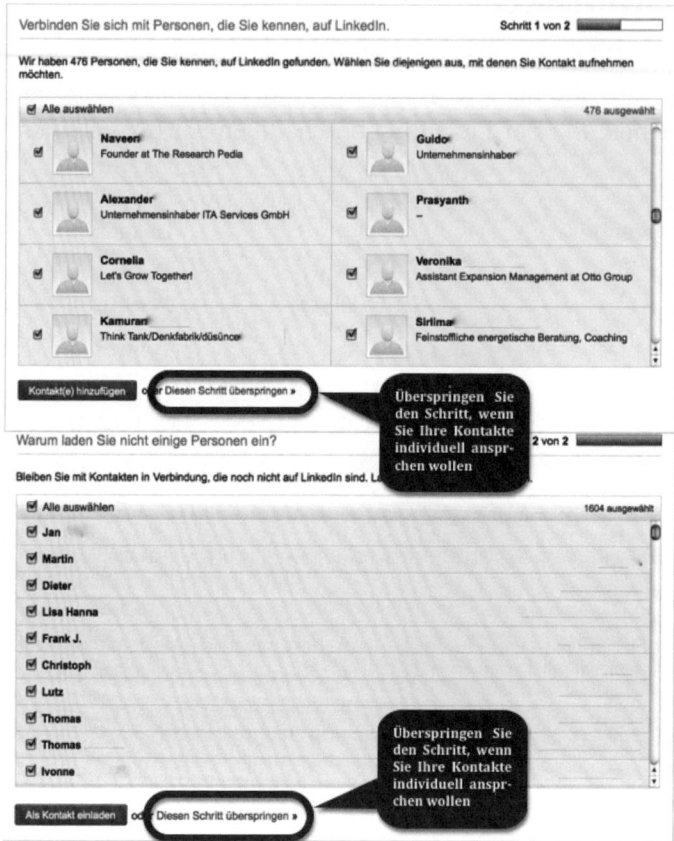

Schritt 1 und 2 im LinkedIn-Offline-Adressbuch.

Für XING gilt: Gehen Sie mit Ihrer rechten Maustaste auf „Alles Markieren" und kopieren Sie alle angezeigten Kontakte in ein geöffnetes Textdokument. Dann haben Sie eine Liste aller „echten" Verbindungen Ihres Adressbuchs. Drucken Sie die Liste aus und bilden Sie Gruppen darin.

Für LinkedIn gilt: Wiederholen Sie den für XING erläuterten Schritt und drucken Sie die Datei aus. Alternativ können Sie alle Schritte (siehe Screenshot) überspringen. In Folge erstellt LinkedIn automatisch ein sogenanntes Offline-Adressbuch (*http://linkd.in/Offline_Adressbuch*), in welchem Ihnen alle Kontakte bzw. einzelne E-Mail-Verbindungen Ihres Datei-Uploads namentlich angezeigt werden. Diejenigen, die bereits Mitglied auf der Plattform sind, werden Ihnen durch ein LinkedIn-Logo kenntlich gemacht.

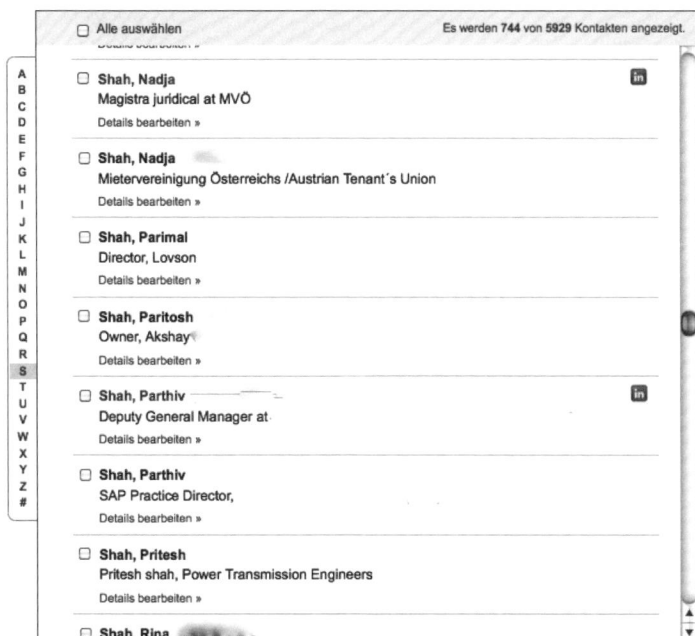

*Die LinkedIn-
Offline-Adress-
buchansicht.*

Soweit Ihre Potenzialanalyse (folgender Abschnitt) LinkedIn als Ihr Ziel-
netzwerk bestätigt, sind Sie mit dem Offline-Adressbuch einen großen
Arbeitsschritt weiter als auf XING.

> **Ihr bestehendes Netzwerk ist einer der wichtigsten Erfolgs-
> grundpfeiler**
>
> Starten Sie erst nach einer strategischen Vorselektion in Zielgruppen mit der ak-
> tiven Kontaktaufnahme. Es ist Ihr real existierendes Empfehlungsnetzwerk bzw.
> die Referenzen, auf der Sie eine neue Geschäftsgrundlage aufbauen.

Kontakte zweiten und dritten Grades finden

Den Wert der Kontakte 2. Grades haben wir visualisiert. Die erweiterte
Suche ist der Schlüssel zur Erschließung „warmer" und „kalter" neuer Ansprechpartner.

➢ *http://bit.ly/XING_erweiterte_Suche*
➢ *http://linkd.in/erweiterte_Suche*

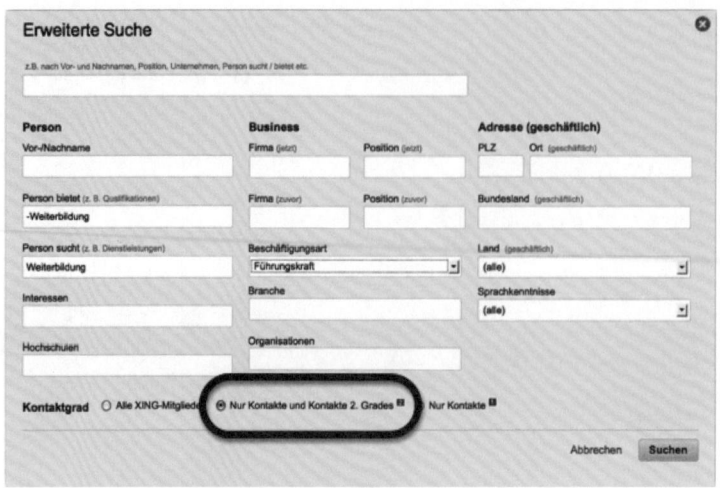

*Kontakte
2. Grades mit
der erweiterten
Suche heraus-
filtern.*

Die erweiterte Suche steht allen XING-Premium-Mitgliedern zur Verfügung. Basismitglieder haben neben der Volltextsuche auch eine Eingrenzungsmöglichkeit nach Kontaktgrad. Bei Aktivierung des Filters „Meine Kontakte 1. und 2. Grades" (siehe Screenshot) erhalten Sie die gewünschte Auflistung von Personen, zu denen Sie potenziell weiterempfohlen werden können. Auf LinkedIn können Sie die Suche sogar auf den 3. Kontaktgrad ausdehnen. Mit einem guten bestehenden Netzwerk werden Sie diesen selten benötigen.

Bei der beispielhaften Suche nach Personen, die nach „Weiterbildung" suchen, diese aber nicht anbieten – Ausgrenzung durch das Vorzeichen (-) in „Ich biete" –, ließen

sich die Ergebnisse auf deutschsprachige Führungskräfte, deren Unternehmen Ihren Sitz in Österreich haben, filtern. Mittels weiterer Filterung auf bestimmte Unternehmensgrößen (Sales- oder Recruiting-Mitgliedschaft) grenzen Sie auf Unternehmen ein, die mehr als 500 Mitarbeiter haben.

➢ *http://bit.ly/XING_Salesmitgliedschaft*
➢ *http://bit.ly/XING_Recruitingmitgliedschaft*

Aus den verbleibenden Möglichkeiten suchen Sie sich die Personen heraus, zu denen Sie Verbindungen über einen Ihrer Empfehlungsgeber haben.

Im hier verwendeten Beispiel bestehen insgesamt 16 gemeinsame Verbindungen. Zwei dieser direkten Kontakte sind Auftraggeber.

Michael Rajiv Shah
networkfinder.cc ~ findet Ihre
Rolle in Social Networks

Bettina Fattinger
Österreichische Volksbanken AG

Hans
Volksbank AG

> **Zeige die 16 verschiedenen Verbindungen zu Hans**

Ein zugleich im gleichen Unternehmen tätiger Kontakt ist der perfekte Ansprechpartner für eine warme Empfehlung. In diesem Beispiel läuft die Empfehlung direkt in die Aus- und Weiterbildungsabteilung eines Großunternehmens.

Denken Sie auch an ganz andere Konstellationen:

> ein Studienkollege aus dem Qualitätsmanagement empfiehlt Sie einem Kollegen in der Einkaufsabteilung seiner Firma.

> Sie durchforsten ein ganzes Unternehmen nach Kollegen eines Kunden, mit dem Sie eine konkrete Weiterempfehlungsvereinbarung haben (siehe Kapitel 4.2).

> Tennis-, Golf- oder Surffreund, Fußballbekannter, Vereinskollegen stellen Ihnen eine Person vor, die Sie für eine Kooperation benötigen.

> Familienmitglied kennt in seinem Umfeld Personen, über die Sie sich auf normalem Wege niemals ausgetauscht hätten.

> Unabhängig von Ihrer Aktivität unterhält sich ein Netzwerkmitglied mit einem Ihrer Kunden.

Kontakte außerhalb Ihres Netzwerks

Eine Analyse der interessanten Branchen und Sektoren gibt Aufschluss über das komplette Ansprechpartner-Potenzial einer Plattform. Für die Potenzialanalyse auf XING ist eine Sales- oder Recruiting-Mitgliedschaft besonders geeignet, da Sie sehr weit aufgefächerte Filtermöglichkeiten haben.

Ausgehend vom Beispiel (Personen, die Weiterbildung suchen, aber nicht anbieten) bekommt man ein Ergebnis, das insgesamt größer als 10.000 Mitglieder ist. Im nächsten Schritt grenzt man die Daten mit sogenannten Facettenfiltern zum Beispiel auf Postleitzahlen genau ein.

http://bit.ly/XING_Weiterbildung_DACH-PLZ –
Das Potenzial dieser Suche in DACH betrug Mitte
Dezember 16.837 Personen.

14.635 Mitglieder in Deutschland
  1.322 Mitglieder in Österreich
    880 Mitglieder in der Schweiz

Suchergebnis verfeinern	
> Sales-Status	Bearbeiten
> Sales-Filter	
> Kontaktgrad	
> Unternehmensgröße	
> Derzeitige Position	
> In derzeitiger Position seit	
> Beschäftigungsart	
> Derzeitiges Unternehmen	
> Branche	
> PLZ-Bereich	
> Ort, geschäftlich	
> Land	
> Sprache	

Um sicherzustellen, dass eine Suche alle vorhandenen Personen erfasst hat, sind die Suchergebnisse auf kleiner 15 (Basismitgliedschaft), kleiner 300 (Premium) bzw. kleiner 1.000 (Sales/
Recruiting) einzugrenzen.

Darin unterstützen die Facetten neben den 17
normalen Premium-Datenfeldern – aus denen
nur jeweils ein Land, eine Sprache etc. ausgewählt werden können – noch weitere, sodass
mehrere Auswahlmöglichkeiten kombiniert werden können. Im Ausgangbeispiel können Mit-
glieder, die Weiterbildung suchen, aber nicht anbieten lassen, sich aus
dem oben genannten 16.837 Mitglieder umfassenden Personenkreis nun
369 Personen in potenziellen Entscheidungsfunktionen herausfiltern:

> ➢ Unternehmen, die mehr als 11 Mitarbeiter haben
> ➢ Geschäftsführer oder Inhaber oder Senior-Consultants oder Key-
>   Account-Manager oder Projektmanager
> ➢ *http://bit.ly/XING_Weiterbildung_DACH_Entscheider*

Diese Auswahlmöglichkeiten können beliebig kombiniert werden, nach
Kontakt-, Aktivitätsgrad sortieren, Abspeichern und Suchagenten einrichten.

Ein Vergleich der Mitgliedschaftstypen

Die Basismitgliedschaft ist kostenlos, aber ungeeignet für einen professionellen Start.

Die Premium-Mitgliederschaft bekommt man ab 5,55 € im Monat. Wollen
Sie professionell beginnen, ist das Ihr Mindestinvestment.

Für den Anfang empfehlen wir Ihnen die Sales-/Recruiting-Mitgliedschaft,
um die zuvor beschriebene Potenzialanalyse umsetzen zu können. Ihre
einmalige Investition beträgt in diesem Fall derzeit 149,85 € für ein Quartal.

Wahrscheinlich werden Sie danach auf ein Jahresabo für 29,95 € monatlich umstellen, weil die Features weitere wertvolle Eigenschaften für eine Pre-Sales-Verwaltung Ihrer Kontakte, aber auch Nichtkontakte enthalten.

	Basis	Premium	Sales
❯ Sich mit einem eigenen Profil professionell präsentieren	✓	✓	✓
❯ Kontakte knüpfen, verwalten, merken und mit ihnen kommunizieren	✓	✓	✓
❯ Neuigkeiten, Empfehlungen und Wissenswertes Ihrer Kontakte verfolgen und selbst z. B. Mitteilungen oder Links veröffentlichen	✓	✓	✓
❯ Gruppen entdecken oder selbst gründen und in Foren diskutieren	✓	✓	✓
❯ Jobs finden oder eigene Jobanzeigen schalten	✓	✓	✓
❯ Events besuchen oder selbst veranstalten, inkl. Verkauf von Tickets und mehr	✓	✓	✓
❯ Einfache und schnelle Mitgliedersuche, maximale Suchergebnisse:	15	300	1000
❯ Noch gezielter Mitglieder finden, mit der erweiterten Suche		✓	✓
❯ Nur relevante Suchtreffer anzeigen, dank spezieller Premium-Suchfilter		✓	✓
❯ Automatisch suchen lassen, mit praktischen Suchaufträgen, gleichzeitig bis zu ...		20	20
❯ Besucher des eigenen Profils sehen		✓	✓
❯ Aussagekräftige Dokumente dem eigenen Profil hinzufügen (z. B. Arbeitsproben, Zeugnisse etc.)		✓	✓
❯ Referenzen von anderen erhalten und auf dem eigenen Profil anzeigen		✓	✓
❯ Werbefreies Profil, für einen noch professionelleren Auftritt		✓	✓
❯ Nachrichten an Nicht-Kontakte schreiben		20	50
❯ Geburtstagserinnerungen erhalten		✓	✓
❯ Alle Rabatte der XING-Vorteilsangebote nutzen		✓	✓
❯ Potenzielle Kunden einfacher identifizieren			✓
❯ Personen einfacher vergleichen, dank mehr Details pro Suchergebnis			✓
❯ Unternehmensdetails aller Mitglieder sofort abrufen			✓
❯ Geschäftskontakte effizient erfassen und verwalten			✓
❯ Schnellzugriff auf Ihre gemeinsame Korrespondenz mit einer Person			✓

Drei XING-Mitgliedschaftstypen im Überblick.

Die Premium-Mitgliederschaft ist für eine derart umfassende Grundlagenanalyse auf XING wenig geeignet.

Die Potenzialanalyse fällt auf LinkedIn eindeutig oberflächlicher aus als bei XING

Dadurch, dass auf LinkedIn zwei der wichtigsten Suchdatenfelder (Ich suche; Ich biete) komplett fehlen, sind die Suchergebnisse trotz sehr ähnlicher Filterfunktionen niemals von der Qualität, die man auf XING erzielt, weil sie den Volltext eines Profils screent. Das auf Managementfunktionen in Unternehmen zwischen 11–10.000+ Mitarbeitern eingegrenzte Weiterbildungsbeispiel brachte 369 Ergebnisse mit der speziellen Datenfeldsuche (Ich suche; Ich biete). Die Volltextsuche à la LinkedIn bringt 2.271 Ergebnisse, *http://bit.ly/XING_Weiterbildung_DACH_Stichwort*.

Auch die Internationalität (Sprache) macht es schwer, die Ergebnisse einer Potenzialanalyse mit XING zu vergleichen.

Daher im Folgenden zwei andere Beispiele, in denen wir die Ergebnisse des Datenfelds „Position" auf der Suche nach Einkäufern verglichen haben, *http://bit. ly/XING_LinkedIn_Einkaeufer*.

Das zweite Beispiel illustriert, was sich zum Potenzial innerhalb der Chemiebranche finden lässt – mehr dazu finden Sie unter diesem Link: *http://bit.ly/ XING_LinkedIn_Pharma*.

Die weniger fokussierte „Oberflächlichkeit" von LinkedIn in dieser Sache hat auch ihre Vorteile. Sie ist schnell. LinkedIn bietet unabhängig davon, welche Art der Mitgliedschaft Sie haben, über das Marketingtool LinkedIn Ads (*https://www.linkedin.com/ads*) eine Besonderheit, die kein Nutzer in dieser Einfachheit auf XING bekommen kann: einen kompletten Branchenüberblick mit wenigen Klicks.

Am 24.03.2012 hatte die Bildungsbranche über 73.000 Dt. Mitglieder!

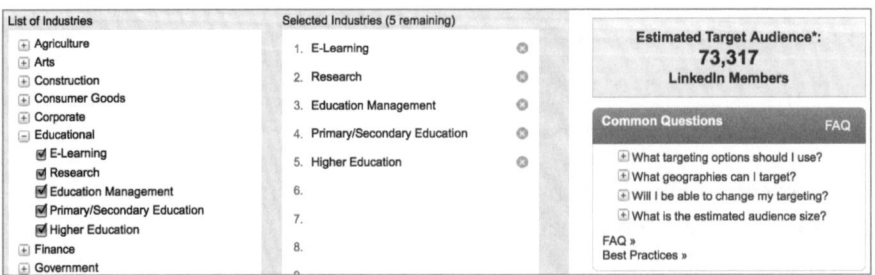

Überblick aus dem LinkedIn-Marketingtool.

Achtung, hier ist Verwirrung vorprogrammiert

Die Daten, die Sie mit einer individuellen Suche erhalten, decken sich niemals mit den schnellen Ergebnissen der LinkedIn Ads. Der Grund dafür liegt in der Notwendigkeit der Eingabe eines Stichworts, wenn man alle Mitglieder (also auch die außerhalb Ihres Netzwerks, somit den 3. bis 6. Kontaktgrad) angezeigt bekommen möchte.

Technisch gesehen handelt es sich dabei um eine UND-Funktion, die sich auf Branche UND Stichwort bezieht, das im Profil vorhanden sein muss.

Beispiel: „http://linkd.in/E-Learning_Suche in Deutschland"

1.714 Personen hatten am 24.03.2012 E-Learning als Brancheneintrag. Die erforderliche Stichwortkombination fördert nur 292 Ergebnisse zu Tage.

> **Estimated Target Audience*:**
> **1,714**
> LinkedIn Members

Der Unterschied zwischen Suchen und Finden

Aus den Erfahrungen der vergangenen sechs Jahre aus selbst gemachten Fehlern, aber auch aus vielen Trainings und Beobachtungen haben wir Menschen häufig eine kulturell anerzogene Haupteigenschaft. Wir machen zu häufig das, was uns antrainiert wird, anstatt mit neuen Themen spielerisch oder auch quergedacht umzugehen. Ein paar Beispiele, die auch das eine oder andere in vergangenen Kapiteln wiederholen oder zukünftiger vorwegnehmen:

➢ LinkedIn gibt hohe Leistungen kostenlos, um an anderer Stelle gut zu verdienen. Der Mitteleuropäer denkt: „Was nix kostet, ist nix wert!".

➢ Dass eine Technologie geniale Suchmöglichkeiten bietet, bedeutet nicht zwingend, dass diese tatsächlich auch professionell verwendet werden (Kapitel 3.2).

➢ Je mehr Möglichkeiten ein Profil beinhaltet, desto weniger bleibt für den ersten Augenblick. (Kapitel 2.1 und Kapitel 4).

➢ Ein Profil, in dem wir nach unserer Suche abgefragt werden, werden wir (gut erzogen) mit dem befüllen, was wir suchen, aber interessiert es den Suchenden?

➢ Analog dazu befüllen wir bei der Frage nach dem, was wir anbieten, ein Profil mit unserem kompletten Bauchladen, ohne darüber nachzudenken, was ein Profilbesucher suchen könnte (Kapitel 3.2. und Kapitel 4).

> Finanzdienstleister, Coaches, Immobilienmakler, Rechtsanwälte, Steuerberater, Social-Media-Agenturen, Webeagenturen, die nach fachlichen Stichwörtern suchen, finden meistens Mitbewerber (Kapitel 4.4).

Fazit: Beim Suchen und Finden hilft es, sich auf ein Gegenüber einzustellen und sich zu überlegen, welche Probleme das Gegenüber lösen will, welche Fragen es stellt oder warum die Suche durchgeführt wird.

Sucher sollten nicht nur darüber nachdenken, was jemand, der gefunden werden möchte, als wahrscheinliche Profilangaben verwendet. Das ist in vielen, insbesondere technischen Bereichen relativ leicht. Bei denjenigen, die man über eine solche Suche nicht findet, ist es wichtig, ein bisschen um die Ecke zu denken.

Die „Ernährungskette" beachten

Wir wollen dies mit einem Beispiel illustrieren: Auch wenn ich ein ausgesprochener Tierliebhaber bin, verdeutlicht das Bild eines seltenen Naturereignisses in der Antarktis recht gut, worum es mit diesem „Um die Ecke denken" geht. In den kalten Zonen unserer Erde entstehen die größten Populationen dieser Erde, der Krill. Krill ist ein norwegisches Wort und bedeutet Walnahrung. Wer Robben, Eisfische, Tintenfische, Pinguine oder auch Wale finden will, hat es leicht, wenn er die aus der Luft sichtbaren Krillschwärme beobachtet, *http://de.wikipedia.org/wiki/Krill*. Wie lässt sich diese Analogie nun auf Netzwerke und Plattformen umlegen?

Konkrete Suchbeispiele:

Gärtnereibetriebe werden schwer Mitglieder finden, die in regionaler Nähe einen Gärtner suchen. Möglichkeiten mittelfristig zum Ziel zu kommen:

> Suchen Sie im Interessenfeld nach Natur*, Pflanzen*, Permakultur*
> Suchen Sie Anbieter von Immobilien, Architekten, Landschaftsbauern

Finanzdienstleister, Coaches, Berater und sehr viele Dienstleister finden selten Mitglieder, die genau das suchen, was sie zu bieten haben.

> Suchen Sie nach einer Kombination aus gemeinsamen persönlichen Interessen und Aktivitäten wie Golf, Tennis, Hunde, Politik, Wein in Ihrer Region und kombinieren Sie diese optimalerweise mit Ihren Kontakten 2. Grades, die Sie empfehlen können.

> Bauen Sie auf diesem Wege über eine Beziehung den Kunden Ihrer Zukunft auf und haben Sie Geduld, bis es zu einer Willenserklärung kommt, die da heißen kann: „Sagen Sie, was machen Sie eigentlich beruflich?"

25.700 Videoanbieter stehen ca. 3.700 Suchern in D-A-CH gegenüber

➢ Suchen diese nach Social-Media-affinen Mitgliedern und grenzen mit (-) Video Anbieter aus, erhalten diese über 37.000 potenzielle Ansprechpartner. Die lassen sich auf Kontakte 2. Grades & Interessen reduzieren.

Merke

Beschäftigen Sie sich mit der Suche in Businessnetzwerken, so kann es sein, dass Ihr Erfolg sich erst dann einstellt, wenn Sie beginnen, normal-lineare Denkweisen abzulegen.

Suchkniffe und Tricks

Die Wahrscheinlichkeit ist sehr hoch, dass Sie oft nur aufgrund der Volltextsuche (Stichwörter) gefunden werden. Viele Sucher scheinen sich mit der Überfülle mancher Bereiche der Volltextsuche zufriedenzugeben bzw. nichts von den großen Möglichkeiten der Datenfeldsuche mit 17 Datenfeldern auf XING und neun Datenfeldern auf LinkedIn zu wissen. Durch die an sich eher geringe Nutzung der erweiterten Suche erzielen jene, die sie verwenden, allerdings gute Vorteile gegenüber anderen Nutzern.

So nutzen Sie diesen Wissensvorsprung für jedes einzelne Datenfeld

Suchtricks	XING	LinkedIn
Exakte Wortkombination (sowohl als auch)	"Anführungsstriche"	"Anführungsstriche"
Mindestens ein Begriff finden (ODER)	OR	OR
Wortanfänge und Weiterführung	*vertrieb/vertrieb*	nicht möglich
Wortkombination (UND)	(,) Komma	(,) Komma
Ausschließen von Wörtern	(-) Minus	(-) Minus

Die Syntax der überall präsenten Stichwortsuche

Wenn Sie den Namen Michael Shah eingeben, bekommen Sie acht Ergebnisse: das Profil von Michael Rajiv Shah und allen Personen, die an irgendeiner Stelle innerhalb der Businessdaten oder der Über-Mich-Seite beide Wörter („Michael" und „Shah") stehen haben. Dabei können sich die Datenfelder, in denen die Wörter stehen, auch unterscheiden. Die Kenntnis der folgenden Suchoperatoren hilft dabei gut weiter. Die meisten davon können Sie übrigens in Suchmaschinen auch zur Verbesserung Ihrer Suchergebnisse nutzen.

Anführungsstriche

Würden wir jetzt beim gleichen Beispiel bleiben und „Michael Shah" mit Anführungsstrichen suchen, so fallen 7 Personen raus, weil nur Michael Shah seinen gekürzten Namen auf seiner Über-Mich-Seite & im Text eines Anhanges stehen hat, und nur Ergebnisse in der exakten Wortreihenfolge angezeigt werden. Beim Beispiel XING Seminare wird das noch deutlicher. Ohne Anführungsstriche erhalten Sie über 1.300 Ergebnisse, mit Anführungsstrichen nur ca. 50.

Oder- statt Und-Kombinationen

Wenn Sie statt der Standard-Und-Ergebnisse (die Sie mit durch Leerzeichen oder Komma getrennten Suchbegriffen erhalten) ein Entweder-oder-Ergebnis erhalten wollen, nutzen Sie das Wort OR (bitte Großbuchstaben). So könnten Sie zum Beispiel einen Michael suchen, den Sie aus XING, LinkedIn oder Twitter kennen (Michael, Facebook OR LinkedIn OR Twitter) und bekämen in der Stichwortsuche ca. 860 weltweite Ergebnisse. Wenn Sie sich sicher sind, dass Sie die Person sowohl von Facebook als auch von LinkedIn kennen (Michael, Facebook LinkedIn) bleiben ca. 50 Suchergebnisse über.

Wortanfänge und Wortenden beispielsweise für ganze Berufssparten verwenden

Nehmen wir an, Sie würden Personen aus dem Einkauf (English „Buyer" oder „Purchaser") suchen. Die Stichwortsuche Einkauf OR Einkäufer OR Buyer OR Purchaser ergibt ohnedies schon mehr als 10.000 Ergebnisse, sodass Sie Ihre Suchergebnisse so oder so auf unter 300 (Premium) unter 1.000 (Sales/Recruiting) bekommen müssten, um sicher zu sein, dass Sie alle Mitglieder erfasst haben, die tatsächlich relevant sind. Also grenzen wir erstmal auf die Branche **Textil** (Einkauf OR Einkäufer OR Buyer OR Purchaser, Textil) ein, haben Sie ca. 3.400 Ergebnisse. Ergänzen Sie Textil um einen *, können Sie sicher sein, alle Ergebnisse (*http://bit.ly/XING_Suche_Einkauf_Textil*) (ca. 4.590) mit Textil als Wortanfang zu erhalten.

Mit Minus ausgrenzen

Wenn Sie jetzt den Wettbewerb, den wir der Einfachheit halber mal Verkauf bzw. Vertrieb nennen, ausgrenzen wollen, nutzen Sie das Minuszeichen (-). Die Eingabe Einkauf OR Einkäufer OR Buyer OR Purchaser,

Textil* -Vertrieb OR -Verkauf ergibt ca. 2.870 Ergebnisse. Um tatsächlich alle Mitglieder zu haben, die in Ihrem Profil etwas mit Einkauf und Textil stehen haben, nicht aber Vertrieb oder Verkauf, wäre die perfekte Stichwortsuche: Einkauf OR Einkäufer* OR Buy* OR Purchease*, Textil* -Vertrieb* OR -Verkauf* (*http://bit.ly/XING_Suche_Einkauf_Textil_o_Verkauf*), ca. 3.580 Ergebnisse.

Generelle Suchsyntax hat auf LinkedIn eine hohe Wichtigkeit

Da LinkedIn derzeit acht weniger durchsuchbare Datenfelder hat, ist das Verständnis für die generelle Suchsyntax besonders wichtig, um mit der Suche auf beiden Plattformen effizient umgehen zu können. Die erweiterte Suche grenzt auf Maximalergebnisse ein.

Die Anwendung der Syntax in den Datenfeldern der Erweiterten Suche

Bleiben wir beim letzten Ergebnis zum Thema Einkauf in der Textilbranche, um die Eingrenzung über die Datenfelder auf notwendige Maximalergebnisse von 300 (Premiumuser) bzw. 1.000 (Sales- & Recruiteruser) zu erreichen.

Position jetzt (aktuell auf LinkedIn)

Kopieren Sie oben verwendete Stichwortsuche in das Positionsfeld, so bekommen Sie knapp über 100 Suchergebnisse. Wollen Sie aus diesen alle deutschen Führungskräfte herausfiltern, wählen Sie diese Beschäftigungsart und bekommen 20 Führungskräfte in Einkäuferposition aus drei Ländern.

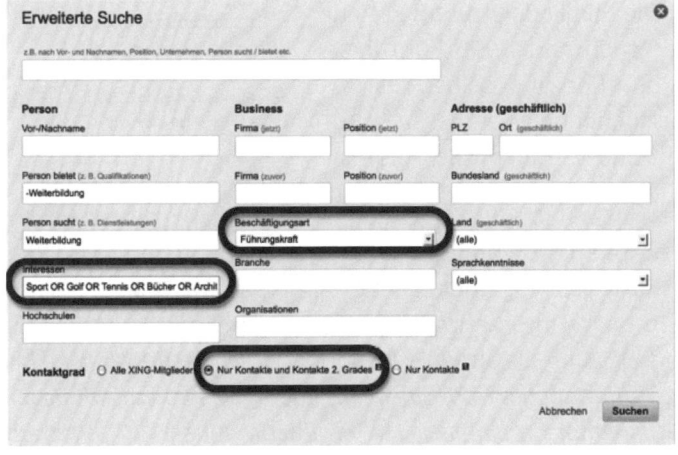

Verschiedene Filter gleichzeitig verwenden.

Je mehr Ankerpunkte (Gemeinsamkeiten), desto leichter die Ansprache

Sie haben den Wert der Kontakte von Kontakten schon ausgiebig kennenlernen können. Hier wäre jetzt der perfekte Zeitpunkt, Ihren Joker einzusetzen: echte Kontakte, die Sie an sogenannten Doorkeepern, dem Sekretär oder Telefonisten vorbei zu Topkräften weiterempfehlen/vorstellen können. In Michael Shahs Fall sind es 13 von 107 Einkäufern bzw. 2 von 20 Führungskräften.

Aber auch andere Gemeinsamkeiten machen Ihnen eine „halbwarme" Ansprache leichter. Daher kann die Angabe persönlicher Interessen wichtig sein.

Gruppenmitgliedschaften als Gemeinsamkeit verstehen

Spontan würde jeder sagen, man wird Mitglied einer Gruppe, um sich zu informieren, zu kommunizieren und auszutauschen. Das ist auch grundsätzlich richtig. Wir gehen auf diese Aspekte noch ausführlich ein. Einer der meistens übersehenen Gründe, um Gruppen beizutreten, ist eine Verknüpfung der Erweiterten Suche mit den Gruppenmitgliedern.

Ein Moderator hat Zeit und Energie investiert, um Menschen zu einem bestimmten fachlichen, regionalen, privaten, emotionalen Thema oder Interessensgebiet zu sammeln. Der Nebeneffekt für Ihre Akquisition ist oft ein qualitativ hochwertiger Vorfilter.

Bleiben wir beim Beispiel der Textileinkäufer, so gibt es auf XING 42 deutschsprachige Gruppen rund um das Thema Textil, *http://bit.ly/XING_TextilGruppen*. Die größte hat ca. 13.400 Mitglieder. Die Mitgliederstruktur spricht für sich. 3.482 Unternehmer, 1.935 Führungskräfte, 1.748 Freiberufler und selbst für Recruiting 329 Arbeitssuchende. Wer diesen Gruppenaspekt berücksichtigt, hat große Akquisitionsvorteile.

Wenn Sie – wie empfohlen – die Sales-Mitgliedschaft nutzen, wird die Kombination aus Gruppenvor- und Facettenfilter ein unschlagbares Instrument. Sie filtern nach Unternehmensgrößen (beispielsweise größer als 51 Mitarbeiter) und erhalten als aktuelle Position: *„Geschäftsführer (81), Inhaber (42), Key-Account-Manager (42), Sales-Manager (26), Account-Manager (20), Consultant (20), Senior-Consultant (18), Product-Manager (17), Vertrieb*

(17), CEO (16), Einkäuferin (16), Store-Manager (16), Designerin (15) und General-Manager (14)" Ein riesiges Ansprechpartnerpotenzial.

Gemeinsamkeiten als Schlüssel für eine spezielle Ansprache

Beispiel Branchen:

Selbst wenn Ihre Dienstleistungen oder Produkte branchenunabhängig sein sollten, bringt der Fokus auf einzelne Branchen ganz spezielle Chancen. Denn jede Branche hat ganz spezielle Aufgabenstellungen, Kommunikationsweisen, Herausforderungen und Bedürfnisse. Sie könnten sich in eine jeweilige Branche hineindenken und sich für jede Branche eine eigene Kommunikation und Ansprache ausarbeiten.

Regionaler Bezug

In der Regel ist regionale Nähe ein wichtiges Kriterium für Geschäftsanbahnungen. Bitte denken Sie dennoch immer daran, dass es zunächst nur um einen Erstkontakt und noch nicht um die Akquisition eines Geschäftspartners geht. Stichwort: Networking ist eine Episode im Vertriebsprozess. Nutzen wir noch einmal das Weiterbildungsbeispiel als Premium-Mitglied (max. 300 Mitglieder werden angezeigt) und erweitern die Suche um ein paar weitere Ausgrenzungsdetails:

➢ Region Österreich, Stadt Wien (über 300 Mitglieder)
➢ Postleitzahl 10* (für alle Bezirke zwischen 1–9, Ergebnis ca. 200)
➢ Position (jetzt) -Coach -Trainer

Das Ergebnis beträgt jetzt nur noch ca. 180 Mitglieder. Darin enthalten haben Sie 13 Führungskräfte oder 5 Personen, die an Social Media interessiert sind.

Mitarbeiter Ihrer Kunden, die zu anderen Unternehmen wechseln

Stellen Sie sich vor, Sie haben ein mittelständisches Unternehmen als Kunden, bei dem Sie ein- und ausgehen. Je größer es ist, desto wahrscheinlicher wird auch eine wachsende Fluktuation, die Sie für sich nutzbar machen können. Nehmen wir einmal den größten Bildungsanbieter Österreichs, das Wirtschaftsförderungsinstitut Österreichs (kurz WiFi) mit derzeit ca. 840 XING-Mitgliedern (530 ohne Trainer bzw. Coaches) in Österreich und suchen diejenigen heraus, die früher beim WiFi tätig waren und zu anderen Anbietern gewechselt sind:

> Firma (zuvor) WiFi; Position -Trainer -Coaches (Ergebnis ca. 490)

> Firma (jetzt) –WiFi; Position -Trainer -Coaches (Ergebnis ca. 450)

> Nutzen Sie jetzt noch beispielsweise den Regionalfilter „Wien", so bleiben ca. 190

Darin enthalten sind 23 Führungskräfte (von den 21 Kontakte 2. Grades sind). Es ist also davon auszugehen, dass unter der hohen Anzahl gemeinsamer Kontakte die eine oder andere Person dabei sein wird, die den Türöffner in ein neues Unternehmen darstellen kann.

Gute Suchergebnisse dauerhaft abspeichern

Sie brauchen diese technischen Beispiele nur konkret für Ihre intelligenten Suchen auf Ihre Zielgruppen zu übertragen. Haben Sie die passenden gefunden, bedarf es nur noch eines Klicks, um sie abzuspeichern und wiederzufinden.

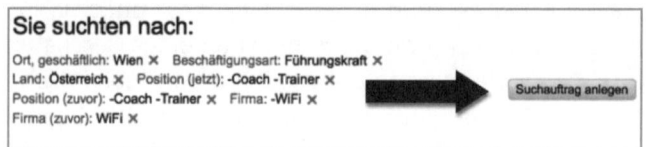

Suchauftrag anlegen.

Bis zu 20 Suchagenten sind möglich, *http://bit.ly/XING_Suchagenten*. Nutzen Sie diese Möglichkeit, um Zeit zu sparen. Auf diese Weise können Sie passende Information finden lassen statt umgekehrt: Suchergebnisse werden Ihnen nach den von Ihnen eingestellten Vorgaben zugeliefert, sobald sie verfügbar sind. Sie finden diese wieder, indem Sie „Mitglieder finden" im Hauptmenü unter „Mein Netzwerk" auswählen. Eigentlich sind die Suchagenten dazu gedacht, Ihnen täglich oder wöchentlich die neuen XING-Mitgliederglieder (Premium) bzw. diejenigen mit entsprechender Profiländerung (Sales/Recruiter) zu melden. Die bisherigen werden Ihnen nach einer Meldung nicht angezeigt. Dennoch brauchen Sie nur den jeweiligen Suchagentenlink anzuklicken und im zweiten Schritt die erweiterte Suche noch einmal zu bedienen, um das Gesamtergebnis angezeigt zu bekommen.

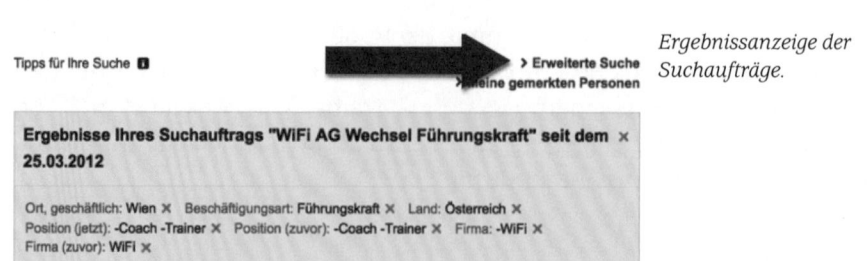

Ergebnisanzeige der Suchaufträge.

Akquisition braucht Integration in Ihren Tagesablauf

Auch wenn wir im nächsten Kapitel auf die Entwicklung Ihrer Strategie eingehen, möchten wir an dieser Stelle unbedingt herausstellen, dass **Kontakte finden** ebenso wie **Monitoring** und **statistische Erfolgsüberwachung** Ihrer Aktivitäten (Profilklicks), aber auch Zeit für **Reallife-Networking** und **Telefonieren** in Ihrer Wochen-, Monats- und Jahreszeitplanung zu berücksichtigen sind. Akquisition gehört zu den wesentlichsten Vorgängen Ihres Berufsalltags – also erliegen Sie nicht der Versuchung, den Vorgang der Akquisition via XING oder LinkedIn als „nebenbei" oder als „Zeitfresser" einzustufen. Ohne entsprechende Zeitinvestition werden kaum relevante Ergebnisse zu erwarten sein – das gilt auch für alle anderen Geschäftsvorgänge –, denn nebenbei reicht nicht für gute Ergebnisse. Mit Engagement, konsequent und kompetent betrieben, werden Sie von den Wirkungen allerdings überrascht sein.

Nehmen Sie sich zum Beispiel den Freitagnachmittag oder eine andere wahrscheinlich ruhige Zeit und tragen sich fest „XING-/LinkedIn-Kontakte finden" in Ihren Kalender ein. Sie werden sich vielleicht fragen „Woher die Zeit dafür nehmen, wenn nicht stehlen?". Streichen Sie einfach jede Woche ein Meeting, das Ihnen bisher noch nie Nutzen gebracht hat. Ideen wo und wie Sie sich Zeit fürs Networking freimachen, gibt es später beim Thema Events.

Die DaWos-Strategie (da, wo es den Kunden gibt)

Das ist ein Konzept aus dem Buch Trojanisches Marketing" (*http://bit.ly/Trojanisches_Marketing*) von Mag. Roman Anlanger und Wolfgang E. Engel. Dieses Buch beschäftigt sich mit kreativen und alternativen Marketingmöglichkeiten in Märkten, die objektiv betrachtet so überfüllt sind, dass eigentlich kein Raum für einen weiteren Anbieter vorhanden ist.

Die Trojanische Botschaft besteht im Kern darin, eine positiv besetzte Information (in Troja war es das hölzerne Pferd, das der trojanischen Schutzgöttin Athene zugeordnet wird) mit einer weiteren Information kombiniert wird, um beim Empfänger Eingang finden zu können. Manche nennen das auch Huckepackvertrieb.

Die DaWos-Strategie ist ein Teilabschnitt des Trojanischen Marketings

Sie unterstützt darin, sich mit den Bedürfnissen der Empfänger unserer Information zu beschäftigen. Sie basiert darauf, Zielgruppen zu lokalisieren, Orte zu finden, wo diese sich aufhalten und sich mehr mit deren Vorlieben zu beschäftigen als nur mit den eigenen Wünschen. Das kann Auswirkungen auf die eigene Suche (Ernährungskette), aber auch auf den Aufbau des eigenen Profils haben.

> ➤ Was macht Ihre Zielgruppe im privaten und beruflichen Alltag? An welchen Orten hält sie sich auf? Wo verbringt sie ihre Freizeit? In welchen Gruppen könnte sie sich aufhalten? Mit welchen Menschen kommuniziert sie gerne?

> ➤ Gibt es grundsätzliche Fragestellungen, mit denen sich Ihre Zielgruppe beschäftigt? Welche Sorgen könnte Ihre Zielgruppe haben? Gibt es besonders emotionale Punkte, die Ihre Zielgruppe beschäftigt?

> ➤ Was hat Ihre Zielgruppe für einen Lebensstil?

> ➤ Welche kulturellen Hintergründe hat Ihre Zielgruppe? Welche Veranstaltungen besucht Ihre Zielgruppe?

> ➤ Welchen Medienkonsum hat Ihre Zielgruppe? Sind Sie Printleser, Webleser? Welche Art sozialer Medien nutzt Ihre Zielgruppe am ehesten?

> ➤ Welche Produkte konsumiert Ihre Zielgruppe?

Mögliche Antworten zum Standardbeispiel Weiterbildung:

> ➤ Beschäftigt sich mit Weiterbildungsprogrammen bei der WKO/WiFi (Österreich), IHK (Deutschland). Trifft sich mit anderen Bildungsinteressierten. Hält sich in Bildungsgruppen auf. Kommuniziert mit Trainern, Ausbildern, Seminarveranstaltern.

> ➤ Was verändert sich in Zeiten der Krise? Inwiefern kann Nachhaltigkeit die aktuellen Problemstellungen lösen? Stehen für notwendige Veränderungen ausreichend Mittel zur Verfügung? Warum verkaufen sich Weiterbildungsprogramme nicht mehr? Wie werden soziale Medien Weiterbildung verändern?

> ➤ Sie ist eher weltoffen. Sie beschäftigt sich mit Veränderungsprozessen. Reisen, Kultur, sozialen Medien.

> ➤ Weltoffen. International vernetzt. Man trifft sich gerne bei Veranstaltungen mit Weiterbildungsexpertise. Veranstaltungen von Seminaranbietern. German Speakers Association. Speakers Excellence. Coaching Convention.

> ➤ Fachpresse, BrandEins, DieZeit, YouTube, Facebook, Twitter.

> ➤ iPhone, iPad.

Zusammenfassung

Drei Ebenen der Zielgruppensuche

- Bestehende reale Kontakte, die weiterempfehlen können
- Kontakte 2. Grades (+ 3. LinkedIn-Grades), denen Sie empfohlen werden können
- Kontakte außerhalb des Netzwerks (Gesamtpotenzialanalyse)

Kontaktabgleich realer Verbindungen

- Export & Upload per CSV-Datei (Datenschutz beachten)
- auf Massenkontakt verzichten; individuell ansprechen

Potenzialanalyse Ihres Marktes

- auf XING möglichst mit einer Sales-Mitgliedschaft starten

Ernährungskette & kreative DaWos-Strategie

- Um die Ecke und persönlich denken hilft die richtigen Ansprechpartner zu finden
- Nutzen Sie Ihr Netzwerk, um auf Ideen der richtigen Suche zu kommen

Mit Suchtricks richtig eingrenzen

- Das Suchen neuer Kontakte in den Arbeitsalltag einflechten

3.4 Die Entwicklung Ihrer Strategie und deren systematische Umsetzung

> *Würdest Du mir bitte sagen,*
> *wie ich von hier aus*
> *weitergehen soll?'*
> *,Das hängt zum großen Teil*
> *davon ab, wohin Du möchtest',*
> *sagte die Katze.*
>
> Lewis Carroll
> aus: Alice im Wunderland

Interessanterweise wird der Begriff Strategie viel verwendet, oftmals stellt sich bei näherem Hinsehen allerdings heraus, dass die damit bezeichneten Konzepte gar keine Strategie sind. Wir wollen dieses Phänomen deshalb zu Beginn etwas pointiert beleuchten und die beliebtesten Irrtümer im Rahmen von Strategie aufzeigen.

Beliebte Irrtümer: Was Strategie nicht ist

Am häufigsten findet sich unter dem Titel Strategie eine Liste von Projekten, die ein Unternehmen oder seine Business-Units geplant haben. Das ist keine Strategie. Das ist eine Liste von Projekten. Ein weiterer beliebter Irrtum und eine Verwechslung mit Strategie ist eine Liste von Zielen. Das ist keine Strategie. Es ist eine Liste von Zielen. Zumindest eine Näherung zu einer Strategie findet sich dort, wo die Geschäftsführung wohl von einem bestehenden Zustand ausgehend Geschäftsentscheidungen trifft, die auf ein (nur ihnen bekanntes) Ziel hinarbeitet. Werden diese Ziele und der Weg, auf dem er erreicht werden soll, allerdings nie systematisch festgelegt und auch kommuniziert, so handelt es sich bestenfalls um eine implizite Strategie. Diese wird letztlich in der Umsetzung mühseliger sein als eine klar definierte Strategie, weil insbesondere den Mitarbeitern nicht klar ist, auf welchem Weg die Ziele erreicht werden sollen. Jeder macht sich sonst seine eigenen Gedanken, und alle arbeiten diffus in unterschiedlicher Weise: Strategie lebt von Klarheit und Kommunikation – sie ist kein Prozess des Erratens an der Basis.

Laut einer aktuellen Studie der Onlinejobbörse Stepstone kennt nicht einmal jeder Zweite (44 Prozent) der 4.800 befragten Führungskräfte (in Deutschland) die Strategie seines Arbeitgebers für 2012 genau. Ein Drittel (33 Prozent) der Befragten kennt die Strategie gar nicht. Knapp ein Viertel (23 Prozent) hat eine grobe Ahnung von der Strategie ihrer Firma. Ein verheerender Befund. Strategie und klare Kommunikation derselben sind seltene Blüten – und gleichzeitig ein ganz zentraler Faktor des Unternehmenserfolgs. Die sträfliche Vernachlässigung liegt also bestimmt nicht in der Absicht, sondern im mangelnden Verständnis, was Strategie ist und wie sie zu generieren und umzusetzen wäre.[1]

Strategie ist der Weg von IST nach SOLL – und zur Vermeidung von Konfusion und Effizienzverlust hilft Klarheit über die Maßnahmen und über den Stil, der von IST nach SOLL führen soll. Das heißt nicht, dass sich Mitarbeiter keine Gedanken machen sollen, wie Ziele zu erreichen wären – aber wenn es 500 Mitarbeiter sind, können wir nicht sagen, 500 Wege führen nach Rom. Das Bild, das ein Unternehmen dann nach außen bieten wird, ist in einem solchen Fall diffus, unklar, unprofessionell – also das Gegenteil eines klaren Profils. Der Prozess des Nachdenkens durch die Mitarbeiter ist dort gut angelegt, wo es um die Einbindung der Belegschaft in die Strategiegenerierung geht. Nach einer Einigung auf die Strategie, also

---

1 Die Zeit, Führungskräfte kennen Unternehmensziele nicht. 08.02.2012 [online]
   http://www.zeit.de/karriere/beruf/2012-02/umfrage-firmenziel-fuehrungskraefte

auf die Art, wie sich das Unternehmen vom IST-Zustand zu einem SOLL-Zustand bewegen möchte, sollte dieser Stil in allem, was das Unternehmen und jeder seiner Mitarbeiter tut, durchgehalten werden.

Was ist denn nun eine Strategie?

Eine sehr klare Definition von Strategie, die heute recht einheitlich akkordiert ist, stammt von Henry Mintzberg: „a pattern in a stream of decisions" (engl.: ein Muster in einem Strom von Entscheidungen)[1]. Damit haben wir zwar nun die Definition – aber noch keine Vorgehensweise zur Generierung einer Strategie. Es soll also ein einheitliches Bild entstehen über den Weg, den wir von unserem IST-Zustand nehmen, um zu unserem SOLL-Zustand zu gelangen. Strategie ist also das WIE auf dem Weg von IST nach SOLL. Wir brauchen also mehrere Bausteine:

> IST – was ist die Ausgangssituation, wo stehen wir?

> SOLL – das Ziel

> GAP – was fehlt und mit welchen Maßnahmen ist diese Lücke zu schließen?

> WIE – die Vision, den erkennbaren Stil, wofür Sie stehen, die typische Art und Weise, wie Sie Ihre Ziele erreichen wollen

IST-Zustand

Dazu sollten Sie einmal wissen, wovon Sie ausgehen. Was liegt derzeit vor? Kennen Sie die Stärken, die Kernkompetenzen? Was läuft gut? Was läuft schlecht? Wo sind die Probleme? Welche Kundengruppen haben wir? Welches Profil haben wir? Welche Werte, welche Unternehmenskultur haben wir? Warum das wichtig ist: Die Transparenz der sozialen Netzwerke offenbart interne Probleme fast zwangsläufig – Probleme der Unternehmenskultur und interne Schwierigkeiten dringen unweigerlich (zumindest eines Tages) nach außen. Sie wollen dann nicht als unglaubwürdig dastehen, wenn Ihre Eigendarstellung dem Bild in der Öffentlichkeit diametral entgegensteht. Davon leitet sich auch die Frage ab: Wie leben wir diese Werte im betrieblichen Alltag (derzeit, das kann/soll/muss sich ja vielleicht ändern)? Welche (personellen) Ressourcen haben wir? Das ist insbesondere deshalb wichtig, weil hier einer der ganz zentralen Fallstricke lauert – eine Businessstrategie in sozialen Netzwerken ist nichts, was Sie oder Ihre Mitarbeiter „so nebenbei" machen können. Es handelt sich dabei um einen professionellen Vorgang, der ein messbares Ergebnis haben soll –

---

1 Mintzberg, Henry (1987); Crafting Strategy. Harvard Business Review 65 (July-August 1987)

deshalb werden wir dafür Ressourcen vorsehen müssen, wenn wir Erfolge sehen wollen.

SOLL-Zustand

Welche konkreten Ziele sollen erreicht werden? Welche messbaren Ergebnisse wollen Sie sehen?

GAP – was fehlt auf dem Weg von IST nach SOLL?

Hier legen Sie fest, was das Delta zwischen Ihrem IST und SOLL ist. Was ist zu tun, was fehlt? Was brauchen Sie?

So moderieren Sie Ihren Strategieprozess

Teilen Sie im Kick-off-Meeting oder im Team-Brainstorming Ihre Flipchart-tafel wie folgt ein:

IST	GAP	SOLL
– **Probleme** + **Stärken, Vorteile** Welche Kunden haben wir? Welches Profil haben wir? welche Werte haben wir? Wie leben wir diese Werte im betrieblichen Alltag? Welche (personellen) Ressourcen haben wir?	Was fehlt? Was wird gebraucht? Was ist zu tun? Welche Maßnahmen wählen Sie daher aus der Toolbox dieses Buchs?	Ziele messbare Ergebnisse Welche (neuen) Märkte/ Zielgruppen wollen wir erreichen? Welches Profil wollen wir haben? Wie werden wir unsere Werte leben und durchhalten? Woran merken unsere Kunden, wofür wir stehen? Welche (personellen) Ressourcen brauchen wir?

Füllen Sie die Spalten IST und SOLL gemeinsam aus, wie die Ideen genannt werden. Die Spalte GAP bleibt in dieser Runde außen vor – Sie erfahren gleich weshalb. Für Sie zur Orientierung: Wenn die **IST**-Spalte zuerst mit Zurufen angefüllt und Probleme und Schwierigkeiten zuerst genannt werden, dann handelt es sich um einen **problemgetriebenen Prozess**. Insistieren Sie, dass in der Spalte IST nicht nur Probleme aufgeführt werden, sondern auch jene Dinge, die Ihre Organisation gut kann, was gut aufgestellt ist und gut klappt. Auf welche Stärken kann Ihr Unternehmen zurückgreifen? Das ist wichtig, sonst wäre das Bild des IST-Zustands einseitig und nicht der Realität entsprechend, und zudem gehen alle deprimiert aus dem Meeting. Achten Sie in Ihrer Moderation also gezielt darauf.

Ist Ihre **SOLL**-Spalte zuerst angefüllt, dann handelt es sich sozusagen um einen **visionsgetriebenen Prozess.** Trotzdem sollten Sie insistieren, dass auch die IST-Spalte befüllt wird, denn wenn Sie nicht wissen, auf welche Stärken und Ressourcen Sie zurückgreifen können und welche Probleme zu beheben und zu berücksichtigen sind, könnte Ihre Strategie neben der Realität zu liegen kommen und schließlich nicht umsetzbar sein. Nur Ziele allein reichen eben nicht. Ihre Ziele können visionär sein, sollten aber auch messbare Ergebnisse anvisieren. Legen Sie fest, welches Profil Sie haben und kommunizieren wollen. Definieren Sie, wie Sie die Werte, die Sie kommunizieren, jeden Tag des betrieblichen Alltags leben und durchhalten. Woran werden Ihre Kunden merken, wofür Sie stehen? Welche (personellen) Ressourcen werden eingesetzt? Ausgehend von bestehenden Kunden (IST): Welche (neuen) Märkte und Zielgruppen wollen Sie erreichen?

Welche **Personality** – welches eindeutig erkennbare Profil – soll Ihr Auftritt in Businessnetzwerken haben? Wofür wollen Sie bekannt sein? Ein bekanntes Beispiel: Volvo verkauft Autos. BMW und Peugeot tun das auch. Volvo verkauft aber auch Sicherheit. Selbst heute, wo andere Hersteller längst aufgeholt haben, verkauft in den Köpfen von Autokäufern Volvo Sicherheit, nicht bloß Autos. Und Sie? Was verkaufen Sie? Bei diesem Beispiel kam kürzlich bei einer Social-Media-Diskussionsveranstaltung eine Frage aus dem Publikum. „Wie mache ich das? Ich bin Steuerberater. Ich verkaufe Steuererklärungen. Was ist daran spannend?" Die Antwort darauf ist in fast allen Fällen die gleiche – sie führt meist zügig zum Markenkern, zum Unternehmenskern – der oft im Laufe der Zeit in Vergessenheit gerät. „Warum haben Sie Ihr Unternehmen gegründet? Was ist Ihre Philosophie? Was machen Sie besser? Was war Ihre Motivation? Sie wollten irgendetwas besser machen als ihre Konkurrenten, irgendetwas sollte besonders sein. Hatten Sie eine Vision, was an Ihrer Leistung besonders ist? Was ist es?" Mein Unternehmen ist ... was? Schreiben Sie dazu einen Satz mit maximal einem korrekt gesetzten Komma (nur ein Komma, damit er kurz und besonders prägnant ist). Wie lautet dieser Satz? Wenn ihn ein (möglicher) Kunde liest ... findet er das interessant? Unwiderstehlich? Spannend? Nein? Dann ist der Satz nicht gut genug. Schreiben Sie ihn so lange neu, bis Sie mit einem Satz sagen können, was das Wesen Ihres Unternehmens oder Ihres Produkts ausmacht.

Rufen Ihnen Ihre Workshopteilnehmer (oder Ihre Berater) zuerst zu, was der **GAP** ist, also was fehlt, dann ist es ein **defizitgetriebener Prozess** – Sie haben damit aber auch ein Problem: Wenn Sie zuerst hören „wir brauchen eine Facebook-Seite" oder „wir müssen eine XING-Gruppe gründen" usw.,

115

dann ist das ein untrüglicher Hinweis auf Unprofessionalität. Fragen Sie in einem solchen Fall: „Warum?" – Weil andere auch eine Facebook-Seite oder eine XING-Gruppe haben? Kein guter Grund. Erst dann können Sie einen GAP feststellen und ein Maßnahmenpaket ableiten, das diese Lücke schließen hilft. Die Maßnahmen wählen Sie aus der Toolbox dieses Buchs aus. Der Grund für eine Maßnahme ist die Kenntnis der Ausgangssituation und der Ziele – erst das ermöglicht eine genaue Passung zu Ihrem Unternehmen. Die Strategie eines Unternehmens kann auf kein anderes passen.

Wie Strategie schief geht – beliebte Fehler

Fehler 1: Allerweltsstrategie

Strategie ist daher weder eine Suche nach dem universell besten Weg von Geschäftätigkeit oder Konkurrenzkampf, noch ein Bestreben, alles sein zu wollen – für alle Kunden.

Fehler 2: Einseitige Strategien

Wenn Ziele nur mit Blick auf Volumen oder Marktanteile definiert sind, und nur angenommen wird, dass daraus Profite entstehen, resultiert das oft in sehr einfältigen Strategien. Das Gleiche passiert, wenn Strategien nur darauf ausgerichtet sind, die vermuteten Wünsche von Investoren zu befriedigen.

Fehler 3: Visionslos

Rein produktlastige Strategien, die kein erkennbares Profil und keine Botschaft haben, erzeugen keine Kundenbindung, sie sind austauschbar. Schöne Produkte und Dienstleistungen haben auch andere ... Achten Sie darauf, dass Ihre Botschaft auch gelebt wird: Erst dann wirken Sie und Ihre Produkte authentisch und glaubwürdig. Sympathie ist bekanntlich Kaufmotivation Nummer eins – verderben Sie diese nicht leichtfertig, indem Sie Claims ververwenden, die Sie nicht einhalten (können). Duchgehaltene Claims bringen Authentizität, Glaubwürdigkeit, Vertrauen und Loyalität. Werben und verkaufen Sie deshalb nicht mehr mit dem Produkt voraus: Ein Produkt selbst erzeugt keine Kundenbindung. Die Art, wie Sie die Dinge tun, die Sie tun, und wie Sie diesen Claim jeden Tag im Geschäftsalltag durchhalten, erzeugt Vertrauen und Loyalität. Wie gesagt: Schöne Produkte haben die anderen auch. Gewinnen Sie mit einer Strategie, die jenseits des Produkts oder der Dienstleistung noch ... genau ihren USP transportiert.

Ihre Checkliste

1. **IST – Ausgangssituation, was Sie wissen müssen:**
   - Definieren Sie Ihre Kundengruppen und Ihre bestehenden und neuen Zielgruppen.
   - Definieren Sie Ihre Kernkompetenzen, Vorteile, USP.
   - Welche Probleme haben Ihre Kunden?

2. **SOLL – Ihre Ziele**
   - Definieren Sie die Ziele, die Sie erreichen wollen: Wie wollen Sie 2013 wahrgenommen werden? Welchen Umsatz wollen Sie direkt über Businessnetzwerke generiert haben?
   - Wie lösen Sie die Probleme Ihrer Kunden?
   - Welche „Personality" verleihen Sie Ihrem Auftritt? Was verkaufen Sie, außer Ihren Produkten?

3. **GAP definieren und Maßnahmen ableiten**
   - Was ist zu kommunizieren?
   - Welche Maßnahmen wählen Sie daher aus der Toolbox dieses Buchs?
   - Wo finden Sie Ihre Zielgruppen (siehe Kapitel 3.3)?
   - Welche Personalressourcen planen Sie ein? Wie viele Personen oder wie viele Stunden täglich usw.?
   - Welchen Zeitplan sehen Sie vor? Was ist wann zu kommunizieren? Welche wichtigen Termine hat Ihr Geschäftsjahr und wie berücksichtigen Sie Messetermine, Saisonen usw. in Ihrer Planung? Erarbeiten Sie einen Redaktionsplan: Was ist wann zu kommunizieren bzw. zu erledigen?
   - Welche Schlagwörter (Suchbegriffe der Kunden) müssen Sie bedienen? Unter welchen Begriffen wollen/müssen Sie gefunden werden? Welche dieser Begriffe müssen deshalb in Ihrer Kommunikation in den Businessnetzwerken verwendet werden? Achten Sie darauf, nicht nur Ihre unternehmensinternen Begriffe zu verwenden.

4. **WIE – die Personality Ihres Auftritts**
   - Welcher Stil kennzeichnet das, was Sie in Businessnetzwerken tun? Auf welche Weise wollen Sie Ihre Ziele erreichen? Wofür stehen Sie?

5. **PROZESS – wer setzt die Maßnahmen im betrieblichen Alltag um?**
   - Integrieren Sie die Arbeiten, die hierbei anfallen, in die täglichen Prozesse, reservieren Sie dafür Zeit bzw. Ressourcen.

Fazit

In der Literatur werden Sie viele Definitionen und Vorgehensmodelle zur Strategiegenerierung finden. Unser Angebot ist dieses hier, das wir in der Praxis oft erfolgreich umgesetzt haben. Wir haben dabei auf Klarheit und geradlinige Struktur geachtet. Praktikabilität ist dabei das Credo – einfache Schritte, transparente Vorgehensweise und das „Gewusst-Wie" der Kommunikation führen Sie zügig zu Ihrer erfolgreichen Strategie.

Kurz: Strategie ist das WIE auf dem Weg von IST nach SOLL.

Ihre Take-Aways

➤ Vorweg: Strategie ist nicht eine Liste von Projekten oder Zielen. Strategie ist das WIE auf dem Weg von IST nach SOLL.

➤ Definieren Sie den IST-Zustand, den SOLL-Zustand (Ziele, Visionen) – und daraus leiten Sie dann den GAP ab (was fehlt). Daraus entwickeln Sie danach die Maßnahmen, die diesen GAP schließen sollen – also die Methoden und Vorgehensweisen, mit denen Sie von hier nach dort gelangen.

➤ Integrieren Sie die anfallenden Arbeiten in die täglichen Prozesse, reservieren Sie Zeit dafür – „nebenbei" ist zu wenig. Investieren Sie gezielt.

3.5 Sicherer und einheitlicher Außenauftritt: Nur strategisch eingebundene Mitarbeiter handeln im Unternehmensinteresse

Die Gesellschaft ist ein Chaos,
das nur durch Witz zu bilden
und in Harmonie zu bringen ist.

Friedrich von Schlegel

Wegen der Häufigkeit, mit der diese Fehler begangen werden, muss dieses Kapitel leider mit Warnhinweisen beginnen …

Beliebtester Fehler Nr. 1: Die „Nebenbei"-Krankheit

Einer der verheerendsten und gleichzeitig häufigsten Fehler lässt sich mit einem kurzen Satz beschreiben, den ich überall dort gehört habe, wo mit einer Maßnahme kein Erfolg generiert wurde: „Das machen wir dann so mit." Dinge, die Sie „so mitmachen" können nur mit absolutem Zufall ein Erfolg werden, vielleicht mit jener Chance, mit der Sie auch in der Lotterie gewinnen werden. Sie machen Ihre Lohnbuchhaltung, die Fuhrparkverwaltung, die Bilanz und den Verkauf auch nicht „so mit". Ihr Verkauf und Ihr Marketing im Web und in Businessnetzwerken sind ein professioneller Vorgang der Unternehmenskommunikation, der mit einem Budget und mit zeitlichen, kompetenten personellen Ressourcen auszustatten ist.

Erwarten Sie nicht, dass Maßnahmen, die nebenbei betreut werden sollen, von Ihnen persönlich oder von Ihren Mitarbeitern, Wirkung entfalten werden. Maßnahmen, die etwas bewirken sollen, brauchen Commitment und Investition von Zeit und/oder Budget. Ohne Investment ist kein Return zu erwarten. Landläufig mit Augenzwinkern heißt es auch *Ohne Geld „ka Musi'!* Wenn von einer Maßnahme ein wesentlicher Einfluss auf Ihr Geschäft, die Akquisition von Neukunden, Kundenbindung, positiver Einfluss auf die Sympathie den Produkten oder dem Unternehmen gegenüber und Reputationsmanagement erwartet wird, kann seriöserweise nicht erwartet werden, dass so zentral wichtige Ergebnisse nebenbei zu erzielen wären.

Beliebtester Fehler Nr. 2: Hardselling ist tot – verbieten Sie es

Auf Platz zwei liegt eindeutig Hardselling: Kaltakquise und Direktansprache mit dem Produkt voraus ins Gesicht des möglichen Kunden, ohne sich dafür interessiert zu haben, wer der andere ist oder ob er als Kunde überhaupt infrage kommen könnte, gehört mittlerweile bestimmt zu den verpöntesten Verhaltensweisen in sozialen Netzwerken. Wählen Sie – wenn – indirekte Ansprache – sehen Sie unter allen Umständen davon ab, „durchzurufen". Beherzigen Sie die Ratschläge in diesem Buch, mögliche Kunden zuerst formell, dann informell etwas kennenzulernen. Aufträge werden über Vertrauen vergeben, nicht, weil man am Telefon oder mit Direktangeboten überschwemmt wird. Versetzt man sich in die Lage eines Entscheiders, so wird nachvollziehbar, dass Dutzendschaften von Anrufen und Hundertschaften von Werbemails täglich nur nervtötend sind. Versuchen Sie, wie in diesem Buch beschrieben, Kunden über eine klare Vision und einen persönlichen Zugang statt über einen produktorientierten Zugang zu erreichen. Schöne Produkte haben wie gesagt alle, damit erreichen Sie keine positive Aufmerksamkeit. Das einzige, das Sie damit erreichen, ist wegen Spamverdachts beim Plattformbetreiber gemeldet zu werden.

Beliebtester Fehler Nr. 3: Posten von „Füllmaterial"

Platz 3 wird erfolgreich verteidigt von Postings Marke „Füllstoff" – mit einer Aufforderung an Ihre Mitarbeiter, sie sollten posten, was das Zeug hält, Hauptsache viel ... Nun, damit stellen Sie sicher, dass garantiert der letzte Interessent von Ihrem Profil verprellt wird. Auch hier gilt: Nur relevanter, interessanter Content generiert Erfolg und Kundenbindung. Bla-bla ist deshalb verboten, wenn Sie erfolgreich sein wollen. Man sagt, es gibt drei Regeln für Erfolg in sozialen Medien: 1. Content, 2. Content, 3. Content. Das bedeutet: Wenn der Content, den Sie posten, prinzipiell interessant, spannend, nützlich, qualitätsvoll, persönlich ist, werden Sie Leser aufbauen und halten. Warum ist das so? Ihnen geht es genau so mit Magazinen, Webseiten, Journalisten, die Sie gerne hören oder lesen: Sie kommen auf deren Inhalte immer wieder gerne zurück, weil Sie die Erfahrung gemacht haben, dass von diesen prinzipiell Qualität kommt. Ihren Lesern geht es genauso. Das Motto muss lauten: Sagen Sie online nur etwas, wenn es etwas zu sagen gibt. Dieses Prinzip gilt gleichermaßen für Statusmeldungen, für Newsletter, für Postings in Gruppen ... aber natürlich prinzipiell für Social-Media-Präsenzen ganz allgemein.

Muss Nr. 1: Einheitlicher Auftritt

Vielfach finden sich bei einer Suche nach dem Namen eines Unternehmens verschiedene Schreibweisen und unterschiedliche Unternehmensbeschreibungen. Für eine einheitliche Darstellung und eine erkennbare Linie ist es wünschenswert, eine Harmonisierung der Profile anzustreben. Freilich soll die Individualität, die durch die einzelnen Persönlichkeiten gegeben ist, nicht eingeschränkt werden – ein einheitlicher Stil und durchgehaltene Schreibweisen und Firmenbeschreibungen sind jedoch ebenfalls wünschenswert, um ein professionelles Erscheinungsbild abzugeben.

Verzichten Sie nicht auf den Multiplikator-Effekt, den die strategische und sympathische Teilnahme Ihrer Mitarbeiter hat. Mit einem Firmen-Account sind sie weitaus weniger gut aufgestellt als mit 10, 20, 100 oder 500 einzelnen Mitarbeiter-Accounts zusätzlich zu Ihrem Corporate-Account. Zusammen treten alle diese einzelnen Profile und Persönlichkeiten in eine strategische Richtung auf.

Für einen einheitlichen Auftritt brauchen Sie natürlich die Mitwirkung Ihrer Mitarbeiter. Ganz generell lässt sich ein einheitliches Auftreten auch „verordnen". Aus der Erfahrung mit vielen Projekten dieser Art raten wir Ihnen allerdings, von einer rigiden Verordnung abzusehen. Es zeigt sich, dass Mitarbeiter, die strategisch geschult und einbezogen werden, ganz hervorragend bessere Ergebnisse und Leads generieren. Es ist sozusagen überhaupt kein Vergleich ... Wie bereits betont, rechnet beispielsweise Gartner[1] damit, dass 2015 bereits 80 Prozent der Kaufentscheidungen von der Kommunikation in sozialen Medien beeinflusst sein wird. Die Gruppe Nymphenburg[2] zeigt in einer aktuellen Studie, dass Kaufentscheidungen letztlich nicht rational getroffen werden. Freilich hätten wir das gerne, aber so ist der Mensch, er entscheidet letztlich über Vertrauen, Erfahrung und Gefühl. Eine interessante Leseempfehlung dazu ist auch das Buch „Die Psychologie des Überzeugens" von Robert Cialdini (2007), der auch mit umfangreichen Studien untermauert, dass die Kaufentscheidung Nummer eins weit abgeschlagen (doppelt so wichtig wie Kaufmotivation Nummer zwei) die Sympathie (heißt bei Cialidini „Liking") ist. Das bedeutet, dass etwas oder jemanden zu mögen und Vertrauen zu haben, weit vorn an erster Stelle jeder Kaufentscheidung steht und somit weitere Produkteigenschaften wie Preis, Leistung, Qualität, usw. deutlich abgeschlagen auf die hinteren Plätze verwiesen werden.

Das erklärt auch mit ein Stück, warum oft sogar die zweit- oder drittbesten Produkte bevorzugt werden, Verkaufsschlager sind, weniger gute Produkte performen und die Top-Produkte durchaus auch manchmal nicht. Der Grund ist vielfach beobachtbar: Qualität allein reicht nicht. Perfektion allein reicht nicht. Besser sein reicht nicht. Das lässt sich in vielen Lebensbereichen beobachten, nicht nur in der Performanz von Verkaufserfolg. Beherzigen Sie deshalb die Empfehlung, eine klare Vision, eine klare Positionierung, Sympathie und Vertrauen zu transportieren. Achten Sie dabei darauf, dass Sie und Ihre Mitarbeiter auch auf Probleme und Beschwerden mit der gleichen sympathischen Art reagieren – Sie also die proklamierte Vision im Alltag durchhalten und das aufgebaute Vertrauen nicht enttäuschen. Damit erhalten die Sympathiewerte und Reputation. Niemand erwartet Fehlerfreiheit von einem Geschäftspartner, dem man an sich vertraut, wichtig bleibt dabei nur, in Krisen mit der gleichen Verlässlichkeit zu reagieren wie im normalen Alltag.

Eine solchermaßen durchgehaltene Einheitlichkeit sollte neben der Art, wie Sie kommunizieren, in allen Belangen des Außenauftritts durchschlagen. Die zuvor diskutierte „Persönlichkeit" Ihres Gesamtauftritts muss im Wege über diese Einheitlichkeit durchgehalten werden. Dann weiß der

---

1 http://www.gartner.com
2 Dobler, Volker; Häusel, Hans-Georg; Rotthowe, Thomas: Das Verbrauchervertrauen in Handelsunternehmen. Eine internationale Studie der Ebeltoft Group und der Gruppe Nymphenburg. Haufe-Lexware, 2010.

Kunde, worauf er sich verlassen kann, und erkennt den Stil des Unternehmens wieder, unabhängig davon, mit wem er gerade zu tun hat.

Muss Nr. 2: Social Media Guidelines

Sensibilisierung der Mitarbeiter und Vermittlung von Medienkompetenz im Umgang mit sozialen Netzwerken gehören zu den Kernaufgaben von Unternehmen, um einen professionellen Außenauftritt hinzulegen. Lesen Sie dazu unbedingt auch die Hintergrundinformationen zu Social Media Guidelines.

Muss Nr. 3: Medienkompetenz-Trainings

Leider ist es heute (immer noch) so, dass der Auftrag, die entsprechende Medienkompetenz und die Art und Weise, wie Mitarbeiter in Businessplattformen – aber auch innerhalb Social Media allgemein – agieren sollten, bei den Unternehmen liegt. Eigentlich würde man erwarten dürfen, dass generische Medienkompetenz Teil der Ausbildung ist, mit der Mitarbeiter zu Ihnen ins Unternehmen kommen. Leider trifft das nicht einmal auf die meisten Juniors zu, die aktuell direkt nach einem Schul- oder Studienabschluss bei Ihnen beginnen. Die Lehrpläne sehen nur in den seltensten Fällen den Umgang mit sozialen Medien vor. Gleichzeitig nehmen jedoch viele – insbesondere junge – Mitarbeiter an, sie wären medienkompetent, wenn sie ein Jahr lang „unfallfrei" einen Facebook-Account bedienen können. Freilich ist diese Einschätzung nicht korrekt. Aus all diesen Gründen bleibt der Auftrag, Mitarbeiter strategisch einzubinden und sie entsprechend im Umgang mit sozialen Medien zu schulen, bei den Unternehmen.

Viele Sicherheitslücken und Fallstricke können vermieden und viel Potenzial genutzt werden, wenn Sie Ihre Mitarbeiter gezielt schulen und einbinden.

Trainings für Mitarbeiter sind nötig, um weder sich noch das Unternehmen zu beschädigen und umgekehrt für das Unternehmen einen positiven Beitrag leisten zu können. Kommunikation in den sozialen Medien gehorcht anderen Prinzipien als Präsenzkommunikation oder Telefonkommunikation. Emotionalität, die in einem Telefongespräch oder einer persönlicher Unterhaltung wahrgenommen werden kann, fehlt auf Plattformen bzw. bei virtueller Kommunikation fast völlig (es sei denn, es wird mit Emoticons gearbeitet, die hier einen wertvollen Beitrag zur besseren Interpretation von Textnachrichten leisten). Schriftliche Kommunikation in der Öffentlichkeit will also gelernt sein.

Weshalb die strategische Einbindung Ihrer Mitarbeiter – allenfalls eben auch in eine Low-Profile-Kommunikationsstrategie, die durchaus in manchen Branchen angezeigt sein kann (man denke beispielsweise an Unternehmen im Gentechnik- oder Nuklear-Umfeld) – zum Vorteil Ihres Unternehmens ist: Machen Sie Ihre Mitarbeiter zu Mitdenkern und strategischen Partnern anstatt sich vor den Kommentaren von Mitarbeitern zu schützen. Mitarbeiter werden unter allen Umständen in sozialen Medien kommunizieren – nötigenfalls über ihre eigenen mobilen Endgeräte oder von zu Hause. Sie lassen ein zu großes Potenzial liegen und vergeben die Chance, auf die Kommunikation Ihrer Mitarbeiter mit einzuwirken und Bewusstsein für den richtigen Content und für Sicherheitsrisiken zu schaffen. Vielen Mitarbeitern – und unter Umständen Ihnen vor der Lektüre dieses Buchs auch – sind die möglichen Sicherheitslücken nicht bekannt, die auch private Kommunikation über persönliche Nachrichten über Nacht öffentlich einsehbar machen könnte oder verdeutlichen, dass Hacker nicht nur den Sony-Server, sondern im Wesentlichen so gut wie jeden Webdienst knacken können.

Wäre es Ihnen oder einem Ihrer Mitarbeiter recht, mit allen privaten Nachrichten in der Öffentlichkeit zu stehen? Wie viele davon würden wir in unserer Tageszeitung auf Seite 1 als Headline lesen? Wohl auch einige ... **Fazit**: Was nicht auf der Titelseite Ihrer Tageszeitung stehen kann, schreiben Sie in keinem Netzwerk dieser Erde in irgendeine Nachricht – unter Umständen nicht einmal in eine E-Mail – und unter Umständen nirgendwo in ein elektronisches File.

Wie sehen Medienkompetenz-Tranings aus? Grundsätzlich sollten Sie in diesen Trainings folgende Inhalte vermitteln (lassen):

> **Webkommunikation und Sicherheit**
>
> Sensibilisierung der Mitarbeiter für die Besonderheiten der Kommunikation in sozialen Netzen und für die Sicherheitsrisiken
>
> Einerseits durch technische Probleme oder konkrete Angriffe (durch Hacker), aber auch durch Bugs, also technische Mängel in Systemen oder Übertragungswegen wie beispielsweise dem WLAN in einem Hotel, in dem der Mitarbeiter während einer Dienstreise Nachrichten schreibt, aber auch durch unbedachte schriftliche Äußerungen, die mit Screenshot schnell kopiert sind und so vielleicht eine Verbreitung erreichen, die nicht beabsichtigt war. Ist eine Information aber erst einmal schriftlich festgehalten, so kann sie zu jedem Zeitpunkt später weiterverbreitet werden.

> ➤ **Entkräften Sie Mythen**

wie „nur meine Kontakte sehen, was ich schreibe" oder „in der großen Datenmenge findet niemand etwas"

Dazu gibt es ganz konkret zwei Antworten, die eine kompetente Schulung gibt: Beide Annahmen sind schlichtweg völlig falsch und naiv. Ein auch nur mittelmäßig begabter Hacker braucht vielleicht fünf Minuten, um ein Profil zu knacken. Freilich muss man sich auch fragen, wie interessant ein Profil sein muss, damit es für einen Hackerangriff in den Fokus rückt. Manchmal muss es überhaupt nicht interessant sein – manchmal reicht der Zufall oder die Tatsache, dass sich jemand aus einem Ihnen unbekannten Grund für Ihr Unternehmen interessiert.

Die Aussage, in großen Datenmengen würde niemand etwas finden, gilt allenfalls, wenn jemand händisch suchen würde. Die heute jedoch eingesetzten Softwareprodukte für Data Mining in big data finden und kombinieren Information auf eine Art, dass im Profiling über Sie mehr Dinge stehen, als Sie über sich selbst erinnern. Alle Ihre Profile, die Sie auch unter einem anderen Namen und mit anderen Profilbildern angelegt haben und über die Sie kommunizieren, können technisch durchsucht und die darin enthaltene Information verglichen, analysiert und kombiniert werden. Bereits ein Foto, auf dem Sie abgebildet sind, erlaubt einen biometrischen Vergleich über das gesamte Web hinweg. Gesichtserkennung funktioniert nicht nur über den biometrischen Pass, sondern über das gesamte Web hinweg. Das Gegenmittel kann jedoch nicht die völlige Vermeidung sein, sondern nur ein bewusster Umgang. Die Vermeidung tut das, was Sie als Unternehmen sicherlich nicht brauchen können – es schließt Sie von einem Markt aus, der zunehmend über Onlinenetzwerke stattfindet – und glauben Sie den Autoren dieses Buchs – das können Sie sich nicht leisten. An einem konstruktiven und wissenden Umgang mit dem Web und seinen sozialen Netzen führt im Business kein Weg vorbei.

> ➤ **Bedienung der Netzwerke und Profilpflege**

Trainieren Sie die konkrete Bedienung und Pflege der Profile und Netzwerke, in denen Sie strategisch aktiv werden wollen. Dies ist unerlässlich, wenn Sie möchten, dass die Mitarbeiter kompetent und effizient mit den Tools arbeiten können. Nichts lässt Initiative schneller erlahmen als mangelnde Kenntnis über die Bedienung eines Systems – trotz aller Usability sind die heute verfügbaren Tools sehr mächtig, und ohne Schulung findet man doch nur einen Bruchteil der Möglichkeiten zügig von selbst.

> **Strategiebriefing**
>
> Wenn natürlich kaum jemals alle Details einer Unternehmens- oder Kommunikationsstrategie an alle Mitarbeiter weitergegeben werden (können) – so brauchen Sie ein strategisches Briefing für Ihre Mitarbeiter, damit diese Wissen und ein Gefühl dafür aufbauen, in welche Richtung sich das Unternehmen bewegen soll bzw. wird und auf welche Art man dahin gelangen möchte. Wie im Kapitel zu Strategie bereits geschildert, briefen Sie Ihre Mitarbeiter über den Status-quo, über die Ziele – die im Optimalfall von den Mitarbeitern mitgetragen, im Idealfall mit den Mitarbeitern gemeinsam erarbeitet wurden – und über die Art und Weise, wie diese Ziele erreicht werden sollen.

> Für Mitarbeiter einer **Webredaktion** (Moderation und Pflege von Diskussionsforen, Gruppen) aber auch für Aktivitäten wie Akquisition usw.) gilt ein weiterführendes Training, das zusätzlich den Stil von Postings und die konkrete Verwendung von Schlüsselbegriffen (mit denen Sie in den Netzwerken, aber auch über Suchmaschinen gefunden werden wollen) trainiert und koordiniert, um einen einheitlichen Auftritt hinlegen zu können. Hierbei werden viele in diesem Buch erwähnte Techniken vermittelt.

Muss Nr. 4: Strategisch eingebundene Mitarbeiter

Wenn Sie einer Vision folgen, diese Vision von Ihren Mitarbeitern geteilt wird und Ihre Mitarbeiter mit dem entsprechenden Training über Dos und Don'ts ausgestattet sind, haben Sie sichergestellt, dass alle zusammen einen erkennbaren Stil pflegen – ein zentraler Vorteil in der Positionierung Ihres Unternehmens. Sie ergeben ein einheitliches Bild, auch wenn jeder einzelne Mitarbeiter auf seine individuelle Weise dazu beitragen wird.

Daniel Pink schreibt in seinem Buch „Drive" und erzählt in seinen Vorträgen über „The surprising truth about what motivates us"[1] (von den überraschenden Wahrheiten darüber, was uns wirklich motiviert). Darin demonstriert er, dass Motivation nicht über – wie immer noch verbreitet angenommen – monetäre Zuwendungen wie Boni generiert werden, sondern über das Zuerkennen von Autonomie und Selbstbestimmtheit im Tun, über entgegengebrachtes Vertrauen und über die Möglichkeit, im eigenen Tun besser zu werden. Bonuszahlungen motivieren allenfalls in absolut untersten Einkommensschichten und dort, wo es um physische

---

1 Pink, Daniel (2010) Drive: Was Sie wirklich motiviert. Sehen Sie dazu auch dieses Video an, das eine eindrucksvolle, grafisch gestaltete Zusammenfassung zu einer Rede von Daniel Pink zum Thema darstellt [englisch]: http://bit.ly/pink_drive_rsa

Leistungen geht, nicht bei den sogenannten Wissensarbeitern. Geldwerte Vorteile generieren unter Umständen sogar eine schlechtere Leistung, was Pink mit einer Fülle von einschlägigen, renommierten Studien untermauert. Für eine bestimmte Leistung extra zu bezahlen, wäre demnach die falsche Motivation, indem Mitarbeiter sich dafür bezahlen lassen, etwas tun, das sie eigentlich nicht wollen – also eine Art Prostitution.

Echte Motivation und Mehrleistung über ein durchschnittlich erwartbares Maß hinaus wäre demnach nur mit dem Gewähren von Autonomie (soweit im Rahmen der Stelle möglich), mit Vertrauen und mit der Möglichkeit zu persönlicher Weiterentwicklung erreichbar. Viele Incentive-Systeme, die heute in Unternehmen in Verwendung sind, müssen vor diesem Hintergrund eindeutig hinterfragt werden. Bekannt wurde in diesem Zusammenhang auch das Beispiel des ersten Fluges der Wright Brothers: Ihre Konkurrenten hatten Top-Ausstattung, Finanzierung und Kontakte – die Wright Brothers hatten keine öffentliche Finanzierung und keine Kontakte, aber Begeisterung, eine Vision und ein motiviertes Team.

Ihre Take-Aways

➢ Social Media und Arbeit auf Plattformen sind ein professioneller Vorgang – machen Sie sie niemals nur „nebenbei": Wenn Sie die Wichtigkeit Ihrer externen Kommunikation und Außendarstellung als so unwichtig einschätzen, dass Sie sie auf „nebenbei" verlegen, dann werden die Ergebnisse voraussichtlich schlecht sein. Überlegen Sie, was Ihnen zusätzliches Geschäft und zusätzliche, relevante Kontakte bringen wird – und das machen Sie dann. Dieser Punkt ist deshalb so „scharf" formuliert, weil er mit einer der aktuell bedeutendsten Fehler ist, die im Business gemacht werden. „Ich komme vor lauter Arbeit nicht zum Geschäfte machen" – das kann sich bitter rächen.

➢ Kontaktieren Sie niemals Ihre Ansprechpartner mit dem Produkt voraus: Hardselling ist tot, hören Sie damit auf und verbieten Sie es Ihren Mitarbeitern. Das einzige, das damit erreicht wird, ist Ablehnung. Führen Sie stattdessen über Vision: Wie lösen Sie die Probleme Ihrer Kunden, welche Probleme haben die? Hören Sie zu? Fragen Sie, statt anzubieten? Interessieren Sie sich für andere – oder haben die anderen den Eindruck, sie wären für Sie nur eine weitere Möglichkeit, ein Produktangebot abzusetzen?

> ➤ Vermeiden Sie Nachrichten und Postings, die nur „Füllmaterial" sind – damit eben etwas gepostet wird. Wenn Sie Geschäftigkeit signalisieren wollen, dann tun Sie das nur mit relevantem Content.

> ➤ Gestalten Sie einen einheitlichen Auftritt über alle Mitarbeiter hinweg und mit diesen gemeinsam.

> ➤ Sensibilisieren Sie Ihre Mitarbeiter mithilfe von Social Media Guidelines und Schulungen (Medienkompetenz-Trainings).

> ➤ Binden Sie Ihre Mitarbeiter strategisch ein – nur Mitarbeiter, die wissen, wohin die Reise geht und wie wir reisen, werden im Businessalltag die richtigen Dinge tun, die eine Unterstützung der Gesamtstrategie darstellen. Ist die Strategie nicht bekannt, macht sich jeder seine eigenen Gedanken, und das Bild im Außen wird notgedrungen uneinheitlich wirken.

4. Die Profildramaturgie optimal nutzen: Ihr „Schaufenster" für potenzielle Geschäftspartner

Ein Bild ist die Mutter des Wortes.

Hugo Ball

Die Funktionen der Powersuche auf XING – etwas reduziert auch auf LinkedIn – geben Ihnen die Möglichkeit, Ihr Profil aus einer „Händlerperspektive" zu sehen. In diesem Kapitel zeigen wir, welche Kommunikationschancen Ihnen aus der Dramaturgie entstehen können. Wechseln wir den Blick erneut auf die Sicht eines Händlers, der in seinem Geschäft steht.

Profilbesuch = es stand jemand vor Ihrem Schaufenster

Das ist eine der meistgewünschten Informationen in dem größten Netzwerk der Welt: Facebook. Nur aus diesem Grund ist es immer wieder möglich, dass sich ein bestimmter Virustyp auf Facebook verbreitet, der genau diese Funktion verspricht (siehe: *http://bit.ly/Googlesuche_FB_Profil besucher*).

Auf XING gibt es zwei Möglichkeiten zu sehen, wer vor Ihrem „Schaufenster" gestanden hat. Die Box „Besucher Ihres Profils" finden Sie auf Ihrer Startseite (siehe Screenshot), aber auch in der Businessdatenansicht Ihres eigenen Profils. Die Informationen zu Personen und Herkunft des Besuches („Klick in" und „Suche nach") bleiben eine Woche in der Powersuche (*http://bit.ly/XING_Powersuche*) erhalten.

Zu Wissen, wer vor Ihrem Geschäft steht ggf. sogar hineinkommt, ist eine der wertvollsten Informationen im Internet.

Je nachdem, wie selten/häufig Sie sich auf XING einloggen, kann eine Information, die bis zu einer Woche alt ist, wertlos sein. Stellen Sie sich zum Beispiel vor, es seien mehrere Personen nach einem Gruppenbeitrag auf Ihrem Profil gewesen, so kann es nach mehreren Tagen durchaus sein, dass die Personen sich nicht mehr unbedingt an den Grund erinnern. Um dies zu vermeiden, gibt es eine sehr interessante Zusatzfunktion.

Alert Ihrer Profilbesucher unmittelbar nach dem Besuch

XING bietet einen speziellen RSS-Reader (*http://de.wikipedia.org/wiki/Feedreader*) an, der Ihnen nach jedem Profilbesuch eine Meldung per Mail oder als Pop-up auf Ihren Rechner gibt. Den Feedreader finden Sie unter den Downloads, *http://bit.ly/XING_downloads*. Den zu abonnierenden Feed können Sie auf der Profilbesucherseite (Powersuche, *http://bit.ly/XING_Powersuche*) auswählen.

Mit diesem Zusatzwerkzeug können Sie sozusagen in Echtzeit sehen, wer vor Ihrem Schaufenster steht, wer sich für Ihr Profil interessiert hat, woher dieser Interessent gekommen ist und ob Sie Impulse in seinem Profil finden, um eine erste Kommunikation zu starten. Der Eindruck bei Ihrem Gegenüber ist noch so frisch, dass sich viel leichter Anknüpfungspunkte finden lassen als nach einem oder nach mehreren Tagen.

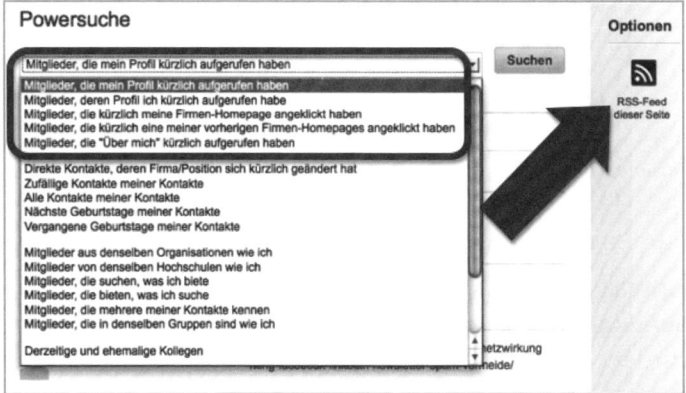

Zu Wissen, wer in Ihr Geschäft hineinkam, kann von unschätzbarem Wert sein.

Aber Achtung: Ohne einen echten authentischen Impuls, bei dem sich Ihr Gegenüber wahrgenommen fühlt, raten wir von einer Kommunikation ab. Andernfalls könnte Ihre Ansprache so aufgenommen werden wie jene von Restaurantkeilern in Urlaubsorten, die Sie nur ansprechen, damit Sie in dieses Restaurant und nicht in das nächste gehen. Nehmen Sie sich und Ihre eigenen Wünsche, wie Sie angesprochen werden wollen, als Maßstab

Ihrer Handlung (siehe dazu auch die XING-Hilfe: *http://bit.ly/XING_Nachrichten_Regeln*).

Webseitenbesuch = es kam jemand in Ihren Flagshipstore

Theoretische ist die eigene Webseite für jeden professionellen Nutzer sozialer Netzwerke das Zentrum allen Handelns. Daher nennen wir die Webseite auch Flagshipstore (*http://de.wikipedia.org/wiki/Flagshipstore*). Das allgemein höchste Ziel eines Webseitenanbieters ist der Besuch der eigenen Webseite! Klickt jemand Ihre Webseite, so können Sie es dramaturgisch damit gleichsetzen, dass eine Person zur Türe Ihres Geschäfts hineinkommt.

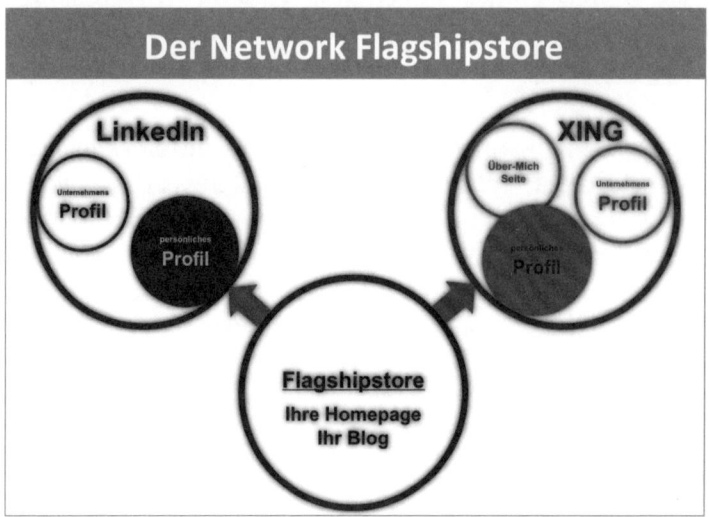

Ihre Webseite (Flagshipstore) ist das Zentrum Ihrer Netzwerkaktivitäten.

Was würden Sie tun, wenn jemand zur Türe herein kommt?

Richtig, analog zur realen Welt ist der Besuch Ihrer Webseite fast schon ein Muss zur Begrüßung Ihrer Besucher. Stellen Sie sich vor, Sie gehen in ein Geschäft und würden nicht begrüßt werden. Bei H&M wäre das kein Problem, dort erwartet niemand zwingend, begrüßt zu werden, aber bei einem hochwertigen Dienstleistungsunternehmen, Produktanbieter, Serviceprovider etc. wie Ihrem Geschäftsmodell schon.

Da Sie über die XING-Powersuche genau wissen, wer einen Ihrer Unternehmensweblinks angeklickt hat, können Sie die XING-Dramaturgie auf die Webseite ausdehnen. Dazu lesen Sie im Verlauf dieses Kapitels beim Unternehmenseintrag mehr. Aus dramaturgischer Sicht kann sich dieser

Kniff so auswirken, dass Sie sowohl für Überraschung sorgen, als auch Ihre Profilbesucher besser führen.

Spätestens beim Besuch Ihres Geschäfts sollten Sie aktiv werden!

Aber auch hier gelten im Businesskontext auch sonst normalerweise übliche Kommunikationsregeln. Auf XING könnten Sie (technisch) Ihrem Webseitenbesucher natürlich ein Kontaktangebot machen. Aber würden Sie dem möglichen Interessenten für Ihre Leistungen bei einem ersten Besuch Ihres realen Geschäfts als Allererstes Ihre Visitenkarte überreichen? Wahrscheinlich machen Sie es im echten Leben auch erst dann, wenn Sie beide das Gefühl haben, dass der richtige Zeitpunkt, zum Beispiel zum Abschluss eines Gesprächs oder Geschäfts, gekommen ist.

Ideen für Ihre Erstansprache

- Persönliche Nachricht statt einer Kontaktanfrage senden.
- Begrüßen geht immer und ist fast selbstverständlich.
- Finden Sie Impulse im Profil Ihres Besuchers, über die Sie sprechen können.
- Fragen Sie um Feedback zu Ihrer Webseite oder Ihrem Profil.
- Beachten Sie: „Persönliches zählt, Berufliches ergibt sich".
- Situativer Smalltalk ist ein wichtiger Faktor im Beziehungsaufbau.

Über-Mich-Seiten Besuch = es kam jemand in Ihre XING-Filiale

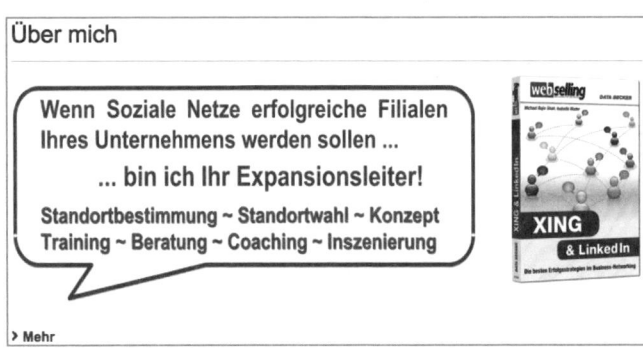

Wer den > Mehr Button klickt, besucht Ihr Geschäft innerhalb des Networkshopping-centers.

> Die Über-Mich-Seite – soweit angelegt – befindet sich direkt unter der Profilvisitenkarte und bietet sowohl visuelle als auch (volltext-)such-relevante Bestandteile. Wer sie richtig verwendet, nutzt neben dem dramaturgischen Überraschungseffekt einen oft unbeachteten Punkt für sich.

> Der Faktor Zeit: Im Durchschnitt dauert ein XING-Besuch 9,4 Minuten. Ein Klick auf eine externe Webseite kann viel mehr Zeit kosten, als

eben einmal die Über-Mich-Seite innerhalb des XING Shoppingcenters zu inspizieren.

➤ Ein weiterer, oft unbeachteter Faktor ist, dass viele Nutzer, die gerade auf der einen Plattform sind, gar nicht woandershin wechseln wollen. So ähnlich wie diejenigen, die beim Kauf eines Kleidungsstückes nicht in eine weitere Filiale gehen, obwohl es dort die passende Größe eines gewünschten Kleidungsstückes gibt, sondern am Ort (Einkaufszentrum) verbleiben, wo sie sind.

4.1 Wie sich Profilaufbau und Dramaturgie ergänzen

Erfolg hat nur, wer etwas tut,
während er auf den Erfolg wartet.

Thomas Edison

Egal an welcher Stelle der Plattform Sie ein Profil das erste Mal sehen, der erste Blick fällt immer auf die wichtigste Werbefläche Ihres Schaufensters. Es sind nicht die Profilinhalte, sondern deren Überschriften. Wenn Sie sich ein Schaufenster ansehen, ist die Beschäftigung mit Inhalten, technischen Details und Preisen meistens zweitrangig. Visuell stimulierende Elemente stehen beim ersten Blick im Vordergrund.

Auf XING und LinkedIn sind das in allen „Such- & Klick-In"-Varianten (Verbindungspfade von sich zu anderen, Gruppenartikeln, Suchergebnissen, Kontaktvorschlägen etc.) immer diese drei wichtigsten Elemente:

➤ Ihr **Profilfoto** sollte daher mit größtmöglichem Kopfausschnitt wirken können.

➤ Ihr **Firmenname** kann um Ihren Firmenslogan ergänzt werden (auf LinkedIn haben Sie dafür sogar ein extra Datenfeld).

➤ Ihr **Vor- & Familienname** (an dem können wir außer bei Heirat oder Scheidung nichts ändern; siehe AGB).

Das Business-Profilfoto in sozialen Netzwerken erscheint in einem anderen Kontext, als das einer klassischen Bewerbungsmappe der Fall ist. Wichtigste Elemente sind:

> ➢ Großer Kopf mit möglich hellem bzw. kontrastreichem Hintergrund.
> ➢ Ihre Kleidung sollte zu Ihrer Kernaussage und Person passen.
> ➢ XING (140x185 Pixel) & LinkedIn (quadratisch) verwenden unterschiedliche Formate.
> ➢ Je kreativer der Beruf, desto kreativer das Foto.
> ➢ Firmen können Ihre CI/Ihr Logo integrieren (siehe: *http://bit.ly/XING_ AG*).

Der Unternehmensname in Businessnetzwerken sollte zwar juristisch einwandfrei verwendet werden, was aber nicht davon abhält, das Datenfeld um Ihr Unternehmensleitbild, Ihr Mission-Statement oder aktuellen Werbeslogan zu ergänzen. Dadurch steigt die Aussagekraft nicht nur beim ersten Eindruck, sondern fördert auch die Gesamtaussage Ihrer Unternehmenspräsenz.

Auf XING stehen Ihnen im Datenfeld des Unternehmensnamens 88 Zeichen zu Verfügung. LinkedIn erlaubt die Verwendung von 100 Freitextzeichen innerhalb eines eigenen Datenfelds für Ihren Firmenslogan.

Unternehmensname und Anbindung

Vor allen Überlegungen zu kreativen Möglichkeiten innerhalb eines Personenprofils sollten darum gehen, in welchem unternehmerischen Rahmen Sie sich bewegen.

> ➢ Sind Sie das Unternehmen? Können Sie alleine entscheiden? Betrifft Ihre Entscheidung oder Handlung auch andere Personen?
> ➢ Sind Sie Teil einer Unternehmung? Was ist Ihre Rolle darin? Wie ist Ihre Position/Ihr Arbeitsplatz definiert? Wie viel Freiheit haben Sie bei dem, was Sie zu Ihrer Unternehmung schreiben? Wen gibt es, den das betrifft?
> ➢ Sie wollen etwas umsetzen und brauchen einen Weg, ohne sofort andere einbeziehen zu müssen?

In jedem dieser Fälle hilft es, wenn Sie sich bei jeder Profilfrage eine einfache Aufteilung vor Augen halten, um sich ohne Absprachen selber beantworten zu können, welcher Inhalt auf welche Art und Weise in Ihr Profil gehört, hinein darf oder wie frei dieser gestaltet werden kann.

Person	Unternehmen
Ich bin	Wir sind
Mein Leitbild/Slogan	Unternehmensleitbild/Slogan
Mein USP/meine spezifische Rolle	Aufgabe/Stellenbeschreibung/Position
Ich biete Perspektive, Person, Passion	Wir bieten Produkt, Platz, Preis, Promotion

Der Unternehmensname juristisch richtig oder mit Mission oder Slogan

Überlegen Sie mit Ihrem Team oder auch nahestehenden Kunden, Freunden und Bekannten, welcher Slogan für Ihr Zielpublikum die höchste Anziehungskraft haben könnte. Anbei mehrere Beispiele für mögliche Erweiterungen des Unternehmensnamens:

Unternehmen	Name	Slogan (in Klammern)
BMW	BMW AG	Freude am Fahren
XING	XING AG	Professionelles Netzwerken
XING-Seminare	Lutz, Rumohr GBR	Wir zeigen strategische XING-Nutzung
Mietervereinigung	Mietervereinigung	leistbares sicheres Wohnen
Constanze Wolff	Textwerkstatt	Texte für Ihren Erfolg
Ernst Steuerberater	Steuer GmbH Co.KG	Komplexes einfach erklärt und umgesetzt
René Klampfer	Bilanzbuchhalter	Ich mache Ihren Erfolg in Zahlen sichtbar

Soweit bereits ein Unternehmensprofil angelegt wurde, können Sie sich auf folgenden Wegen mit diesem verbinden.

Verbindung zum XING-Unternehmensprofil herstellen

➢ Haben Sie die exakt gleiche Schreibweise des Unternehmensprofils verwendet, erfolgt die Zuordnung automatisch. z. B. XING AG (richtig), XING Aktiengesellschaft (falsch)

➢ Bei einer anderen Schreibweise suchen Sie sich „Ihr" Unternehmensprofil und bestätigen auf der Unternehmensseite, dass Sie „hier Arbeiten".

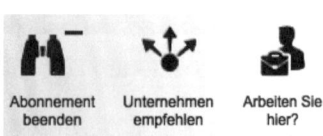

➢ Im nächsten Schritt werden Sie dazu aufgefordert, die Profilinformationen Ihrer Berufserfahrung dem des Unternehmensprofils anzupassen; achten Sie darauf, dass der Slogan in Klammern aufgeführt wird, denn dann ignoriert das System den Teil der anderen Schreibweise, der in Klammern steht, und Ihr persönliches Profil wird als Mitarbeiterprofil gelistet

Verbindung zum LinkedIn-Unternehmensprofil herstellen

➢ LinkedIn ordnet persönliche Profile nur durch Ihre aktive Auswahl „Ihrem" Unternehmensprofil zu.

➢ Wählen Sie dafür die Position aus, mit der Sie eine Verknüpfung zum Unternehmensprofil herstellen wollen, oder legen Sie eine neue an (siehe: *http://linkd.in/Position_bearbeiten*).

Position bearbeiten	
Unternehmen:	XING [Unternehmen ändern | Anzeigenamen bearbeiten]
Anzeigename:	XING
Position:	XING Ambassador & Social Media Community Manager
Ort:	Indien

Unternehmenszuordnung und Anzeigenamen können voneinander abweichen.

➢ LinkedIn gibt die Möglichkeit, trotz technischer Zuordnung einen frei wählbaren Anzeigenamen zu verwenden.

➢ Um darüber hinaus den zusätzlichen Firmenslogen anzulegen oder zu ändern, müssen Sie die Basisinformationen Ihres persönlichen Profils bearbeiten (siehe: *http://linkd.in/Profil_Info_bearbeiten*).

Kreativität und Korrektheit schaffen die authentische Balance

In Deutschland, Österreich und der Schweiz sind wir meisten erzogen, das zu tun, was wir gefragt werden, was uns aufgetragen wird oder eine Eingabemaske uns auffordert zu tun. Leider fallen dabei kreative Ideen und Gestaltungsspielräume guter Erziehung zum Opfer. In Businessnetzwerken führt unsere mitteleuropäische Art der Korrektheit dazu, dass die meisten Mitglieder Ihre Einträge wie eine Steuererklärung, einen Eintrag ins amtliche Firmenregister, Antrag eines Passes oder wie bei ähnlich offiziellen Anlässen gestalten. Dabei kann eine Vielzahl relevanter Optionen verloren gehen.

Wo Kreativität drauf steht, sollte Kreativität drin sein

Dezember 2011 veröffentliche LinkedIn eine Liste der meistverwendeten Profilfloskeln. Das Wort „creative" rangiert in Deutschland, den Niederlanden, Australien, Großbritannien, den Vereinigten Staaten und Kanada an erster Stelle. Wenn Sie meinen, kreativ in Ihrem Business zu sein, dann seien Sie unbedingt kreativer, als Sie es schreiben.

Für Ihre Präsenz in Businessnetzwerken wie XING und LinkedIn haben Sie unterschiedlichste Varianten und Stellschrauben, an denen Sie Ihre individuell-authentische Balance zwischen notwendiger Korrektheit und kreativer Entfaltung entsprechend Ihrem Bauchgefühl und „Contenance" gegenüber denen, die Sie mit Ihrem Auftritt ansprechen möchten, einstellen können.

Profildatenfelder mit kreativer Option	XING	LinkedIn
Profilvisitenkarte		
Unternehmen und Position (Aktuell)	die aktuellste	die zwei aktuellsten
Unternehmen und Position (Früher)		die zwei aktuellsten
Referenzen		Anzeige der Anzahl
Akademischer Abschluss	ja	
Profilstatusmeldung	ja	letztes Update
Profile im Web/Webseiten & Twitter	ja	ja
Über-Mich-Seite/Zusammenfassung	**visuell**	**nur Text**
Ich suche	ja	
Ich biete	ja	
Interessen	ja	ja
Organisationen	ja	Abschnitt
Gruppenmitgliedschaften	ja	ja
Berufserfahrung (Aktuell/Früher)	Unternehmen, Position, Branche	Unternehmen, Position, Referenzen
Referenzen	bedingt	ja
Anhänge	3 Dateien	App
Auszeichnungen	ja	Abschnitt
Ausbildung	ja	bedingt
Derzeit 12 Abschnitte		**ja**
Kurse, Zertifikate/Diplome, Organisationen, Projekte, Patente, Testbewertungen, Ehrenamtliche Tätigkeiten/Gute Zwecke, Veröffentlichungen, Fähigkeiten/Kenntnisse, Sprachen, Auszeichnungen/Preise, Ausbildung		ja
Derzeit 17 Anwendungen		**ja**
WordPress, Twitter-Plug-in, MyTravel		ja

Jede Ihrer Einstellung kann unterschiedliche Betrachter ganz anders positiv überraschen und Ihre Präsenz besonders anziehend machen!

Die Überraschung nach dem ersten Klick

Wenn Ihr Profil inhaltlich (Suche), wegen eines wirksamen Fotos oder eines erweiterten Unternehmensnamens die Nase vor den meisten Mitbewerbern hatte, können Sie davon ausgehen, dass Ihr Profilbesucher offen dafür ist, den ersten Eindruck noch einmal auf Ihrer Visitenkarte verstärkt zu bekommen. Hier wartet die nächste mögliche Überraschung direkt unter Ihrem Namen.

Mit alternativer Verwendung des akademischen Abschlusses überraschen.

Die kreative Nutzung des Datenfelds für den akademischen Abschluss

Wägen Sie sehr genau ab, ob eine Graduierung für das Erreichen Ihrer Ziele wichtiger ist, als beim zweiten Blick für eine Überraschung zu sorgen, die Ihr exaktes Zielpublikum anspricht! Natürlich sprechen auch etliche Gründe dafür, auf diese Form von Kreativität zu verzichten:

➢ Ihr Dokotortitel, Magister, Bachelor ist unabdingbar für Ihre Ziele.

➢ Sie können sich mit einem akademischen Titel besser abheben.

➢ Zum Beispiel Coaches, Lebensberater, Finanzdienstleister – Berufsbilder, die ein nicht klar umrissenes Außenbild haben – können durch akademische Grade Ihre Professionalität unterstreichen.

➢ Das Datenfeld „Angaben zur Person" auf XING verfügt über 80 Freitextzeichen (siehe: *http://bit.ly/XING_Angaben_zur_Person*).

Wie Sie die 4P im Marketing um 3P im Selbstmarketing erweitern

Das Konzept der 3P im Selbstmarketing ergänzt den klassischen Marketingmix von Jerome McCarthy, *http://de.wikipedia.org/wiki/Marketing-Mix*.

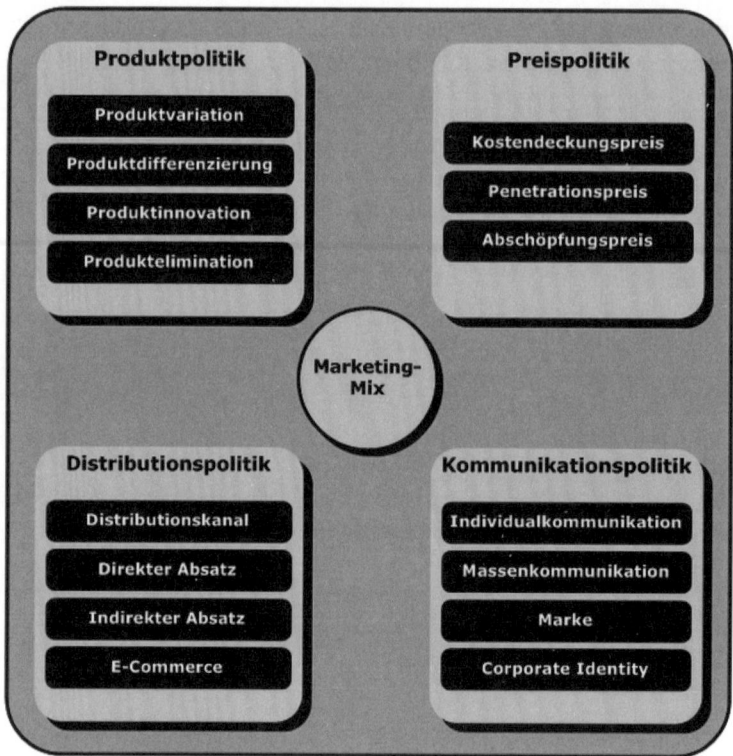

Bildquelle: http://commons.wikimedia.org/wiki/User:Grochim.

Laut Wikipedia umfasst das Konzept der 4 Ps im Marketing die Komponenten **Produktpolitik** (Product), **Preispolitik** (Price), **Distributionspolitik** (Place) und **Kommunikationspolitik** (Promotion). Den Kern des Erfolgs und das Betätigungsfeld sozialer Netzwerke ist die Kommunikation. Alle vier Unterkategorien der Kommunikationspolitik werden angesprochen.

Auf XING und LinkedIn geht es um Individualkommunikation, aber auch um Massenkommunikation, Ihre Marke und damit verbundener Corporate Identity. Ein Marketingfeld, das stark von Ihrem Geschäft abhängig ist. Die Kommunikation auf beiden Plattformen ist davon geprägt, dass einzelne Personen in einem Massenkommunikationsumfeld eine Verbindung zueinander aufnehmen.

Die 3P im Selbstmarketing = Perspektive, Person und Passion

Die hier ergänzend verwendeten 3P fügte Christine Schreiner im Rahmen Ihres Workshops (bei einem XING-Event) „Die 7 Ps zu Ihrer strahlenden ICH-Marke®" hinzu. Seit zwei Jahren finden die drei Erweiterungen des alten Marketingmixes Einzug in viele XING- und LinkedIn-Profile.

Ich suche = ist die Perspektive, Ihr Blick in die Zukunft, Ihre Ziele

Oft wird das Datenfeld „Ich suche" für Allgemeinplätze (Ich suche: Kunden, Kontakte usw.) verwendet, die wenig über Ihre ganz konkreten Wünsche, Ziele und tatsächlich konkreten Suchen aussagen. Selbstverständlichkeiten müssen nicht in Ihr Schaufenster. Denken Sie darüber nach, was diejenigen, von denen Sie gefunden werden wollen, als Suchbegriffe eingeben würden. Und im zweiten Schritt, was diese finden wollen, wenn die richtigen Schlüsselbegriffe zu Ihrem Profil geführt haben. Welche Bedürfnisse die anderen haben, womit Sie Ihre Auslage für andere anziehend gestalten können. Schreiben Sie über Ihre Ziele, Zukunftsaussichten, Ihre Mission und die Visionen, die Ihr Unternehmen für die Zukunft hat.

> **Brainstormingübung zur Perspektive (Ich suche)**
>
> Stellen Sie sich vor, Sie würden zum Lebensabend in Ihrem Garten, Ihrer Finca oder sonst wo sitzen und bei einem Glas Wein Revue passieren lassen, was Sie zwischen früher und jetzt Neues erreicht haben, und fügen Sie die Essenz daraus den ‚harten' Fakten (4P) hinzu.

Ich biete = meine Person, meine Produkte und deren USP

Auch in diesem besonders wichtigen Suchdatenfeld sollten Sie sich auf wenige suchrelevante Keywords konzentrieren. Bedenken Sie immer wieder, dass Ihr Angebot auch nur ein (Schaufenster-)Teaser ist. Er sollte Lust auf mehr machen. Egal ob Sucher oder Kaufhausflanierer zu Ihnen finden, beide wollen lesenswerte Inhalte angeboten bekommen, damit man sich intensiver mit Ihnen und Ihrem Angebot beschäftigt.

> **Brainstormingübung zum USP Ihrer Person (Ich biete)**
>
> Wer sind Sie wirklich? Warum arbeiten Ihre Kunden/Geschäftspartner gerne mit Ihnen? Was machen Sie anders als andere? Warum Sind Sie erfolgreich? Was haben Sie zu bieten, das es bei Ihren Mitbewerbern nicht gibt? Wo ist Ihre persönliche Marktnische als Unternehmer, Vorgesetzter, Kollege, Fachkraft?

Worauf Sie sich konzentrieren sollten:

➢ Ihre wichtigsten zwei bis drei Hauptsuchbegriffe.

➢ Was Sie am besten können.

➢ Was Ihre Kunden sagen, warum diese mit Ihnen arbeiten.

➢ Was Sie anders machen als Ihre Mitbewerber.

➢ Ganze Sätze für einen menschlichen Leser schreiben.

Lassen Sie sich durch den XING-Tipp bei der Eingabe Ihrer Profildaten nicht davon abbringen, für Menschen zu schreiben: *„Optimieren Sie Ihre XING-Nutzung: Geben Sie Stichwörter ein und trennen Sie diese durch Kommas. Z. B.: Marketing, Internet, Fotografie. So erhalten Sie von uns passende Vorschläge und können effizient netzwerken."* Wenn Sie die Herkunft Ihrer Profilbesucher analysieren und langfristig beobachten (monitoren), dann können Sie die richtige Entscheidungen treffen, wie viel Raum Sie den Suchern und wie viel Sie den Laufkunden geben.

In Wirklichkeit muss Ihr fein dekoriertes Schaufenster für beide ansprechend und inhaltlich wertvoll sein.

Interessen = Ihre Passion und Leidenschaft

Eines der wenigen Datenfelder, das meistens mit dem gefüllt wird, was wirklich vom Herzen kommt: der Antwort auf die Frage, was Sie mit Leidenschaft machen. Aufgrund des zuvor genannten XING-Tipps, nur Stichwörter zu verwenden, fehlt der Passion oft die nötige Wärme. Schreiben Sie hier ruhig auch in ganzen Sätzen!

Warum sollten Sie auch persönliche Interessen verwenden?

Manche fragen sich sicher, warum sie persönliche Interessen, Vorlieben oder Leidenschaften in einem Businessprofil aufnehmen sollten. Die Antwort dazu ist menschlich und sehr einfach.

1) Die erweiterte Suche bietet Ihnen die Möglichkeit, harte Stichwortsuche in den Datenfeldern „Ich suche" oder „Ich biete" mit weiteren Datenfeldern zu kombinieren.

2) Für eine Vielzahl von Menschen ist es leichter, über ein wirkliches Anliegen (Hobby, musikalische Vorlieben, kulinarische oder politische Gemeinsamkeiten) ins Gespräch zu kommen als über das kühle Angebot einer Dienstleistung oder eines Produkts.

Beispiel: Herr Dieter Meier
(Quelle: *http://bit.ly/Dieter_Meier*)

Der langjährige Vertriebsdirektor der BHW Bausparkasse und Postbank AG in Deutschland (1987–2008) hat sich nach einer Coachingausbildung vor wenigen Jahren selbstständig gemacht. Kurz nachdem Herr Meier den Tipp, seine CDU-Parteizugehörigkeit in sein Profil aufzunehmen, umgesetzt hatte, wurde er über XING angesprochen, ob er nicht eine Vorstandsposition in der Mittelstands- und Wirtschaftsvereinigung der CDU übernehmen wolle. Chapeau, dabei lautet eine Businessregel, nicht über Politik zu sprechen.

Auch wenn Sie innerhalb der Interessen bei Ihrem beruflichen Kernthema bleiben wollen, können Sie Ihrem Gegenüber zu Ihren beruflichen Fach- und Nebenthemen zeigen, wie er mit Ihnen über Ihre Lieblingsthemen ins Gespräch kommt.

Brainstormingübung zur Passion (Interessen)

Wofür brennen Sie? Was finden Sie wirklich „geil"? Was bereitet Ihnen Freude?

Weniger ist mehr

Stellen Sie sich auf der Suche nach einem neuen Anzug/Kostüm beim Bummeln durch ein Einkaufszentrum zwei unterschiedliche Geschäfts- lokale vor. Das eine hat das Schaufenster bis unter die Decke mit visuellen Reizen vollgepackt (quasi die komplette Kollektion untergebracht). Das andere zeigt nur ein paar ausgewählte Stücke, die so aufeinander passend abgestimmt sind, dass es ein rundes, einladendes Bild ergibt. Welches der beiden Schaufenster wäre für Sie ansprechender, um den nächsten Schritt in das Geschäft hinein zu machen?

Die Eingabefelder des XING-Profils von oben nach unten

Auf XING werden manche Profilinformationen an anderen Stellen editiert, als sie angezeigt werden, daher eine Auflistung, wo Sie was finden:

XING-Profil-Eingabefelder	Tipps zum Eingabeort
1) Profilfoto (140 x 185 Pixel)	Upload in VCard; Zuschnitthilfe *http://mypictr.com*
2) Akadem. Abschluss (Freitext)	Anzeige in VCard; *bit.ly/XING_Angaben_zur_Person*
3) Unternehmensname und Position	Anzeige in VCard; Eingabe in Berufserfahrung
4) Kontaktdaten geschäftl (1. Reiter)	Anzeige in VCard; Eingabe Businessdaten ganz unten
5) Kontaktdaten privat (2. Reiter)	Anzeige in VCard; Eingabe Businessdaten ganz unten Achtung: erste Mailadresse automatisch privater Eintrag
6) Profile im Web (3. Reiter)	Anzeige in VCard; Eingabe Businessdaten ganz unten Achtung: Die Web Klicks werden hier nicht gemessen
7) Über-Mich-Seite (sichtbarer Bereich 200 x 656 Pixel)	Eingabe über einen WYSIWYG-Editor (HTML) Einbindung von Grafiken, die auf einem Server liegen 17 Schriftfarben *http://bit.ly/XING_wysiwyg_Farben*

XING-Profil-Eingabefelder	Tipps zum Eingabeort
8) Persönliches	Eingabe und Anzeige bei Persönliches; Ich suche (Perspektive), Ich biete (Person), Interessen (Passion), Organisationen, Gruppen (automatische Anzeige der Mitgliedschaft ist editierbar)
9) Berufserfahrung (Aktuell) Berufserfahrung (Früher)	Anzeige in VCard durch Auswahl; Eingabe in Businessdaten; chronologische Aufreihung nach Beginndatum; Achtung: Klick des Weblinks erscheint in Powersuche
10) Referenzen & Auszeichnungen	Referenzen & Anhänge sind Premiumanwendungen
11) Ausbildung Qualifikationen	Qualifikationen & Sprachen
12) Web (Profile im Web)	siehe oben
13) Kontaktdaten	Geschäftlich; Privat; E-Mail-Adressen (siehe oben); Instant Messaging (z. B. Skype); Geburtstag

Zu 6) Profile im Web

Seit dem sogenannten X4-Relaunch von XING vergangenen Jahres beinhaltet der 3. Reiter Ihrer Profilvisitenkarte die Möglichkeit, Webseiten und soziale Netzwerke prominent zu platzieren. Unseren Beobachtungen und Interpretationen zufolge (es gibt keine offiziellen Informationen dazu) gehen bei Verwendung dieser Weblinks die in der Powersuche messbaren Klicks Ihrer Homepagelinks zum Flagshipstore zurück. Prüfen Sie Ihre Besucherströme.

➢ Konzentrieren Sie sich auf das Wesentliche.

➢ Geben Sie unbedingt Ihre Webseite an (Flagshipstore).

➢ Verwenden Sie Kurz-URL-Dienste, mit denen Sie Klicks messen können.

So machen Sie die Klicks Ihrer Webprofile messbar

Hier im Text verwenden wir sogenannte Kurz-URLs, um Weblinks nicht in voller Länge angeben zu müssen (*http://de.wikipedia.org/wiki/Kurz-URL-Dienst*).

1. Suchen Sie sich einen der zahllosen kostenfreien Anbieter und legen Sie sich einen Account an. Wir verwenden den URL-Dienst bit.ly.

2. Sobald Sie an eine bit.ly-URL mit einem Plus ergänzen und darauf klicken, erhalten Sie die statistischen Daten dieses Links, *http://bit.ly/XING-Seminar-Termine-at+*.

3. Bit.ly bietet auch die Möglichkeit, die automatisch vergebenen numerischen Kurz-URLs alphanumerisch zu individualisieren (siehe Text).

4. Die Traffic-Daten eines solchen bit.ly-Links mit (+)-Anhang sind für alle öffentlich.

5. Sie können diese Kurz-URLs für Statusmeldungen (XING) und Updates (LinkedIn), aber auch für alle anderen Netzwerke wie Twitter, Facebook und G+ verwenden

Zu 7) Die Über-Mich-Seite (XING)/Zusammenfassung (LinkedIn)

Sie ist das zweite größere Profilelement, das zwischen Profilvisitenkarte und Persönlichem positioniert ist. Mit der Option, die Fläche der Über-Mich-Seite mit einer Grafik zu schmücken, und der Tatsache der Durchsuchbarkeit der Datenfelder „Ich suche, biete, Interessen und Organisationen", hat XING zwei wesentliche Profilvorteile gegenüber LinkedIn.

Sie sollten auf LinkedIn die Zusammenfassung als Ersatz, für „Ich suche, Ich biete und die Über-Mich-Seite nutzen. Da bei LinkedIn Standardabschnitte (sowie alle anderen Abschnitte und Applikationen auch) verschoben werden können, sind sie sehr wichtige dramaturgische Mittel. Schieben Sie die Zusammenfassung möglichst nah an die Profilvisitenkarte heran.

Die XING-Über-Mich-Seite bietet Ihnen folgende dramaturgische Optionen.

➢ Nutzung der zuerst sichtbaren Text- und Bildfläche in der Größe von 200 x 656 Pixel (Höhe x Breite) für einen 2. oder 3. Eindruck.

➢ Zusätzliche Visualisierung der „Mehr"-Schaltfläche (zum Beispiel durch einen Pfeil oder anderes visuelles Mittel, damit die Seite geöffnet wird.

Was die Über-Mich-Seite auch ohne dramaturgische Betrachtung kann

➢ **Stichwortsuche:** Einträge der Über-Mich-Seite wirken sich bei den Ergebnissen aller aus, die die normale Stichwortsuche verwenden. Die Suche (*http://bit.ly/XING_Suche_MichaelRajiv_Shah*) wird Ihnen vier Ergebnisse bringen. Grund: Zwei Personen haben den Namen im Rahmen einer Empfehlung auf Ihrer XING-Über-Mich-Seite platziert.

➢ **Weniger ist Mehr:** Bei der Grundannahme, dass weniger als 10 % die erweiterte Suche verwenden, können Sie eine komplette suchrelevante Filiale Ihres Flagshipstores auf Ihrer Über-Mich-Seite unterbringen.

➢ **Suchmaschinenoptimierung (SEO):** Jeder Über-Mich-Seiten-Inhalt, dessen Profil für Suchmaschinen freigeschaltet wurde, ist auch für Google-Suchen der verwendeten Schlüsselbegriffe relevant (zu den Einstellungen *http://bit.ly/XING_privacy*).

➢ Texte der Über-Mich-Seite können in bis zu 17 Farben (*http://bit.ly/XING_wysiwyg_Farben*), vier Größen, Fett und Kursiv dargestellt werden. Der Editor ist auch ohne HTM-Kenntnisse nutzbar. Für Feinheiten sollten Sie eine HTML-kundige Person mit der Umsetzung beauftragen.

Bilder auf der Über-Mich-Seite

Sie können auf Ihrer Über-Mich-Seite keine Bilder hochladen. Das bedeutet, die Bilder, die Sie anzeigen lassen wollen, müssen bereits auf einem Server mit bekannter Bildadresse abgespeichert liegen, wenn Sie dem WYSIWYG-Editor die Adresse des Bilds angeben wollen.

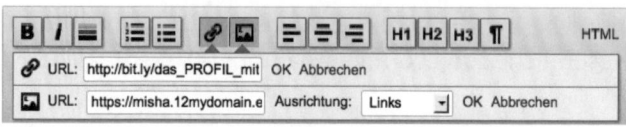

Bilder einer Über-Mich-Seite können auch mit einem Hyperlink hinterlegt werden.

Bei einem Bild, das außerhalb des SSL-verschlüsselten Serverbereichs von XING liegt, gibt insbesondere der Microsoft Internet-Explorer die Warnmeldung, ob man sich ein nicht verschlüsseltes Objekt anzeigen lassen will. Um dies zu vermeiden, ist die Hinterlegung der Grafik auf einem verschlüsselten Server angebracht, da viele Nutzer sich nicht über den technischen SSL-verschlüsselten Raum bewusst sind.

Sollte Ihnen oder Ihrem Webhost kein HTTPS-Server zur Verfügung stehen, können Sie den kostenlosen Speicherplatz der Dropbox für SSL-verschlüsselte Inhalte verwenden. Video-Tutorial zur Verwendung der Dropbox für XING-Bilder: *http://bit.ly/UEM_Fotos_Dropbox.*

Über-Mich-Seiten-Header mit Bild, Text und klickbaren Links

Über-Mich-Seiten-Beispiele.

Über mich
Perfektes Online Marketing
• E-Mail-Marketing
• Suchmaschinen-Marketing
• Suchmaschinen-Optimierung
• Social Media-Marketing
• Usability-Tests

WebPerfect

> Mehr

Über mich

Service

Wissensdatenbank

Neu

Vielen Dank, dass Sie mich ins Vertrauen ziehen.
E-Mail an frage@praxis2null.de oder Tweet mit #frage an @praxis2null oder @praxistotalnet.

> Mehr

Diese beiden Beispiele wurden von Webprofis erstellt. Für auch technisch ausgefeilte Varianten (hier wurden alle Links händisch nachbearbeitet) legen wir Ihnen eine Investition in Profis ans Herz.

Nur-Text-Über-Mich-Seiten mit Bild, die jeder umsetzen kann

Bei diesen drei Varianten geht es vor allem um die Textinhalte, die auf den Besucher wirken. Das 3. Beispiel wurde mit professionellem Texter erstellt.

Über-Mich-Seiten mit dramaturgischen Elementen

Über mich

Ich arbeite seit März 2009 bei der XING AG in Hamburg und leite hier das User Insights Team, das für die Erforschung der Nutzerbedürfnisse, die Durchführung von User-Tests und die interne Beratung bei Usability- und User Experience-Fragenstellungen verantwortlich ist. Darüber hinaus arbeite ich an der Integration von User Experience Methoden in die bei XING angewandten agilen Software-Entwicklungsprozesse.

Zuvor habe ich 5 Jahre lang als (Senior) Consultant im Bereich Customer Experience bei der SirValUse Consulting GmbH in Hamburg gearbeitet. Dort leitete ich nationale sowie internationale Usability-Studien und unterstützte Kunden beratend bei der nutzerzentrierten Produktentwicklung

> Mehr

Über mich

Erfolgreich. Erfahren. Gesprächsbereit.

Die Business-Welt lässt keine Zeit für Nachdenklichkeit und Reflexion. Schnelligkeit wird verlangt, Durchsetzungsvermögen und Entscheidungsfreude. Was fehlt, sind die Augenblicke des Innehaltens – und ein Gegenüber, das zuhören kann und das versteht.

Hier greift Confidential Conversation: In mir finden Sie eine diskrete und kompetente Gesprächspartnerin, die Ihnen mehr geben kann als Freunde, Familie oder Geschäftspartner.

↓↓↓

> Mehr

Über mich

Die Natur zeigt uns vielfältige Fülle
sowie sinnvolle Grenzen in Einem

Als glücklich verheiratete Mutter von drei Kindern bin ich an allem interessiert, was zu langfristiger und vielfältiger Entwicklung führen kann und auch noch für meine Kinder und Kindeskinder positiv nutz- und erfahrbar ist.

Neben langjähriger Beratungs-, Vertretungs- und Seminartätigkeit auf dem Gebiet des Wohn- und Mietrechts, bin ich Spezialistin auf dem Gebiet der Wärmekostenabrechnung und Buchautorin. Bisher erschienen "Heizkostenabrechnung" (Immolex/Manz - Verlag) sowie Mitautorin bei online Lehrbuch

> Mehr

In allen drei Fällen ist das dramaturgische Ziel, die Besucher zu einem Klick des „> Mehr"-Buttons zu bewegen. In Beispiel drei befindet sich noch ein zusätzliches Element, das bei Klick zu einem YouTube-Video führt.

Zu 8) Persönliches

Unter „Persönliches" finden Sie die vier wichtigsten Datenfelder sowohl für Suchende (Erweiterte und Stichwortsuche) als auch die essentiellen Informationen für den Schaufensterbesucher. Die Inhalte wirken sich auf interne und externe (Google) Suchen aus.

Um dem Auge Ihrer Besucher die Möglichkeit zu geben, Ausstellungsstück für Ausstellungsstück wahrnehmen zu können – die kürzlich verstorbene Vera F. Birkenbihl würde sagen „gehirngerecht" zu präsentieren –, haben Sie die Möglichkeit, einzelne Abschnitte und Gedanken mit Raumtrennern zu unterteilen.

Verwenden Sie dafür am sinnvollsten Unterstriche (_), Oberstriche (¯) oder punktierte Mittelinien (············). Leider sind Sonderzeichen die einzige Möglichkeit, dies zu tun. Darüber hinaus bieten diese optischen Krücken zwei Nachteile.

1. Sie müssen Ihr Profil in den gängigsten Browsern (Firefox, Microsoft IE, Safari und Chrome) gegenprüfen, da jeder Browser die Zeichen anders darstellt.

2. Für Jobsuchende oder Freiberufler, die an Projektausschreibungen teilnehmen, ist davon auszugehen, dass interessierte Arbeit-, Auftraggeber oder Recruiter ein Profil ausdrucken. Es ist fast unmöglich, ein Profil für Ausdruck und Bildschirmansicht kongruent schön zu gestalten.

Wer sicher gehen will, sollte einzelne Datenfelder auf 3–5 Zeilen Inhalt konsolidieren und seine Über-Mich-Seite bzw. Webseitenlinks so gestalten, dass seine Besucher gewillt sind, in Ihr Geschäft hineinzukommen.

Eines der extremsten Aggregationsbeispiele bietet der Künstler und Songwriter von Udo Jürgens: *http://bit.ly/XING_RainerThielmann*. Bei Herrn Thielmann ist es wichtig zu wissen, dass er durch eigene sehr aktive Akquisitionstätigkeit wettmacht, was ein Großteil über das Gefundenwerden abzudecken versucht.

Je mehr aktive Kommunikation Sie betreiben, desto weniger brauchen Sie sich auf das eher passive zur Schaustellen Ihres Schaufensters zu verlassen. Je teurer eine Marke ist, desto weniger Ausstellungstücke werden Sie in einem Schaufenster vorfinden!

Zu 9) Die Berufserfahrungen

Die kreativen Möglichkeiten des Unternehmensnamens und die Anbindung an ein Unternehmensprofil haben wir ganz am Anfang dieses Kapitels 4.1 ausführlich besprochen. Hier nun weitere Tricks und Details, die helfen, Ihr Profil so einzustellen, dass Sie gefunden werden und auf Ihre Zielgruppe anziehend wirken:

➢   **Mehrere Firmen/Projekte:** Da nur ein Firmenname in der VCard angezeigt wird, können Sie weitere Unternehmen/Projekte anlegen. Der erste Firmenname ist für Google unsichtbar. Die Position ist sichtbar (siehe Kapitel 4.4).

➢   **Position in Visitenkarte anzeigen:** Sie können aus unterschiedlichen aktuellen Unternehmen eines zur Anzeige in der VCard bestimmen.

147

➢ **Weblink zum Unternehmen:** Sind Sie für ein Unternehmen tätig, bei dem Leads der zentralen Webseite nicht an Sie weitergeleitet werden, der Lead aber Ergebnis Ihrer Tätigkeit ist, kann das ein Grund sein, Ihre Über-Mich-Seite als „Webseite" zu verwenden.

➢ **Link auf die Über-Mich-Seite:** Wenn Sie keine Webseite haben oder aus Gründen nicht dorthin verlinken wollen, binden Sie Ihre Über-Mich-Seite folgendermaßen ein: Klicken Sie mit der rechten Maustaste auf Den Bereich „Über mich editieren", kopieren den Link und fügen ihn als Homepageadresse ein. Denken Sie dann ggf. auch an eine Kurz-URL wie im Screenshot, *http://bit.ly/UEBER-MICH-SEITE*.

➢ **Frühere Unternehmen:** Überlegen Sie, wie wichtig oder unwichtig die Informationen Ihrer Vergangenheit für Ihre aktuellen Ziele und Zukunftsplanungen sind. Nur das, was für Ihre Zukunft wesentlich ist, brauchen Sie aus der Vergangenheit mitzunehmen. Eine Variante könnte eine Zusammenfassung in Abschnitte sein, die Branchen oder Ihre Ausbildung definieren.

➢ **Weblinks zu früheren Unternehmen:** Anstatt Ihre Besucher zu ehemaligen Arbeitgebern zu schicken, könnten Sie darüber nachdenken, Ihren Lebenslauf als Anhang (siehe Punkt 10) hochzuladen und dessen Links so einzubinden wie zum Thema Über-Mich-Seite beschrieben.

Idee zur Erweiterung der Dramaturgie auf Ihre Webseite

Legen Sie dazu auf Ihrer Webseite (ggf. für jedes Netzwerk, in dem Sie aktiv sind) eine Subdomain an, die Sie nicht dem eigentlichen Webseitenmenü verlinken.

Zum Beispiel:

http://www.IhreDomain.com/XING_Besucher.html oder

http://www.IhreDomain.com/LinkedIn_Besucher.html

http://www.IhreDomain.com/Twitter_Besucher

Befüllen Sie die neuen Seiten mit einem Text, in dem Sie nur Besucher der jeweiligen Plattform ansprechen. Sie (XING, LinkedIn, Twitter, G+), Du (Twitter, Facebook). Informieren Sie darüber, was Sie im nächsten Schritt tun werden (nur XING).

Anstatt Ihre Topdomain (*http://www.IhreDomain.com/*) als Webseite in Ihrem Profil zu verlinken, nutzen Sie die neu geschaffene Subdomain für die jeweilige Plattform. Anbei eine Beispiel: *http://bit.ly/XING_Webbesucheransprache*.

Zu 10) Referenzen und Auszeichnungen

„Referenzen" ist eine Premiumfunktion auf XING. Mehr dazu im Folgekapitel. Der Abschnitt des XING-Profils beinhaltet darüber hinaus die zuvor erwähnten Dateianhänge. Sie können bis zu drei Anhänge mit einer Maximalgröße von 2 MByte in den Dateiformaten PDF, JPG oder PNG hochladen. Den Dateien können Sie einen individuellen Namen mit maximal 80 alphanumerischen Zeichen geben.

Anwendungsmöglichkeiten der Dateianhänge:

➢ Ihr Lebenslauf
➢ Flyer, Produktbeschreibungen
➢ Whitepaper
➢ sonstige Botschaften

Auszeichnungen

Wer kein Bundesverdienstkreuz oder ähnlich offizielle Auszeichnungen erhalten hat, könnte dieses nicht suchrelevante Datenfeld auch textlich kreativ nutzen und den darin verfügbaren Weblink verwenden, um an eine bestimmte Stelle zu verlinken. Seit der Umstellung der XING-Oberfläche auf X4 wird diese Stelle jedoch immer seltener angeklickt (messbar durch Kurz-URL). Auch hier gilt: Weniger ist mehr!

Zu 11) Ausbildung und Qualifikationen

Dazu gibt es keine besonderen Möglichkeiten. Wichtig ist allerdings, dass das Matching der Information der Powersuche zu Mitgliedern, mit denen Sie die gleiche Hochschule besucht haben, hier eine Eingabe benötigt.

Zu 12) Profile im Web (siehe Punkt 6)

Zu 13) Kontaktdaten

Wie Sie Kontakte Ihres realen Lebens (Outlookadressbuchs) auf XING und LinkedIn finden, wissen Sie bereits. Wenn Sie aber wirklich von alten Kontakten gefunden werden wollen, ist es empfehlenswert, alle E-Mail-Adressen, die Sie haben, einzugeben. Diese bleiben für Ihr Netzwerk unsichtbar. Gleicht jedoch ein Kontakt seine Daten mittels des Uploads ab, matched das System automatisch Ihre alte Mailadresse mit Ihrem XING Account. Daher empfehlen wir auch bei einem Arbeitgeberwechsel lediglich, die Hauptmailadresse in die neue zu wechseln und die alte unter den unsichtbaren laufen zu lassen. Das nachträgliche Anlegen einer ehemaligen Mailadresse ist nur möglich, wenn Sie diese über die alte Domain bestätigen können.

Zusammenfassung Kreativität im XING-Profil

1. Weniger ist mehr: max. eine Bildschirmseite für persönliche Informationen; ausgewogenes Verhältnis aus Keywörtern Fließtext; wenn mehr als 2–4 Zeilen je Gedanke nötig sind, dann mit Gedankenstrichen unterbrechen.

2. Perspektive, Person und Passion statt Suche, Biete, Interessen helfen bei der Ausarbeitung eines Profils, das für Sucher und Besucher gemacht ist.

3. Denken Sie mehr an die Be-(Sucher) Ihres Profils als an sich. Auch beim Angeln muss der Wurm dem Fisch schmecken und nicht umgekehrt.

4. Überlegen Sie sich max. 2–3 Stichwörter, unter denen Sie in Ihrem Fachbereich top gelistet sein wollen. Je mehr Sie verwenden, desto weniger gelingt es.

5. Sprechen Sie mit Ihrem Umfeld, Kunden, Kollegen, Freunden und Bekannten über Ihr Profil und bitten Sie um Feedback.

6. Wenn Sie meinen, Kreativität sei wichtig, dann zeigen Sie Ihre Kreativität, anstatt nur die Worthülse aufzuschreiben.

Die Profildatenfelder und Abschnitte von LinkedIn

Da LinkedIn keine konkrete Auswertung bietet, wie ein Besucher auf Ihr Profil gekommen ist, und auch nicht, ob dieser im Anschluss in Ihren Flagshipstore (Webseite – eine Plattformfiliale wie die XING-Über-Mich-Seite gibt es nicht), gibt es zwei passive Hauptzugangswege zu Ihrem Profil:

➢ die einfache und erweiterte LinkedIn-Suche

➢ Personen, die Sie vielleicht kennen könnten

Anders als XING setzt LinkedIn im Schwerpunkt auf die Suche. Aus diesem Grund verwenden wir den Begriff Suchdramaturgie für die Besucherherkunft, da LinkedIn mittels anonymisierter Daten Anhaltspunkte gibt (*http://linkd.in/Profilstatistik*), wie und mit welchen Schlüsselbegriffen (Premium) Sie in den Suchergebnissen repräsentiert sind.

Alle anderen Zugangswege zu Ihrem Profil setzen Ihre Aktivität voraus. Wir nennen die Aktionsorte im weiteren Buchverlauf Aktionsflächen.

Aktionsflächen im Business-Shoppingcenter

Bisher haben wir von den Business-Shoppingcentern (XING/LinkedIn) als Raum um Ihr Geschäftslokal herum gesprochen. Verlassen wir unsere Geschäfte, stehen wir mitten in der Passage eines Einkaufszentrums oder einer Einkaufsstraße. Als Mieter eines Einkaufscenters können Sie auch sogenannte Aktionsflächen anmieten, auf denen Sie Aktion- oder Saisonprodukte oder auch Promotions durchführen.

Bitte verstehen Sie das Wort Mieten bedingt auch real bildlich. Denn in dem Moment, wo Sie sich nicht mehr nur um Ihren Flagshipstore auf der grünen Wiese (Webseite im Internet) und Ihr Schaufenster kümmern, investieren Sie Zeit. Und Zeit ist Geld!

Beispiele der Aktionsflächen auf XING & LinkedIn:

- Alle Statusmeldungen (Neues aus dem Netzwerk)/Alle Updates (Update-Suche)
- Ihre Profilbesucher zurückklicken (Premium/Freemium)
- Matchings der Powersuche (nur XING)
- Gruppenaktivitäten als Mitglied oder Moderator (Freemium/Freemium)
- Event-Einladungen, Jobs, Unternehmensprofile, Umfragen (Freemium/Freemium)
- Referenzen (Premium/Freemium)

Plattform = Shoppingcenter/Profil = Schaufenster/Webseite = Flagshipstore/Über-Mich-Seite = Geschäft im Shoppingcenter/Aktionsflächen = der Raum dazwischen

Trotz stärkerer Suchausrichtung gilt es auch auf LinkedIn, eine gesunde Balance aus Inhalten für Sucher (Keywörter) und Besucher (lesende Menschen) herzustellen. Die Bedeutung vom Profilfoto (Achtung, hier ist das Format quadratisch), Firmenslogos (extra Eingabefeld) und kreativ gestalteten suchrelevanten Firmennamen haben die gleiche Wichtigkeit wie in der XING-Profilvisitenkarte.

Die wesentlichen Unterschiede werden schnell ersichtlich

➢ Typografische Hervorhebung des zusätzlichen Profilslogans
➢ Link zum Unternehmensprofil in der Position
➢ Direkte Sichtbarkeit der Empfehlungen

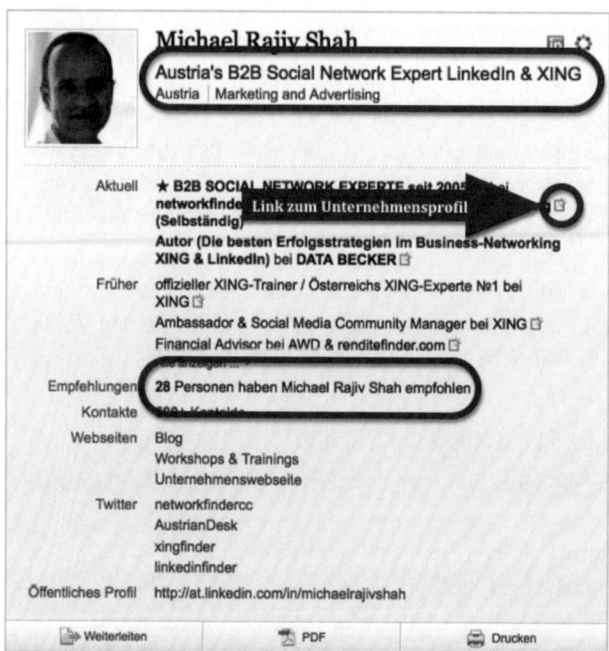

Die wichtigsten Unter-schiede der LinkedIn-Profilelemente.

Die Profilabschnitte auf LinkedIn sind verschiebbar

Während die Profilvisitenkarte ebenso mit fixen Elementen und Reihen-folge aufgebaut ist wie das komplette Profil auf XING, haben Sie im rest-lichen Profil hundertprozentige Freiheit der Zusammenstellung und Platzie-rung.

Die Auswahl aus derzeit 30 unterschiedlichen Abschnitten bzw. Anwen-dungen will wohl überlegt sein, denn bei einer durchschnittlichen Verweil-dauer von acht Minuten je Log-in (Daten 11.2011) geht es um essentielle Informationen.

Was Sie unbedingt verwenden sollten:

LinkedIn-Profilabschnitte	Tipps zum Eingabeort
1) Persönliche Informationen	Unbedingt als ersten Abschnitt unter der VCard verwenden; ist nur für Ihre Kontakte sichtbar; ein Kontakt will Kontakt aufnehmen können, wenn er Sie besucht.
2) Zusammenfassung	Als Ersatz für die Über-Mich-Seite ist die Zusammenfassung der Ort, an dem Sie Ihre Suche (Perspektive, Ziele, Absich-ten), Ihr Angebot (Person, Produkt, USP), Ihre Interessen (Passion, Leidenschaft), obwohl es einen extra Abschnitt für Interessen gibt.

LinkedIn-Profilabschnitte	Tipps zum Eingabeort
3) Fähigkeiten/Kenntnisse	Soweit Sie einen vordefinierten Begriff auswählen, wird dieser mit dem Werkzeug Skills verbunden, in dem Sie erscheinen können, *http://linkd.in/Skill_Profiles*.
4) Kontaktaufnahme	Angabe von Gründen, warum Sie kontaktiert werden möchten. Acht vordefinierte Felder plus Freitext. Geben Sie ggf. Ihre E-Mail-Adresse an, wenn Sie auch von noch fremden Mitgliedern kontaktiert werden wollen. Stichwort: Philosophie, *http://linkd.in/Kontakteinstellungen*.
5) Berufserfahrung	Sie können die Infoboxen jedes aktuellen Unternehmens an die Position verschieben, die Ihnen wichtig ist. Innerhalb der Unternehmenseinträge werden max. zwei Referenzen angezeigt, deren Position Sie durch entsprechendes Verschieben innerhalb der Referenzboxen entscheiden.
6) Referenzen	Wenn Referenzen, dann nur mit diesem Abschnitt.
7) WordPress oder Blog.Link	Soweit Bloggen ein regelmäßiger Bestandteil Ihres Wirkens im Internet ist, sollten Sie eine der beiden verfügbaren Applikationen verwenden.
Weitere Abschnitte	*http://linkd.in/Profilabschnitte*.

Unternehmensprofile als Marketing- und Brandingzentrale

In dem Moment, wo Sie sich mit dem Profil Ihres Unternehmens zu beschäftigen beginnen, wird die eigentliche Dimension des Auftritts in Vitamin-B-Netzwerken wie XING und LinkedIn offenbar. Während das persönliche Profil der Mitarbeiter in den überwiegenden Fällen (noch) nicht dem Unternehmen gehört, sondern Mitarbeiter die volle Hoheit über Ihren eigenen Auftritt (Netzwerkfiliale) haben, stellt das Unternehmensprofil die Sammlung aller Mitarbeiter des Unternehmens dar.

Mitarbeiter werden zu Botschaftern oder auch nicht

Paul Watzlawicks Satz *„Man kann nicht nicht kommunizieren"* bekommt bei Unternehmensprofilen in Businessnetzwerken eine besondere Bedeutung. Denn die persönlichen Profile der Mitarbeiter sprechen auch ohne aktive Kommunikation eine eigene, von anderen (Recruitern, Kunden, Lieferanten) lesbare Sprache. Daher kann man durchweg sagen, je höher die Identifikation Ihrer Mitarbeiter mit Ihrem Unternehmen ist, desto besser kann die äußerlich wahrgenommene positive Wirkung sich entfalten. Unternehmen, die sich mit dieser Transparenzthematik angstfrei auseinandergesetzt haben, stärken aktive Kommunikations-, aber auch passive Verhal-

153

tensimpulse (Profile) Ihrer Mitarbeiter, anstatt Ihnen Verhaltensgebote aufzuerlegen.

Die technischen Unterschiede der Plattformen, deren Netzwerkkontext und Ihr Budget bestimmen die Möglichkeiten Ihres Auftritts

Obwohl LinkedIn in Sachen Unternehmensprofile die technische Nase weit vor XING hat und bei Weltkonzernen über eine extreme Tiefe an Followern und Mitarbeitern verfügt, zeigt sich gerade beim quantitativen Vergleich die Vielfalt der Unternehmen im D-A-CH-Netzwerk. Allerdings muss man sagen, dass die folgenden Zahlen aufgrund der unterschiedlichen Anlage der Unternehmensprofile (XING generiert automatisch ab fünf Mitarbeitern ein Profil, zudem lässt sich eines händisch anlegen; LinkedIn-Profile müssen zuvor angelegt werden) aufgrund vieler XING-Dubletten nicht wirklich vergleichbar sind. Sie erhalten aber einen Eindruck der Unterschiedlichkeit der Märkte, auf denen man sich mit der einen oder der anderen Plattform bewegt.

XING   DE 63.xxx; AT 6.xxx; CH 6.xxx = D-A-CH 76.xxx

LinkedIn   DE 25.xxx; AT 3.xxx; CH 11.xxx = D-A-CH 39.xxx

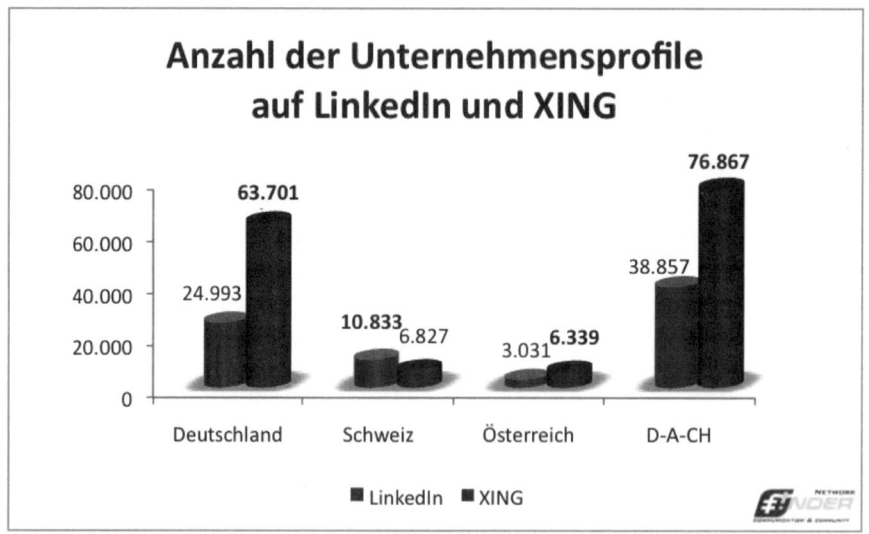

Die Menge der XING-Unternehmensprofile in D-A-CH ist fast doppelt so hoch wie auf LinkedIn. Quelle: XING- und LinkedIn-Suchen nach Unternehmen Februar 2012.

Ob Sie eine Unternehmensfiliale eröffnen, ist nicht die Frage

Die Frage, ob Sie ein Unternehmensprofil anlegen, stellt sich eigentlich nicht, denn Unternehmensprofile stellen die Ebene über den einzelnen Mitarbeitern dar. Also spätestens ab einem Arbeitnehmer ist die Frage beantwortet. Aber auch für Einzelunternehmen und Zusammenschlüsse in Form eines Freiberuflernetzwerks ist ein Unternehmensprofil sinnvoll.

Einzelunternehmer und die Unternehmensfiliale

Einzelunternehmer habe eine Ich-Marke und benennen ihr Unternehmen meistens auch so. Zum Beispiel *http://linkd.in/follow_networkfindercc* auf LinkedIn. Mithilfe eines Unternehmensprofils können Sie Ihre Reputation und Sichtbarkeit Ihrer Namensmarke stärken und ausbauen, da Sie insbesondere auf LinkedIn Ihre Sichtbarkeit (Reichweite) steigern können.

Freiberuflernetzwerke und die Unternehmensfiliale

Unter Freiberuflern ist die Zusammenarbeit unter einem Namensdach oder auch Franchisedach häufig. So zum Beispiel auch die Trainer der offiziellen XING-Seminare, die sich unter einem D-A-CH sowohl auf Facebook, *http://on.fb.me/XING_Seminare*, als auch auf XING präsentieren. Als Netzwerk erreichen Sie so eine Außenwirkung wie ein größeres Unternehmen.

Im direkten Vergleich ist die Breite der Möglichkeiten eines LinkedIn-Profils bestechend, es kommt darauf an, ob Sie Ihre Zielgruppe finden

Unternehmensprofil	XING			LinkedIn
Produktvariante Preis pro Monat	Basic free	Standard 24,90 €	Plus 129 €	Standard free
Über-Uns-Logo/Übersicht	Ja	Ja	Kopflogo mit Link	Ja
Stellenangebote	Ja			Ja
Mitarbeiterliste	automatisch generiert + manuelle Hinzufügung			Mitarbeiter fügen sich manuell hinzu
Arbeitgeberbewertung	--	optional kununu.com		--
Arbeitgeberstatistiken	Aggregation der AN-Daten (optional) Firmenzugehörigkeit (Dauer) Karrierestufe -- -- Altersstruktur, Sprachkenntnisse Mitarbeiter bieten -- -- -- --			Aggregation der AN-Daten -- Tätigkeitsbereiche Berufserfahrung Ausbildung/Hochschule -- -- Skills Unternehmenswachstum Positionsveränderungen Recommendations kam von – ging zu

Unternehmensprofil	XING			LinkedIn
Suchmaschinen	optional/interne Suche mit Logo			immer öffentlich
Ansprechpartner	--	4	10	max. 5 Standorte
Editoren	1	3	5	unbegrenzt
Schlagwörter/Keywords	--	3 (45 Z.)	5 (75 Z.)	Spezialgebiete unbegrenzt
Status-Updates mit Abo	--	--	Ja	Ja mit Vorschau
Externe Feeds	--	--	Twitter	Twitter Blog
Mehrsprachigkeit	--	--	--	Ja
Produkt- & Servicegalerie	--	--	--	3 Bannergrafiken
Produkte	--	--	--	Logo/HTML-Editor YouTube-Einbindung Ansprechpartner
Produkt-Referenzen	--	--	--	Ja
Traffic-Analytics	--	--	--	Ja
Marketing	--	--	--	mit Ads bewerben

Ausführliche Informationen über das Anlegen eines LinkedIn-Unternehmensprofils und dessen Raffinessen finden Sie immer recht aktuell auf dem Blog von Stephan Koß. Obwohl Herr Koß keinen Versuch unternimmt, neutral über XING, also pro LinkedIn zu berichten, gibt es im deutschsprachigen Raum kein tieferes LinkedIn-Wissen: *http://bit.ly/ LinkedInsiders_Unternehmensprofil.*

Auf der XING-Seite ist das Blog von Joachim Rumohr das informativste Medium zu XING. Inhaltlich in umgekehrter Richtung ebenso wenig neutral wie das von Herrn Koß. Dennoch möchten wir beide an dieser Stelle ausdrücklich empfehlen: *http://bit.ly/Rumohr_Unternehmensprofile.*

Informationen mit dem Versuch der Neutralität zu Business-Networking über den Tellerrand der beiden Kontrahenten XING und LinkedIn finden Sie im Blog von Michael Rajiv Shah: *http://bit.ly/networkfinder_XING-LinkedIn.*

kununu – die Arbeitgeberbewertung im XING-Profil

Im Zusammenhang mit dem XING-Unternehmensprofil und Employer Branding stellt die Kooperation zwischen kununu und XING eine Besonderheit im deutschsprachigen Raum dar. kununu wurde Juni 2007 gegründet und hat es sich zur Aufgabe gemacht, durch Bewertungen von

Arbeitnehmern und Bewerbern eine einheitliche Transparenz der Arbeitgeberqualität im Arbeitsmarkt herzustellen. Der Marktführer unter den Bewertungsportalen wird von Top-Unternehmen genutzt, um sich als Arbeitgeber zu präsentieren.

Der Nutzen für Arbeitnehmer, Arbeitgeber und kununu besteht zum einen im Informationsnutzen für Arbeitnehmer und zum anderen in der Positionierungsmöglichkeit für Arbeitgeber.

In einem Interview mit kununu-Gründer Martin Poreda konnten wir sehr interessante Hintergründe und Tipps zum Umgang mit XING sowohl für Nutzer als auch für Arbeitgeber und auch für Vertriebsleute erfahren, die wir im Folgenden Interviewrahmen gern veröffentlichen möchten.

Interview mit Martin Poreda, GF kununu GmbH

Wann haben Sie mit Business-Networking begonnen?
Ich startete im Frühjahr 2005 openBC. Damals begann ich mit 0 Kontakten. Heute habe ich ca. 1.000 Kontakte auf XING.

Welche Ziele haben Sie sich gesetzt?
(1) Ganz in den Anfängen hatte ich lediglich Karriereziele. (2) Mit dem Wachsen der kununu-Idee haben sich die Ziele vom persönlichen Erfolg auf die Positionierung von kununu geändert. Heute geht es mir um die Etablierung des Begriffs „HR-Social Media". Social Media bietet dem HR-Sektor eine neue Gelegenheit, deren eigentliche Ziele – Employer Branding und Recruiting – zeitgemäß voranzutreiben. (3) Darüber hinaus ist uns die Rekrutierung von eigenen Mitarbeitern und Mitarbeiterinnen wichtig.

Welche Strategien haben Sie dafür verfolgt?
(1) Zu Anfang, als ich noch ausschließlich eigene Karriereziele verfolgte, habe ich mich sehr intensiv mit meinem Profil beschäftigt, um sicherzustellen, dass ich von den richtigen Leuten gefunden werde. (2) Mit Gründung von kununu ist dies komplexer geworden. Zur Etablierung des Themas „HR Social Media" haben wir eine Gruppe gegründet, die seither kontinuierlich wächst, ohne dass wir Akquisition betreiben mussten.

Zur Rekrutierung neuer Mitarbeiter setzte ich auf die persönliche Ansprache per persönlicher Nachricht. Ich habe festgestellt, dass die Überschrift (Betreff) oft ausschlaggebend für einen Response ist. Ich gehe da übrigens nicht über die normale Suche, sondern scanne die Mitarbeiterprofile, die ich bei interessanten Unternehmen finde. Meines Erachtens ist es wichtig, bei der Ansprache ‚unverbindlich' zu sein, sodass sich niemand bedrängt fühlt. (3) Darüberhinaus machen wir unsere Mitarbeiter ‚fit für XING': Zum einen bezahlen wir deren Premium-Accounts. Zum anderen bemühen wir uns, Business Professionals zu finden, die Social-Media-affin sind und Lust haben, Ihre Profile für uns und sich selber so attraktiv zu gestalten, dass sie Botschafter unserer Firma werden. Wenn Sie deren Statusmeldungen folgen, werden Sie sehen, wie viel Individualität und Persönlichkeit in jedem Einzelnen steckt.

Wie überprüfen Sie Ihre Ziele?

Im Fall der eigenen Karriere, war es sehr einfach, da ich meine letzten beiden Jobs vor Gründung der kununu GmbH über XING gefunden habe – Ziel erreicht. Im Bereich der Rekrutierung, Positionierung des Begriffs „HR Social Media" und Arbeitgeber-Brandings fällt es uns aufgrund des wachsenden Erfolgs, aber auch in der Tatsache der Kooperation mit der XING AG leicht, unseren Erfolg zu überprüfen.

Was waren Ihre größten Erfolge im B2B-Networking?

Ich habe Jobs bekommen und einen tollen Kooperationspartner gewonnen.

Was sind die wichtigsten Empfehlungen für neu beginnende B2B-Networker?

Das möchte ich gern auf Unternehmens- und persönlicher Ebene getrennt erläutern: Den Unternehmen empfehle ich, alle Mitarbeiter in Social Media mit einzubeziehen, deren private Accounts zu bezahlen und die Transparenz als Chance zu begreifen. Arbeitnehmer, die sich bereits auf XING, LinkedIn, Facebook & Co. bewegen, werden so in einen Prozess eingebunden und agieren dadurch als wertvolle Botschafter für die Firma.

Mitarbeitern und Einzelunternehmern empfehle ich die intensive Beschäftigung mit dem eigenen Profil, wählerisch mit den Kontakten zu sein und sich unbedingt mit Suchmaschinenoptimierung zu beschäftigen. Aber auch die Kunden sollte man einbinden und direkt fragen, wonach diese suchen würden, wenn sie das, was ich anbiete, im Netzwerk finden möchten.

Wie schätzen Sie das Potenzial von XING ein?

XING ist eine wahre Schatzkiste, voll gefüllt mit wichtigen Business-Informationen. Meines Erachtens nutzt XING nur einen Bruchteil dessen, was noch möglich ist. Die XING AG hat das Potenzial, sich zur wichtigsten E-Recruiting-Plattform zu positionieren. Vielleicht wäre es dafür hilfreich, weniger technisch zu denken und stattdessen die Vorteile konkreter zu kommunizieren und den Kunden aufzuzeigen, wie man das Netzwerk am besten für Business und Sales verwendet.

Ihre Take-Away

➢ Monitoren Sie, wer Ihr Profil besucht.

➢ Monitoren Sie, wer von XING aus Ihre Webseite besucht (so als würde jemand Ihr Geschäft betreten).

➢ Wählen Sie die Erstansprache so, wie Sie selbst angesprochen werden wollten (also niemals mit dem Produkt voraus, niemals!).

➢ Gestalten Sie eine aussagekräftige Über-Mich-Seite.

➢ Passen Sie die Profildramaturgie an sich und Ihr Produkt an.

➢ Wenn Sie die „Ich suche"- und „Ich biete"-Felder texten, denken Sie daran, wie Ihr Kunde suchen würde.

➢ Verwenden Sie Mühe darauf, Ihren USP smart zu texten und zu präsentieren, es zahlt sich aus.

➢ Sehen Sie das Profil als Ihre Brandingzentrale – lassen Sie es nötigenfalls professionell gestalten.

4.2 Referenzen in den Businessalltag einbauen

> *So sehr ein Mann sich auch selbst empfiehlt,*
> *so sehr begünstigt die Empfehlung eines Freundes*
> *die ersten Augenblicke der Bekanntschaft*
>
> Johann Wolfgang Goethe

Referenzen erhöhen die Reichweite innerhalb Ihres Netzwerks. Nicht für jeden ist eine verbesserte Sichtbarkeit tatsächlich sinnvoll. Unternehmensleitern, Führungskräften und Managern mit Personal- oder Budgetverantwortung geht es oft darum, nicht zu stark von Anfragen beansprucht zu werden. Für Vertriebsleute, Unternehmer, Dienstleister, Selbstständige, normale Arbeitnehmer usw. hingegen kann die erweiterte Sichtbarkeit zu mehr Geschäft und besseren Kontakten führen.

Aber auch im dem Fall, dass für Sie persönlich Empfehlungen nicht wichtig sein sollten, sind sie für Ihr Unternehmen umso wichtiger. Erst kürzlich stellte eine Studie der eRESULT GmbH fest, dass 87 % der Verbraucher insbesondere bei negativen Erlebnissen gerne Feedback geben würden, aber nur wenige Unternehmen ein Feedbacksystem aufgebaut haben, *http://*

bit.ly/eRESULT_Studie_PDF. Nutzen Sie die Möglichkeit, mit positivem Feedback auch in Interaktion mit Ihrem Netzwerk zu gehen.

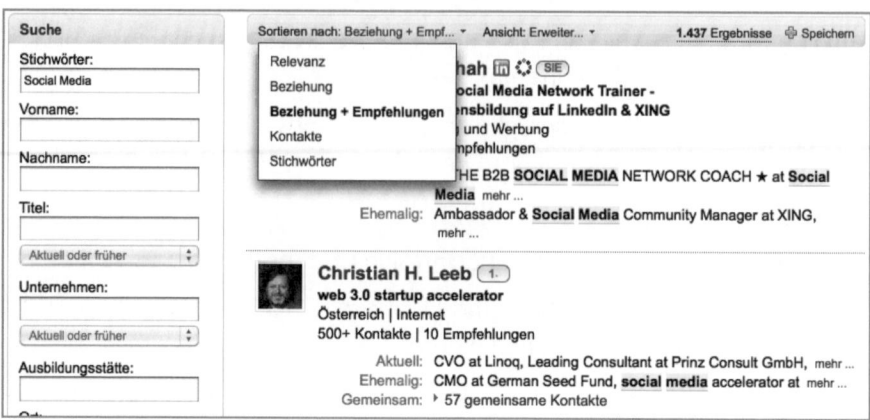

Auswirkung des Referenzfilters.

Das LinkedIn-Unternehmensprofil ist besonders für Feedbacks geeignet

Der Produkt-/Servicebereich Ihres LinkedIn-Unternehmensprofils gibt Ihnen die Möglichkeit, Empfehlungen, aber auch Feedback, zu kommunizieren.

Wer Geschäftspartner fragt, bekommt auch Produktempfehlungen.

Wie in der groben Plattformunterscheidung zum Thema unterschiedlich prominenter Profilsichtbarkeit der Referenzen beschrieben, kommt der LinkedIn-Referenz über hervorgehobene Suchpositionierungen eine dritte besondere Rolle zu. Die XING-Referenzen sind leider weit entfernt. Es lohnt sich aber, nicht nur für LinkedIn technisch genauer hinzuschauen, denn die Kommunikation über Referenzen hilft auf beiden Plattformen, auch die virtuellen Verbindungen zu festigen.

Wer nicht zu einem bestimmten Zeitpunkt fragt, der nicht bekommt

Auch wenn technische Referenzen noch keine aktiven Empfehlungen (siehe *http://bit.ly/Wikipedia_Empfehlungsmarketing*) sind, brauchen Sie zum Erhalt eine eigene Gesprächsdramaturgie. Die entscheidenden Punkte für eine Referenz auf XING und LinkedIn sind:

➢ nach einer Referenz fragen

➢ den Zeitpunkt der Frage in den Arbeitsablauf integrieren

➢ Instrumente entwickeln, die das gewünschte Ergebnis sicherstellen

Der beste Zeitpunkt für eine Referenz: Eine Referenz hat eine andere Funktion als eine aktive Empfehlung. Sie ist an eine unbestimmte Empfängergruppe gerichtet. Es kann also auch durchaus sein, dass jemand, der eine Referenz liest, beim Referenzgeber nachhakt. Aus diesem Grund empfehlen wir, Referenzen kommunikativ zwar so früh wie möglich anzusprechen, diese jedoch erst nach erfolgreicher Abwicklung des Geschäfts anzunehmen, damit Ihr Kunde wirklich über die erhaltenen Leistungen berichtet. Am besten machen Sie eine Referenz zum Teil der Bezahlung. Zum Beispiel: „Wenn Sie mit der vereinbarten dr Leistung zufrieden sind, ist ein Teil meiner/unserer Bezahlung eine Referenz, auf die wir uns berufen können. Einverstanden?".

Instrumente zur Sicherstellung des Ergebnisses

Soweit Sie Referenzen nicht nur für XING oder LinkedIn einsetzen möchten, ist ein Feedbackformular eine sehr gut funktionierende Möglichkeit, vom Ihrem Kunden nach Projektabwicklung (Verkauf, Inbetriebnahme oder Ähnlichem) sowohl eine Freitextreferenz zu erhalten, als auch beispielsweise mit Schulnoten einzelne Aspekte Ihrer Leistungen bewerten zu lassen. Soweit Ihr Unternehmen noch kein Qualitätsmanagementsystem in die Kundenkommunikation integriert, entstünde so auch ein gutes „Abfallprodukt". Vom Ablauf her ist es nur wichtig, dass Sie bzw. die Mitarbeiter das Feedbackformular im Beisein des Kunden überreichen und mitnehmen.

Die vereinbarte Kundenreferenz auf XING und LinkedIn bekommen

Die Referenzsysteme beider Plattformen unterscheiden vor allem in Ihrer Komplexität. LinkedIn beinhaltet ein Managementsystem, das im Grundaufbau dem von XING ähnlich ist, sich aber sichtbarer auf unterschiedliche Funktionen auf der Plattform auswirkt.

Frontend im Vergleich	XING	LinkedIn
Für welche Mitglieder	ab Premium	alle
Erhaltene Empfehlungen	ohne Anzahl im Profil weit Unten	mit Anzahl in Profilvisitenkarte

Frontend im Vergleich	XING	LinkedIn
Gegebene Empfehlungen	nur im Backend sichtbar	im Profil unter Kontakten der Kontakte
Suchauswirkung	---	besseres Ranking Dienstleistersuche
Veröffentlichung	---	in den Status-Updates

Frontend ≈ Was außen für andere sichtbar wird, *http://bit.ly/Wikipedia_Frontend*

Über diese drei Links kommen Sie zu den entsprechenden Stellen

> *http://linkd.in/erhaltene_Empfehlungen* (XING, Meine Referenzen)
> *http://linkd.in/gesendete_Empfehlungen* (Referenzen meiner Kontakte)
> *http://linkd.in/nach_Empfehlungen_fragen* (Referenzanfrage stellen)

Während Sie auf XING lediglich suchen können, welche Ihrer Kontakte Empfehlungen haben, um sich diese anzeigen zu lassen, beinhaltet LinkedIn in seiner erweiterten Suche eine spezielle Rubrik, um ein Thema in unterschiedlichen Kontaktgraden auf Basis von Referenzen zu durchsuchen.

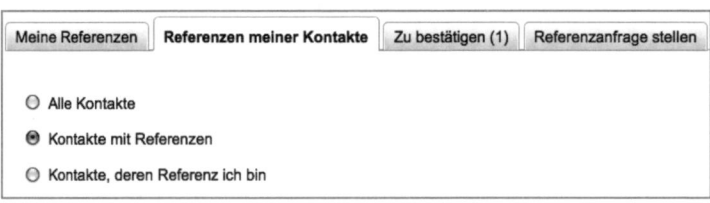

XING-Referenzen haben geringe Verwaltungsmöglichkeiten.

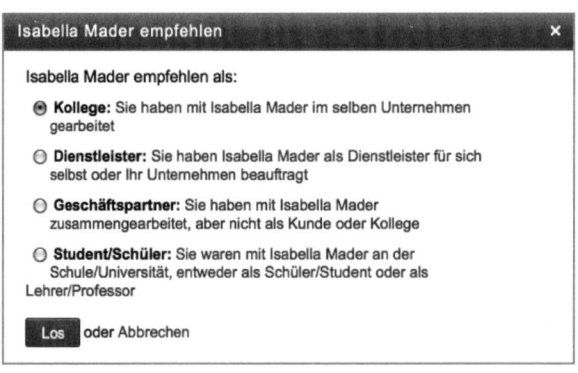

LinkedIn macht Referenzen darüber suchbar, dass Dienstleisterverzeichnisse von Empfohlenen angelegt werden.

Um im Dienstleisterverzeichnis gelistet zu werden, sollten Sie sich vor allem auf Ihre Kunden konzentrieren. So würde sich zum Beispiel die Empfehlung unter Kollegen nicht auf das Verzeichnis auswirken. XING-Referenzen unterscheiden nicht nach der Art der Zusammenarbeit.

Da die technische Verwendung für manche sehr komplex ist, empfehlen wir Ihnen, bei der Referenzanfrage ein kleines Tutorial zu verwenden, in dem Sie formulieren, was Sie sich wünschen. So stellen Sie zum einen sicher, dass Sie bekommen, was Sie vereinbart haben, und zum andern können Sie Ihren Kunden, Kollegen oder Geschäftspartnern Tipps für ihren Netzwerkaufbau geben.

Beispieltext für eine Referenzanfrage mit Mehrwert

Lieber Herr/Frau XY-ungelöst, Sie erinnern sich an unser Gespräch über Ihre öffentliche Referenz zu unserer Zusammenarbeit. LinkedIn (natürlich können Sie so etwas Ähnliches auch auf XING formulieren) bietet dafür besondere Möglichkeiten, die auch dafür sorgen, dass Empfohlene besser in der Suchmaschine gefunden werden. Zum Thema Empfehlung auf LinkedIn richtig nutzen füge ich Ihnen einen Link bei, der das genauer erläutert. Die wichtigsten Punkte sind: 1. Empfehlungen von Kunden als Dienstleister führen zum Gefundenwerden im Dienstleisterverzeichnis. 2. Keywords in der Empfehlung können entscheidend für das WO sein, also für die Stelle, an der man im Dienstleisterverzeichnis gefunden wird. Meine Wünsche an Sie: (nun fügen Sie Ihre Keywörter hinzu) 3. Hier der versprochene Artikel zum Thema Empfehlung auf LinkedIn: http://bit.ly/die_LinkedIn_Empfehlung. Vielen Dank für die Hilfe. Bei Fragen stehe ich Ihnen gerne zur Verfügung. Ihr/e <Signatur>

Die LinkedIn-Eingabemasken zeigen die Komplexität und Variantenvielfalt der Recommendations, Auswahlmöglichkeiten der Empfehlungsgrundlage.

Komplexität und Variantenreichtum des Referenzgebens.

Die Grundlage der **Empfehlung als Kollege** kann als direkter Vorgesetzter, direkt Unterstellter, ranghöherer Kollege, ohne direkt vorgesetzt zu sein und umgekehrt, Tätigkeit in der gleichen Abteilung (Gruppe) und verschiedenen Abteilungen erfolgen. Die Position lässt sich mittels Freitext um ein Unternehmen erweitern, das derzeit nicht im Profil des Empfängers angegeben ist. Es führt dazu, dass diese keiner Position zugewiesen wird.

Nicht zugewiesen

"TEST" *17. Januar 2012*

(SIE) Michael Rajiv Shah, *official XING Trainer, xing-seminare.de,* war Berater oder freiberuflicher Mitarbeiter von Isabella Mader
Die Anzeige dieser Empfehlung hängt von der Freigabe durch Isabella Mader ab

Es ist auch möglich, Referenzen ohne zugehörige Position zu bekommen/geben.

> Die **Empfehlung als Dienstleister** mit derzeit 23 vorkonfigurierten Dienstleistungskategorien gibt Ihnen auch die Möglichkeit der Freitexteingabe. Sie wirkt sich direkt auf die Dienstleistersuche aus.

> Eine **Empfehlung eines Geschäftspartners** bietet Ihnen zwei Varianten der Grundlage. Zum einen, dass Sie mit der empfohlenen Person in getrennten Unternehmen zusammenarbeiteten, und zum anderen die Zusammenarbeit im Kundenverhältnis. Auch hier können Sie eine nicht im Profil vorhandene Position auswählen.

> Bei der **Empfehlung als Student** können Sie zwischen der Funktion Lehrer/Professor, Studienberater oder eines gemeinsamen Studiums wählen. Die Ausbildungsstätte bietet auch wieder eine zusätzliche Freitexteingabe.

Backend im Vergleich	XING	LinkedIn
Empfehlungen anfragen	Ja (max. 10 gleichzeitig)	Ja (max. 200 gleichzeitig)
Erhaltene Empfehlung löschen	Ja	Ja
Erhaltene Empf. verbergen	Ja	Ja
Erhaltene Empf. überarbeiten	Nein	Ja
Erhaltene Empf. positionieren	Nein	Ja
Referenzsuche	Eigene Kontakte ohne Suchebegriffe	Alle Mitglieder mit Suchbegriffen
Gesendete Empf. überarbeiten	Ja	Ja
Gesendete Empf. positionieren	Nein	Ja
Angefrage Empf. erinnern	Ja	Ja mit abgespeichertem Erstanfragetext

Backend ≈ Bedienungsteil, der für Sie innen sichtbar ist, *http://bit.ly/Wikipedia_Backend*

Weitere Unterschiede in der Bedienung der Referenzen werden im Backend (Bedienung und Steuerung Ihrer Empfehlungen) ersichtlich? Auf LinkedIn lässt sich nicht nur steuern, welche Empfehlungen angezeigt werden, sondern auch, in welcher Reihenfolge Profilbetrachter sie zu sehen bekommen. Dafür brauchen Sie die einzelnen Textblöcke nur per Mausklick in die richtige Position zu verschieben. Bereits erhaltene Empfehlungsschreiben lassen sich jederzeit erneut anfragen bzw. korrigieren

Das Backend für gesendete Empfehlungen definiert u. a. auch, welche Mitglieder gegebene Referenzen auf Ihrem Profil sehen können.

Gesendete Empfehlungen verwalten

Anzeigen: **Alle (25)** | Kollegen (3) | Dienstleister (3) | Geschäftspartner (18) | Studenten/Auszubildende (1)

Header des Verwaltungstools.

Aktive Empfehlungen

Bei einer aktiven Empfehlung geht es darum, dass Ihr Kunde zuvor bestimmte Personen/Unternehmen anspricht und Ihren Anruf, Kontakt, Brief vorbereitet.

Hier sollten Sie spätestens bei Vertragsabschluss die Namen der Personen haben. Das liegt an einer andersgelagerten Motivation zu unterschiedlichen Zeitpunkten.

Im Stadium eines Geschäftsabschlusses kauft Ihr Kunde, weil Sie ihm einen Wunsch erfüllen, ein Bedürfnis decken oder ein Problem lösen. Assoziationen zu anderen, die ähnlich gelagerte Wünsche, Bedürfnisse oder Problemstellungen haben, sind bei Geschäftsabschluss viel emotional lebendiger als nach Wunscherfüllung.

Aktive Empfehlungen über Businessnetzwerke generieren

Auf eine sehr gute Idee brachte mich ein Beratungskunde. In seinem Business als ganzheitlicher Finanzberater ist es ohnedies wichtig, sehr früh Empfehlungen mit der Mandantschaft zu vereinbaren.

Stellen Sie sich also einmal vor, Sie würden mit Ihrem Kunden rechtzeitig eine aktive Empfehlungsvereinbarung treffen und dieser Kunde sei Mitglied in einem der beiden Businessnetzwerke. Stellen Sie sich weiterhin vor, dieser Kunde arbeitet in mittlerer Führungsposition in einem mittelständischen Unternehmen. Dann hätten Sie die Möglichkeit, andere Kollegen Ihres Kunden über die erweiterte Suche herauszusuchen und bei Ihrem Kunden gezielt das aktive Empfehlungsversprechen einzulösen. Erstaunlicherweise funktioniert diese Technik sogar bei Kollegen, die Ihr Kunde gar nicht persönlich kennt. Je transparenter Sie diese Vorgehensweise mit Ihrem Kunden vorab besprechen, desto besser können Sie es in die Tat umsetzen.

Interview mit Robert Engel, Vorstand/Kanzlei Hilpert AG

Womit beschäftigt sich Ihr Unternehmen, Herr Engel?

Wir sorgen gemeinsam für Ihren Wohlstand. Seit 1987 sind wir ein Zusammenschluss selbstständiger Partner. Unsere Kunden haben ein qualifiziertes Einkommen und einen interessanten Beruf, der sie stark beansprucht. Deswegen haben Sie wenig Zeit, sich um das Thema Geld privat zu kümmern. Hier unterstützen wir unsere Kunden mit unserem bewähren Konzept. Branche/Größe: Finanzdienstleistung, zehn selbstständige Partner, sechs Angestellte im Innendienst.

Wann haben Sie mit Business-Networking begonnen?

Ich startete im Februar 2004 auf Empfehlung eines Kunden mit openBC. Von damals 0 Kontakten steigerte ich auf 667 Kontakte auf XING und 188 Freunde auf Facebook.

Welche Ziele haben Sie sich gesetzt?

Am Anfang wollte ich es nur probieren. Inzwischen nutze ich es, um 1. Kunden zu akquirieren, 2. Mitarbeiter zu akquirieren, 3. meinen Blog und die Internetseite zu promoten, 4. den Bekanntheitsgrad in meiner Zielgruppe zu erhöhen, 5. Kontakt zu Kunden zu halten.

Welche Strategien haben Sie dafür verfolgt?

Erst Masse, dann sortieren. Direkte Ansprache von potenziellen Kunden, Empfehlungen von bestehenden Kunden zu Kontakten in XING. Direkte Ansprache von potenziellen Mitarbeitern über XING. Blog für Mitarbeiter in Facebook. Ich lasse mir von Coaches, die Spezialisten auf Ihrem Gebiet sind, zeigen, wie es geht. Das spart mir Zeit und Geld.

Wie überprüfen Sie Ihre Ziele?

Ich sehe mir regelmäßig an, woher die Besucher des Blogs und der Internetseite kommen. Ich führe eine Statistik darüber, wie viele Anfragen ergeben wie viele neue Kontakte, ergeben wie viele Termine, ergeben wie viele Kunden?

Haben sich Ihre Ziele und Strategien im Laufe der Zeit verändert?

Beides entwickelt sich stetig weiter. Im Moment versuche ich, Blog, Internetseite, XING und Facebook besser zu „verbinden". Ziel ist immer, Kunden und Mitarbeiter zu gewinnen. Strategie: ausprobieren, messen, neu entscheiden.

Welche Rolle hat Ihr bestehendes Netz dabei gespielt?

Für die Mitarbeitersuche ist es extrem wichtig, für Kundenakquise unterstützt es sehr gut, bringt aber bis jetzt wenig Neukunden. Die bekomme ich nach wie vor über persönliche Empfehlungen.

Wie viel Prozent Ihrer Aktivitäten haben Sie in welches Netzwerk investiert?

Früher 100 % XING, jetzt ca. 1/3 XING, 1/3 Facebook, 1/3 Blog. XING weiter abnehmend.

Was waren Ihre allergrößten Erfolgsergebnisse, die Sie direkt oder indirekt diesen Aktivitäten zuordnen können?

Vier Mitarbeiter direkt oder stark unterstützend über XING gewonnen. Zehn Referenzen auf XING, leider nach wie vor für User schlecht zu finden. Mindestens ein großer Abschluss und sehr guter Kunde. Es war zwar eine Empfehlung eines bestehenden Kunden, aber ohne XING hätte ich die Empfehlung nicht bekommen, da der Kunde nur lose mit dem neuen Kunden verbunden war.

Was hat sich für Sie, seitdem Sie mit Business-Networking begannen, im Markt oder für Sie verändert?

Markt: Öffentliche Akzeptanz viel größer. Für mich: Ich kann mehr unterschiedliche Plattformen nutzen. Es ist unübersichtlicher geworden, da es immer mehr Anbieter gibt.

Was ist die wichtigste Empfehlungen für neu beginnende B2B-Networker?

Anfangen, viele Kontakte sammeln – und: Lassen Sie sich von Coaches helfen, die es wirklich können, das spart viel Zeit und Geld.

Ihre Take-Aways

➢ Fragen Sie aktiv nach Referenzen – diese zeigen neuen Kunden, dass bestehende Kunden es der Mühe wert finden, Sie zu bewerten.

➢ Bewertungen sind für Entscheider eine sehr beliebte Form der Entscheidungshilfe.

➢ Integrieren Sie das Erfragen von Bewertungen in Ihren Geschäftspro-
zess, nehmen Sie die Frage danach standardmäßig in Ihre Abwicklung
mit auf.

4.3 Die Aktionsflächen als erweitertes Schaufenster nutzen

Wer einen wirklich klaren Gedanken hat,
kann ihn auch darstellen.
Ist der Geist einmal Herr der Dinge,
folgen die Worte von selbst.

Michel Eyquem de Montaigne

Unter Aktionsflächen verstehen wir alle Orte innerhalb eines Netzwerkraums, die außerhalb Ihres Geschäfts (Schaufenster – Profil bzw. Laden-
geschäft – Über-Mich-Seite bzw. Flagshipstore – Ihre Webseite) liegen. Dazu
zählen:

➢ **Statusmeldungen** XING – Neues aus dem Netzwerk, LinkedIn – Alle
Updates (inkl. Twitter- & sonstige Feeds und die Update-Suche)

➢ **Profilbesucher** zurückklicken mit XING-Premium-Funktion, bei
LinkedIn mit Freemium-Funktion

➢ **Matching Powersuche** (nur XING)

➢ **Gruppenaktivitäten** als Mitglied oder Moderator (beide Freemium)

➢ **Events, Jobs, Unternehmensprofile, Umfragen** (beide Freemium)

➢ **Referenzen** (Premium/Freemium)

Die passiven Statusmeldungen aktiv nutzen

Je nach Einstellungen Ihrer Privatsphäre können Sie mit fast jeder Profil-
veränderung eine aktive Meldung im Informationsstream (Neues aus dem
Netzwerk bzw. Updates – in der Fachsprache Timeline genannt) auslösen.
Auf XING können und sollten Sie einzelne Informationsarten, die sie automatisch veröffentlichen lassen, eingrenzen:

Je nach individueller Ausgangssituation ein paar Tipps und Informationen:
Solange Sie sich das Bild der Aktionsfläche im Einkaufszentrum/Kaufhaus
vergegenwärtigen und sich Gedanken über diejenigen machen, die durch
das Shoppingcenter schlendern oder zielstrebig auf der Suche sind, kann
gar nichts schief gehen.

Neues aus Ihrem Netzwerk ✕

Meine Kontakte werden über folgende Neuigkeiten informiert:

☐ Persönliches (Ich suche, Ich biete...)

☐ Berufserfahrung, Anhänge und Ausbildung

☐ Stammdaten, Foto, Web- und Kontaktdaten, XING-Mitgliedschaft

☐ Neue Kontakte
   (Diese Option ist nur wirksam, wenn Ihre Kontaktliste mindestens für Ihre Kontakte sichtbar ist.)

☑ Events: Teilnahme und Organisation
   unter "Neues aus Ihrem Netzwerk" und "Events, zu denen Ihre Kontakte gehen". Private Events werden nicht angezeigt.

☐ Neue Gruppenmitgliedschaften und eigene Forenbeiträge

☑ Meine Stellenangebote

☑ Status auf meinem Profil

☐ Unternehmensprofile
   (Unternehmen, die ich empfehle und Unternehmens-Neuigkeiten, die ich als "interessant" markiere oder abonniere)

☐ Lunchtermine, die ich organisiert habe
   (Eingeladene Gäste sowie Zeit und Ort der Lunchtermine werden dabei nie angezeigt.)

☐ XING Beta Labs Projekte, die ich aktiviert habe

(1 ungespeicherte Änderung(en))   Abbrechen   **Speichern**

Tipp: Zum optimalen Netzwerken halten Sie Ihre Kontakte am besten über alle Ihre Updates auf dem Laufenden. Weitere Informationen finden Sie in der XING-Hilfe.

Senden Sie Informationen bewusst. Grundvoraussetzung ist eine ordentliche Einstellung der automatischen Veröffentlichungen.

Ihre Netzwerkfiliale hat gerade neu eröffnet

Das heißt, Sie haben wahrscheinlich noch wenige Kontakte, starten wie von uns vorgeschlagen mit den Kontakten, die Sie aus Ihrem realen Leben (Adressbuchabgleich) kennen und tasten sich je nach verfügbaren Ressourcen (Zeit) langsam in die unterschiedlichen Winkel des Netzwerkraums hinein. In dieser Phase kann es sehr hilfreich sein, wenn Sie viele unterschiedliche Arten der Aktionsflächen indirekt für sich arbeiten lassen. Ihre Kontakte, die statistisch gesehen in der überwiegenden Zahl ähnlich viele/wenige Verbindungen wie Sie haben, freuen sich in diesem Netzwerk-Stadium über Impulse, die Sie ihnen mit Ihren Informationen liefern:

➢ **Neue Kontakte** lassen sich kommentieren, liken (interessant) oder geben Impulse für Ihr Netzwerk, sich zu vernetzen, weil Sie jetzt noch jeden persönlich kennen. So können Ihre Netzwerke gemeinsam wachsen. Dies benötigt allerdings eine Freischaltung, dass mindestens Ihre Kontakte Ihre Kontaktliste einsehen können. Ab 250 Kontakten schaltet XING die automatische Veröffentlichung neuer Kontakte unabhängig von Ihren individuellen Einstellungen ab.

> **Profilveränderungen** (Persönliches, Berufserfahrung, Stamm- & Webdaten sollten Sie mit einer Ausnahme (Sie testen und arbeiten über einen längeren Zeitraum an Ihrem Profil) in jedem Stadium freigeschaltet lassen, denn Inhalte Ihres Profils und deren Veränderungen sind doch der Kern Ihres Angebots.

Ihr Netzwerk wächst immer stärker

Je größer und stärker Ihre Netzwerkfiliale ist, desto mehr Gedanken müssen Sie sich über den gezielten Einsatz Ihrer Möglichkeiten machen. In der Fachsprache nennt man die Größe eines Netzwerks (Menge der Kontakte) auch „Reichweite". Solange XING und LinkedIn die Veröffentlichung von Informationen in der Timeline nicht mit Ihrem CRM (Kategorien und Taggings) verbunden haben, kann Reichweite zur Herausforderung werden. Da XING erste Schritte in die Erweiterung gemacht hat, könnte es durchaus sein, dass sich dieser Nachteil bald relativiert.

Stellen Sie sich eine Mischung Ihres realen Netzwerks aus Kunden, ehemaligen Kollegen, Kommilitonen, Bekannten und hinzukommenden noch nie getroffenen neuen Kontakten, potenziellen Interessenten und Empfehlungen Ihrer realen Kontakte vor. Ohne ein CRM-System, das Regeln kann, welche Informationen welcher Zielgruppe verfügbar gemacht werden (Google+ & Facebook können das), kann es durchaus schnell zum Kontaktgau (ausgeblendet) oder Supergau (gelöscht werden) kommen.

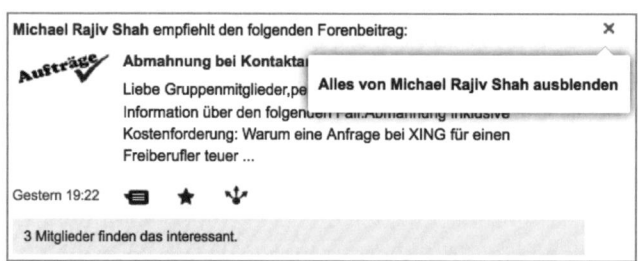

Ausgeblendet werden = aus dem Auge, aus dem Sinn! Wer räumt schon einmal ausgeblendete Kontakte wieder auf?

Der Kontaktgau auf der Aktionsfläche

Sowohl XING als auch LinkedIn bieten die Möglichkeit, Informationen einzelner Kontakte auf den Startseiten auszublenden.

Das Gute daran: Sie müssen niemanden als Kontakt löschen, dessen Informationen Sie nicht erhalten wollten.

Das Schlechte daran: Wenn Sie ausgeblendet wurden, erfahren Sie das nicht. Für Kontakte, die Sie ausblenden, sind Ihre Informationen bis zum Zeitpunkt der zeitlich unwahrscheinlichen Aufhebung „aus dem Auge, aus dem Sinn". Ihnen bleibt nur die klassische 1:1-Kommunikation. (Wenn jemand das Gute daran nicht kennt, kommt *http://bit.ly/Der_Kontaktgau*) Für LinkedIn möchten wir Ihnen abraten, automatisch Ihren Twitter-Account einzulesen (siehe Kapitel 5.5).

Sich den Wert einer einzelnen Information vorstellen

Der bekannteste XING-Speaker Deutschlands und Lizenzgeber für offizielle XING-Seminare, Joachim Rumohr, formulierte ein interessantes Bild dazu:

„Stellen Sie sich vor, Sie würden jede Information an Ihr Netzwerk auf ein großes Pappschild schreiben und dies dann von einem Schildträger durch die Stadt tragen lassen. Denken Sie jedes Mal an dieses Bild, wenn Sie eine neue Statusmeldung schreiben, und überlegen Sie, ob Sie für diese Nachricht im echten Leben einen Schildträger in die Innenstadt schicken würden."

Mit Wachstum der eigenen Reichweite kommt jeder in Versuchung, diese zu nutzen. Das ist auch gut so! Aber machen Sie es durchdacht und so wirksam, dass andere Ihre Informationen gerne bei Ihrer Aktionsfläche des Shoppingcenters stehen bleiben.

Die aktiven Statusmeldungen nutzen

Im Gegensatz zu indirekt ausgelösten Profiländerungsmitteilungen verstehen wir unter aktiven Statusmeldungsfunktionen die, die Sie aktiv über eine Mitteilungsfunktion für Ihre Timelime sichtbar machen. Diverse Schnittstellen einzelner Funktionen ermöglichen diese Mitteilungen, die Ihre Profilvisitenkarte gemeinsam mit der Information sichtbar auf die Aktionsfläche legen.

> ➢ **Die Statusmeldung** an sich ist immer eine aktive Meldung. Lediglich die dauerhafte Profilstatusmeldung kann passiv geschaltet werden.
> ➢ **Weiterteilen** eines Links Ihres Kontakts.
> ➢ **Links** können externe Weblinks (Blogs, YouTube, Facebook, Twitter, Zeitungen) sein.
> ➢ **Links** können plattforminterne Verweise zu Gruppenbeiträgen, Gruppen, Events, Jobs, Unternehmensprofilen, Umfragen und Kontakten sein.
> ➢ **LinkedIn** bietet zusätzlich die Möglichkleit, von extern hereinkommende Links in Ihre Timeline aufzunehmen.

Während die Timeline und alle angeschlossenen Funktionen eine relativ flüchtige, weil ein sehr schnell vorübergehendes chronologisches Ereignis,

Angelegenheit ist, das je nach Netzwerkgröße Ihres Kontakts nur wenige Minuten ohne weitere Aufwendungen für diesen sichtbar bleibt, gibt es auch dauerhaftere Orte.

Gruppen können Sie sich als größere und kleinere „Kinosäle" oder „Theater" innerhalb einer Shoppingmall vorstellen. Das Schreiben eines Beitrags hinterlässt einen nachhaltigen, dauerhaften Eindruck in Verbindung mit Ihrer Profilvisitenkarte. Sie werden sehen, das ein knackig gut geschriebener Artikel oder Antwort auf einen Beitrag am richtigen Ort, zur richtigen Zeit viel mehr überraschende Klicks auf Ihr Profil (Ansicht Ihres Schaufensters) produzieren kann, als die flüchtigen Informationen der Timeline, die auf XING nur für Ihre Kontakte sichtbar sind. In Kapitel 4.4. ‚Finden und Gefunden werden' wird das noch klarer.

Aktive Kommunikation auf dem Flohmarkt der Aktionsflächen

Ganz gleich wo und wie Sie in Interaktion treten, Kommunikation macht Ihr Profil immer anziehender als die einfache Sendung Ihrer Botschaft. Soweit Sie schon einmal auf einem Flohmarkt waren, kennen Sie sicherlich die Stände, wo 3–4–5 Leute, die vor einem Stand stehen, mehr Neugier erzeugen als Stände, an denen ein Marktschreier steht und lauthals seine Waren anpreist. Im Bereich der Gruppen (Kapitel 5.6) und Kommunikation 2.0 (Kapitel 5.3) machen wir uns dieses Flohmarktprinzip aktiv nutzbar.

Hier möchten wir Ihren Blick dafür schärfen, dass Ihr Profil (Schaufenster), das Sie nur innen und auf der Schaufensterüberschrift (um-)gestalten können, ein statischer Ort ist, durch dessen Anwesenheit alleine Sie noch lange keine potenziell interessierten Kunden in Ihrem Geschäft haben müssen.

Wenn jemand an Ihrer Aktionsfläche stehen bleibt und mit Ihnen spricht, dann sollten Sie auch für Kommunikation offen sein

Bei Interaktion auf der Aktionsfläche der Status-Updates bekommen Sie eine Nachricht per E-Mail. Auf XING können Sie einstellen, ob Sie bei Kommentaren und/oder Interessantmeldungen benachrichtigt werden, *http://bit.ly/XING_Benachrichtigungen*. LinkedIn benachrichtig Sie zwar bei Interessantmeldungen nicht, dafür aber bei Kommunikation und Weiterleitungen Ihrer Meldungen, *http://linkd.in/Benachrichtigungen*. Auf beiden Plattformen ist also eine konkrete Kommunikation auch auf Meldungen aus Ihrem Netzwerk die effektivste Kommunikation.

Wer fragt, der führt

Diese Regel haben vertriebsgeschulte Leser sicher schon häufiger gehört. In den Timelines (Statusmeldungen) können Sie diese Kommunikationsform besonders leicht üben. Probieren Sie einfach aus, was passiert, wenn Sie Aussagen (Feststellungen), die Sie eigentlich treffen wollen, in eine Frage umformulieren, und schauen Sie über einen gewissen Zeitraum, ob die Kommunikation dadurch wächst. Im nächsten Schritt können Sie dann den Unterschied der Reaktion von offenen und geschlossenen Fragen austesten.

Die LinkedIn-Update-Suche (Signal) ist ein einzigartiges Instrument

Diese Aktionsfläche kommt einer inhaltlichen Suchmaschine innerhalb LinkedIns gleich. Hier lassen sich Inhalte mit der Personensuche so kombinieren, dass Sie aktiv auf unterschiedliche Update-Arten eingehen können und mit neuen Kontakten über Inhalte in Kommunikation treten. Nutzen Sie dazu das Standardsuchfeld in der oberen rechten Ecke Ihres Bildschirms.

Sie können also alle offentlichen Informationsarten der kompletten Plattform nach den gleichen Kriterien filtern wie sonst die Personensuche. Nachdem Sie das Thema gewählt haben, (anbei ein Beispiel für XING: *http://linkd.in/XING_Signal*), grenzen Sie die Ergebnisse ein:

➤ **nach Netzwerk:** eigene, direkte Kontakte, Kontakte 2. Grades, Kontakte 3. Grades und dem kompletten Netzwerk

➤ **Unternehmen:** Es werden die fünf häufigsten angezeigt, eine Freitextauswahl ist darüber hinaus möglich

➤ **Standort:** Anzeige der fünf häufigsten + Eingrenzung mit Freitextauswahl

➤ **Branche:** Anzeige der fünf häufigsten + Eingrenzung mit Freitextauswahl

➤ **Zeitspanne** (Alter der Meldung)

➤ **Ausbildungsstätte:** Anzeige der fünf häufigsten + Freitextauswahl

➤ **Themen**

➤ **Karrierestufe**

➤ **Art der Updates** (Mitteilungen, Profile, Gruppen, Antworten)

Die inhaltliche Kommunikation auch mit Fremden kann immer ein sehr guter Ansatzpunkt für vertiefende Gespräche sein. Im deutschsprachigen LinkedIn haben Sie dann zusätzlich einen positiven Überraschungseffekt auf Ihrer Seite, da die Interaktion im Newsstream hier eher recht gering ist. Aber bitte kommentieren, nicht nur liken, da nur durch den Kommentar oder reshare eine Mail an das Mitglied ausgelöst wird. Haben Sie Themen ausgemacht, die für Sie dauerhaft interessant sind, könnten Sie diese Update-Suche abspeichern und jederzeit wieder aufrufen.

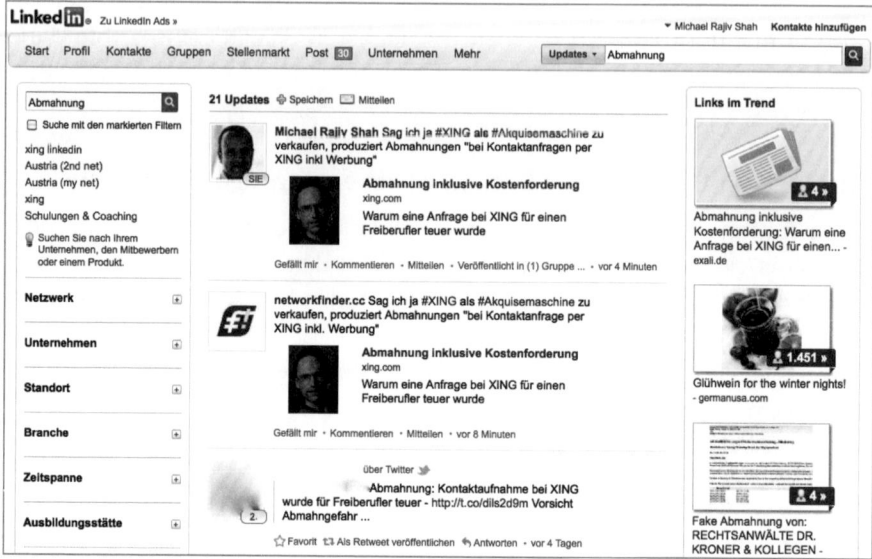

Update-Suche verschafft inhaltliche Kommunikationsmöglichkeiten außerhalb der Gruppen.

Auf XING haben Sie derzeit weder die Möglichkeit, Updates zu durchsuchen, noch auf den Updatestream eines Nichtkontakts zu kommunizieren. Wir gehen jedoch aufgrund der starken Verlagerung der Kommunikation in den Timelinestream davon aus, dass es nicht mehr lange dauern kann, bis XING auch ein ähnliches Angebot ermöglicht.

Ihre Take-Aways

➤ Nutzen Sie Aktionsflächen für Interaktion und Bekanntgabe von Neuigkeiten: Statusmeldungen, Profilbesucher-Liste, Matching-Powersuche, Gruppenaktiviäten, Events/Jobs/Unternehmensprofile/Umfragen, Referenzen.

➤ Beachten Sie unbedingt die Netikette für Kontaktnahmen – um positive Resonanz auf Ihre Kommunikation zu erreichen und Ablehnung zu vermeiden. Vorsicht: Dos und Don'ts, die in diesem Kapitel gelistet sind, unbedingt beachten!

4.4 Das Alpha & Omega: finden und gefunden werden

Wenn ich es gefunden habe,
weiß ich, was ich suche.

Jenisches Sprichwort

Die gute Nachricht: Ja, es ist definitiv möglich, sich über Schlüsselbegriffe (Keywords) innerhalb und außerhalb der Businessnetzwerke so zu positionieren, dass man gefunden wird. Damit Ihr Profil über Suchmaschinen gefunden werden kann, müssen Sie es für diese freigeschaltet haben.

➢ *http://bit.ly/XING_privacy*
➢ *http://linkd.in/LinkedIn_profileprivacy*

Die schlechte Nachricht: Nein, es gibt keine definitiven Allgemeinrezepte, die garantieren, dass Sie nachhaltig in eine Top-Positionierung gelangen und dauerhaft dort verbleiben können. Wir können Ihnen daher leider lediglich Anhaltspunkte dafür geben, wie Sie eine bestmögliche Positionierung im Rahmen Ihrer Keywords und eines fortwährend in Veränderung befindlichen Umfelds erreichen. Wie auch in der Suchmaschinenoptimierung mit Google & Co. sind es immer diverse Parameter, die zu einer Listung in Top-Positionen führen.

Das Gefundenwerden (Positionierung) kommt auch auf die Begriffe an

Die klassische Suchmaschinenoptimierung verändert sich so schnell wie das Umfeld, in dem es sich bewegt. Die Welt des Internets, wie wir sie in den letzten Jahren kennen, teilte sich bis vor kurzem noch in zwei Phasen ein.

Phase 1: Google sorgt für das Gefundenwerden von Inhalten. Soweit man seine Suchbegriffe und Webseitendramaturgie perfekt eingestellt hat, kann dies zu Traffic, Anfragen und Geschäft führen. Netzwerke ergänzten Ihre modifizierten, aber Google-ähnlichen Suchen innerhalb ihrer geschlossenen Räume um die Vernetzungsinformationen Ihrer Mitglieder.

Phase 2: Mit Facebook Connect und dem Open Graph (Facebook-Like- & Share-Buttons auf allen Webseiten) begann die Vernetzung der Webseiten und auch Nutzerprofile. Während Google Inhalte analysierte, analysiert Facebooks Open Graph das Beziehungsgeflecht aller an seine Schnittstellen angeschlossenen Nutzer.

175

Phase 3: Seit dem 10.01.2012 verbindet Google die gefundenen Inhalte mit dem Beziehungsgeflecht des Suchenden. *„Wir verwandeln Google in eine Suchmaschine, die nicht nur Inhalte versteht, sondern auch Menschen und Beziehungen", schwärmt Amit Singhal, der für Googles Suchalgorithmus (Search plus Your World) mitverantwortlich ist. "*

Der Social Graph schafft Transparenz im Beziehungsgeflecht

Noch 2010 konnte Internetmarketingspezialist Sanjay Sauldie zu Recht als 12. Geisteswandelpunkt seiner iROI-Strategie zum Geheimnis erfolgreicher Websites sagen:

„Eine Webseite hat zwei Gesichter. Eines der Gesichter ist das, was wir als Menschen zu sehen bekommen, wenn wir die Webseite aufrufen. [...] Eine Suchmaschine wie Google hat leider keine Augen. Google ist ein Gentlemam und achtet auf innere Werte Ihrer Vertriebsmitarbeitern. Das sind nur die Texte in der Programmierung bzw. Texte, die Sie einfach nachvollziehen können."

Seit 10.01.2012 ist auch die weltgrößte Suchmaschine „social" und verbindet das öffentlich auswertbare soziale Beziehungsgeflecht eines Suchenden mit seinen Suchergebnissen. Sauldies „2. Gesicht" wächst um eine Dimension. Jede Interaktion eines Netzwerkknotenpunkts (Netzwerkprofile, Webseite & Interaktion mit anderen Webseiten) wird relevant.

Auch XING und LinkedIn haben das Beziehungs- und Interaktionsgeflecht seiner Mitglieder als Faktoren in Ihren Suchmaschinenalgorithmen abgebildet. Das Andocken der XING- und LinkedIn-Inhalte an den Open Graph (Veröffentlichung von Inhalten auf Twitter & Facebook über die Verbindung von XING/LinkedIn mit Facebook *http://bit.ly/XING_FB_connect*) wird diese Tendenz für das interne und externe Gefundenwerden verstärken und diejenigen sichtbarer werden lassen, die den Schritt, Ihr Netzwerk transparent abzubilden, vollzogen haben.

Die Sichtbarkeit der Vernetzung fördert Ihr Business und Ihre Inhalte

Vor gar nicht allzu langer Zeit gab es für den stationären Handel nur den Kataloghandel als Wettbewerb. Zeitungen konkurrierten mit Fernsehen und Radio. Heute haben diese drei kaum Überlebenschancen, wenn Sie Ihre Webpräsenzen nicht dazu nutzen, alternative Umsätze über das Internet zu generieren. Damals war, glaubte kaum jemand, dass es eine Zeit geben würde, in dem Menschen bestimmte Produkte wie Bücher, Reisen, Musik nicht mehr in der sogenannten Realität kaufen würden. Bei vielen, die Phase 1 als einen vorübergehenden Trend begriffen, ist so etwas wie eine Torschlusspanik zu sehen, weil sie Sorge haben, den Facebook-Trend verschlafen zu haben. Lassen Sie sich nicht stressen. Die Phase 3 ist aus Netzwerksicht die eigentlich interessanteste. Erst jetzt können Einzelpersonen, kleine aber auch große Offlineunternehmen die Möglichkeit Ihrer Netzwerke dazu nutzen, besser gefunden zu werden als andere.

Auf LinkedIn können Sie ein Werkzeug verwenden, das Ihnen ein sehr eindrückliches Bild Ihrer Vernetzung und der Ihrer Kontakte innerhalb Ihres Netzwerks aufzeigt, *http://bit.ly/visuelle_Netzwerkanalyse.*

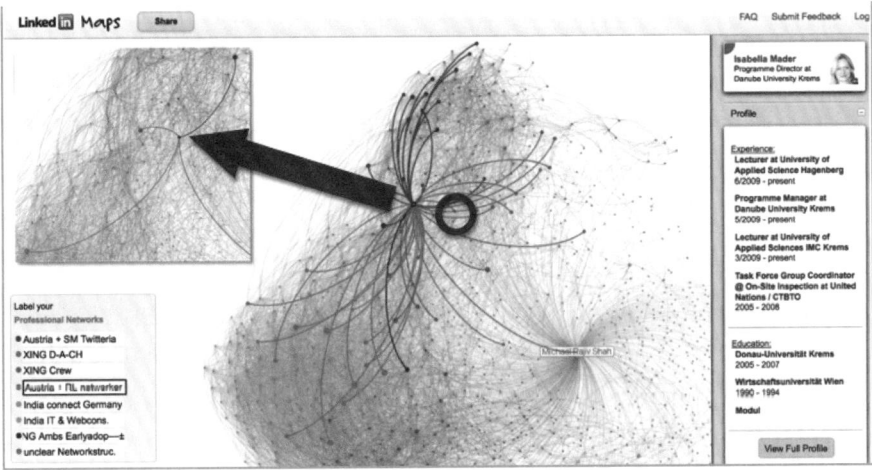

Je höher der Vernetzungsgrad, desto höher die individuelle Netzwerksichtbarkeit.

Beim beispielhaften Vergleich von Frau Maders Vernetzung (50 gemeinsame Kontakte) mit der eines gemeinsamen Kontakts (nur drei gemeinsame Knotenpunkte) wird vorstellbar, dass Frau Mader bei Abfragen meiner Netzwerkkontakte zu Themen Wissensmanagement und Social Media höher bewertet wird als ein Kontakt mit nur drei gemeinsame Verbindungen zu mir (also Kontakt 2. Grades für die Suchenden).

Ein weiterer kreativer Ansatz, um Ihr Suchprofil weiter zu schärfen

Wenn Sie die Keywords Ihrer Zielgruppe kennen, haben Sie die halbe Miete für eine Toplage im Businesscenter bezahlt. Zuvor genannter Internetmarketingspezialist Sanjay Sauldie iROI (Die Geheimnisse erfolgreicher Websites) hilft, diese herauszubekommen.

1. **Intern:** Sie erstellen mit Ihrem Team zwei Listen. Die eine beinhaltet alltägliche Schlüsselbegriffe, die andere Fachbegriffe. Machen Sie es sich zur Regel, jedes Stichwort, das Ihnen begegnet, zu notieren.

2. **Extern:** Fragen Sie systematisch jeden Kontakt (insbesondere Kunden), nach welchen Begriffe sie suchen würden. Hat nebenher auch einen sehr positiven Kommunikationsaspekt für beide Seiten.

3. **Internet:** Suchen Sie sich eines der zahllosen kostenfreien Keyword-werkzeuge im Internet und schauen Sie, welche der Suchbegriffe am stärksten gesucht werden. Dringen Sie möglichst tief in Ihre Nische vor.

Die wichtigsten Datenfelder zum Gefundenwerden

➤ **Ihr Name** hat die höchste Bedeutung, da dieser in einem Personenpro-fil laut AGB immer ein Echtname zu sein hat, sind hier keine kreativen Spielräume zur Manipulation zulässig.

➤ **Ihrem Unternehmensnamen** kommt eine sehr hohe interne Bedeu-tung zu. Daher sollten Sie sich mit einer kreativen Erweiterung des ggf. juristisch richtigen, aber weniger suchrelevanten Namens beschäftigen.

➤ **Ihre Position** im Unternehmen wirkt sich insbesondere bei XING stärker auf die externen Suchmaschinen aus als der eigentliche erste Unternehmensname Ihres XING-Profils. Der Grund dafür liegt in der Tatsache, dass XING den ersten Firmennamen nur für registrierte Mit-glieder sichtbar macht (siehe *http://bit.ly/SEO_XINGgonisch*). Der zwei-te Unternehmensname sowie alle Weiteren wirken sich sehr wohl auf die Suchmaschinen aus.

Berufserfahrung (15 Jahre)

01/2009 - heute (3 Jahre, 3 Monate)	**Vorstandsvorsitzender/CEO** (Der Unternehmensname ist nur sichtbar für registrierte Mitglieder) Branche: Internet
08/2004 - 12/2008 (4 Jahre, 5 Monate)	**Geschäftsführer** ebay Deutschland, http://www.ebay.de Branche: Internet, E-commerce

---

Weil auf XING Firmennamen der angezeigten Beschäftigung für Suchmaschinen generell nicht erfassbar sind (weitere Einträge sehr wohl), macht es Sinn, andere Felder zu nutzen.

➤ **Ihr akademischer Abschluss** hat interessanterweise für externe Such-maschinen eine hohe Relevanz, während dieses Datenfeld innerhalb der internen Plattformsuche überhaupt nicht berücksichtigt wird.

➤ **Ihre Über-Mich-Seite** führt sowohl zu internen Suchtreffern von Stich-wortsuchern (*http://bit.ly/XING_UEM_Suchergebnis*), vor allem aber zu externen Suchtreffern durch Suchmaschinen.

➤ **Ich Suche und Ich Biete** sind natürlich wesentliche Bestandteile, die zu besseren Ergebnissen führen.

➤ **Ihre Interessen, Ihre Organisationen**

> ➢ **Ihre Branchenbeschreibung**, die Sie innerhalb Ihrer Unternehmen angeben.
>
> ➢ **Textbeschriftungen Ihrer Dateianhänge**

Links auf der Über-Mich-Seite

Aus SEO-Sicht sind Weblinks der Über-Mich-Seite sogenannte No-follow-Links. Das bedeutet, dass sie zwar nicht für den Pagerank (*http://de.wikipedia.org/wiki/Pagerank*) Ihrer Webseite zählen, dennoch von Suchmaschinen verarbeitet werden. So kann Ihre Über-Mich-Seite dazu beitragen, dass Sie zu bestimmten Inhalten gefunden werden. (Zum Beispiel: Suchen nach *www.xing.at* führen bedingt zur Anzeige des Profils von Michael Rajiv Shah in Google: *http://bit.ly/Googlesuche_wwwXINGat*).

Bei allen anderen Datenfeldern kommt es unter anderem auf die Verteilung Ihrer Schlüsselwörter über den Gesamttext an. Das ist der Hauptgrund, warum wir in Kapitel 4.1 schrieben, dass Sie sich je nach prozentualer Aufteilung der Profilbesucherherkunft auf wenige Schlüsselbegriffe konzentrieren sollten, um eine ausgewogene Balance zwischen Schaufensterdekoration und Suchen gewährleisten zu können.

Die Dichte der Schlüsselwörter spielt eine große Rolle

Es kommt also auf die Keyworddichte an, ob Sie gefunden werden. Sie können das insbesondere daran sehen, wenn Sie selber aktiv suchen und die Ergebnisse analysieren. Gehen Sie in der Analyse eine Ebene tiefer und vergleichen den Output, erkennen Sie, dass auf den ersten Seiten wider Erwarten manche Ergebnisse angezeigt werden, die mit wesentlich weniger Anhäufung gleicher Begriffe auskommen als andere.

Immobilienmakler über die räumliche Lage Ihrer Netzfiliale

Der Wert Ihrer XING- oder LinkedIn-Filiale bestimmt vor allem die Attraktivität der Lage. Die wertvollsten gewerblichen Lagen sind dort, wo es eine große Sicherheit für viele Laufkunden (Kontakte/Mitglieder) gibt. Kriterien dieser Bewertung sind sowohl Quantität als auch Kaufkraft (persönliches Kennen/Dichte) der jeweiligen Lauflage. Die besten Lauflagen in Netzwerken gibt es dort, wo die Vernetzung am höchsten ist, weil sie für eine hohe Sichtbarkeit sorgt. Der noch fehlende Faktor sind Menge und Güte Ihrer Aktivität, um den Wert Ihre Lage beeinflussen zu können.

Formel:
Kontaktanzahl x Vernetzungsdichte x persönlichem Kennen x Aktivität

---

Der Wert Ihrer XING- oder LinkedIn-Filiale wird vor allem von der Attraktivität der Lage bestimmt. Die wertvollsten gewerblichen Lagen sind dort, wo es eine große Sicherheit für viele Laufkunden (Kontakte/Mitglieder) gibt. Kriterien dieser Bewertung sind sowohl Quantität als auch Kaufkraft (persönliches Kennen/Dichte) der jeweiligen Lauflage. Die noch fehlenden Faktoren zur Beeinflussung des Wertes der Lage Ihres Geschäfts sind Menge und Güte Ihrer Aktivität, die wir zum Thema Aktionsflächen bereits in Kapitel 4.3 beschrieben haben und im gesamten Kapitel 5 eingehender beleuchten werden.

Ihre Take-Aways

➤ Erstellen Sie mit den Plattformwerkzeugen Ihre Netzwerkanalyse. Stimmen Sie Ihre Aktivität darauf ab.

➤ Suchmaschinenrelevanz generieren Sie über Verlinkung, Auffindbarkeit und Anzahl der relevanten (!) Präsenzen. Folgen Sie den Tipps in diesem Kapitel, um Ihr Ranking, gezielten Traffic und Zugriffe auf Ihr Profil zu verbessern.

➤ Verbessern Sie Ihr Suchprofil durch Schärfung Ihrer Terminologie und der Verwendung der passenden Datenfelder.

➤ Setzen Sie auf Ihrer Über-Mich-Seite gezielt Links, um Ihren Pagerank zu erhöhen.

➤ Achten Sie darauf, eine hohe Keyword-Dichte zu erreichen.

5. Business 2.0 – ein Drahtseilakt zwischen Networking, Branding & Vertrieb

Nur wer selbst brennt,
kann die Feuer in anderen entfachen.

Augustinus

Das Businesseinkaufszentrum hat mehr Verkäufer als Käufer

Die erste Frage in jedem Social-Network-Workshop lautet, was ist Ihre Erwartung an den Workshop und Ihre Motivation für die Teilnahme? Dabei kommen recht viele Antworten, die wir auf einem Flipchart mit Strichlisten nach den einzelnen Themen gewichten. Das herausragende an dem Ergebnis sind immer ein bis drei Tatsachen:

➢ 80–90 % wünschen sich Tipps und Tricks zur Kundengewinnung und/ oder Akquise.

➢ Personaler wünschen sich Kunden und Kandidaten.

➢ Arbeitnehmer wünschen sich oft eine Neuorientierung.

Das deckt sich mit dem, was Sie in den meisten Profilen als Grund für die XING-Mitgliedschaft wiederfinden. Wie schon im ersten Kapitel beschrieben und mittels der Powersuchanalyse partiell untermauert ist genau das die Krux. Nun haben Sie ein tolles Businesseinkaufszentrum, das Ihnen viele Möglichkeiten gibt, nur die Einkäufer Ihrer Leistungen (siehe prozentualen Anteil der gezielten Suchen in der Powersuche) machen nur einen gewissen Prozentsatz der Gesamtmitglieder aus.

Auch in der realen Welt führt nur ein kleiner Teil direkter Kontakte zu Businesschancen

Eigentlich ist das nichts Neues für Sie. Nur ein kleiner Anteil der Menschen Ihrer Umgebung wollen haben, was Sie anzubieten haben. Um diese zu finden, sprechen Sie in der Realität auch nicht jeden Freund, Bekannten, Exkollegen an, ob er oder seine Firma Ihr Produkt haben möchte. Auf der anderen Seite unterlassen Sie es aber auch nicht, mit diesen Personen zu sprechen, nur weil sie auf den ersten Blick für Sie geschäftlich nicht interessant sind. Und siehe da, dennoch (wir meinen gerade deswegen) entstehen aus diesem zunächst nicht geschäftlichen Kontakten direkt oder indirekt echte Geschäfte bzw. neue Kontakte, die zu Geschäften führen.

Diesen fortwährenden Prozess nennt man Networking

Trotz aller Präsentationsflächen, die zum Branding (Markenbildung) Ihrer Unternehmung führen, ist es das Networking, das zur eigentlichen Bildung Ihrer Marke im Kontext des jeweiligen Businessnetzwerks führt. Mit diesem Kapitel haben wir endlich alle Bereiche des Wahrnehmens und Verstehens der Hintergründe erarbeitet und kommen zum Handeln. Interaktion, Kommunikation und Networking sind die notwendigen Episoden, bis Sie zum Ziel gelangen.

Markenführung (engl. Branding) aus Wikipedia

(Quelle: Wikipedia; http://de.wikipedia.org/wiki/markenführung; Text unterliegt der Lizenz CC-BY-SA, http://creativecommons.org/licenses/by-sa/3.0/deed.de)

Unter Markenführung oder Markenmanagement (engl.: Brand Management) (ursprünglich: Markentechnik) versteht man den Aufbau und die Weiterentwicklung einer Marke im Zeitverlauf. Hauptziel der Markenführung ist es, die eigene Leistung vom Angebot der Wettbewerber abzugrenzen und sich über die eigenen Produkte und/oder Dienstleistungen spürbar von den Konkurrenten zu differenzieren.

Dahinter steht die Erkenntnis, dass eine Marke einen höheren Wiedererkennungswert hat, und der Verbraucher mit einer Marke charakteristische Eigenschaften, Attribute oder Leistungen verbindet. Dadurch soll die Marke dem Verbraucher zu mehr Orientierung unter den Angeboten verhelfen und Vertrauen ausstrahlen.

Durch die Entwicklung und Führung einer Marke verspricht sich ein Unternehmen einen Wettbewerbsvorteil, der sich durch einen höheren Marktanteil und einen höheren Gewinn auszahlen soll. Eine Marke wird heute oft auch monetär in Form eines Markenwertes dargestellt, der dem Vermögen des Unternehmens zugerechnet wird. Ziel der Markenführung ist es dann, durch geeignete Maßnahmen eine Steigerung dieses Markenwertes und damit des Unternehmenswertes zu erreichen.

5.1 Akquisition 2.0 ist ein fortlaufender Prozess in Episoden

Geistige Werte müssen uns ansprechen wie Könige.
Sie dürfen nicht aufgedrängt werden.

Arthur Schopenhauer

Menschen, die wir schon kennen bzw. über soziale Netzwerke kennenlernen können sind noch lange keine Kunden. Wir empfehlen, den gesamten Prozess vom Branding, welches eben nicht nur eine klasse Schaufensterauslage oder Webseite bedeutet, mittels Networking bis hin zur Akquisition und möglichst folgendem Verkauf als einen Episodenprozess zu verstehen. Die Gesamtheit der einzelnen Wirkungsmöglichkeiten können Sie sich wie einen Bogen vorstellen, der dafür gespannt wird, den Pfeil ins Ziel zu schießen. XING und LinkedIn sind Networking, aber keine Akquisitionsplattformen.

Der Rückwärtsblick vom Ziel zur Kontaktanbahnung

Wenn das Ziel ein Vertrag (Arbeitsvertrag, Kaufvertrag, Dienstleistungsvertrag) ist, dann braucht es eine mindestens zweiseitige Willenserklärung.

Der Vertrag als soziale Institution
(Quelle: Wikipedia; *http://de.wikipedia.org/wiki/vertrag*; Text unterliegt der Lizenz CC-BY-SA, *http://creativecommons.org/licenses/by-sa/3.0/deed.de*)

Ein Vertrag koordiniert und regelt das soziale Verhalten durch eine gegenseitige Selbstverpflichtung. Er wird freiwillig zwischen zwei (oder auch mehr) Parteien geschlossen.

Damit Sie überhaupt in die Situation kommen können, einen Vertrag abzuschließen, brauchen Sie einen Bogen, einen Pfeil und die Zielscheibe. Das Spannen des Bogens ist der Akquisitionsprozess. Auch hier ist der juristische Hintergrund eindeutig. Um den Akquisitionsprozess überhaupt beginnen zu können, schreibt dass „Gesetz gegen den unlauteren Wettbewerb" ebenso wie beim Vertragsabschluß eine eindeutige Willenserklärung der zu akquirierenden Person bzw. Unternehmen vor.

Akquise

(Quelle: Wikipedia; *http://de.wikipedia.org/wiki/akquise*; Text unterliegt der Lizenz CC-BY-SA, *http://creativecommons.org/licenses/by-sa/3.0/deed.de*)

Kaltakquise ist die Erstansprache eines potenziellen Kunden, zu dem bisher keine Geschäftsbeziehungen bestanden. Gegenüber Privatkunden sind sogenannte Kaltanrufe in Deutschland nach dem Gesetz gegen den unlauteren Wettbewerb (UWG) verboten und dürfen nur mit ausdrücklicher Genehmigung des Kunden erfolgen.

Gegenüber Gewerbetreibenden reicht deren mutmaßliche Einwilligung, die sich aus dem Geschäftsgegenstand ergeben kann. Neben der Kaltakquise besteht auch die Form der Warmakquise. Diese meist effizientere Variante stützt sich (...) auf bekannte Bezugsstellen wie etwa Ansprechpartner aus Mitgliedschaften, Verbundgruppen, Kooperationspartnern etc.

Die Akquisition von Geschäftskunden sollte als Prozess gesehen werden, an dem mehrere Anspracheformen (persönliche wie mediale) beteiligt sind.

Auch eine Kontaktanfrage ist eine Willenserklärung

Wenn Sie sich aus dieser Warte eine Kontaktanfrage auf XING, LinkedIn aber auch Facebook anschauen, sind Sie wieder beim gleichen Punkt. Person A fragt Person B um Kontakt, dann bekundet Person B mit einem Ja oder Nein auch seine Willenserklärung. Bei einem Nein kommen Sie wahrscheinlich nicht wieder in den Genuss einer zweiten Chance. Sie hatten Ihre 100-%-Chance, den Bogen zu spannen, das Gespräch bis zur Erlaubnis der Akquisition zu führen (Bogenspannen), ein gemeinsames Ziel zu definieren und zum Absch(l)uss zu bringen. Besonders schade, wenn Ihr Gegenüber in der Art und Weise der Ansprache gar einen Verstoß gegen die AGB der jeweiligen Plattform sieht. Eine Wiederholung eines AGB-Verstoßes könnte sogar das Ende Ihrer Aktivitäten auf XING oder LinkedIn sein.

> ➤ LinkedIn-Mitglieder, die Sie kennen *http://linkd.in/contact_policy*
> ➤ Facebook-Freunde, die Sie kennen (Anzeige nur noch bei Ablehnung)
> ➤ XING bedingt fremde Mitglieder http://bit.ly/XING_contact_policy

So könnte beispielhaft der Pfeil Ihres Prozessbogens aussehen

Der Zeitstrahl unterschiedlicher Kontaktmöglichkeiten, die zum passenden (gegenseitig abgemachten) Zeitpunkt zur Akquisition wird. Quelle: Angelehnt an 77Irrtuemer.de.

Die Basis für alle Aktivitäten ist Ihr Profil. Oft wird Branding als ein statisches Gebilde aus Werbeaussagen, Corporate Design und Corporate Identity verstanden. Wenn Sie auf dieser Basis schon Erfolg erwarten, wäre es bei aller Mühe, die Sie sich geben, eine Überbewertung des Profils. Das Profil ist nur der Ausgangspunkt Ihrer Aktionen.

Erst Ihre Aktionen werden Ihrem Gegenüber zeigen, ob und wie sehr der erste Eindruck zum gesamten Unternehmen passt

Würden Sie Ihrem Profil vom ersten Eindruck her z. B. die edle Ausstrahlung eines Armani-Shops geben und Ihre Kommunikation in der Art und Weise der Kontaktanbahnung eher ein flapsiges Nebenher eines LOW-Price-Filialisten Hennes & Mauritz (HM) zeigen, passt die Art Ihrer Prozessbausteine nicht zueinander. Die Möglichkeit, dass der erste Eindruck enttäuscht wird, könnte groß sein. Wenn es umgekehrt wäre, also Ihre Kommunikation und Interaktion auf einem höheren Level als Ihr Profil, können Sie sicher besser punkten als umgekehrt.

„Jedem Anfang wohnt ein Zauber inne" Hermann Hesse

So wie der erste Eindruck ein Gefühl bei Ihrem Gegenüber hinterlässt, ist es auch mit der Kommunikation, insbesondere der 1:1-Kommunikation. Nachdem XING länger mit Standardkontaktanfragen herumprobiert hat, konnte man sich dazu durchringen, den Text für Kontaktanfragen völlig offen zu lassen. Auf LinkedIn gibt es je nach Ort der Kontaktanfrage unterschiedliche Standardtexte, die viele dazu verleiten, gedankenlos auf den Knopf zu drücken. Mit dem vorletzten Relaunch von Facebook verschwand dort sogar die Möglichkeit, eine Freundschaftsanfrage mit einer Nachricht zu koppeln.

Wertschätzung für Ihr Gegenüber ist der größte Networking-Zauber

Kein Zeitpunkt im Social Business-Networking ist so entscheidend für jede Art späterer Entwicklungen wie der erste Moment Ihrer Interaktion. Wir empfehlen Ihnen unbedingt größte Sorgfalt mit dem Samen, den Sie für die Zukunft Ihres Netzwerkkontakts einpflanzen (investieren). Diejenigen von Ihnen, die gerne im Garten arbeiten, wissen, dass gerade Art und Zeitpunkt der Aussaat oder des Aussetzens von Keimlingen entscheidend für die spätere Ernte ist.

Lassen Sie sich bitte nicht entmutigen, wenn Sie keine Gartenliebhaber sein sollten. Das Schlechteste, das Sie tun können, ist, nichts zu tun. Wenn Wertschätzung Ihr oberstes Gebot Ihrer Netzwerkarbeit ist, werden Sie ein

Netzwerk aufbauen, das Ihnen rechtzeitig Feedback gibt, wenn etwas nicht ganz so perfekt gelaufen sein sollte.

Erst kommunizieren, dann Kontakt anfragen

Auch im Business-Networking geht es in erster Linie darum herauszufinden, was bzw. womit Sie Ihr Gegenüber unterstützen könnten. Damit öffnen Sie die Türen der Menschen, mit denen Sie in Kommunikation treten. Sie werden aus heiterem Himmel Kontaktanfragen bekommen, die Ihnen im ersten Moment gar nichts sagen. Um das zu vermeiden, hat XING im Bereich der Kontaktanfragen, Nachrichten an Nichtkontakte und Gruppeneinladungen ein Informationsfeld hinterlegt, das die Bedingungen (Netiquette) auflistet, unter denen eine Kommunikation mit Nichtkontakten erwünscht ist.

> **Beachten Sie einige wichtige Netiquette-Regeln** ✕
> **beim Schreiben von Nachrichten:**
>
> - Sprechen Sie Empfänger Ihrer Nachrichten immer persönlich mit Namen an. Sonst könnte schnell der Eindruck von Massenmails entstehen.
> - Stellen Sie einen **Bezug zum Profil des Adressaten** her. Netzwerken hat viel mit „Geben und Bekommen" zu tun - machen Sie deutlich, warum der Kontakt eine Bereicherung für beide Seiten wäre. Orientieren Sie sich an den Feldern "Ich suche/Ich biete".
> - In der schriftlichen Kommunikation fällt der visuelle Eindruck weg - das kann zu Missverständnissen führen. Wählen Sie deshalb **eine eindeutige Sprache**; Tonfall und Inhalt Ihrer Nachrichten sollten angemessen sein - versetzen Sie sich in die Lage des Empfängers, wenn Sie unschlüssig sind.
> - **Massen-Nachrichten, Multilevel Marketing (MLM) und Spam sind auf XING verboten.**

Auf LinkedIn sind im Prinzip nur zwei Wege der Kommunikation mit unbekannten Nichtkontakten erlaubt!

➤ Kostenpflichtige InMails, die auch Regeln beinhalten, und wenn vom Empfänger eine Bewertung dieser abgegeben wird

➤ Kostenfreie InMails an sog. OpenLink-Mitglieder. Premiums, die mit Ihrem Account Ihre InMail bezahlen.

➤ Als Freemium-Mitglied maximal fünf kostenfreie Vorstellungen je Monat über eine Drittperson.

➤ Als Freemium-Mitglied an jedes Mitglied, das ein OpenLink-Symbol im Profil hat (das nur Premium-User haben).

Viele Mitglieder kennen die Regeln auf keiner der Plattformen. Nutzen Sie Ihren Wissensvorsprung und gute Etikette, um zu punkten!

Aufgrund der Kostenfrage (Interpretation) ist sicher, dass Fremde Ihnen hauptsächlich Kontaktanfragen stellen, indem sie per Mausklick angeben, dass Sie Kollegen, Studienkollegen, Freunde wären oder gemeinsame Geschäfte abgewickelt hätten. Im Kontaktanfragefeld „Sonstiges" brauchen Sie auf jeden Fall die auf LinkedIn gültig hinterlegte E-Mail-Adresse.

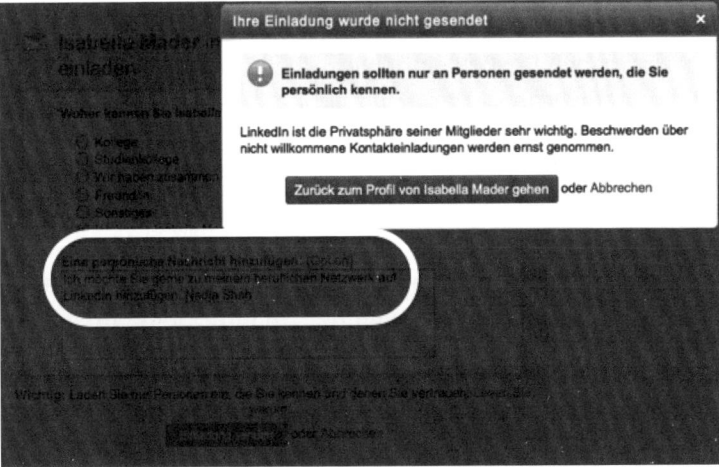

Egal, ob Sie eine Person wirklich kennen (kann ja auch aus einer anderen Plattform sein) oder nicht, formulieren Sie die Kontaktanfrage persönlich!

Aus dem Samen, den Sie säen, wird eine Pflanze

Wir wollen hier nicht über die Motivation urteilen, wissentlich eine falsche Angabe bei der Kontaktaufnahme zu machen. Wir wollen Ihnen nur ans Herz legen, es richtig zu machen. Stellen Sie sich vor, Sie hätten ein Geschäftsmodell, das eine bestimmte Kalkulation vorsieht (Bei LinkedIn gehen wir davon aus, dass die nicht sachgemäße Kontaktaufnahme einkalkuliert ist), und Ihre Kunden würden Wege suchen, diese bewusst oder übersehend zu umgehen, wie fänden Sie das?

Zu welchem Zeitpunkt bekommen Sie (offline) eine Visitenkarte?

Wir möchten Sie dazu anregen, den wichtigsten Zeitpunkt des Networking-Prozesses so effizient wie möglich zu nutzen, drehen daher auch hier das Bild einfach um und schauen rückwärts. Stellen Sie sich vor, Sie wären bei einer großen Konferenz oder einem Businessmeeting, und es käme in der Pause eine Person an Ihrem Stehtisch vorbei, würde Ihnen eine Visitenkarte auf den Tisch knallen und wortlos zum nächsten gehen. Es kommt natürlich auf mehrere Umstände an, ob Ihnen das gefällt. Selbst wenn Sie diese Visitenkarte einstecken, können Sie sich in wenigen Monaten bestenfalls an diese kuriose Situation auf der Konferenz erinnern. Nicht aber an die Person (Ausnahmen bestätigen die Regel). Ungefähr so nachhaltig ist die Wirkung, wenn eine leere oder Standardkontaktanfrage „Ich möchte Sie gerne zu meinem beruflichen Netzwerk auf LinkedIn hinzufügen" versandt wird, ohne zuvor kommuniziert oder den Versuch unternommen zu haben, einen nachhaltig positiven Eindruck zu machen.

Kommunikative Fülle statt Inhaltsleere in der Kontaktanfrage

Sie kennen das aus manchem Bekleidungsgeschäft oder Boutique, wenn Sie floskelhaft gefragt werden „Kann ich Ihnen helfen?". Obwohl die häufigste Antwort ist „Ich will mich erst einmal umschauen", schaffen es nur wenige, nach Anhaltspunkten für situativen Smalltalk Ausschau zu halten, um herauszubekommen, was das Gegenüber wirklich bewegt. Eigentlich unglaublich, dass trotz angebotener Informationsfülle in Profilen über das, was ein Gegenüber interessieren könnte, um situativ und effektiv beeindruckende Kommunikation zu beginnen, häufig Standards ohne jegliche Individualisierung benutzt werden. Auf welche Punkte gilt es zu achten:

➢ Ihr Profil ist interessant.

➢ Kontakte schaden bekanntlich nur dem, der sie nicht hat.

➢ Vielleicht finden wir ja in Zukunft mögliche Synergieeffekte.

➢ XING ist der Meinung, dass wir uns kennen könnten.

➢ Ich bin über Ihr Profil gestolpert; bin auf Ihre Seite geraten.

➢ Wir sind gemeinsam Mitglieder in der Gruppe.

Sie haben Ziele definiert, aus diesen eine Strategie abgeleitet und Ihr Profil so formuliert, dass diese daraus ersichtlich werden. Jetzt geht es darum, diese auf die Straße zu bringen und so mit Ihrem Gegenüber zu kommunizieren, wie Sie es im Reallife auch machen würden. Neugierig, interessiert und Impulse nachfragend, die Sie im Profil des anderen gefunden haben. Soweit das Profil der Person, die Sie ansprechen möchten, zu Ihren inhaltlichen und regionalen Zielen passt, haben Sie guten Grund, Vertrauen in das zu schenken, was Sie darüber erfahren konnten.

Nur der Aufbau einer Beziehung bringt mittelfristig echte Kunden

Wer jedes Mitglied eines Social Business-Networks nur als potenziellen Kunden betrachtet engt Ihre Möglichkeiten ein. Das wäre so fatal, wie manche Multi-Level-Marketing-Mitarbeiter jeden aus Ihrem privaten Umfeld zu Käufern Ihres Produkts oder Mitarbeitern Ihrer Vertriebsstruktur machen wollen. Ihre Ziele dienen Ihrer generellen Ausrichtung, nicht dem verkrampften Suchen nach dem einen Top-Kunden, der jetzt sofort den dringend benötigten Umsatz decken könnte. Ihre Zieldefinitionen dienen lediglich der Kontrollierbarkeit, ob Sie grundsätzlich auf dem Weg sind, den Sie sich vorgenommen haben.

Beispiel für Erfolg ohne Zielsetzung in einer Branche mit Werbeverbot

Frau Winkler (*http://bit.ly/Yvonne_Winkler*) ist für mich DAS Best-Practice-Beispiel für Kundengewinnung per Networking in einer Branche mit Werbeverbot. Seit 2006 nehme ich Frau Winkler in sozialen Medien (zunächst openBC) wahr und bin beeindruckt über den natürlich persönlichen Zugang, der durch authentische Persönlichkeit dazu führt, im Hinterkopf von Kontakten zu sein. Denn im Bedarfsfall juristischer Beratung erinnert sich der Mensch an die querdenkende, garten-, tanz- und kinderliebende Viola-Spielerin, deren eigentliche Liebhaberei kreative Juristerei ist. Ich bin mir übrigens sicher, dass sie das überhaupt nicht so taktisch macht, wie ich es von außen beschreibe. Einfach klasse; auch aus Social-Media-Sicht auf Twitter und Facebook eine echte „Anwältin 2.0".

Interview mit Yvonne Winkler, Kanzlei Grützmacher, von Wendorff

Kurzvita: Geboren 1956 in Pforzheim, (1962–1974) Schulen in Nürnberg und Düsseldorf, Studium in Bonn und Erlangen (1975–1983), Umzug nach Berlin Charlottenburg, Geburten meiner Kinder 1984, 1986, 1988, 1994. Umzug nach Halle/Saale 1995. Seit 2001 Rechtsanwältin in der Kanzlei Grützmacher, von Wendorff, Winkler.

Branche/Größe: Rechtsanwaltskanzlei und Steuerbüro. Vier Beschäftigte.

Wann haben Sie mit Social Networking begonnen?
August 2006 bei openBC.

Menge an Kontakten/Followern?
499 Kontakte XING, 650 Follower Twitter.
Ich bin aus reiner Neugierde Mitglied bei openBC geworden und wollte kennenlernen, was ein Social Network ist und wie man sich darin bewegt. Ich hatte kei-

189

nerlei berufliche Zielsetzung und habe mich anfangs in allen Gruppen bewegt, die mich inhaltlich interessierten, jenseits meiner beruflichen Ausrichtung.

Welche Ziele haben Sie sich gesetzt?

Mein Ziel war, meine Neugierde zu befriedigen. Ich wollte rein privat schreiben und nichts primär Berufliches.

Welche Strategien haben Sie dafür verfolgt?

Ich bin ausschließlich meiner Nase gefolgt und dem, was mich interessiert.

Haben sich Ihre Ziele und Strategien im Laufe der Zeit verändert?

Ich habe mein berufliches Profil professioneller ausgebaut, damit meine Kontakte sehen, welche Gebiete ich bearbeite. Außerdem habe ich viele Kollegenkontakte und nutze die als Hilfe zur Selbsthilfe, Austausch von Gedanken und gegenseitiger Hilfestellung.

Welche Rolle hat Ihr bestehendes Netz dabei gespielt?

Ich habe mir viele Profile angesehen, auch die meiner Kollegen, habe abgeguckt, was mir gefällt, und das analysiert, was mir nicht gefällt. Entsprechend hab ich mein Profil gestaltet. Ich moderiere etliche Gruppen und habe viel über Gruppenführung gelernt, alleine und im Team. Mein Kommunikationsstil hat sich geschärft, zwischen Sachaussage und Bewertung zu differenzieren fällt mir inzwischen leichter, ich sehe sofort, wo die Personenbewertung die Sachaussage abwertet.

In welchen Ländern ist Ihr Unternehmen tätig?

Deutschland.

Wie viel Prozent Ihrer Aktivitäten haben Sie in welches Netzwerk investiert?

30 % XING, 5 % LinkedIn, 30 % Facebook, 30 % Twitter, 5 % Blogs.

Wo sind Ihre Bemühungen bisher an erfolgsreichsten?

30 % XING, 5 % LinkedIn, 10 % Facebook, 10 % Twitter, 45 % Blogs.

Was waren Ihre allergrößten Erfolgsergebnisse, die Sie direkt oder indirekt diesen Aktivitäten zuordnen können?

Mandatsakquise. Meine Mitmenschen haben Vertrauen zu mir gefasst, hielten mich aufgrund meiner Beiträge offenbar für sympathisch. Darüber hinaus habe ich sehr viele interessante Menschen kennengelernt und etliche Mandate auf diese Weise akquiriert.

Was hat sich für Sie, seitdem Sie mit Business-Networking begannen, im Markt oder für Sie verändert?

Inzwischen ist es in meinem Beruf normal, in Social Networks präsent zu sein. Meine Mandanten haben sich überregional ausgebreitet, d. h., ich bearbeite Mandate bundesweit. Meine Kollegenkontakte haben sich auf das gesamte Bundesgebiet, Österreich und die Schweiz erstreckt. Durch die sozialen Netzwerke hat man mehr Kommunikationsplattformen, ohne dass sich ein unmittelbarer Bedarf entwickelt. Man kann aber auf diese gewachsenen Kommunikationspartner zurückgreifen und hat eine Idee, wie die jeweiligen Menschen ticken, weil man sie virtuell ganz gut kennenlernen kann. Ich habe den Eindruck, dass es schwieriger ist, sich schriftlich zu verstellen als im wirklichen Leben.

Was ist die wichtigste Empfehlungen für neu beginnende B2B-Networker?

Für mich als Leser wäre es am wichtigsten, dass B2B-Networker so schreiben, wie sie sind, sich persönlich einbringen und nicht so final, dass man schon zehn Meilen gegen den Wind riecht, dass derjenige nur da ist, um Geschäfte zu machen. So etwas schätze ich gar nicht. Wenn sich durch Kommunikation und Sympathie eine geschäftliche Beziehung entwickelt, ist das schön, es sollte aber nicht umgekehrt laufen, Kommunikation nur, wenn es geschäftlich läuft. Ich blocke Leute ab, die mir zu final geschäftlich entgegenkommen.

Was war die größte Überraschung im Laufe Ihrer Aktivitäten in B2B-Netzwerken?

Keine Überraschung, da sich für mich Ergebnisse aus einer Folge von Gesprächen entwickeln.

Wie würden Sie Ihren größten Erfolg in B2B-Networks beschreiben?

Mein größter Erfolg im B2B-Network ist es, als sympathischer Mensch und kompetente Rechtsanwältin wahrgenommen zu werden.

Marketing und Vertrieb, bei dem Networking möglich bleibt

Wie im letzten Kapitel im Rückspiegel betrachtet, besteht jeder Schritt bis hin zu einem Abschluss aus unterschiedlichen Stadien der Erlaubnis. Fangen wir jetzt von vorne bei der Ansprache bestehender und noch fremder Netzwerkmitglieder an, so kann Ihr Verhalten zu jedem Zeitpunkt eine Entscheidung herbeiführen, die „Ja, ich will" oder „Nein, ich will nicht" auslösen kann. Im Grunde genommen ist das Ziel immer ein Beziehungsaufbau zu einem Menschen, der nur zufällig in einer bestimmten Funktion tätig ist, für die Sie sich beruflich interessieren.

Das wichtigste Ja in Ihrer Beziehung ist: „Ja, ich will eine Beziehung"

Nehmen wir noch einmal das Weiterbildungsbeispiel aus Kapitel 3.3:

```
┌─────────────────────────────────────────────────────────────────────┐
│  Sie suchten nach:                                                    │
│                                                                       │
│  Stichwörter: Weiterbildung ✕   Beschäftigungsart: Führungskraft ✕   │
│  Beschäftigungsart: Unternehmer/-in ✕                                 │
│  Unternehmensgröße: 11-50 Mitarbeiter ✕                               │
│  Unternehmensgröße: 51-200 Mitarbeiter ✕                              │
│  Unternehmensgröße: 201-500 Mitarbeiter ✕                             │
│  Unternehmensgröße: 501-1000 Mitarbeiter ✕        ┌─────────────────┐ │
│  Unternehmensgröße: 1001-5000 Mitarbeiter ✕       │ Suchauftrag anlegen │ │
│  Unternehmensgröße: 5001-10.000 Mitarbeiter ✕     └─────────────────┘ │
│  Unternehmensgröße: 10.001 oder mehr Mitarbeiter ✕                    │
│  Land: Österreich ✕   Ich suche: Weiterbildung ✕                      │
│  Ich biete: -Weiterbildung -coach* ✕   Position (jetzt): -coach -train* ✕ │
│                                                                       │
├─────────────────────────────────────────────────────────────────────┤
│  Ergebnisse 1-10 von 100         Sortieren: Relevanz ⌄   Ansicht: ▤ ▦ │
└─────────────────────────────────────────────────────────────────────┘
```

Personen, die Weiterbildung irgendwo im Profil angegeben haben, nicht aber unter „Ich biete"
bzw. keine Trainer und Coaches sind (Positionsfeld) und Unternehmer in Führungsposition
zwischen 11–10.000+ Mitarbeitern sind.

Bei einer Führungsschicht von 100 Mitgliedern, die Weiterbildung suchen, nicht anbieten, weder Coaches noch Trainer sind, in Unternehmen zwischen 11–10.000 bzw. mehr beschäftigt sind und in der Zielregion Österreich 90 % Wien arbeiten, bringt Sie jedes erste: „Nein, ich möchte nicht Ihr Kontakt sein bzw. Ihnen noch nicht einmal antworten" dem Ende Ihrer Networking-Aktivitäten näher.

Bei einer so gehobenen Klientel, wie hier ausgewählt, ist es extrem wichtig, von jedem Einzelnen eine Erlaubnis zur Kontaktanfrage zu haben, bevor Sie diese stellen. Jede einzelne dieser Personen ist ein mutmaßlicher Entscheider, der wahrscheinlich nicht von jedem angesprochen werden möchte, und schon gar nicht, um im ersten Schritt ein Angebot des Produkts, der Leistung bzw. des Services Namens XY-ungelöst zu erhalten. Jeder dieser Personen hat es verdient, nicht akquiriert, sondern als Mensch gewonnen zu werden.

Projekte im Mittelstand und Konzernen zu platzieren braucht Zeit

Normalerweise braucht es Jahre, ein Projekt in mittelständischen Unternehmen zu platzieren (bei Unternehmen ab 200 Mitarbeitern sind es nur noch 50 Personen). Nehmen Sie sich also bitte die entsprechende Zeit und Wertschätzung für die theoretische Abkürzung zu Entscheidern, die Ihnen der technische Vorteil eines sozialen Businessnetzwerks bietet.

Jetzt, wo Sie dieses Bild klar vor Augen haben, werden Sie auch verstehen, warum der Titel dieses Kapitels mit dem Wort Drahtseilakt beginnt. Von nun an haben Sie mindestens zwei Möglichkeiten.

Der kalte bis halbwarme Weg: Suchen Sie mehrere Profilkriterien, die dazu geeignet sind, Gemeinsamkeiten zu den Wunschansprechpartnern aufzubauen (beruflich, persönlich und sympathisch). Suchen Sie sich unterschiedliche Branchen (Gruppen, Vereinigungen, Organisationen) und überlegen Sie sich für jede einen spezifisch individuellen Weg, in Kommunikation und Austausch mit Ihren Zielkontakten zu kommen.

Wie gesagt, solange man Ihnen nicht zu erkennen gegeben hat, dass ein professionelles Angebot gewünscht ist, geht es darum, offen und menschlich den Weg dafür offen zu halten. Das einzige authentisch gelebte Ziel ist, eine zweiseitige Bereitschaft für Kommunikation herzustellen. Eine Kommunikation, die geschickt aber gelassen genug ist, dass Ihr Gegenüber merken kann, dass Sie Netzwerken und nicht im Verkäufermodus sind.

Beziehungen vertiefen, die Sie schon haben: Ihre potenziellen Empfehlungsgeber, mit denen Sie die mehrfach angesprochene Empfehlungsstrategie noch nicht vereinbart haben, zu aktivieren. Also Beziehungen zu diesen so zu intensivieren, dass diese Sie gerne auf einem menschlichen Weg aus Überzeugung in die gewünschte Zielgruppe hineinempfehlen. Das müssen übrigens nicht nur die Geschäftsführer und Entscheidungsträger Ihrer Kunden sein. Es können ebenso Mitarbeiter sein, mit denen Sie in Projekten zu tun hatten, die sicher auch mit Netzwerkmitgliedern anderer Unternehmen verbunden sind.

Das Ziel des Kontaktaufbaus ist im Verlauf der Zeit (Networking-Prozess) immer wieder kommunikative Möglichkeiten zu nutzen und die Erlaubnis zu haben, regelmäßig und konsequent in Interaktion zu treten. Werkzeuge dieser regelmäßigen Interaktion können sein:

➢ Neues aus dem Netzwerk-Statusmeldungen/Updates
➢ 1:1-Nachrichten innerhalb des Netzwerks
➢ Kommunikation miteinander innerhalb von Gruppen
➢ Newsletter als Gruppenmoderator
➢ Teilnahme an Netzwerktreffen

Jede Art tiefer gehende bzw. weiterreichende konsequente und regelmäßige Kommunikation braucht auch einen weitergehenden Schritt der Erlaubnis Ihres Kontakts. Beim Networking geht es erst einmal um gar nichts, als sich als Menschen persönlich und beruflich kennenzulernen, auszutauschen und im Falle weiterer Schritte eine Erlaubnis des Gegenübers einzuholen. Seth Godin nannte diese Marketingform Permission Marketing.

Ihre Take-Aways

➢ Die meisten Nutzer sind auf den Plattformen, um etwas zu verkaufen – nicht um etwas zu kaufen.

➢ Auch in der realen Welt führt nur ein kleiner Teil direkter Kontakte zu Businesschancen.

5.2 Beziehungsaufbau 2.0 – CRM online

Wer sich keine Zeit für Freunde nimmt,
dem nimmt die Zeit die Freunde.

(russisches Sprichwort)

In Kapitel 3.3 listeten wir die Vielfalt möglicher Orte auf, an denen Sie Netzwerkmitgliedern begegnen können. Jeder dieser Orte biete andere Zugangswege zur Kontaktaufnahme und Kommunikation.

Profilbesucher

Das stärkste Interesse an Ihnen zeigen diejenigen, die vor Ihrem Schaufenster stehen bleiben bzw. Ihre Webseite oder Ihre Über-Mich-Seite besuchen.

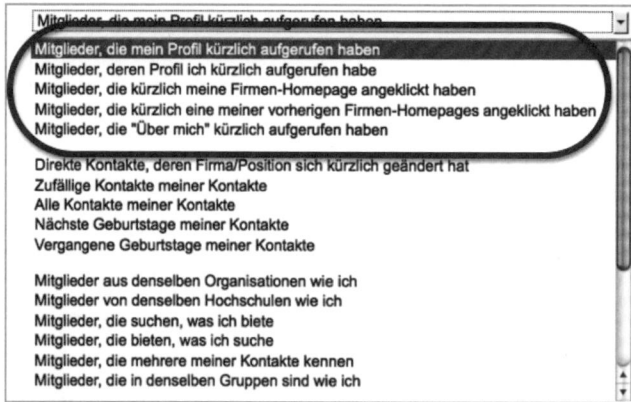

Die Powersuche macht sichtbar, woher Ihre Laufkunden kommen und z. T. wohin sie gingen.

In der Regel wissen Sie, von wo (Klick in Kontakten von, Gruppenbeitrag in Gruppe, Unternehmensprofil, Kontaktpfad zu etc.) oder dass etwas Bestimmtes über die Stichwortsuche oder erweiterte Suche in Ihrem Profil gefunden wurde. Im zweiten Fall könnte es sogar sein, dass Sie angesprochen werden.

Schauen Sie sich das Profil Ihrer Besucher an, überlegen Sie, ob Sie inhaltliche, emotionale oder regionale Impulse finden, die Ihnen die Ansprache zu einem Anliegen machen. Sie müssen und sollten nicht kommunizieren, wenn sie keinen Anlass dazu erkennen können. In jedem Falle sollte sich eine Kommunikation auf das Profil und den Anlass beziehen. Fragen und Neugier, was zum Profilklick geführt hat, sind geeignete Ansatzpunkte.

> Sehr geehrte/r Frau/Herr <Namen>,
>
> es freut mich, dass Sie mein Profil besucht haben. Da mich in Ihrem Profil <XY-ungelöst Ihrer Suche/Biete> aus folgendem Grund <XY-ungelöst> anspricht oder wir die Interessen <XY-ungelöst> teilen, bin ich besonders neugierig zu erfahren, was Sie zu mir geführt hat bzw. welche Dinge Sie besonders angesprochen haben.
>
> Weitere Informationen zu meiner Person und warum ich auf XING bin, finden Sie auf meiner *http://bit.ly/UEBER-MICH-SEITE*.
>
> Wenn ich etwas für Sie tun kann, wie zum Beispiel den Kontakt zu Personen, die für Sie interessant sind, herzustellen, oder gar etwas von meinen Dienste für Sie interessant sein sollten, lassen Sie es mich wissen. Übrigens auf meiner Webseite/meinem Blog finden Sie etliche kostenfreie Informationen zum Thema *http://www.networkfinder.cc/blog*.
>
> In diesem Sinne bin ich gespannt, von Ihnen zu lesen.

Von einer Kontaktaufnahme (Übergabe der Visitenkarte) an diesem zu frühen Zeitpunkt raten wir ab. Lassen Sie sich damit noch Zeit, bis klar ist, dass beide Seiten weitergehendes Interesse bekunden, längerfristigen Kontakt aufzubauen und einen Visitenkartentausch vorzunehmen. Wer weiß, vielleicht bekommen Sie auch gar keine Antwort.

Achtung! Besonderheit bei XING-Basismitgliedern

Basismitglieder auf XING haben keine direkte Möglichkeit diesen Weg der Erstkommunikation zu wählen. Die direkten technischen Kommunikationsmöglichkeiten mit Nichtkontakten beschränken sich auf vier Funktionen innerhalb der Plattform:

➢ Eintrag in das Gästebuch (soweit es freigeschaltet ist, finden Sie im Aktivreiter unterhalb des Verbindungspfads zum jeweils anderen Mitglied; die Freischaltung in der Privatsphäre)

➢ Einladung in eine Gruppe, in der Sie Mitglied sind (max. 500 Zeichen)

> ➤ Die Kontaktaufnahme über „Kontakt hinzufügen" (max. 150 Zeichen)
> ➤ Über eine extra im Profil eingegebene Mailadresse oder der Webseite

Damit ist die Kommunikationsmöglichkeit mit Nichtkontakten für XING-Basismitglieder sehr eingeschränkt. Aufgrund überwiegender Nichtkenntnis dieser Einschränkungen unter Premium-Mitgliedern empfehlen wir Ihnen als Premium-Mitglied, in jedem Fall mit Ihrer Antwort (per Nachricht reicht) auf eine solche Kontaktanfrage zu reagieren, damit das Basismitglied überhaupt die Möglichkeit hat, sich zu erklären.

Wie würden Sie sich im Rahmen einer SMS-Länge einem noch unbekannten Menschen vorstellen? Da ist nicht wirklich viel Spielraum. Vor allem wenn man sich der technischen Hintergründe nicht bewusst ist.

Über-Mich oder Webseitenbesucher

Beides sind Ihre Geschäftslokale. Eine Person kommt zur Türe herein. Sie können seinen Namen, Firmennamen, seine Suchen-Angebot, den Lebenslauf, die Webseiten und ggf. die Über-Mich-Seite sehen. Die Frage, **ob** Sie die Person ansprechen, stellt sich eigentlich nur in den Ausnahmefällen, wo Sie mit der Person definitiv nichts zu tun haben möchten.

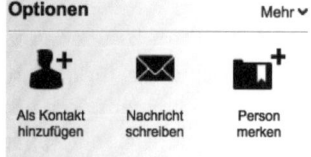

Wenn Sie wie im Profilkapitel beschrieben für alle XING-Besucher einen eigenen Bereich, *http://bit.ly/XING_Webbesucheransprache*, innerhalb Ihrer Webpräsenz eingerichtet haben, sind Sie kommunikativ eh schon einen Schritt voraus. In diesem Fall brauchen Sie dort eigentlich nur noch zu schreiben, was Sie nach dem Webseitenbesuch machen werden: um Feedback bitten, tiefer und gezielter in die Kommunikation einsteigen, indem Sie den letzten Abschnitt des Texts für Profilbesucher (vorherige Seite) durch ein paar andere Zeilen austauschen.

Welches der aufgeführten Themen hat Sie besonders angesprochen? Gibt es etwas, worüber Sie gerne mehr in Erfahrung bringen möchten?

Sie haben keinen direkten Kontaktimpuls für sich persönlich, dafür aber eine Idee, was für den Besucher oder einen Ihrer Kontakte wertvoll sein könnte. Netzwerken hat in erster Linie etwas damit zu tun, dem Netzwerk etwas zu geben.

Nicht umsonst finden Sie sowohl auf XING (Premium) als auch bei LinkedIn auch in jedem Profil eines Nichtkontakts die Möglichkeit, das Profil an einen Kontakt weiterzuempfehlen, für den dieser Kontakt eine Bereicherung wäre. Auch eine Gruppeneinladung ist auf XING (auch für Basismitglieder) möglich, könnte eine Variante sein, mit der Sie dem Profilbesucher und/oder einem befreundeten Moderator einen Gefallen tun könnten.

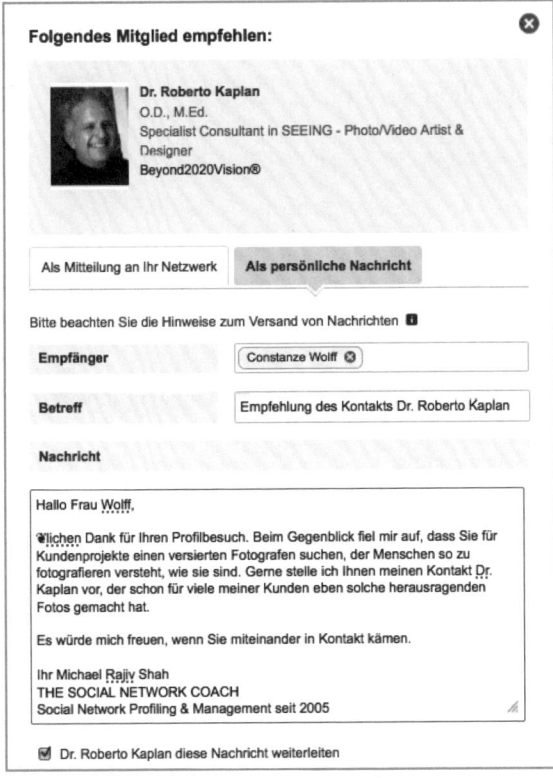

Networking bedeutet, auch etwas für sein Netzwerk zu tun. Stellen Sie vor und empfehlen Sie aktiv!

Ihre Take-Aways

> Vermeiden Sie Massennachrichten, **M**ulti**l**evel **M**arketing (MLM) und Spam (diese sind auf XING ohnehin verboten).

> Finden Sie Gemeinsamkeiten.

> Kontaktanbahnung braucht Zeit, drängen Sie niemals – das führt zum gegenteiligen Effekt von dem, was Sie eigentlich erreichen wollten.

5.3 Kommunikation 2.0 – wie im realen Leben, damit Ihr Netzwerk Sie wahrnimmt

Unternehmenskommunikation ist erst,
wenn mehr als einer redet.

Isabella Mader

Wenn Beziehungsaufbau das oberste Gebot ist, kommt es darauf an, dass Sie bzw. Ihr Unternehmen so wahrgenommen werden kann, wie Sie im realen Leben sind. Authentizität sollten Sie groß schreiben.

Definition von Authentizität

(Quelle: Wikipedia; *http://de.wikipedia.org/wiki/authentizität*; Text unterliegt der Lizenz CC-BY-SA, *http://creativecommons.org/licenses/by-sa/3.0/deed.de*)

Authentizität (von gr. αυθετκος authentikós „echt"; spätlateinisch authenticus „verbürgt, zuverlässig") bedeutet Echtheit im Sinne von „als Original befunden". Das Adjektiv zu Authentizität heißt authentisch.

Authentizität bezeichnet eine kritische Qualität von Wahrnehmungsinhalten (Gegenständen oder Menschen, Ereignissen oder menschliches Handeln), die den Gegensatz von Schein und Sein als Möglichkeit zu Täuschung und Fälschung voraussetzt. Als authentisch gilt ein solcher Inhalt, wenn beide Aspekte der Wahrnehmung, unmittelbarer Schein und eigentliches Sein, in Übereinstimmung befunden werden. Die Scheidung des Authentischen vom vermeintlich Echten oder Gefälschten kann als spezifisch menschliche Form der Welt- und Selbsterkenntnis gelten. Zur Bewährung von Authentizität sind sehr weitreichende Kulturtechniken entwickelt worden, die die Kriterien von Authentizität für einen bestimmten Gegenstandsbereich normativ zu (re-)konstruieren versuchen.

In allen Aspekten Ihrer Social-Media-Aktivitäten steht dieser Gedanke im Vordergrund. Die Transparenz, die die neuen Medien ermöglichen, entlarven schnell, wenn eine Marketingidee sich nur als eine Idee entpuppt bzw. die Idee nicht gelebt wird oder etwas verspricht, was generell nicht gehalten wird. Der Spannungsbogen, den Sie auf XING und/oder LinkedIn mit Ihrem Unternehmensprofil und damit verknüpften Mitarbeiterprofilen aufbauen, ist der statische Teil, der erst mit Ihrer Kommunikation zum Leben erweckt wird. Web 1.0 (Ihre Webseite) als statischer Ausgangspunkt ist nur Ihr Shop. Die Social-Network-Profile sind die Ausstellungsstücke (Ihre Mitarbeiter). Mit Betreten des Shops und daran gekoppelter Interaktion beginnt die eigentliche Kunst Ihres Social-Network-Engagements.

Da man sich im Netz nur schriftlich begegnet, sind die meisten Wahrnehmungskanäle auf das geschriebene Wort und wenige visuelle Instrumente reduziert. Um Missverständnisse zu vermeiden, gibt es eine einfache Regel:

Sagen Sie nichts, was Sie nicht auch in zwei Meter großen Lettern auf dem Rathausplatz Ihres Wohnorts, wo jeder Sie kennt, schreiben würden.

Hilfsmittel für wiederholende Kommunikation

Für Begegnungen an Standardorten (Profilbesuche & Co.) und Standardtexten wie Signaturen könnten Sie sich vorgefertigte Textblöcke hinterlegen, um passend für jeden Anlass die Rohversion einer Textfassung zu haben. Es vereinfacht vieles. Dazu zwei Vorschläge:

➢ Entweder Sie legen sich eine einfache Textdatei mit allen Kommunikationseventualitäten an; kopieren diese in der jeweils benötigten Situation und individualisieren die Texte je nach Situation. In jedem Fall beachten Sie die „Regeln", *http://bit.ly/XING_contact_policy*.

➢ Oder Sie legen sich ein Programm zu, aus dem Sie die abgespeicherten Texte halbautomatisch durch eine Tastenkombination aufrufen, um diese in der benötigten Situation verwenden zu können. Diese funktionieren so wie der Aufruf der Phrase „Mit freundlichen Grüssen" mittels verwendung des Kürzels „MfG".

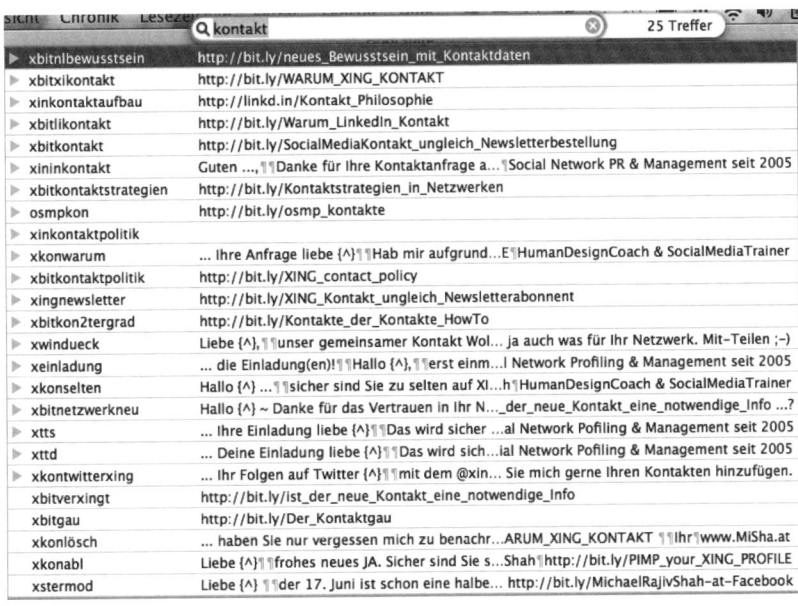

Mit Typeit4Me oder Phraseexpress rufen Sie durch Tastenkürzel ganz Textblöcke zur Auswahl auf und sparen für viele Standardsätze Zeit, Quelle: Screenshot Typeit4Me.com für Mac User.

Diese Programme laufen auf jeder Textoberfläche. Egal ob On- oder Offline. Windows-Nutzer empfehlen wir die Software *www.phraseexpress.com*. Apple-User das Programm *www.typeit4me.com*. Beide machen Ihnen das Leben an vielen Stellen leichter.

Gefahren und Empfehlungen mit Textblockprogrammen

Die Gefahr der Verwendung von standardisierten Textblöcken besteht darin, dass stereotype Texte (ganz gleich, wie individualisiert sie sind) selten dazu geeignet sind, eine Beziehung aufzubauen. Daher schlagen wir vor, die Intensität der Verwendung solcher Programme von Ihren Zielen und der daraus abgeleiteten Strategie abhängig zu machen.

Je menschbezogener die Ziele sind, desto geringer der Textblockeinsatz

➢ Wollen Sie nur Kontakte sammeln, nur um Reichweite aufzubauen (Quotenprinzip), werden Sie möglicherweise weniger Wert auf Empathie legen. Wenn dies zu Ihrem Unternehmen und Ihnen passt bzw. Sie mit einem solchen Weg auch heute schon erfolgreich sind, könnte es Ihnen auch auf XING oder LinkedIn gelingen. Aber es wird um Quote gehen, und Quote kann auch viel verbrannte Erde hinterlassen.

➢ Wollen Sie wertvolle Kontakte langfristig für sich gewinnen, müssen Sie besonders achtsam mit Werkzeugen umgehen, die die Kommunikation automatisieren. Denken Sie an den letzten Call-Center-Anruf, bei dem Sie schon nach fünf Wörtern herausfühlten, dass da jemand mit einem einstudierten Kontaktmodul telefoniert, das nur bei 100 % Interesse passen wird. Nur ganz wenige können das mit menschlicher Empathie.

Sie werden im Laufe der Zeit ein eigenes Gefühl für die passende strategische Verwendung entwickeln.

Kommunikationspunkte, bei denen Textblöcke immer Sinn machen:

➢ **Kontaktanfragen, bei denen Sie nachhaken möchten.** Hier könnten Sie Ihre generelle Kontaktstrategie auf Ihrer Webseite oder in einer Gruppe verlinken (Beispiel: *http://bit.ly/WARUM_XING_KONTAKT*).

➢ **Kontaktanfragen, die Sie zurückziehen**, weil sie über längere Zeit unbeantwortet blieben (Beispiel: *http://bit.ly/Selten_in_XING*).

➢ **Kontaktlöschung, weil sich Ihre Strategie geändert hat** und Sie sich gerne verabschieden möchten.

➢ **Signaturen für unterschiedliche Verwendungszwecke**

> ➤ **Kommunikation, die Sie wiederholen**, die aber keine Empathie erfordert.
> ➤ **Einladungen in Gruppen** (siehe Gruppen).
> ➤ **Verwendung von Links**.

Achtung! Textblockprogramme, die über Skripte in die XING- oder LinkedIn-Kontaktverwaltung eingreifen können, verstoßen gegen die AGB, die Sie mit Beitritt akzeptiert haben.

Die Wahl des Kommunikationsmittels ist frei

Social Media bietet viele technische Möglichkeiten der realen Welt so nahe wie möglich zu kommen. Bei der Wahl des Kommunikationsmittels kommt es aber auf Ihre persönlichen Vorlieben und Ihr übliches Verhalten, das Sie erfolgreich macht, an. Es ist also nicht zwingend erforderlich, das technische Hilfsmittel zu verwenden, das ein technisches Werkzeug wie XING oder LinkedIn Ihnen nahelegt.

Zum Beispiel der Geburtstag eines Kontakts. Natürlich ist der Geburtstag ein guter Anlass, bestehende Beziehungen aufzufrischen oder im Falle einer noch nicht wirklich zustande gekommenen Beziehung (wir betrachten eine solche Verbindung lediglich als digitalen Datensatz).

Die erste Frage, die sich stellt: „Nutzen Sie Geburtstage in Ihrem realen Alltag regelmäßig und wertschätzend im Rahmen Ihres Beziehungsmanagements oder nicht?" Wenn nicht, könnten Sie XING dazu nutzen, Ihre Gewohnheiten umzustellen. Sie sollten dann aber durchhalten, denn Sie werden Ihre Gründe haben, warum Sie es noch nicht tun. Seien Sie authentisch, Ihre Kontakte merken, wenn der Geburtstagsgruß nicht vom Herzen kommt. Insbesondere XING und Facebook (LinkedIn nicht) informieren Sie entweder auf der Startseite, *http://bit.ly/XING_Geburtstagsliste*, über Geburtstage Ihrer Kontakte oder täglich per Benachrichtigung, *http://bit.ly/XING_Benachrichtigungen*.

Geburtstagsgratulation über XING: Sie könnten sich einen Standardtextteil einfallen lassen, ja. Wer regelmäßig zum Geburtstag gratuliert, hat das meistens. „Herzlichen Glückwunsch zum Geburtstag", „Alles Gute zum neuen Lebensjahr" oder ähnlich. Aber ist das wirklich geeignet, eine Beziehung zu vertiefen oder gar neu aufzubauen? Sie sind ja nicht die einzige Person, die eine Benachrichtigung von XING erhält. *http://bit.ly/Geburtstag2Punkt0*.

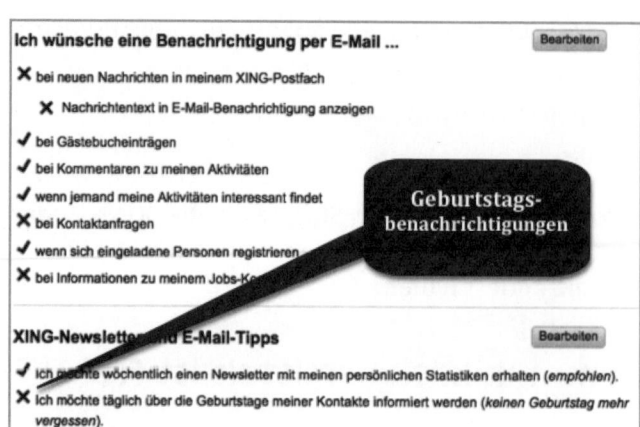

*Benachrichtigungs-
einstellungen.*

Besondere Mühe ergibt besondere Wirksamkeit

Geben Sie sich Mühe, wenn es Ihnen ernst ist. Die 1:1-Gratulation wird bei den meisten Empfängern, denen es ernst mit Ihnen ist, eine 1:1-Antwort auslösen. In dem Moment, wo Sie den vorgeschlagenen (gedachten) Weg, im Medium der Herkunft der Information zu antworten, verlassen, haben Sie den ersten Schritt zu größerer Nähe gemacht.

Sie haben die Telefonnummer des Kontakts, trauen Sie sich anzurufen?

Jetzt entfaltet die virtuelle Visitenkarte Ihren größten Vorteil zu Ihrem Offline-CRM, zu Outlook oder Ihrer Visitenkartensammlung. Beim Kontakthinzufügen schalten Sie oder Ihr Kontakt i. d. R. auch seine Telefonnummer frei. Da XING-/LinkedIn-Profile wahrscheinlich aktueller als alle Offlinehilfsmittel sind, haben Sie immer die aktuellsten Kontaktdaten zur Hand. Nur einen Anruf entfernt. Wer so mutig ist, hat nur noch zwei letzte Fragen zu beantworten:

➢ Wird Ihr Kontakt sich darüber freuen, wenn Sie ihn an seinem Geburtstag anrufen? Das Profil gibt Aufschluss darüber, wie persönlich die Kontakte gewünscht sind. Für einen Vorstandschef müssten Sie schon ein seltenes Telefonwunderkind sein.

➢ Schaffen Sie es, beim anderen zu sein und den Geburtstag als Networking-Episode, einen Abschnitt des gesamten Spannungsbogens zu leben?

Risiko: Es gibt keinen schlechteren Zeitpunkt für Akquisitionsgedanken!

Chance: Sie werden langfristig in Erinnerung bleiben!

Die Stimme als Gruß ohne Telefon ohne Anrufbeantworter verwenden

Sie kennen Anrufbeantworter. Unsexy oder doch nicht? Nur Stimme, kein Mensch, aber auch eine Überlegung. Eine viel interessantere Möglichkeit finden Sie im Internet. Dort können Sie Sprachnachrichten aufzeichnen und dem Geburtstagskind über einen Link, den Sie in Ihre Geburtstagsnachricht integrieren, zu Ihrer virtuellen Visitenkarte senden.

www.axxy.de bietet eine visuelle Internetoberfläche, auf der Sie Ihre Nachricht aufzeichnen.

Auf Ihrer Webseite/dem YouTube-Kanal ein Geburtstagsvideo einbinden

XING und LinkedIn bieten nicht die Möglichkeit, ein Video in ein Gästebuch oder den persönlichen Aktivitätenreiter im Profil zu Posten.

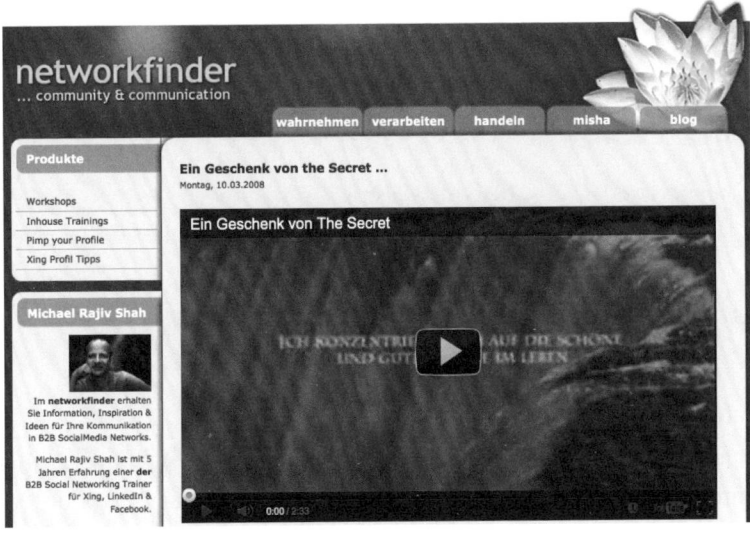

Einbindung eines Geburtstagsgrußes bringt unaufdringlich auch Ihre Seite in Erinnerung.

Wer ein schönes Video gefunden hat, könnte einen YouTube-Kanal oder die eigene Webseite/Blog (Videoeinbettung) dafür nutzen. Wählen Sie einen aussagekräftigen Link wie zum Beispiel *http://bit.ly/Herzlichen_GLUECK_wunsch*.

Videoeinbettung mit YouTube oder Vimeo

Soweit Sie oder jemand, der ein Video auf o. g. Plattformen hochgeladen hat, gleichzeitig eine Freigabe zum Einbetten erteilten, können Sie dieses Video in Ihre Webseite/IhremBlog einbinden. Achten Sie unbedingt darauf, dass es ein Video ist, das vom Ersteller persönlich kommt, um böse Überraschungen wegen Copyrightansprüchen zu vermeiden. Sobald Sie auf „Teilen" klicken, erscheint neben dem Kurzlink des Videos „Einbetten". Kopieren Sie nach den aufgeführten Schritten den Code in den HTML-Code Ihres CMS, der Webseite oder des Blogbeitrags. Fragen Sie Ihren Webmaster, wenn Sie sich nicht selber rantrauen. Im Beispiel *http://bit.ly/Herzlichen_GLUECK_wunsch* wurde der Link bereits von 85 Geburtstagsempfängern auf Facebook weitergeteilt und brachte auch dort eine Sichtbarkeit des Flagshipstores.

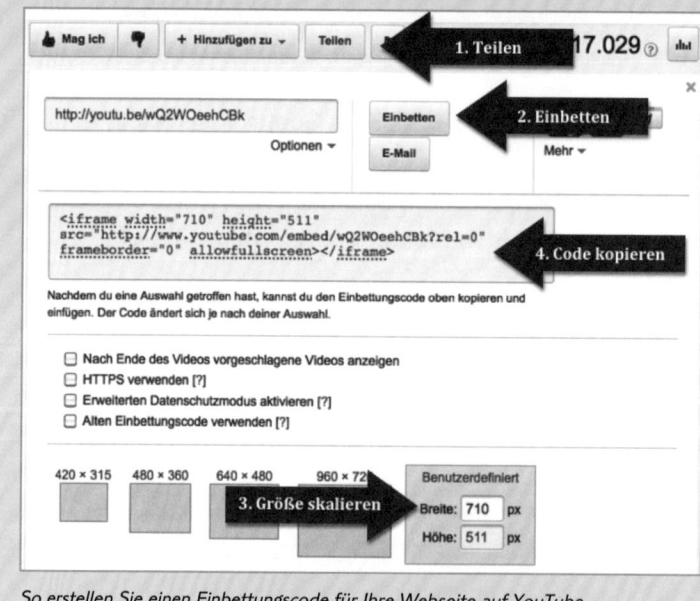

So erstellen Sie einen Einbettungscode für Ihre Webseite auf YouTube.

Es muss nicht über das Web 2.0 gratuliert werden

Wenn Sie sich mit einer individuellen E-Mail wohler fühlen, weil Ihr Hauptkommunikationsweg die E-Mail ist, dann bleiben Sie dabei. XING unterstützt Sie ja mit der Erinnerung per Mail dabei. Sie brauchen Ihren eigenen

Weg, der zu Ihnen passt, und noch viel wichtiger, der in Ihren Tagesablauf passt. Das Eindrucksvollste, aber auch Aufwendigste bleibt der Postweg. Dafür könnten Sie sich einmal pro Woche oder Monat die Geburtstagsliste, *http://bit.ly/XING_Geburtstagsliste*, ausdrucken und diese mit genügend Vorlauf abarbeiten. Die Wirkung einer unerwarteten Aktion aus dem vermeintlich virtuellen Raum in die Realität, wie eine Gratulationskarte oder einem Anruf, übertrifft alle anderen Möglichkeiten der Beziehungpflege.

Geburtstagsgratulation mit einem Gedicht: Eine sehr persönliche Möglichkeit, eine schriftliche Gratulation aufzuwerten, könnte ein Gedicht sein, das Ihnen gut gefällt bzw. mit dem Sie sich gut identifizieren können. Ein solches könnten Sie dann ein Jahr lang als Standard verwenden, um sich nach Ablauf des Jahres ein Neues zu suchen. So würden Sie Wiederholungen vermeiden.

Für uns im Buch ist der Geburtstag nur ein Aufhänger, anhand dessen wir Ihnen zeigen möchten, dass die Wahl des Kommunikationsmittels nach Ihren Vorlieben, Zeitabläufen und Wirksamkeit im Sinne des Beziehungsaufbaus gewählt werden sollte. Sie können diese Beispiele auf viele andere Möglichkeiten übertragen.

Ihre Take-Aways

> Authentizität macht glaubwürdig.
> Keine standardisierte Kommunikation.
> Als Kontakt haben Sie den Geburtstag – gratulieren Sie Ihren Kontakten.

5.4 Beziehung 2.0

Es ist wichtiger, Menschen zu studieren,
als Bücher.

François de La Rochefoucauld

Alles im Networking dreht sich um diesen zentralen Punkt: „Wie baue, vertiefe und halte ich Beziehungen". Bevor wir in die Nutzung der technischen Werkzeuge für ein professionelles Beziehungsmanagement einsteigen möchten wir Ihren Blick für die Vorarbeiten, die für ein funktioniendes Kontaktmanagement-System notwendig sind, schärfen.

Der amerikanische Managementberater und Erfolgsbuchautor Tim Templeton hat als Experte für Verkaufsprozesse das Keep-INTouch™-Konzept entwickelt. In seinem Buch „Net-Working, das sich auszahlt" nutzt er Storytelling, um aufzuzeigen was gebraucht wird, um lebenslange Beziehungen aufzubauen. Vier sehr einfache Bausteine könnten bei stringenter Verwendung zu einem sehr schnellen Networking und Vertriebserfolg verhelfen.

1. PRINZIP: (Quelle: *http://amzn.to/Net-Working_das_sich_auszahlt*)
Nicht nur die Menschen, die man selber kennt, sind wichtig. Fast noch wichtiger sind die Menschen, die diese (insbesondere Kunden) kennen, da diese uns empfehlen können.

2. PRINZIP:
Machen Sie sich eine Datenbank Ihrer Kontakte und teilen Sie diese in drei Kategorien ein.

3. PRINZIP:
Erklären Sie ganz einfach, wie Sie arbeiten und welchen Wert Sie für die Kunden haben, indem Sie regelmäßig von sich hören lassen.

4. PRINZIP:
Seien Sie ständig, systematisch und persönlich mit Ihren Kunden in Kontakt

Das **erste Prinzip,** Ihr Social Network Business auf bestehenden Kontakten aufzubauen zieht sich als einer der roten Fäden durch dieses Buch.

Das **zweite Prinzip** ist eine von vielen Möglichkeiten, ein Beziehungsmanagementsystem (CRM – Contact or Customer Relationship Management) strukturell aufzubauen. Insbesondere an die einfache Struktur und die Überlegungen dahinter wollen wir in diesem Kapitel beispielhaft anknüpfen.

Die Einteilung nach beruflichem Nähefaktor. Nehmen Sie sich Ihre Kundenkartei, Outlook-Mailliste, sonstige Adressdateiformate oder auch Visitenkartenboxen, mit denen Sie arbeiten. Drucken Sie sich dann die komplette Liste aus und sortieren Sie die Kontakte, Kunden folgendermaßen:

Die A-Kategorie

Alle Personen, von denen Sie überzeugt sind oder wissen, dass diese Sie persönlich und/oder Ihr Unternehmen weiterempfehlen. Sie werden feststellen, dass es gar nicht so viele sind, die so oder so freiwillig und unabgesprochen Mund-zu-Mund-Propaganda für Sie machen. Es sind die Menschen, zu denen Sie in der Regel die engsten beruflichen und persönlichen Bindungen haben und pflegen.

Die B-Kategorie

Alle Personen, von denen Sie glauben, dass sie hinter Ihnen stehen und Sie/Ihr Unternehmen weiterempfehlen würden, wenn Sie denen erklärt haben, wie Sie arbeiten. Diese Gruppe sind diejenigen, die das größte Potenzial haben, Ihre zukünftigen Empfehlungsgeber zu werden. Das Wichtigste dafür ist, dass Sie Ihre Beziehungen zu diesem Personenkreis intensivieren.

Die C-Kategorie

Alle Personen, bei denen Sie sich nicht sicher sind, ob Sie eine Beziehung zu denen aufbauen wollen. Es sind die besonders lockeren Beziehungen, von denen Sie sehr wenig wissen oder noch gar keine Möglichkeit hatten, eine Beziehung aufzubauen.

Die D-Kategorie

Alle Personen, bei denen Sie sich sicher sind, dass Sie nicht mit solchen zusammenarbeiten wollen. Ein toller Gedanke. Erst ein Neinsagen macht Sie wirklich stark und zeigt auch, mit welcher Art von Menschen und Unternehmen Sie gerne arbeiten. Damit schaffen Sie sich eine Art persönlichen Qualitätsindex, an dem auch Kunden sich orientieren könnten.

> Wenn Sie mit diesem System arbeiten wollen, liegt der Erfolgsfaktor in der permanenten Dynamik. Daher sagt Tim Templeton dazu auch „Lebenslange Beziehungen aufbauen". (Quelle: *http://amzn.to/NetWorking_das_sich_auszahlt*)

Kategorien bilden die technische Basis zur Beziehungspflege

Auf XING und LinkedIn ist an jeden Kontakt mindestens ein Kategoriensystem angeschlossen. Es ist empfehlenswert, eine generelle Syntax für alle Kategorisierungen (offline & online) von Kontakten und Kunden zu entwickeln, damit sich dieses System unabhängig von der Plattform oder Technologie, mit der Ihr Unternehmen agiert, in Ihrem Kopf eingeprägt hat.

> ➤ **Persönliche Nähe** – beschreibt die Art der Beziehung. A, B, C, sind willkürlich gewählt. Sie können auch Kunden, Interessenten, Netzwerk nutzen.

> ➤ **Regionale Nähe** – wenn Sie eine Geschäftsreise machen oder zu einem Event einladen, spielt der Ort eine große Rolle.

> ➤ **Themen** – Branchenbezüge, Hobbys, Interessen sind Beispiele.

> ➤ **Sonstiges** – Ein Beispiel ist der Zeitpunkt der Kontaktaufnahme. Sie könnten nach einem Jahr prüfen, mit wem Sie nie Kontakt hatten, um aufzuräumen.

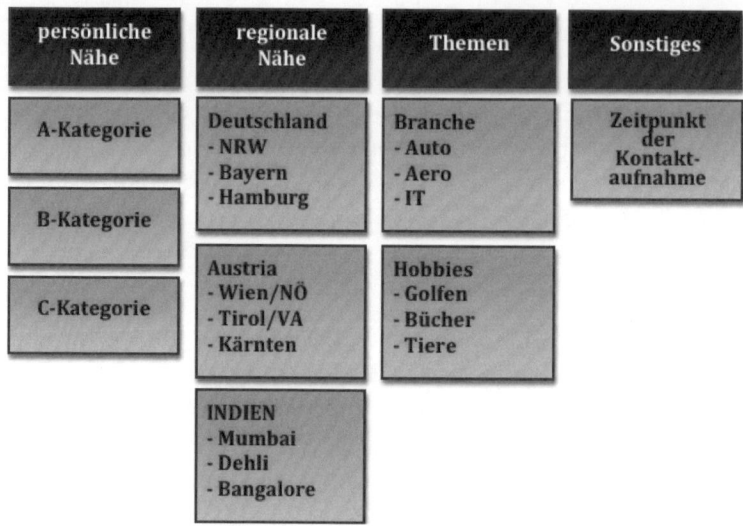

Beispielhafte Grundstruktur für Ihr Kategoriensystem sollte überall einer Gesamtidee folgen, Quelle: Michael Rajiv Shah.

Aufgrund des Aufwands starten Sie am besten sofort mit dem nächsten Kontakt, den Sie neu gewinnen. So starten Sie mit einer frischen CRM-Systematik und übertragen diese sukzessive auf alle On- und Offline-CRMs.

Die Kategorien auf XING verwenden

Sie finden die Kategorien bei XING und LinkedIn an unterschiedlichen Profilorten. Auf XING sind die Kategorien unter der Visitenkarte versteckt. Klicken Sie darauf öffnet sich die komplette Kontaktverwaltung, die bei Sales- oder Recruiter-Mitgliedschaft aus bis zu drei Bestandteilen besteht.

Unter den Profilanmerkungen befinden sich Notizen und Kategorien, die immer nur für Sie (Betrachter) sichtbar sind.

So geben Sie die Kategorien auf XING ein:

Links: Klicken Sie mit der Maustaste das Pluszeichen, geht eine Liste häufig verwendeter Kategorien auf, von denen Sie auswählen können.

Rechts: Eingegebene Buchstaben werden in den von Ihnen kategorisierten Schlagwörtern gesucht und für Ihre Cursor- oder Mausauswahl zur Vergabe angezeigt.

	Wien
facebook	Wien
IN	modwien
Wien	Wien01
INDIEN	Wien03
mod	Wien08
NRW	Wien02
Berlin	Wien21
xsja	modwienxs
la	Wien09
xsgr	Wien07

Sie brauchen sich also nur eine Grobstruktur zu merken. Das System liefert Ihnen eine vorher eingegebene alphabetische Unterstruktur.

Drei Beispiele für kombinierte Sprachen-, Themen oder Regionenverschlagwortung. Bei Indien kann es wichtig sein, Indieninteressierte sowohl nach

Sprache als auch Regionen getrennt zu Events einzuladen. Legen Sie jedenfalls Ihre Abkürzungen so fest, wie sie Ihnen geläufig sind und wie sie für Sie passen.

INDIEN:	Deutschsprechende Indieninteressierte in D-A-CH lebend
IN:	Alle Indieninteressierten und Inder, die in Indien leben
INDEL:	Alle, die in Indien Neu Dehli leben
INBOM:	Alle, die in Indien Mumbai leben
XSGRJA:	Interessenten an XING-Gruppenseminaren
XSGRAT:	Teilnehmer an XING-Gruppenseminaren in Österreich
XSGRDE:	Teilnehmer an XING-Gruppenseminaren in Deutschland
XSFIRMAJA:	Interessente Firmen an XING-Firmenworkshops
XSFIRMA:	Firmen, die XING-Firmenworkshops gebucht haben
XSANRUF:	Interessenten, die angerufen werden wollen
NRWRhein:	Nordrheinwestfalen Rheinland
NRWRuhr:	Nordrheinwestfalen Ruhrgebiet
NRWWest:	Nordrheinwestfalen Westfalen

Ein so ausgefeiltes System brauchen Sie tatsächlich nur bei sehr großen Unterschieden innerhalb eines besonders großen, weit verzweigten Netzwerks, über das Sie Kontrolle haben wollen und das Sie mit unterschiedlichen Interaktionsformen wie Event-Einladungen oder innerhalb von Gruppen-Event-Einladungen und Themen-Newslettern versenden wollen.

Wer erfolgreich Vertrieb machen will, braucht ein klares System

In der Regel reichen 3–4 einfach strukturierte Säulen. Im Rahmen der Event-Verwaltung auf XING werden Sie sehen, dass einzelne Kategorien miteinander kombinierbar sind. So können Sie zum Beispiel alle an einem Thema Interessierten (INDIEN) mit einer Region (NRWRhein) kombinieren. Dadurch haben Sie einen geringen Streuverlust bei Einladungen.

Kontakt- und Kategorienverwaltung aller XING Kontakte

Das finden Sie unter „Meine Kontakte" im Pulldown-Menü „Mein Netzwerk", *http://bit.ly/XING_Meine_Kontakte*. Hier sind fast alle (Premium-)Aktionsmöglichkeiten, die Sie im Profil eines Kontakts vorfinden, für alle Kontakte zusammengeführt: Nachricht senden, Kontakt dem Netzwerk oder einzelnen Kontakten empfehlen, Kategorienbearbeitung, Notizenbearbeitung, Korrespondenz, letzte Aktivitäten, Bearbeitung der Datenfreigabe (nur für jeden Kontakt einzeln möglich), das Herunterladen einer einzelnen Visitenkarte und die Möglichkeit der Kontaktlöschung.

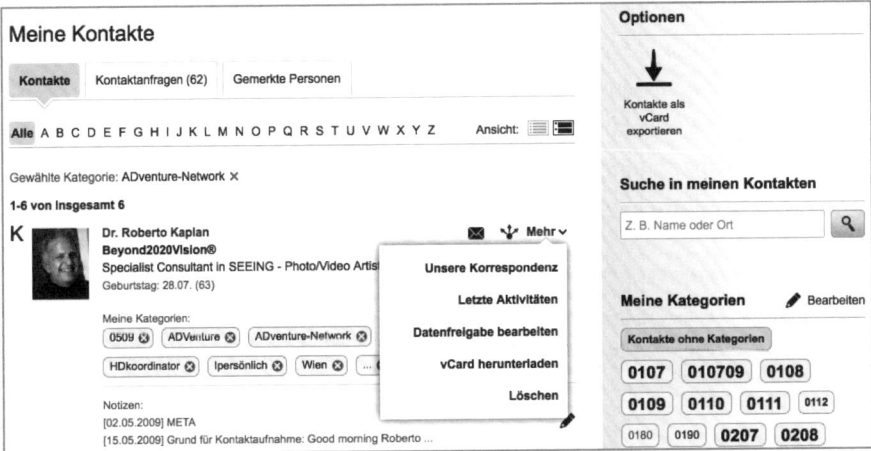

In der Kontakteansicht (aber auch anderen Stellen) befinden sich unter „Mehr" Optionen zum Handeln.

Am rechten Rand der Kontaktverwaltung können Sie die Visitenkarten Ihrer Kontakte in eine Datei exportieren lassen und bereits vergebene Kategorien nachbearbeiten und bestehende so zusammenführen, dass aus max. zwei Kategorien eine wird. Das ist sinnvoll, wenn sich im Laufe der Jahre herausstellt, dass manche Kategorien Ihren Nutzen verloren haben. Sie brauchen zur Zusammenführung lediglich die Kategorie, die Sie auflösen bzw. mit einer anderen zusammenführen wollen, anzuklicken und den Text mit der verbleibenden Kategorie zu ersetzen.

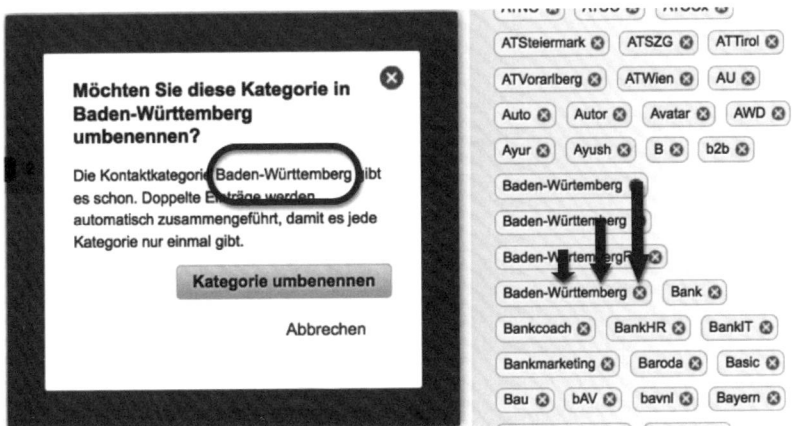

Kategorien im Bearbeiten-Modus bereinigen und zusammenführen.

Sales- und Recruiter-Kategorien als Pre-Sales-Werkzeug nutzen

Sales- und Recruiter-Mitgliedschaften bieten über die extrem erweiterten Suchergebnisse (1.000 statt 300 Nachrichten an Nichtkontakte) hinaus auch Funktionen, die für den Pre-Sales-Prozess von großem Vorteil sind.

1. Erweiterte Anzeige Auswahlergebnisse der Profilinhalte
2. Freieingabe von 10 Sales- oder Recruiting-Kategorien
3. Eigene Notizen (sonst nur in Profil- & Kontaktverwaltung)
4. Eine komplette Nachrichtenchronologie aller Ein- & Ausgänge

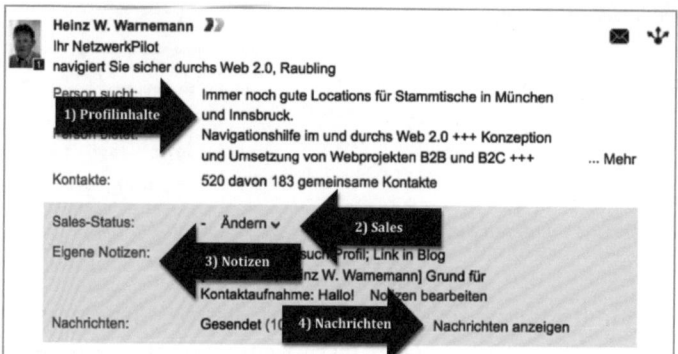

Optionen der Kontakt- und Suchverwaltung zeigt a) Profil-inhalte, b) Sales-/ Recruiting-Status, c) Notizen, d) Nach-richtenchronologie, ohne ein Profil öffnen zu müssen.

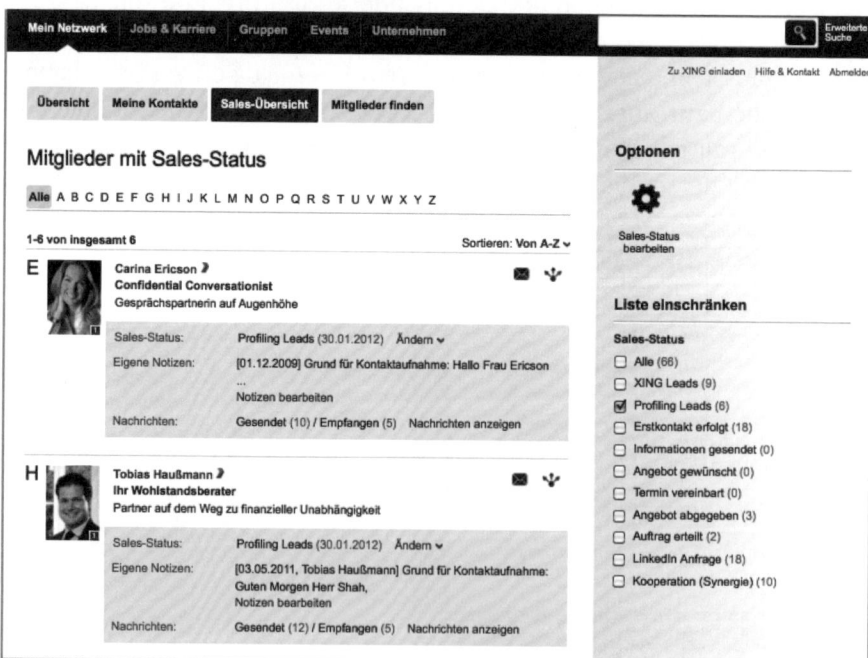

Eigene Ordner im Sales-/Recruiting-Account auf XING verwalten.

Somit haben Sie die Möglichkeit, schon vor der Kontaktaufnahme, ja sogar vor einem Profilklick, weil Sie ja erweiterte Profilinformationen einblenden können, eine Vorselektion vorzunehmen und entgegen den gemerkten Kontakten auch zehn frei vergebare Kategorien zuzuordnen.

Das Premium-Pendant auf LinkedIn stellt der Profil-Organizer dar. Ebenso wie bei XING können Sie auch Nichtkontakte über Ordner verwalten. Je nach Premium-Pakettyp bis zu 100 und mehr Ordner.

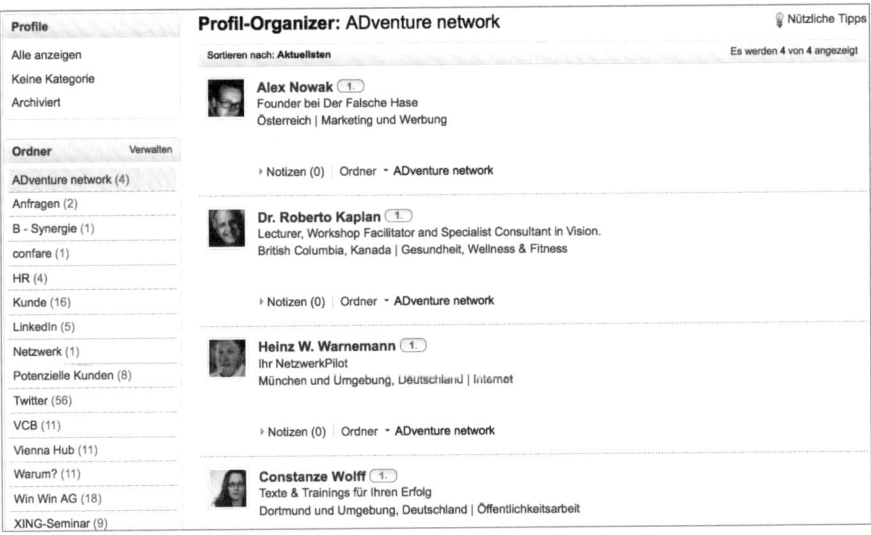

Der LinkedIn-Profil-Organizer kann als Pendant zu den XING-Sales- & Recruiter-Ordnern verwendet werden.

Das Notizfeld als Eselsbrücke im Kommunikationsprozess

Im Alltag schreiben wir uns alles Mögliche auf. Um virtuelle Welten sozialer Netzwerke Teil unserer physischen Realität werden lassen, um alltäglich echte Erfolge mit ihnen zu generieren, kommt es auch darauf an, dass Sie gute Gewohnheiten dort in die virtuelle Welt übertragen, wo es von Vorteil ist.

Anwendungsbeispiele

➢ Sie haben einen Nichtkontakt angeschrieben, der Ihr Profil besucht hat. Grund: Beim nächsten Blickkontakt wissen Sie, dass Sie die Person schon angeschrieben haben.

➢ Sie haben ein Telefonat geführt, an das Sie erinnert werden wollen.

> ➤ Sie haben einen Kontakt per Nachricht zu einem Event eingeladen.

> ➤ Sie ziehen eine Kontaktanfrage zurück oder löschen einen Kontakt.

> ➤ Sie fragen bei einer Kontaktanfrage nach dem Warum des Angebots. Grund: Manche Mitglieder werden Sie wiederholt anfragen.

> ➤ Sie haben ein Profil oder Mitglied wegen Spam beim Support gemeldet.

> ➤ Sie haben jemanden in eine Gruppe eingeladen.

Automatischer Eintrag bei Kontaktaufnahme

In dem Moment, wo Sie jemanden als Kontakt einladen, wird der Text Ihrer Einladung automatisch in Ihrem und dem Notizfeld des Eingeladenen eingetragen. Eingeladene finden neben einem Datumseintrag noch den Namen des Einladers, sodass Sie immer wissen, von wem das Angebot initiiert wurde. Bei Rückzug der Kontaktanfrage vor Kontaktbestätigung verschwindet dieser Eintrag. Bei Kontaktlöschung nach Bestätigung verbleibt der Eintrag im Notizfeld. Aus diesem und dem Grund Ihrer guten Erziehung sollten Sie jede Kontaktlöschung mit einer Nachricht an die Person tätigen. Sie wissen nie, ob Ihr Gegenüber Ihrem Profil oder Ihnen wiederbegegnet.

Der Beziehungsaufbauprozess bei Nichtkontakten chronologisch

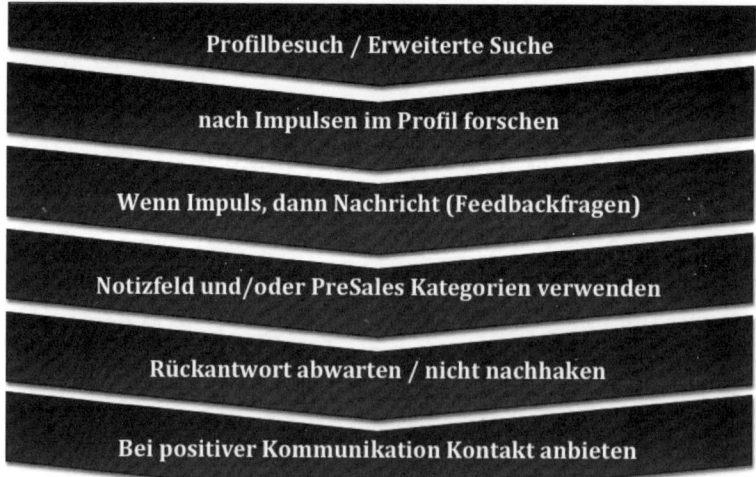

Beispielhafte Beziehungschronologie, Quelle: Michael Rajiv Shah – networkfinder.cc.

Das höchste Ziel ist, eine neue möglichst reale Beziehung zu initiieren!

Workflow für die Kontaktaufnahme mit Kategorisierung

Sagen Sie es einfach bei der Kontaktaufnahme, was Sie wirklich vorhaben. **Fragen Sie einfach,** was Ihr neuer Kontakt vorhat.

➢ Wenn es in Ihrer Absicht liegt, zukünftig zu Veranstaltungen einzuladen, ist dies der allerspäteste Zeitpunkt, eine Erlaubnis zu erhalten.

➢ Wenn es in Ihrer Absicht liegt, die E-Mail-Adresse Ihres zukünftigen Kontakts zu verwenden, um einen Newsletter zu versenden, gibt es zu keiner späteren Zeit eine einfachere Möglichkeit, diesen Wunsch anzusprechen.

Je klarer, spannender und persönlicher Sie den Beziehungsaufbau machen, desto früher könnten Sie mit Ihrem Kontakt über regelmäßige Informationen von Ihnen sprechen. In keinem Fall ist eine Kontaktbestätigung ein juristisches Einverständnis zum Empfang eines gewerblichen Newsletters zu verstehen, *http://bit.ly/Achtung_bei_gewerblichen_Newslettern*. Lesen Sie dazu auch den folgenden Beitrag, der sich mit der Erlaubnis für Werbung beschäftigt:

http://bit.ly/Samen_setzen_dessen_Fruechte_Du_ernten_willst.

CRM-Unterschiede	XING	LinkedIn
Name der Kategorisierung	Kategorien	Taggings
Ort der Kategorisierung	– unter der Profil V.Card – „Meine Kontakte" – Kontaktverwaltung	– unter den Profilaktivitäten – Adressbuch
Art der Kategorisierung	Freitext	Freitext Vorgaben durch Kontaktart
Art der Eingabe	– Auswahl bei freier Eingabe – Menüauswahl n. Häufigkeit	– alphabetische Menüauswahl
Bearbeitung	Zusammenführung möglich	2 Arbeitsschritte nötig
Kontaktordner Account-Art	– Sales & Recruiteraccount – 11 Ordnerkategorien	– Premiumaccount – 5 Ordner (Business) – 25 Ordner (Business Plus) – 10 Ordner (Executive)
Ort der Ordner	– unter Profil V.Card – „Meine Sales-Kontakte" – Suchergebnisse	– rechts neben Profil V.Card – Profil-Organizer – Suchergebnisse
Art der Kategorisierung	Freitext	Freitext

CRM-Unterschiede	XING	LinkedIn
Notizfelder Account-Art	Keine Unterscheidung	Getrennte Notizfelder – Profil – Profilorganizer
Ort Notizfelder	– Unter Profil V.Card – Kontaktverwaltung – Suchergebnisse	– Premium neben V.Card – Standard unter Profil- aktivitäten – Adressverwaltung

Technischer Ablauf der Kontaktaufnahme

Auf XING haben Sie bei der Kontaktaufnahme alle relevanten Informationen in der Hand. Die Nachricht ist standardisiert leer und sollte Ihrerseits aussagekräftig ausgefüllt werden. Hier sind keine Links möglich. Die Datenfreigabe können Sie für alle zukünftigen neuen Kontakte als Standard festlegen. Auch Kategorien können Sie in diesem Arbeitsschritt, wie zuvor besprochen vergeben.

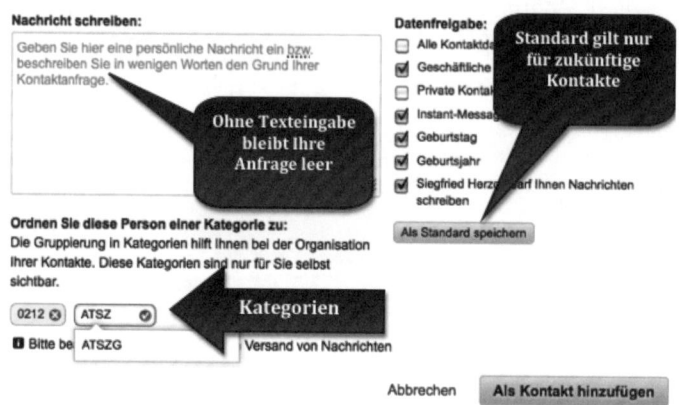

Nachricht, Datenfreigabe und Kategorien bei Kontaktaufnahme oder Kontaktbestätigung.

LinkedIn-Kontaktablauf mit automatischer Kategorienvergabe

Hier unterscheiden XING und LinkedIn sich sehr. Während XING die Kategorisierung in den normalen Ablauf eingebaut hat, merken Sie auf LinkedIn während der Kontaktaufnahme gar nicht, dass im Hintergrund eine Automatik abläuft, bzw. sehen nicht auf den ersten Blick, dass Sie die Möglichkeit haben, nachträglich Kategorien (Taggings) zu ändern.

Kontaktanfragen lösen automatische Kategorien (Taggings) im LinkedIn-CRM aus. Entweder als ...

➢ Kollege
➢ Studienkollege
➢ Partner
➢ Freund
➢ Gruppenmitglied

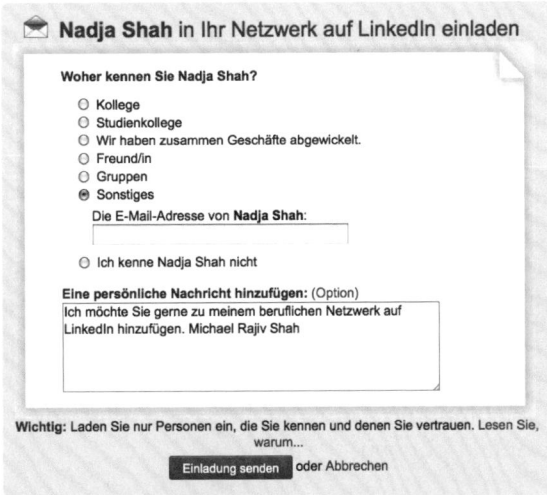

Die Kontaktnachricht hat zwei unterschiedliche Arten an Standardtexten.

Empfohlener Workflow für LinkedIn Kategorisierungen

1. LinkedIn sendet Ihnen Bestätigungen Ihrer Kontaktanfragen zu.
2. Nutzen Sie diese Mail dazu, das Profil noch einmal zu besuchen.
3. Vertiefen Sie bei dieser Gelegenheit den Kontakt.
4. Bearbeiten Sie die Kategorie (Tag) des neuen Kontakts.

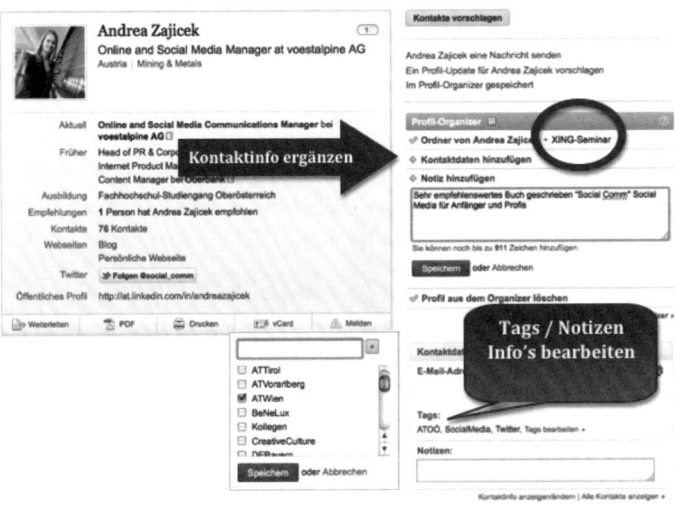

Auf LinkedIn finden Sie alle Bearbeitungsmöglichkeiten rechts von der Profilvisitenkarte.

Premium- und Freemium-Funktionen sind auf LinkedIn voneinander getrennt.

LinkedIntags brauchen wegen Scrollaufwand eine flache Struktur

Dafür ist die Vergabe im Bereich der Adressverwaltung für komplette Kontaktgruppen (z. B. nach Regionen) wesentlich einfacher als auf XING.

Kontakt-/Kategorienverwaltung (Tagging) im LinkedIn-Adressbuch

Einer der technischen LinkedIn-USPs besteht darin, dass das Adressbuch sowohl aus einem Offlineteil (hochgeladene oder per Webmail abgeglichene Adressdateien), direkten LinkedIn-Kontakten als auch aus dem daran angeschlossenen CRM inklusive Nachrichtensystem besteht. Neben den zuvor genannten automatischen Kategorien durch die Art der Kontaktaufnahme gibt es anhand der Profilinformationen Voreinstellungen für Kontaktgruppen.

> Tags
> Nachnamen nach Anfangsbuchstaben
> Unternehmen
> Standorte (Achtung, nur nach Großraumregionen)
> Branchen
> Aktuelle Aktivitäten

Komfortable Bearbeitung der LinkedIn-Tags (Kategorien) im Adressbuch.

Wenn Sie Kontakte nachträglich mit Ihrer Systematik kategorisieren wollen, greift die Suche nach Stichwörtern, die auf XING alle verfügbaren Datenfelder durchsucht, lediglich auf Visitenkarteninformationen wie dem aktuellen erstangezeigten Unternehmen und E-Mail-Adresse des Kontakts zu.

Das LinkedIn-CRM für die Kommunikation nutzen

Der große Vorteil des LinkedIn-CRM entfaltet sich erst dann richtig, wenn Sie Ihre Zielgruppen optimal eingeteilt und fokussiert haben. Während viele Aktionsflächen von XING den Nachrichtenversand aus dem Werkzeug heraus ermöglichen (bisher nur aus den Events mit CRM-Anschluss), können Sie das LinkedIn-CRM für jede Art von erlaubter bzw. gewünschter Information und Interaktion verwenden. Dabei kommt es vor allem darauf an, dass Sie sich sehr intensiv mit Ihren Kontakten beschäftigt haben, um diesen wertvolle Direktinformationen oder Interaktionsmöglichkeiten zukommen lassen zu können.

Beispiel einer Zielgruppenumfrage zur Netzwerknutzung

In der Schweiz gab es eine von XING leider nicht veröffentlichte Umfrage zur Art und Weise der Nutzung von Businessnetzwerken. Robert Beer, Countrymanager der XING AG in Österreich und der Schweiz, berichtete bei seinem Antrittsbesuch in Österreich davon. Eine der sehr spannenden Fragen darin war: „Welches Netzwerk verwenden Sie als Ihr Primärnetzwerk?".

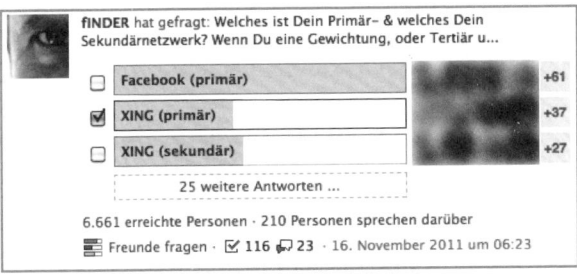

Hohe Reichweiten (Sichtbarkeit) von Umfragen gelten nicht nur auf Facebook.

Bevor ich die Frage im Businessnetzwerk LinkedIn stellte (XING hat erst kurz danach ein Umfragetool als Betaversion zur Verfügung gestellt) startete ich einen Test dieser Frage auf Facebook. Sie müssen wissen, dass über 1.000 meiner über 2.000 Facebook-Kontakte zugleich XING-Verbindungen sind. Auf LinkedIn ist das Verhältnis etwas höher. Auf Facebook musste jeder Gefragte einzeln ausgewählt werden (Facebook-Umfragen haben keinen Zugriff auf das Facebook-Freundeslisten-CRM). Die Beteiligung war enorm. 430 Stimmen wurden abgegeben: XING lag mit 27 % an 2. Stelle. Der Aufwand, der eine Sichtbarkeit bei 6.661 Personen brachte, war hoch. Viel erfolgreicher, vom Aufwand her geringer und mit einem noch ein-drucksvolleren Feedback war fast die gleiche Umfrage auf LinkedIn.

Das LinkedIn-CRM macht es möglich, händisch eine regionale Vorauswahl in 50er-Blöcken zu treffen. Der zusätzliche Vorteil über das Linked-In-„Direkte Kontakte"-Adressbuch in Kombina-tion mit Tags ist, dass zum Beispiel Österreicher ganz anders adressiert werden können als Mün-chener, Berliner, Frankfurter oder Kölner und Düsseldorfer (rheinische Insider wissen was ge-meint ist).

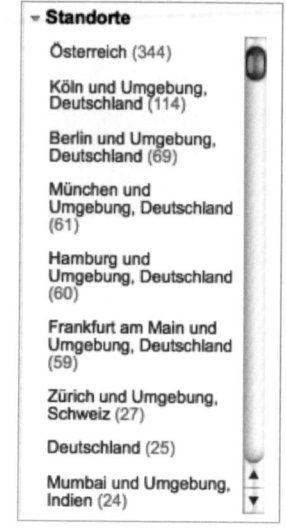

Das Wichtigste an beiden Ergebnissen und einer Beteiligung von knapp 30 % auf LinkedIn war die Nähe zur Thema. Eine nicht relevante Umfrage, eine Einladung zu einem Banker-Event an Künst-ler oder Hamburger nach Wien hätte mehr negative Folgen als Positives gebracht.

Von 750 zur LinkedIn-Umfrage Eingeladenen haben 247 (32,9 %) Ihre Stimme abgegeben und 58 (7,7 %) mit einer Nachricht geantwortet. Ganz abgesehen davon war das Ergebnis von 42 % für Facebook als Primärnetz-werk auf einer Businessplattform wie LinkedIn nicht wirklich zu erwarten. Mehr Infos zur Umfrage: *http://bit.ly/Primaernetzwerk_LinkedInumfrage*.

Was ist Ihr primäres Social Network ...? (Wo kommunizieren Sie hauptsächlich)

By Michael Rajiv Shah THE Austrian B2B Social Media Network Trainer - Impulse zur Vertrauensbildung auf LinkedIn & XING • 247 votes • 58 comments • Ended 08 Dec 2011

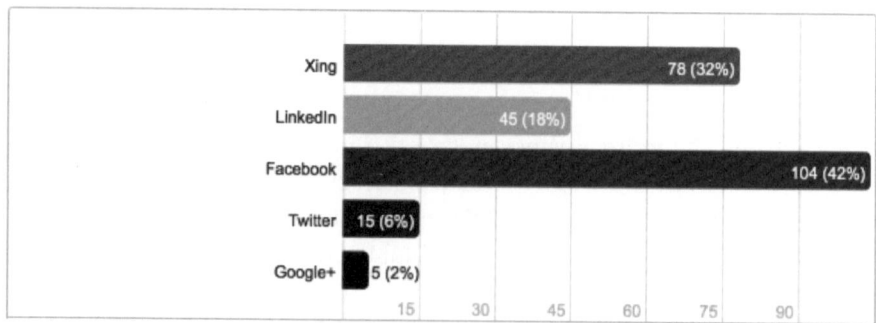

Fast 33 % Beteiligung durch ganz klare Ansprache der eigenen Kontakte über das Adressbuch.

Ihre Take-Aways

➤ Legen Sie Ihren Fokus auf den Aufbau lebenslanger Beziehungen.

➤ Unterscheiden Sie Ihre Kontaktstrategien nach der unterschiedlichen Nähe zu anderen: persönlich, regional, thematisch oder andere Nähe.

➤ Bauen Sie ein Contact-Relationship-Management auf und segmentieren Sie Ihre Kontakte in Kategorien, die Sie selbt anlegen – so können Sie später besser individuell ansprechen.

➤ Nutzen Sie das Notizfeld oder die persönliche Kommentarfunktion als Vormerkfunktion von Informationen zu einzelnen Kontakten – bei einer größeren Menge von Kontakten verlieren Sie sonst den Überblick.

➤ Legen Sie einen Standard-Workflow für Kontaktaufnahme fest.

5.5 Die Schnittstellen zum Internet machen Ihr B2B-Netzwerk zum Filialsystem

Erfahrung ist eine verstandene Wahrnehmung.

Immanuel Kant

Wahrnehmen – die zentrale Anlaufstelle ist Ihre Webseite

Wie schon im Profilkapitel besprochen, sollten alle Netzwerkpräsenzen Filialen Ihres Hauptgeschäfts darstellen. Es sind unterschiedliche Markt- bzw. Messeplätze Ihrer zentralen Anlaufstelle im Internet. Jede Zielgruppe für die Sie Ihre Netzaktivitäten starten, kann unterschiedliche Vorlieben haben.

Für den Fall, dass Sie keine eigene Webseite haben, was insbesondere bei Angestellten, die auf Arbeitssuche sind, oder Kleinstunternehmen der Fall sein könnte, ist das auch kein Problem. Die Bedeutung Ihres Geschäfts innerhalb eines Netzwerks bekommt dadurch lediglich eine noch größere Rolle.

Ein sehr großer Teil bewegt sich trotz B2C-Charakter zeitlich am meisten im privaten Facebook-Umfeld (siehe nicht repräsentative Umfrage eines sehr XING-lastigen Netzwerks, *http://bit.ly/Primaernetzwerk_LinkedIn umfrage*). Andere, die gezielt B2B-Business generieren wollen, legen Ihren Schwerpunkt auf XING und LinkedIn, während ein kleiner Teil auf Twitter und Google+ Ihre Aktivität entfalten.

Verarbeiten – Analyse, welcher Marktplatz für Ihre Filialen geeignet ist

Zu aller Anfang steht die Analyse, wo sich Ihr schon bestehendes Reallife-Netzwerk (Kunden, Bekannte, Freunde und Empfehlungsgeber) aufhält. Erst nachdem Sie dies herausgefunden und abgeglichen haben, mit welcher der gefunden Gruppen Sie auf welchem Marktplatz welchen Teil Ihres Business umsetzen können, geht es darum, Ihre Aktivitäten entsprechend zu gewichten und auf den unterschiedlichen Marktplätzen Ihre Präsenzen aufzubauen.

Auch das Filialsystem eines Handelsunternehmens steht immer in Verbindung zur Zentrale und ist auf ein zentrales Marketing-, Einkaufs-, Preis-, Liefer- und auch Personalkonzept angewiesen, das auf die jeweiligen Standorte angepasst wird. Für den Erfolg Ihres Unternehmens könnte so eine Kleinigkeit wie die innere Abwehr eines Mitarbeiters, in einem überwiegenden Siez-Medium wie XING oder LinkedIn aktiv sein zu müssen, entscheidend für Erfolg oder Misserfolg der Mission sein.

Handeln – Filialen an die Zentrale anbinden & individuell ausstatten

In diesem Kapitel geht es sowohl um die technische Anbindung und Koppelung Ihres Filialsystems insgesamt als auch um die Hintergründe der Kommunikation innerhalb und zwischen den (nennen wir es mal) virtuellen Standorten. Bei der Kommunikation geht es um ein Bewusstsein für die Unterschiedlichkeit der jeweiligen Kulturräume, die unserer Meinung nach auch eine differenzierte Sprache benötigt.

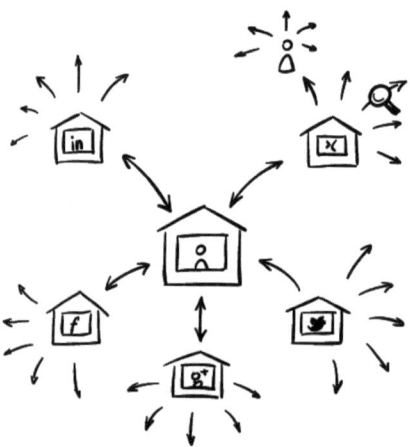

Im Zentrum Ihres Filialsystems steht Ihre Webseite und heißt daher auch Homepage, (Quelle: Barbara Weingartshofer, www.spacenau.com).

Den Flagshipstore mit den Filialen verbinden

Wenn Sie sich für ein oder je nach Kapazität und Bedarf mehrere Netzwerke entschieden haben, bietet jede Plattform die Möglichkeit, sogenannte Widgets auf Ihrer Webseite/Ihrem Blog einzubinden.

Es gibt ganz unterschiedliche Arten von Widgets (XING) oder Plug-ins (LinkedIn). Die zwei grundsätzlichsten Unterschiede, die für den Kontext der beiden Businessplattformen XING und LinkedIn maßgeblich sind, bestehen in der Art der Verbindungsherstellung:

➢ **Ein statischer Link**, der um ein Plattformlogo erweitert zu Ihrem persönlichen Profil, Unternehmensprofil und/oder einem realen Ort verlinkt

➢ **Eine Mitteilungsfunktion**, dem sogenannten Share-Button, der Inhalte einer Webseite/eines Blog in ein entsprechendes Netzwerk verteilt

➢ **Information aus der API-Schnittstelle**, die seit 29. Februar 2012 auch bei XING nach Antrag geöffnet ist, *https://dev.xing.com/*

Zur Einbindung des statischen Profillinks auf Ihr XING-Profil sowie Einbindung der Mitteilungsfunktion für Inhalte Ihrer Webseite scrollen Sie auf XING ganz nach unten. Dort finden Sie unter den „Downloads", *http://bit.ly/XING_Profil_Logos*, den Share-Button, *http://bit.ly/XING_Share_Button*, und viele nützliche andere Links.

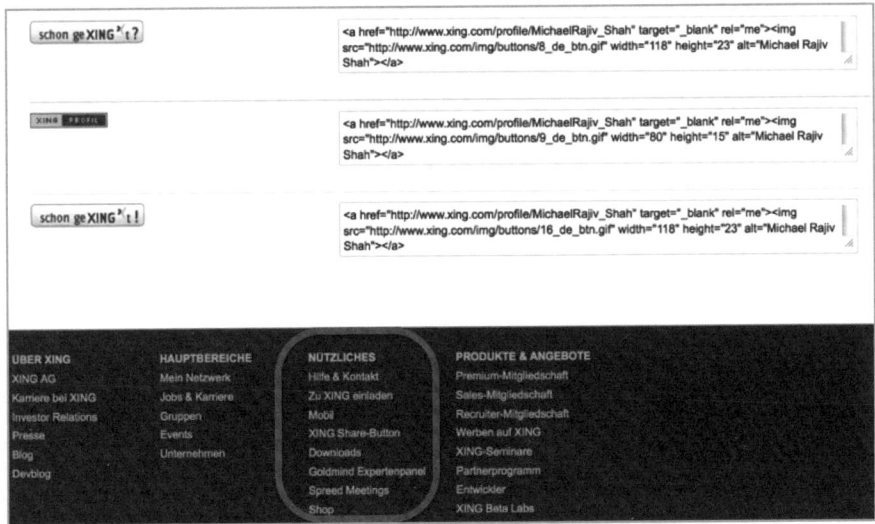

Wegweiser zu Ihren Filialen auf der Homepage mittels vorgefertigter Codes.

Kopieren Sie den gewählten HMTL-Code dort in den Quellcode Ihrer Webseite, wo die Verlinkung zu Ihrer persönlichen XING-Filiale sein soll. Unternehmen wählen den Quellcode des Unternehmensprofils, das rechts unten im Profil angegeben ist.

```
<a href="http://www.xing.com/profile/MichaelRajiv_Shah" target="_blank" rel="me"><img
src="http://www.xing.com/img/buttons/9_de_btn.gif" width="80" height="15" alt="Michael Rajiv
Shah"></a>
```

Codeschnipsel nehmen und auf Ihrer Homepage einbauen. Bei Unsicherheiten in jedem Fall den Fachmann fragen.

Die nun zweite Generation des XING-Share-Buttons hat ein komplettes Statistikwerkzeug eingebunden, mit dem Sie Ihre und Fremd-LinkTimeline-Aktivitäten messen können. Derzeit ein USP gegenüber allen anderen 1:1-Kontaktnetzwerken, die kein Follower-Prinzip als Basis des Informationsempfangs haben, *http://bit.ly/XING_Link_Monitoring*.

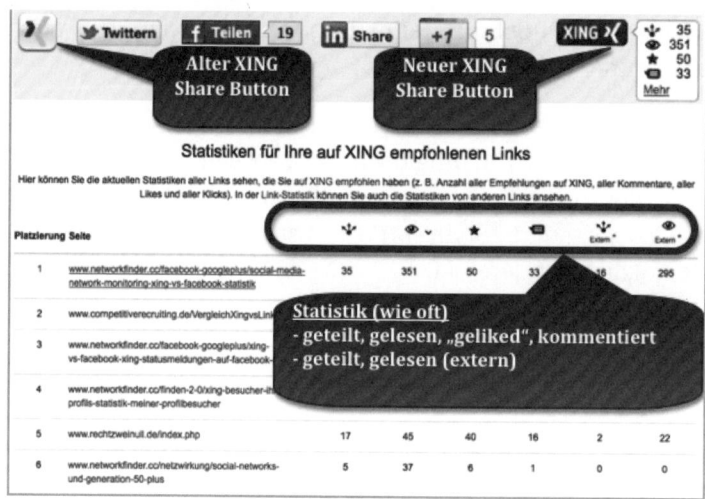

XING-Share-Button und Statistikfunktionen für Ihre Webseite.

Aussehen der Flagshipstore-Buttons auf Ihre Webseite abstimmen

Über das Aussehen des Buttons entscheiden Sie bei der Auswahl des entsprechenden Quellcodes unter *http://bit.ly/XING_Share_Button*.

Der Vorteil der Nutzung plattformgefertigter Link- und Share-Buttons ist die einhundertprozentige Kompatibilität zur jeweiligen Technologie. Wie Sie zwei Bilder vorher sehen, liegt in der unterschiedlichen Optik auch deren Nachteil. Wenn Sie Buttons verwenden möchten, die aus einem optischen Guss sind, finden Sie dafür etliche Anbieter, die Logos der Plattformen wieder erkennbar vereinheitlicht haben, *http://bit.ly/Social_Share*.

Auswahlmöglichkeiten des XING-Share-Buttons.

LinkedIn-Page und LinkedIn-Share-Buttons

Auf LinkedIn finden Sie eine sehr große Auswahl unterschiedlicher Plug-ins, um Ihre Webseite mit der LinkedIn-Filiale (Persönliches oder Unternehmensprofil) zu verbinden, *http://bit.ly/LinkedIn_Plugins*. Zusätzlich lassen sich Inhalte Ihres Unternehmensprofils, Jobanzeigen, Gruppen, aber auch Inhalte Ihrer Webseite in den Updatestream über die Programmierschnittstelle (API) einbinden. Seit 29.02.2012 bietet auch XING diese Möglichkeiten. Wir gehen in diesem Buch nicht auf die technischen Details ein.

Programmierschnittstelle

(Quelle: Wikipedia; *http://de.wikipedia.org/wiki/programmierschnittstelle*; Text unterliegt der Lizenz CC-BY-SA, *http://creativecommons.org/licenses/by-sa/3.0/deed.de*)

Eine Programmierschnittstelle (englisch application programming interface (API), deutsch „Schnittstelle zur Anwendungsprogrammierung") ist ein Programmteil, der von einem Softwaresystem anderen Programmen zur Anbindung an das System zur Verfügung gestellt wird. Im Gegensatz zu einer Binärschnittstelle (ABI) definiert ein API nur die Programmanbindung auf Quelltextebene.

Neben dem Zugriff auf Datenbanken oder Hardware wie Festplatte oder Grafikkarte, kann ein API auch das Erstellen von Komponenten der grafischen Benutzeroberfläche ermöglichen oder vereinfachen.

Heutzutage stellen auch viele Internetdienste APIs zur Verfügung. Folgende APIs gibt es unter anderem für/von soziale/n Netzwerke/n: Connect (Facebook), Direct (YouTube) sowie Sitecore (Facebook, Twitter, StudiVZ).

Der LinkedIn-Profilbutton

Am unteren Ende Ihrer Profilvisitenkarte finden Sie den Link Ihres öffentlichen Profils, *http://linkd.in/oeffentliches_Profil*.

Diesen können und sollten Sie unbedingt nach Ihren individuellen Wünschen bearbeiten, denn Suchmaschinen durchforsten nicht nur freigegebene Profilinhalte, sondern auch den Text des Links, der zu Ihrem Profil führt. Auf XING können Sie diesen nicht beeinflussen.

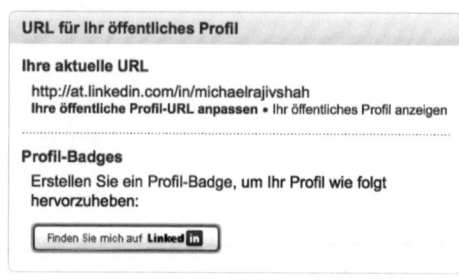

Ihre Filialen für Suchmaschinen sichtbar machen

Hier unterscheiden sich die Möglichkeiten der Einstellungsmöglichkeiten von XING und LinkedIn sehr wesentlich. Die Privatsphäreneinstellung von XING lassen lediglich die Wahl, ob Ihr Profil für Internetnutzer, die den exakten Link (*https://www.xing.com/profile/Vorname_Nachname*) zu Ihrem Profil zur Verfügung haben (zum Beispiel als E-Mail-Signatur) sichtbar ist oder Ihr Profil auch von Suchmaschinen gefunden werden kann.

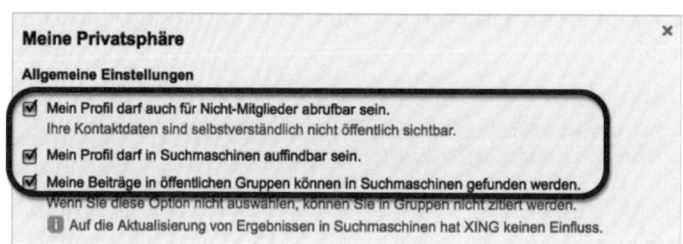

Die XING-Privatsphäreneinstellungen erlauben nur An-/Ausschalten des gesamten Profils.

Bei LinkedIn hingegen können Sie jedes einzelne Datenfeld (Profilabschnitt) nach Ihren Wünschen für das Internet und Suchmaschinen freischalten, *http://linkd.in/oeffentliches_Profil*.

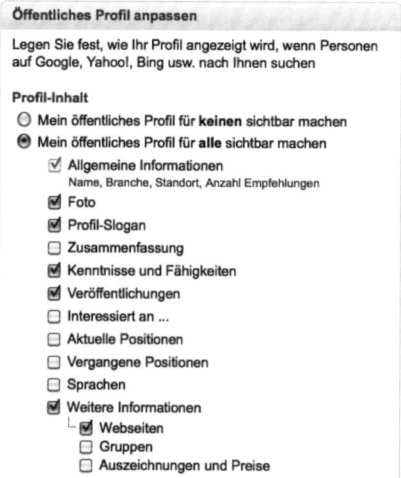

Dies hat zur Folge, dass Sie selber einstellen, welchen Teil Ihres Schaufensters bei Google & Co., dem größten Shoppingcenter des Internets, ausgestellt werden.

Nicht freigegebene Inhalte können generell nicht von den Suchmaschinen indiziert werden, was das Finden Ihrer Netzwerk-Filiale unnötig erschwert.

Twitter als Bindeglied zwischen den Netzwerken und Facebook als größtes Kontaktnetzwerk und jeweils eigenen Kulturraum verstehen

Twitter ist neben Facebook der zweitgrößte Social-Media-Kulturraum der westlichen Welt. Im Unterschied zu allen anderen Anwendung im Internet zeichnet Twitter sich dadurch aus, dass lediglich 140 alphanumerische Zeichen je versendete Information zur Verfügung stehen.

Twitter

(Quelle: Wikipedia; *http://de.wikipedia.org/wiki/twitter*; Text unterliegt der Lizenz CC-BY-SA, *http://creativecommons.org/licenses/by-sa/3.0/deed.de*)

Twitter (von englisch Gezwitscher) ist eine digitale Anwendung zum Mikroblogging. Es wird auch als Kommunikationsplattform, soziales Netzwerk oder ein meist öffentlich einsehbares Tagebuch im Internet definiert. Privatpersonen, Organisationen, Unternehmen und Massenmedien nutzen Twitter als Plattform zur Verbreitung von kurzen Textnachrichten im Internet. Twitter wurde im März 2006 gegründet und gewann schnell weltweit an Popularität.

Die Twitter-API erlaubt die Integration von Twitter in andere Webdienste und Anwendungen. Twitter kann neben spezialisierten Clients wie Seesmic Desktop auch in verschiedenen anderen Programmen verwendet werden, beispielsweise im Kundenbeziehungsmanagement-Dienst Salesforce.com, den Instant-Messaging-Client-Diensten Adium, Digsby oder im Flock-Browser. T-Mobile USA hat in sein Sidekick-Mobiltelefon neben Facebook auch Twitter integriert. Mittels Erweiterungen lassen sich zusätzliche Informationen über den Absender und die Empfängergruppe anzeigen, wie etwa den jeweiligen Standort auf dem Kartendienst Google Maps. Mit spezialisierten Clients wie TweetDeck lassen sich Nachrichten übersichtlicher darstellen. So kann auch bei mehreren Twitter-Konten die Übersicht behalten werden.

Sowohl XING als auch LinkedIn bieten an unterschiedlichsten Schnittstellen Twitter als Anwendung an. Somit dient der Microblogging-Dienst als wichtiges Bindeglied und Traffic-Lieferant für die jeweilige Plattform.

Die technische Verbindung stellen Sie in den jeweiligen Privatsphäreneinstellungen her, *http://linkd.in/LinkedIn_Twitter_Einstellungen bzw. http://*

bit.ly/XING_privacy. Auf XING kommt hinzu, dass bei der Eingabe einer Statusmeldung oder gewünschter Weiterleitung eines Links an Twitter oder Facebook beim Setzen des entsprechenden Häkchens eine Autorisierung für Ihren Account bei dem jeweiligen externen Netzwerk angefragt wird. Für diejenigen, die sich noch überhaupt nicht mit Twitter oder Facebook beschäftigt haben, aber auch für bestehende Nutzer der Plattformen ist es wichtig, jeden Kulturraum als einen solchen zu betrachten und möglichst dementsprechend interkulturell zu kommunizieren.

Nutzer von sozialen Netzwerken haben unterschiedliche Vorlieben

Nicht nur die technischen Vorraussetzungen der unterschiedlichen Plattformen weichen stark voneinander ab. So zum Beispiel löst die für Twitter typische zum Teil sogar notwendige Verwendung sogenannter Hashtags (#Thema – Raute plus Thema stellt eine Kategorie zum Finden bzw. zur Klassifizierung eines Themas dar) bei Nichtnutzern von Twitter mehr Unverständnis über die Syntax der Twitter-üblichen Information dar.

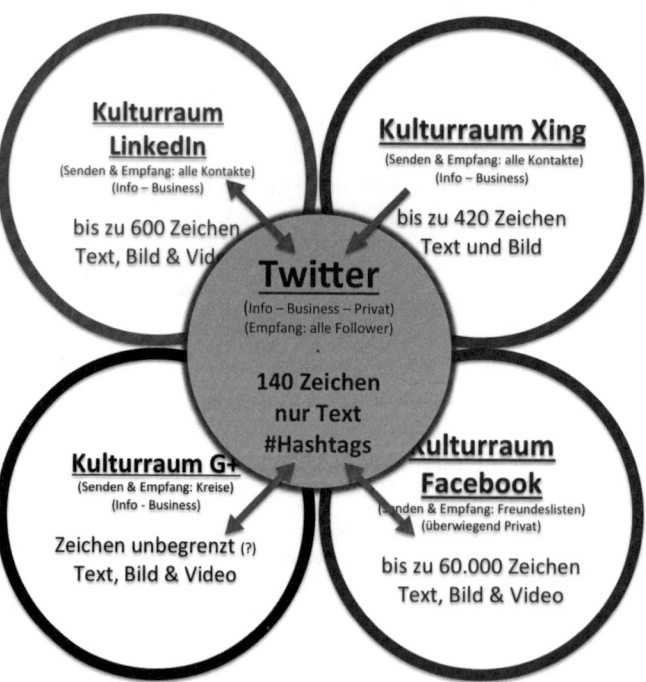

Soziale Netzwerke als Kulturraum verstehen. Quelle: Michael Rajiv Shah – networkfinder.cc.

In den Kulturräumen von XING, LinkedIn, Google+ und Facebook ist es normal, eine Information länger als 140 Zeichen zu schreiben. Eine Automatisierung der Informationsweiterleitung führt dazu, dass der geschriebene Text auf 120 Zeichen gekürzt wird, da auch noch 20 Zeichen für den jeweiligen Link der Originalinformation weitergeleitet werden.

Geht es Ihnen darum, eine bestimmte Klientel anzusprechen?

Wenn ja, sollten Sie den einfachen Weg der Weiterleitung in externe Netzwerke nur sehr gezielt einsetzen, damit Sie sicher sein können auch die richtige Zielgruppe kommunikativ zu erreichen.

Beispiele als konkrete Entscheidungshilfe	
Links oder Beiträge von Webseiten in die Social Networks teilen	Soweit hinterlegt, überträgt eine Webseite ein Foto (Thumbnail), den Linktext und den Metatext der zu teilenden Seite. Jede Plattform hat eine unterschiedliche Länge für den Linktext, der auf LinkedIn, Facebook & Twitter editierbar ist. Google+ und XING (52 Zeichen) übernehmen die Vorgabe der jeweiligen Seite.
Von XING in andere Netzwerke Gruppenbeiträge, Events, Statusmeldungen, Mitgliederempfehlungen, Jobs und Unternehmensprofile	XING setzt automatisch sein Linkkürzel, das Sie auf Twitter weiterleiten. Automatisch auf Facebook weitergeleitete Meldungen besitzen ebenso eine eigene nicht editierbare Syntax, die XING in den Vordergrund stellt und nicht Ihren Beitrag. Sollten Ihre Facebook-Freunde nicht XING-Fans sein, sieht es einfach „unsexy" aus.
Von LinkedIn in andere Netzwerke Gruppenbeiträge, Events, Statusmeldungen, Mitgliederempfehlungen, Umfragen, Jobs und Unternehmensprofile	LinkedIn gibt zwar automatisch eigene Texte vor, lässt dem Nutzer jedoch die Freiheit, diese nach eigenem Gusto neu zu formulieren. Dies gilt für ausgehende und reinkommende nichtautomatisierte Links. Ausnahme sind automatisch getwitterte Gruppenantworten, denen die LinkedIn-Kurz-URL vorangestellt wird
Von Facebook in andere Netzwerke	Von Facebook her gibt es keine automatisierten Verfahren auf LinkedIn und XING zu teilen. Sie müssen also Links direkt auf XING oder LinkedIn posten. Bitte beachten, dass nur öffentliche Informationen von Pages (nicht privaten Profilen) Inhalte automatisch übertragen.
Von Twitter in andere Netzwerke	Grundsätzlich besteht Twitter aus 140 Zeichen. Unter bestimmten Voraussetzungen werden Informationen aus einem angehängten Link dennoch auf die jeweilige Plattform mitgesendet.
Von Twitter auf Facebook *http://www.facebook.com/twitter*	Facebook bieten eine automatische Verknüpfung von Twitter zu Facebook und umgekehrt. Wegen der Hashtags (einkommender Nachrichten) bzw. umgekehrt, mehr als 140 verwendeten Zeichen, raten wir je nach Netzwerkaufbau von einer Automatisisierung ab. (Lösung: Dashboard)

Beipiele als konkrete Entscheidungshilfe	
Von Twitter auf LinkedIn *http://linkd.in/Twitter_settings*	Grundsätzlich können Sie sich entscheiden, Twitter automatisch oder ausgewählt in die Plattform (mittels Anhang des Hashtags #IN) zu leiten. Seit Dezember besteht Twitter auf die Einhaltung seiner Display-guideline, *http://bit.ly/Twitter_guideline_at_LinkedIn*. Wir raten seither noch dringender von einer Automatisierung ab, da nur Mitglieder mit einem Twitter-Account auf direktem Wege oder per persönlicher Nachricht mit Ihnen interagieren können. (Lösung: Dashboard)
Von Twitter auf XING	Am 29.02.2012 öffnet auch XING seine Schnittstellen für ausgewählte Anbieter. Derzeit lassen sich Tweets lediglich in Unternehmensprofilen automatisiert einbinden. Anders als auf LinkedIn sind sie kommentierbar.

XING > Facebook händisch (links) & automatisierter Teilung (rechts):

LinkedIn > Facebook können Sie nur händisch teilen:

XING > Twitter:

LinkedIn > Twitter händisch (Inkd.in/Link immer am Ende):

Twitter > LinkedIn automatisch (nie kommentierbar):

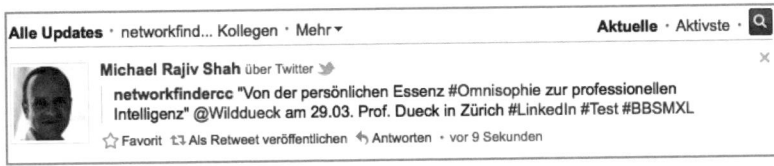

Twitter > LinkedIn händisch über einen sogenannten Twitterclient/Dashboard:

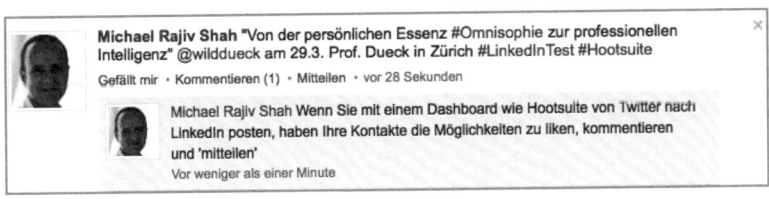

Bookmarklets – Die Browerfunktionen zum Teilen von Informationen

Stellen Sie sich vor, Sie lesen gerade einen spannenden Artikel, der für Ihr Netzwerk auf XING und/oder LinkedIn von Relevanz und Interesse sein könnte. Der Webseitenanbieter bietet aber keine Share-Buttons für Ihr Wunschnetzwerk. Dann haben beide Plattformen einen Trumpf in der Hand.

➢ Unter *http://bit.ly/XING_Widgets* finden Sie für Firefox, Safari, Google Chrome, Internet Explorer und Opera das XING-Bookmarklet.

➢ Unter *http://linkd.in/LinkedIn_Bookmarklet* gibt es das LinkedIn-Pendant für die Browser Internet Explorer, Safari und Chrome.

Die Installation ist sehr einfach. Sie klicken das Bookmarklet mit der linken Maustaste, halten diese gedrückt und schieben das Share-Werkzeug in die Leseleiste Ihres Webbrowsers. Fertig.

Unabhängigkeit von Infrastruktur & Betreibervorliebe

Bei allen zukünftigen Artikeln sind Sie von nun an weder von der Infrastruktur eines Webseiteanbieters noch seinen Netzwerkvorlieben abhängig, wie im beigefügten Extrembeispiel zu sehen, bietet weder XING einen LinkedIn-Share-Button, noch umgekehrt. Ein Klick in den Browser genügt, um unabhängig zu netzwerken.

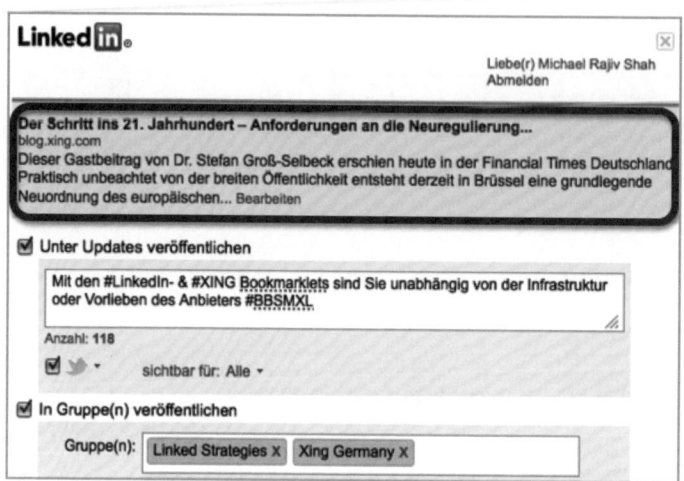

Wer die Bookmarklets von XING und LinkedIn verwendet, kann überall im Netz unabhängig Inhalte auf der einen und/oder anderen Plattform teilen.

Verwendung von Social Media Clients bzw. Dashboards

Aufgrund der großen Vielfalt an Social-Media-Informationen, die es auf unterschiedlichen Plattformen/Netzwerken zu lesen, teilen und kommentieren gibt, und offener Schnittstellen (APIs) zu den Netzwerken haben sich ausgehend von Twitter Anbieter entwickelt, die über den ursprünglichen Twitter-Client hinweg eine Anbindung an weitere Netzwerke anbieten.

HootSuite, der Client-Anbieter mit deutschsprachigen Support

Wir gehen an dieser Stelle nur auf den Client HootSuite aus Canada ein, da HootSuite einen deutschsprachigen Support anbietet und anders als Tweetdeck nicht von Twitter gekauft wurde und somit plattformunabhängig agieren kann. Ob HootSuite oder Tweetdeck mit Öffnung der XING-API auch an das XING-Netzwerk angebunden sein wird, können wir noch nicht sagen.

HootSuite ermöglicht Ihnen mit nur einer einzigen Browseranwendung, bis zu fünf Social-Network-Konten kostenfrei und ab sechs Konten für 5,99 USD/Monat inklusive zwei Teammitgliedern zu steuern.

Features zur Verwaltung Ihrer Netzwerkfilialen mit HootSuite

Vorprogrammieren/Timer: Grundsätzlich können Sie Beiträge für jedes Netzwerk auf eine von Ihnen bestimmte Zeit festlegen. Der Vorteil besteht darin, den Nachteil, dass Ihr Netzwerk nicht unbedingt zu der Zeit online ist, zu der Sie eine Information produziert haben, durch einen Timer zu egalisieren. Ihre XING-Businesskontakte sind üblicherweise zu Bürozeiten online, LinkedIn-Überseekontakte zu einer anderen Zeit. Die Hauptnutzung von Facebook und Twitter findet in der Freizeit statt.

Große Content-Mengen verarbeiten: Wenn die Menge der Information groß und wiederkehrend ist, haben Sie darüber hinaus über einen Upload die Wahl, bis zu 50 Artikel je Upload zu programmieren.

Alle Konten auf einem Überblick: Gibt Ihnen die Möglichkeit, ohne permanentes Hin- und Herschalten die Netzwerke zu überblicken. Facebook-Statusmeldungen und Facebook-Pages, LinkedIn Updates und Gruppen, Twitter-Konten, -Suchen und Listenverwaltung, Foursquare (Location Based Services), MySpace, PingFM, Ihren WordPress-Blog oder Mixi. Hinzu kommen YouTube, Flickr, Tumblr und weitere Applikationen.

LinkedIn-Profil, -Gruppen und -Jobs lassen sich im HootSuite-Dashboard integrieren. Quelle: Screenshot Michael Rajiv Shah seines HootSuite.com Dashboards.

LinkedIn ist seit wenigen Monaten einer der HootSuite-Partner. Seither können Sie nicht nur Ihre oder die Updates Ihrer Kontakte lesen, liken und kommentieren oder Meldungen vorprogrammieren, sondern auch Gruppenbeiträge (demnächst Unternehmensprofile) und Jobangebote lesen, kommentieren und weiterleiten.

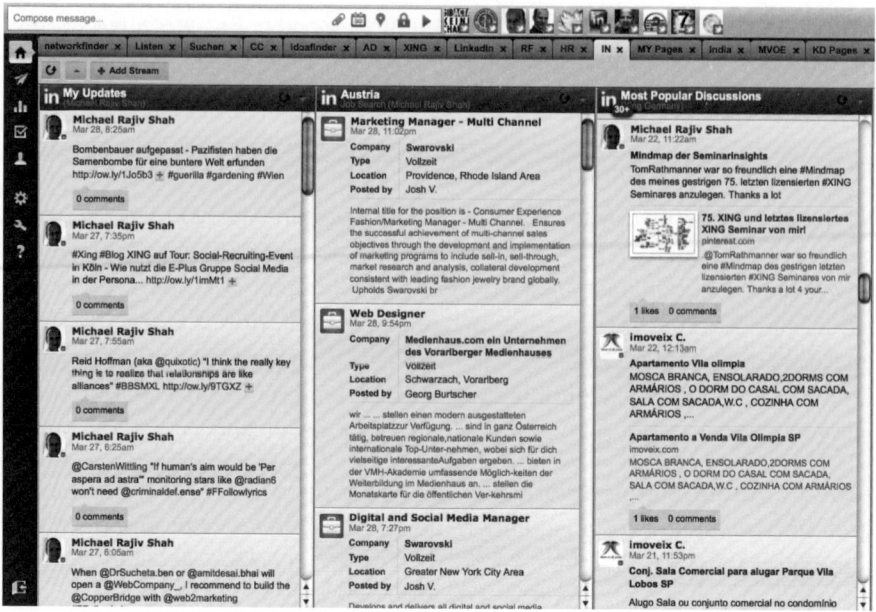

LinkedIn-Profil, -Gruppen und -Jobs lassen sich im HootSuite-Dashboard integrieren. Quelle: Screenshot Michael Rajiv Shah seines HootSuite.com Dashboards.

Statistik und Traffic-Überwachung sind weitere Punkte, die die offenen Schnittstellen unterschiedlicher Anbieter ermöglichen. Arbeiten Sie mit einer Kurz-URL von HootSuite, bietet dieses über ein Monitoring Ihrer Webanalytics von Google und Ihren Facebook-Pages hinaus eine Gegenüberstellung zur Aktivität auf Twitter.

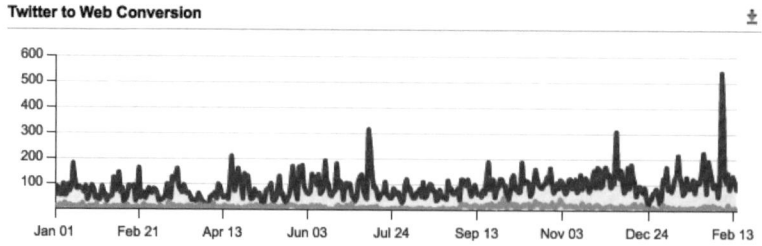

Traffic-Statistiken zeigen Twitter-Stats des ow.ly-URL-Kürzerdienstes und Webtraffic aus Google Analytics sowie von Facebook-Pages.

Alles in allem ist HootSuite ein sehr mächtiges Werkzeug für die Anwendung moderner Social Webnetzwerke, *http://bit.ly/HootSuite_dashboard*.

Ihre Take-Aways

➢ Binden Sie Ihre Webseite an Ihr Profil an: mit einem statischen Link, einer Mitteilungsfunktion (Share-Button) oder über eine API-Schnittstelle.

➢ Alle zusätzlichen Links, die auf Ihre Präsenzen zeigen, verbessern Ihr Suchmaschinenranking.

➢ Nutzen Sie auch externe Software und Clients, um die Einspeisung von Content zeitlich zu planen und übersichtlicher zu gestalten.

5.6 Gruppen: Interessens- und Austauschraum

Was dem einzelnen nicht möglich ist,
das vermögen viele.

Friedrich Wilhelm Raiffeisen

Wahrnehmen – mit dem Beginn von Aktivitäten in Gruppen verlassen Sie den bekannten Raum Ihres näheren Geschäfts- und Kontaktumfelds

Alle bisher besprochenen Interaktions- und Kommunikationsthemen spielten sich mehr oder weniger in dem Teil des Einkaufszentrums oder auch Fachmesse ab, der sich entweder in der Nähe Ihres eigenen virtuellen Geschäftslokals oder dem durch Ihre bereits bekannten Kontakte erweiterten Netzwerkraum befindet. Gruppen können Sie sich als Theatersäle oder Kinos in einer großen Shoppingmall vorstellen.

Gruppen können ganz unterschiedliche Funktionen für Netzwerkaufbau, Positionierung, aber auch ganz konkreten Geschäftsaufbau bedeuten. Bevor Sie sich mit dem Gedanken beschäftigen, das erfolgversprechendste, aber auch zeitintensivste (Zeit ist Geld) Projekt eines professionellen Netzwerkens aufzubauen, lassen Sie uns doch einen Blick darauf werfen, wozu Gruppenaktivitäten ohne ein Moderationsinvestment gut sind.

➢ **Vorfilter für interessante Mitglieder** – in einen bestimmten Film/ Theaterstück gehen mehrere Menschen, weil diese ähnliche Vorlieben haben. Der Regisseur/Produzent (Gruppenmoderatoren) hat das Stück auf eine bestimmte Zielgruppe zugeschnitten, die genau deswegen zusammenkommen. Sprich, in eine Gruppe hat schon jemand anders Zeit/Geld investiert, um diese eng oder weit gefassten Gemeinsamkeiten in einen Raum zu bekommen.

> **Diskussion & Kommunikation** in einer Gruppe sind in der Regel das Ziel der Regisseure/Produzenten. Mitreden heißt, gesehen werden. Mitreden heißt, seinen virtuellen Netzwerk-/Geschäftsraum kostenfrei um eine Aktionsfläche zu erweitern. Nichts im Netz zieht so viele andere an wie eine interessante Kommunikation.

> **Positionieren und Vermarktung** des eigenen Themas liegen so oder so auf der Hand. Das ist ja wahrscheinlich auch Ihr Hauptmotiv.

> **Recherche** – je nach Branche sind Gruppen extrem gute Orte für inhaltliche Recherchen. Die Social-Web-Kultur ist geradezu dafür gemacht, fachliche Fragen beantwortet zu bekommen.

> **Reallife-Treffen** ist das Allerhöchste im Networking, das eine Gruppe aus Networking-Sicht zu bieten haben kann. Also nicht nur, dass die Regisseure/Produzenten eine virtuelle Bühne für Sie geöffnet haben, sondern darüber hinaus bieten Sie noch die Möglichkeit, in relativ kurzer Zeit effizient andere Gleichgesinnte persönlich kennenzulernen.

Verarbeiten – die zu Ihrer Strategie passenden Gruppen finden

Sie werden anhand der Interviews von Gruppenmoderatoren sehen, dass es zwei grundsätzliche Lager an erfolgreichen ModeratorInnen gibt. Die eine Gruppe hat als Hauptmotiv Lust und Spaß, sich zu den Themen auszutauschen, die Ihren privaten und beruflichen Interessen entsprechen. Die andere Fraktion hat ein ganz klar gestecktes berufliches Ziel. Was beide Gruppen miteinander verbindet, ist Spaß am Geben.

Die Gruppensuche ist lediglich ein technisches Hilfsmittel

Die Gruppensuchen auf XING und LinkedIn bieten unterschiedliche Möglichkeiten, nach für Sie ausschlaggebender Relevanz zu filtern.

> **Suche nach Gruppen** – in der Gruppensuche werden die Gruppennamen oder die Über-Diese-Gruppe-Seite (XING) bzw. Gruppenname oder Gruppenzusammenfassung (LinkedIn) indexiert. Beim Standardbeispiel Weiterbildung (OR Education) finden Sie knapp 1.400 deutschsprachige Gruppen auf XING und etwas über 20 Gruppen auf LinkedIn.

> **Suche nach Beiträgen** zeigt auf XING maximal 200 Beiträge an, auf LinkedIn gibt es diese Inhaltsuche über alle Gruppen hinweg nicht.

> **Technische Filtermöglichkeiten** auf XING gibt es: nach neuesten Gruppen, inhaltlicher Relevanz, Mitgliederanzahl, Aktivität, meistbesuchten Gruppen, offiziellen Gruppen, Kategorien, Sprachen und Gruppen-

größen. Auf LinkedIn nach Kontaktgraden (1., 2., 3. Grad), Kategorien und Sprachen.

Kriterien, die für Ihre Auswahl wichtig sein können:

➢ **Mitgliederanzahl:** wichtig aber nicht unbedingt ausschlaggebend, wenn der Aktivitätsgrad einer kleinen Gruppe groß ist.

➢ **Regionaler Bezug:** wenn Ihr Gruppenbeitritt einen Businessfokus hat, der in Zusammenhang mit regionalen Aktivitäten steht.

➢ **Themenbezug:** (siehe oben).

➢ **Onlineaktivität der Gruppe**

➢ **Reallife-Aktivität der Gruppe:** Es gibt manche Gruppe, in der virtuell wenig los ist, dafür aber starke Aktivitäten im realen Leben stattfinden.

➢ **Emotionale Relevanz:** kann im Business eine große Rolle spielen. So kann Sport (wie z. B. Golf) oder eine Porsche-Gruppe eine sehr emotionale Basis für einen erfolgreichen Netzwerkaufbau sein.

➢ **Gemeinsame Kontakte**

Workflow zur Auswahl relevanter Gruppen

Schritt 1: Sobald Sie sich aus der Gruppenübersicht eine Vorauswahl ausgesucht haben, können Sie zwischen dem Gruppenbeitritt und einer Vormerkung der jeweiligen Gruppe wählen. Merken Sie sich die gewünschten Gruppen und gehen Sie auf die nächste Suche.

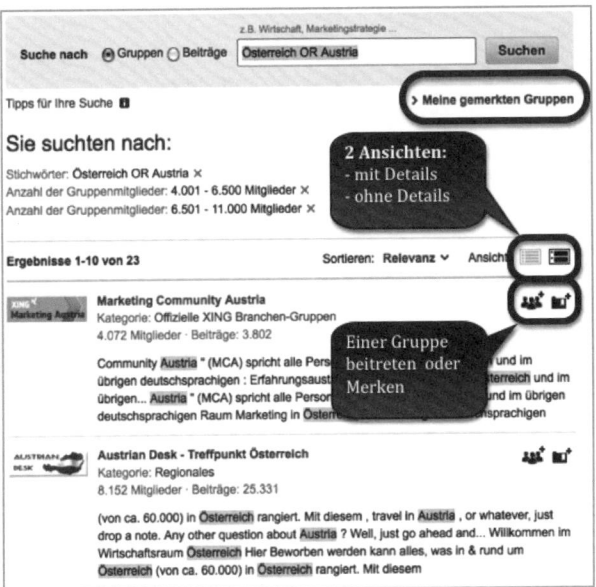

Gruppen finden und verwalten.

Schritt 2: Klicken Sie „Meine gemerkten Gruppen" (max. 50)

Schritt 3: Klicken Sie die Gruppenlinks Ihrer gemerkten Gruppen mit der rechten Maustaste (alternativ: Strg oder ctrl oder die linke Maustaste festhaltend), dann öffnet Ihr Browser für jede Gruppe einen Browsertab, und Sie können sich die gewählten Gruppen in einem Arbeitsschritt anschauen.

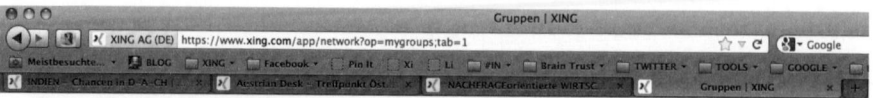

Browsertabs aller gefundenen Gruppen.

Schritt 4: Jetzt erst sehen Sie alle wichtigen äußeren Kriterien in einem Blick und können sich noch näher zur Gruppe informieren, um eine bessere Entscheidung zu treffen.

> **Offizielle XING-Gruppen (Ambassador-Gruppen)** sind Gruppen, die im Rahmen einer Vereinbarung mit der XING (technisch) AG als Enterprise-Gruppe geführt werden und regelmäßig offizielle Gruppen-Events durchführen. Es gibt über offizielle 160 XING-Regional-, 65 Branchen- und ca. 10 Hochschulgruppen.

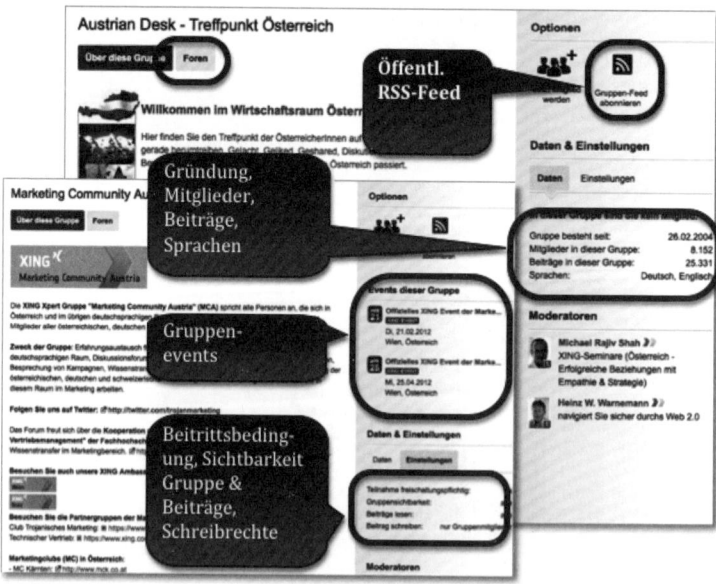

Was man alles auf einer Gruppenstartseite an Informationen findet. Quelle: http://bit.ly/AustrianDesk und Marketing Community Austria.

Schritt 5: Soweit die Beiträge öffentlich oder innerhalb der Plattform sichtbar sind, sollten Sie vor einer endgültigen Beitrittsentscheidung den Foren-Reiter klicken, um sich vom eigentlichen Inhalt und seiner Aktualität zu vergewissern. So könnte es zum Beispiel auch sein, dass nur gerade jetzt kein Gruppen-Event stattfindet, welches Sie auf der Gruppenstartseite finden.

Schritt 6: Der Gruppenbeitritt erfolgt entweder durch einen Antrag an den/die Gruppenmoderatoren, über den diese dann zu entscheiden haben, oder aber durch einen ganz einfachen Beitritt ohne Antrag.

Code of Conduct

Der Code of Conduct gilt für Moderatoren und Gruppenmitglieder. Lesen Sie sich dieses Manual durch. So sind Sie über eigene Rechten und Pflichten, aber auch Regeln, die für Moderatoren auf der Plattform gelten, im Bilde, *http://bit.ly/XING_Gruppen_Hilfe*.

Handeln – die hohe Kunst der Wirkung in der Öffentlichkeit

Ganz gleich, wie die technischen Einstellungen einer Gruppe zur Lesbarkeit von Beiträgen lauten, Sie bzw. Ihre Aktivitäten (Texte) befinden sich in öffentlichen oder semi-öffentlichen Räumen.

➤ **Jeder:** Gruppeninhalte stehen im offenen Internet.
➤ **Alle XING-Mitglieder:** im kompletten XING Shoppingcenter.
➤ **Alle Gruppenmitglieder:** im geschlossenen Theater-/Kinosaal.

Auf LinkedIn gibt es nur die Unterscheidung zwischen öffentlichen und geschlossenen Räumen. Wichtige Überlegungen, bevor Sie sich ins Getümmel der Onlinekommunikation stürzen.

Das Internet vergisst nicht

Texte und Wörter, die Sie öffentlich geschrieben haben, bleiben. Das Sprichwort „Wer schreibt, der bleibt" hat mit den elektronischen Medien eine neue Dimension bekommen. Überlegen Sie sich vor Ihren Aktivitäten, ob Ihre Beiträge wirklich für jeden sichtbar sein sollen. Bis zu einem gewissen Grad haben Sie es mit Ihrer Privatsphäre in der Hand, was von Ihnen wo gefunden werden darf. Es gibt sehr unterschiedliche Auffassungen zur Frage, ob Artikel 100 % öffentlich sein sollen oder nicht. Grundsätzlich sollten Sie sich die Frage stellen, ob es überhaupt Gründe geben kann, die gegen eine Öffentlichkeit stehen. Ein paar Beispiele:

> **Sie haben eine Webseite** und veröffentlichen Inhalte, die so oder so auch dort zu finden sind. Welchen Grund sollte es geben, XING, LinkedIn oder andere Netzwerke nicht dazu zu nutzen, auch über Google gefunden zu werden. Jemand, der Netzwerke als Kanal mag, könnte bevorzugt Ihren Inhalt dort lesen, da er Ihre Seite noch gar nicht kennt.

> **Sie haben keine Webseite**, so könnten Sie Suchmaschinen erstmalig dazu nutzen, Inhalte mit Ihrem Namen in Verbindung zu bringen.

> **Sie Suchen einen Job** und stellen dies in einer Gruppe öffentlich ein, könnten genau diese Vorteile zu einem späteren Nachteil werden, weil Suchmaschinen nicht vergessen und Ihr Personalchef unterscheidet nicht.

Eine 100-%-Garantie für Privatsphäre gibt es nicht

Privatsphäre ist eines der großen Diskussionsthemen im Internet. Egal wie sie gefügt wird, Sie haben trotz grundsätzlicher Kontrolle niemals eine Garantie in der Hand. Plattformen wie XING und LinkedIn bieten Ihnen diese Möglichkeiten in den Einstellungen. Sie können dennoch nie sicher sein, ob in Zeiten der Share-Kultur nicht doch einmal ein Beitrag durch ein unbedachtes oder auch unwissendes Verteilen Ihres Inhalts und Namens auf Twitter, XING, LinkedIn, Facebook, einem Blog, Google+ oder sonstwo in das Internet kommt.

Schreiben Sie im Internet nur, was Sie auch in zwei Meter großen Buchstaben vor dem Rathaus schreiben würden, Quelle: Text XING-Seminare, Bild: http://freepik.com.

Privatsphäre & Anonymität sind trügerische Begriffe

In ihrer Kombination lassen sie viele Menschen vergessen, dass selbst in einer geschlossen Gruppe Inhalte von anderen mitgelesen werden und einen wahrscheinlich bleibenden Eindruck hinterlassen. Gute Erziehung und Kommunikationsetikette sind an jeder Stelle des Internets ebenso wichtig wie im realen Leben.

Internet à la XING & LinkedIn reduziert den Mensch auf das Wort

Im Internet sind wir Menschen auf die visuelle Wahrnehmung reduziert. Da die anderen Sinne keinen Zugang zur Information haben, sind wir alle auf klare eindeutige Informationen angewiesen. Trotz alledem schwingen etwaige Emotionen, die wir schriftlich senden, in jeder Information mit. Aufgrund des Fehlens der anderen Sinne besteht ein latent hohes Risiko, Sie misszuverstehen.

Netiquette aus dem XING-Glossar

Netiquette (oder Netikette) ist eine Sammlung an Verhaltensregeln in der Internetkommunikation. Bitte beachten Sie bei der Kommunikation mit anderen XING-Mitgliedern folgende Grundregeln:

Formulieren Sie Nachrichten, Beiträge, Kommentare und Einträge verständlich und höflich und denken Sie auch an die Interessen Ihres Kommunikationspartners.

Bedenken Sie, dass bei der schriftlichen Kommunikation im Internet nonverbale Faktoren wie Mimik, Gestik und Tonfall wegfallen.

Beachten Sie weiter, dass Humor, Sarkasmus und Ironie aufgrund fehlender nonverbaler Kommunikation von den Mitgliedern unterschiedlich aufgefasst werden können. Einige Mitglieder sind eventuell mit Abkürzungen, Emoticons und gängigen Unterhaltungscodes im Internet nicht vertraut.

XING ist eine internationale Plattform, auf der unterschiedliche Kulturkreise zusammentreffen. Berücksichtigen Sie deshalb, dass sich das Kommunikationsverhalten anderer Mitglieder von Ihrem eigenen unterscheiden kann.

Hinweis: Bitte denken Sie stets daran, dass Sie verantwortlich für das sind, was Sie auf der Plattform schreiben!

In einer Gruppe mit der virtuellen Kommunikation starten

Natürlich ist es der Wunsch fast aller Moderatoren, dass ihre Gruppen aktiv sind. Auch gebietet es die Höflichkeit, sich als Neuankömmling in einem Raum vorzustellen. Dennoch ist es kein Muss. Sie können sich eine Gruppe durchaus auch nur anfänglich anschauen, weil Sie erst einmal überlegen wollen, ob Ihnen die Gruppe wirklich zusagt, sie diese nur als Recherche- oder Informationswerkzeug nutzen wollen. Tun Sie es in jedem Falle aktiv.

Nur Mitlesen und informiert sein

Eine der wichtigsten Funktionen innerhalb von Gruppen sind unterschiedliche Möglichkeiten, die Inhalte einer Gruppe bzw. deren Foren zu abonnieren.

Gruppen-Abos	XING	LinkedIn
RSS-Feed	Für alle öffentlichen Beiträge	Für alle öffentlichen Beiträge – je Untergruppe
E-Mail-Abo	– je Beitrag – je Forum	– je Beitrag
Zusammenfassung		– tägliche E-Mail – wöchentliche E-Mail – keine E-Mail

RSS-Feeds nutzen

Für diejenigen, die sich schon bei der Powersuche gefragt haben, wofür ein RSS-Feed gut ist, hier eine Erläuterung: Sie bewegen sich an vielen Stellen im Internet und besuchen die eine oder andere Internetseite immer wieder, weil Sie sich neue Informationen erwarten. Das Abonnement eines RSS-Feeds macht den aktiven Besuch unnötig. Sie bekommen per Mail oder einem speziellen Feedreader die gewünschten Informationen über Neuigkeiten frei Haus geliefert. So ähnlich wie der Börsenticker auf N24, CNN oder ähnlichen Newskanälen. An vielen Stellen im Internet, wo Sie selber Administratorenrechte haben, können Sie solche Feeds auch aktiv publizieren.

Mit dem E-Mail-Abo gezielt einem Thema oder einer Person folgen

Um eine ganze Gruppe oder deren Untergruppe/Forum zu abonnieren, muss diese schon extrem wertvolle Informationen beinhalten. Mittels Abo eines einzelnen Beitrags oder Forums grenzen Sie die Informationsmenge weiter ein. So könnte es zum Beispiel durchaus sein, dass ein Gruppenmitglied seine Gruppenmitgliedschaft als Blog verwendet und sein Thema bedient oder über dessen Events und Veranstaltungen informiert sein möchte.

Tipp: Legen Sie sich in Ihrem Mailprogramm für jede Plattform mindestens einen Ordner (intelligentes Postfach) an, in dem Sie die Mails umleiten und zeitlich gezielt durcharbeiten können.

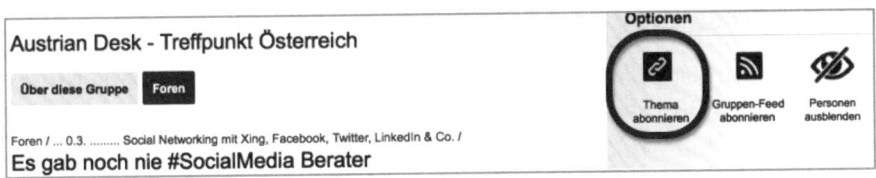

Der wichtigste Button in der Gruppenarbeit. Motive liefern, um Abonnenten zu gewinnen.

Auf LinkedIn haben Sie sogar die Möglichkeit, einzelnen Personen zu folgen, mit denen Sie nicht verbunden sind. Deren Beiträge erscheinen dann in Ihrem Update „Newsstream/Neues aus dem Netzwerk".

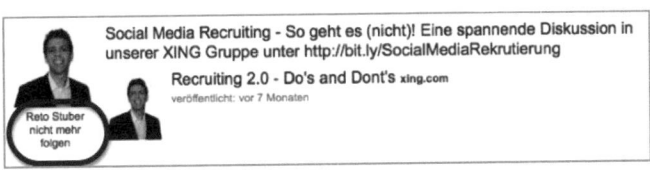

Personen aus gemeinsamen Gruppen folgen.

Die Gruppenzusammenfassung – ein Überblicksfeature von LinkedIn

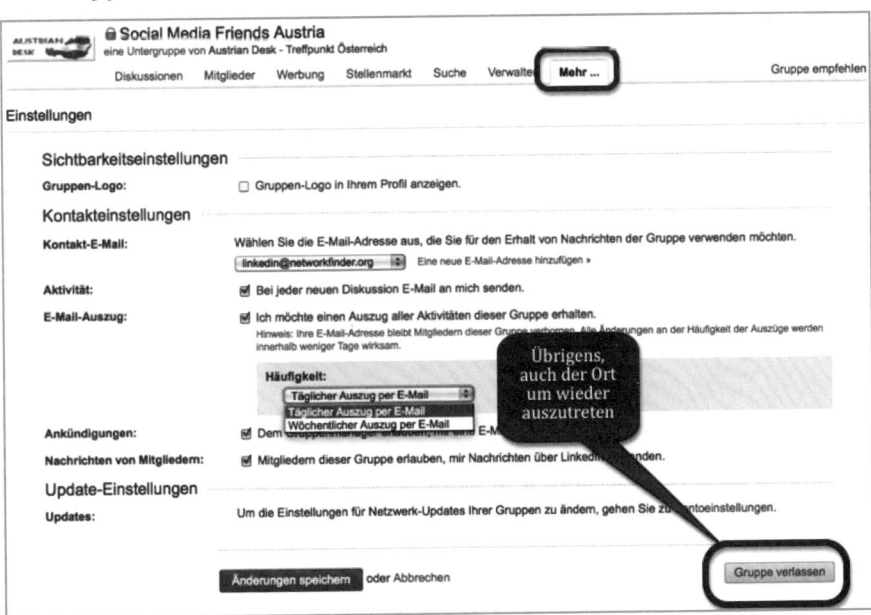

Zusammenfassungen der Inhalte von LinkedIn-Gruppen sind ein sehr interessantes Werkzeug.

Für jede LinkedIn-Gruppe können Sie sich eine tägliche oder wöchentliche Zusammenfassung der Gruppenaktivitäten erhalten und direkt aus der Mail heraus in Aktion treten, wenn Sie einen Impuls dazu haben.

Von nichts kommt nichts

Wenn Sie wirklich nachhaltigen Erfolg im Sinne eines Publikums für Ihr Unternehmen, Ihre Person oder Ihr Anliegen haben wollen, kommen Sie nicht darum herum, aktiv gestaltend tätig zu werden. Durchschnittlich 25 % aller nichtsuchenden Profilbesucher kommen mittelbar oder unmittelbar aus Aktivitäten in Gruppen.

Wer seine Netzwerkfiliale (Business) in eine Lage innerhalb der Shoppingmall bringen will, die nicht nur von aktiven Suchern und eigenen 1:1-Nachrichten abhängig ist, erweitert seinen Radius je nach Intensität der Aktivität mindestens um weitere 20 % Schaufensterbesucher.

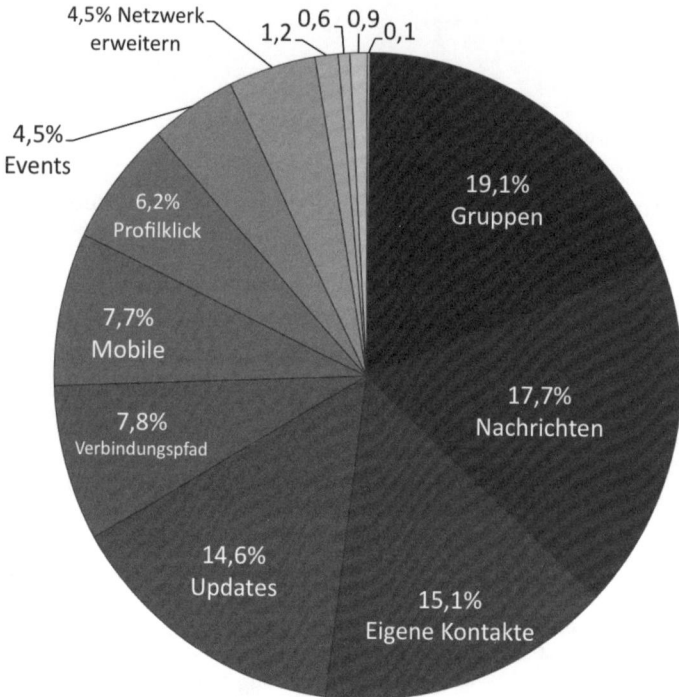

Statistische Zusammenfassung der Powersuche von Profilbesuchern, die nicht über Suchfunktionen zum Profil kamen. 19,1 % aus Gruppen, 17,7 % aus gesendeten Nachrichten, 15,1 % eigene Kontakte, 14,6 % „Neues aus Netzwerk", 7,8 % Verbindungspfad zu Kontakten, 7,7 % Handy-Apps & 6,2 % Rückklicks von besuchten Profilen. Quelle: Individuelle Langfristanalyse der XING-Powersuche, http://bit.ly/Profilbesucheranalysen.

20 % aller Klick-Ins (Powersuchergebnisse) stammen aus Gruppen

27 Wochen Powersuchergebnisverlauf

- Klick Ins (Eigenaktivität)
- Stichwort Suche
- Erweiterte Suche
- google
- Webseite

Individuelle XING-Powersuchanalyse der Profilbesucher von Michael Rajiv Shah ergeben, dass bis zu 75 % der Profilbesucher durch mittelbare und unmittelbare eigene Aktivitäten stammen. Quelle: http://bit.ly/Profilbesucheranalysen – networkfinder.cc.

Jetzt geht es endlich los – Tipps für mehr Aufmerksamkeit

Sie müssen nicht sofort Spezialist für Guerilla-Marketing werden, wenn Sie sich etwas intensiver auf Ihre wirksame Gruppenvorstellung vorbereiten. Die wichtigste Basis – Ihre Netzfiliale mit tollem Foto und aussagekräftiger Unternehmensbezeichnung – haben Sie schon geschaffen.

Der erste Eindruck in einer Gruppe ist die Artikelüberschrift

Tun Sie sich selber den Gefallen, neben dem eigentlichen Inhalt, den Sie bei Ihrer persönlichen Vorstellung, aber auch Vorstellung Ihres Unternehmens, Ihrer Produkte oder Ideen schreiben möchten, verhältnismäßig viel Zeit mit dem zu verbringen, was in einer Gruppe wirklich gefragt und gern gelesen wird. Das kann sehr unterschiedlich sein. Im Gegensatz zu Linked-In bietet XING Informationen über den Erfolg (Klicks) eines Postings an. Gehen Sie dazu in ein XING-Forum und schauen Sie sich die Beiträge an:

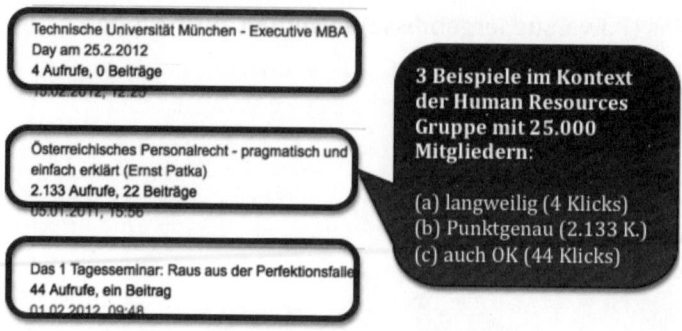

Mit der Headline kann die Anzahl der interessierten Leser maßgeblich beeinflusst werden.

Das Flohmarktprinzip auf der Businessmesse anwenden

Erfolgreiche Artikel zeichnen sich durch die Eigenschaften aus. eine prägnante (sexy) Headline, eine hohe Leserate und die Antworten. Wenn Sie diese drei Komponenten geschickt kombinieren, werden Sie Abonnenten für Ihre Beiträge anziehen. Sie kennen das eh aus Ihrer Realität: Ein Kinofilm oder Theaterstück, bei dem Schlange gestanden wird, zieht mehr Menschen an. Ein Leeres Geschäft bleibt leer, ein volles Geschäft wird noch voller.

Analyse der Artikelaufrufe (Leser) bei Verwendung eines Beitrags als Blog.

Der Teufel scheißt immer auf den größten Haufen

Damit Ihre Artikel nicht nur wegen der sexy Headlines einmal gelesen oder kommentiert werden, was ja an sich schon ein großer Erfolg ist, muss es Ihr Ziel sein, Gruppenmitglieder dazu anzuregen zu sagen: „Ja, ich würde gerne Artikel von einem bestimmten Gruppenmitglied oder zu einem bestimmten Thema abonnieren!"

Baumstämme fällen, statt Sägespäne zu produzieren

Fällen Sie den Baum, indem Sie immer in die gleiche Kerbe hauen, anstatt mit Ihrer Axt jede Stelle des Baumstamms hoch und runter zu schlagen.

Was diese Metaphern ins Praktische übersetzt sagen sollen, liegt auf Hand. Nur wenn Sie Ihr Thema (bzw. Ihren Artikelbaum) pflegen und immer wieder bedienen, werden Gruppenmitglieder sinnvoll die Entscheidung treffen können: „Ja, das Thema, der Mensch interessiert mich. Ich möchte informiert werden, wenn er schreibt!"

Der konkrete Workflow, um regelmäßige Leser für Sie anzuziehen

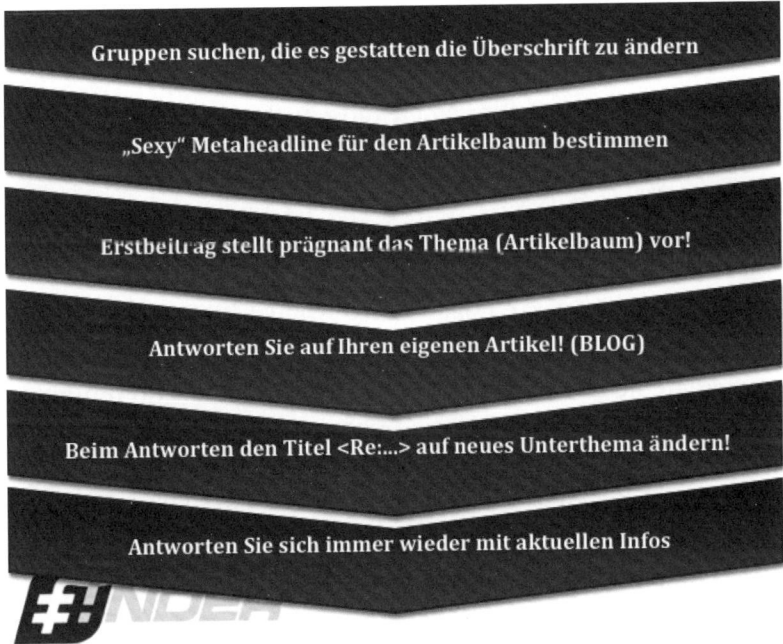

Gruppen suchen, die es gestatten die Überschrift zu ändern

„Sexy" Metaheadline für den Artikelbaum bestimmen

Erstbeitrag stellt prägnant das Thema (Artikelbaum) vor!

Antworten Sie auf Ihren eigenen Artikel! (BLOG)

Beim Antworten den Titel <Re:...> auf neues Unterthema ändern!

Antworten Sie sich immer wieder mit aktuellen Infos

Wie Sie sich eine regelmäßige Leserschaft Ihrer Beiträge aufbauen, Quelle: networkfinder.cc.

Zur Ideensammlung und Inspiration ein paar Links zu Artikeln, die mittels der beschriebenen Strategie mindestens 100 Klicks je Beitrag erzeugen:

➢ *http://bit.ly/Es_gab_noch_nie_Social_Media_Berater*
➢ *http://bit.ly/Human_Resources_im_Wandel_des_Social_Web*
➢ *http://bit.ly/Der_grosse_Crash_-_Eine_Frage_der_Zeit*
➢ *http://bit.ly/Die_Mietervereinigung_auf_XING*
➢ *http://bit.ly/Oesterreichisches_Personalrecht_einfach_erklaert*

Kommunikation mit Gruppenmitgliedern

Interaktion mit Gruppenmitgliedern ist eine der höchsten Künste in der virtuellen Welt der sozialen Netzwerke. Sie ist keine Selbstverständlichkeit. Sie ist ein sehr flüchtiges Wesen und braucht Fingerspitzengefühl. Was man aus dem visuellen Medium Facebook eindeutig mitnehmen kann. Emotionale Themen regen Diskussionen an. Betroffen sein oder Betroffen machen ist ein wichtiger Faktor, um die Flüchtigkeit länger zu binden.

Geben Sie doch das, was Sie sich selber wünschen

> **Wer fragt, der führt und zeigt Interesse:** Wenn Ihr Wunsch Kommunikation sein sollte, machen Sie es doch einfach selber. Gruppenmitgliedern, die Themen mit einem ähnlichen Anliegen haben, eine ehrlich und ernst gemeinte Frage zu stellen, bringt mit hoher Wahrscheinlichkeit eine Antwort und Kommunikation.

> **Emotionen, Zitate und Aphorismen:** sind auch gut geeignete Mittel, um Kommunikation anzuregen. Siehe Unterform in der Gruppe Wels & Friends, *http://bit.ly/Zitate_Aphorismen.*

> **Abonnieren Sie Unterforen:** So werden Sie informiert, um in Gespräche einsteigen zu können. Besonders Vorstellungsforen, wo sich jemand einen Ruck gegeben hat zu reden, sind tolle Möglichkeiten, offen, ehrlich und zuvorkommend ins Gespräch zu kommen.

> **Unterscheiden Sie zwischen privater und persönlicher Kommunikation:** Businessgespräche eignen sich besser für Fach und Branchengruppen, aber auch Regionalgruppen mit Fachforen. Situativer Smalltalk wird eher in Regionalforem mit hohem Reallife-Anteil geführt, wo Menschen sich auch im realen Offlineleben kennengelernt haben.

> **Politische, religiöse und andere hochemotionale Themen:** Diese bergen immer die Gefahr zu polarisieren. Überlegen Sie sich gut, ob Sie im Leben polarisierend erfolgreich sind. Wenn ja, sehr interessant!

Die Theaterbühne einer Gruppe in andere „Räume" übertragen

Nachdem Sie sich einen regelmäßigen Zuschauerkreis auf der Theaterbühne eines der Business-Shoppingcenter durch die „Baumfällertechnik" geschaffen haben und auch in anderen Räumen Zuschauer für Ihre Inhalte haben, könnten Sie diese auch dazu verwenden, Ihre Anziehungskraft noch weiter zu steigern.

Statusmeldungen von Shoppingcenter zu Shoppingcenter übertragen ist ein recht übliches Mittel. Viele XING-Mitglieder wurden durch die Möglichkeit der Twitter-Nutzung dazu animiert, einen Twitter-Account einzurichten. Die Facebook-Einbindung (und Google+-Einbindung bisher nur bei LinkedIn) verstärkt diesen Trend noch. Wenn Sie die Timelines betrachten, werden Sie feststellen, dass (außer von Gruppenmoderatoren) relativ wenig normale Netzwerkmitglieder Gruppenbeiträge in die anderen Räume übertragen, obwohl gerade die öffentlichen Gruppenbühnen durch besondere Funktionen im Internet verstärkt werden:

➤ **Inhalte bleiben dauerhaft sichtbar**, im Gegensatz zu den Statusmeldungen sind Gruppeninhalte dauerhaft sichtbar und abrufbar.

➤ **Suchmaschinen arbeiten für Sie und Ihr Thema**, Google & Co. durchsuchen und bewerten jeden einzelnen Kanal. Während Ihr Flagshipstore (Webseite) als ein Kanal betrachtet wird, dessen Inhalte auch zusammengefasst werden, führen die gleichen Themen an einem anderen Ort dazu, dass diese zusätzlich erfasst und angezeigt werden

Aufrufe der Gruppenbeiträge verstärken den Flohmarkteffekt

Anhand des folgenden Beispiels eines Events können Sie recht gut die unterschiedlichen Wirksamkeiten des Gruppenkontextes aus Thema, Zielgruppe, regionaler Nähe, der Auswirkung von Beiträgen (Antworten) und Ausdehnung auf einen weiteren Kulturraum zahlenmäßig nachweisen:

Zum Kontext selber: „Die [aha:] Konferenz – Lernen gestaltet Zukunft" ist ein jährliches Event in Wien zum Thema „Neues Lernen". Deren Veranstalter postete die Einladung fast gleichzeitig in vier XING-Gruppen.

➤ 8.600 Mitglieder (640 aus Österreich – AT), keine Beziehung zur Moderation der E-Learning-Gruppe brachte 36 Leser.

➤ 24.400 Mitglieder (1.840 AT), keine MOD-Beziehung der wahrscheinlich schon zu breiten Further-Education-Gruppe brachte 9 Leser.

➤ 4.100 Mitglieder (3.520 AT), gute MOD-Beziehung zur Marketingcommunity Austria brachte 2 Beiträge mit 85 Lesern.

➤ 8.100 Mitglieder (5.360 AT), gute MOD-Beziehung zum Austrian Desk brachte 1 Beitrag, 3 Tweets und 250 Leser (im Nachhinein betrachtet führte ein Gruppen-Newsletter mit dem Hinweis auf den Keynote-Sprecher sogar zu insgesamt 944 Lesern, also Kooperation mit Moderatoren kann sich lohnen).

Was Sie beim Hinzuziehen weiterer Filialen wie Twitter, Facebook und Google+ und LinkedIn bedenken sollten, ist die jeweils andere Sprache und Überlegung, mit welcher Filiale Sie welches Publikum ansprechen.

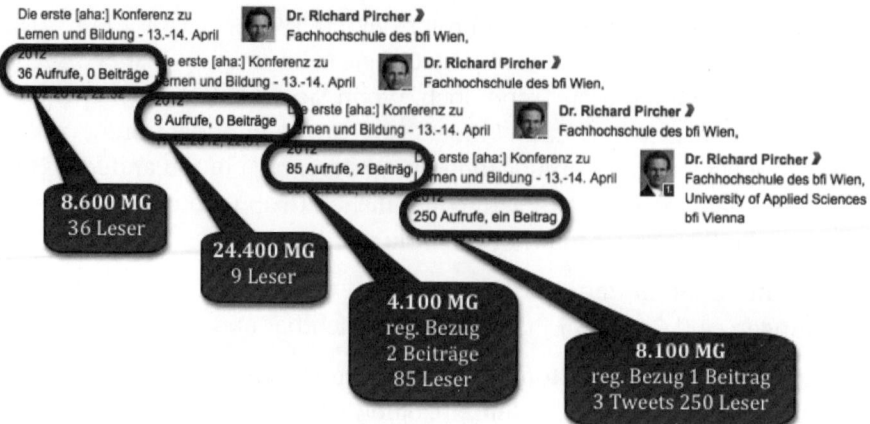

Wirkung desselben Beitrags in unterschiedlichem Kontext.

Verwenden Sie kulturraumgerechte Sprache

Insbesondere bei Twitter, Facebook und Google+ hilft es, händische Postings zu machen, da Sie unter Verwendung von #Hashtags und @Mentions (Twitter), Markierung bestimmter Kreise (Google+) auch öffentlicher Beiträge oder mittels Freundeslisten (Facebook) und @Mentions gezielt bestimmten themeninteressierte Zielgruppen erreichen oder sogar markieren können.

Immer mehr Gruppenmoderatoren unterstützen über Twitter

Aufgrund der beschriebenen Möglichkeiten, RSS-Feeds von öffentlichen Gruppen zu verwenden, gibt es immer mehr XING-, aber auch LinkedIn-Gruppenmoderatoren, die Ihre Gruppen und somit auch Sie als Mitglied durch das automatisierte Einlesen dieser Feeds in deren Twitter-Filiale stärken. In manchen Gruppen finden Sie sogar Spezial-Feeds, die aus den gesamten Gruppen-Content nur bestimmte Inhalte herausfiltern. Die technischen Möglichkeiten dazu werden wir im folgenden Abschnitt zur Gruppenmoderation besprechen.

Gruppenbeiträge im WWW

Wenn Sie Inhalte Ihrer „Theaterbühnen" mit denen des World Wide Web und Ihren dort vorhandenen Filialen oder auch anderen zugänglich machen wollen, ist es zwingend erforderlich, Ihre Privatsphäre für Gruppenbeiträge so einzustellen, dass diese für das komplette Internet lesbar sind. (Quelle: *http://bit.ly/XING_privacy*)

Gruppen aufbauen und moderieren

Wahrnehmen, dass Gruppen für Moderatoren ganz unterschiedliche Möglichkeiten der Inszenierung bieten

Schon bei persönlichen und Unternehmensprofilen sprachen wir von einer Dramaturgie, die Schaufensterbesucher darin unterstützt, Augenmerk und Aufmerksamkeit dahin zu lenken, wo Sie sich diese wünschen. Nutzten wir also weiterhin die bisherigen Metaphern und bleiben wir dabei, dass Gruppen auf XING und LinkedIn Räume wie Theater oder Kinos in großen Einkaufszentren sind, es fällt auch leichter, eine Gruppe als Raum zu sehen, in dem es um unterschiedliche Möglichkeiten der Inszenierung geht.

Die Moderation besteht aus Produzenten, Regisseuren, Dirigenten

Beim Theater, einem Konzert oder einem Film gibt es grundsätzlich drei unterschiedliche Arten von Beteiligten und immer auch eine vierte Gruppe:

➢ Intendant, Produzent, Komponist, Buchautor, Dirigent (Moderatoren)
➢ Regisseure, Bühnenbild, Technik (Co-Moderatoren)
➢ Darsteller, Musiker, Akteure (grundsätzlich alle Gruppenmitglieder)
➢ Zuschauer (grundsätzlich alle Gruppenmitglieder)

Als Moderation, alleine oder im Team gibt es also immer unterschiedliche Rollen, die zum Teil in Personalunion, zum Teil mit Aufgabenteilung erfüllt werden. Die Motive, eine Gruppe zu gründen, können sehr vielfältig sein. Das wichtigste Motiv für jegliche Art von gewünschtem Erfolg ist es, ein echtes Anliegen zu haben, von dem Sie begeistert genug sind, um andere mit Ihrer Begeisterung anzustecken, aber auch genug Ausdauer mitbringen, um Ihr Projekt mittel- und langfristig durchzuhalten.

Verarbeiten – Alles beginnt mit einem Anliegen

Wie bei der Profildramaturgie geht es bei der Inszenierung Ihrer Gruppe darum, dass die richtigen Menschen zueinanderfinden. Dabei sind unterschiedlichste Dinge zu beachten. Wenn Sie oder Ihr Unternehmen ein wirkliches Anliegen haben, ist das mit großer Sicherheit die beste Basis für den erwünschten Erfolg.

Erfahrungen als Co-Moderator (Regieassistenz) sammeln

Sollten Sie sich unsicher sein, ob Ihr Anliegen stark genug ist, eine eigene – mehr oder weniger – öffentliche Bühne dafür zu schaffen, suchen Sie sich doch Unterstützung von den Gruppen, die Sie schon eine Weile beobachtet haben oder noch besser, bei denen Sie mit Begeisterung nicht nur Zuschauer (Leser) gewesen sind, sondern aktiv positive Erfahrungen im Schreiben eigener Beiträge und beim Führen Diskussionen gesammelt haben. Auf XING und LinkedIn werden Sie Tausende Gruppen finden, die zwar verheißungsvolle Titel und anregend gemachte Über-Diese-Gruppe-Seiten haben, ja, sogar mehrere Hundert oder Tausend Mitglieder haben, die es dennoch niemals über die Anfangsphase der Idee, dem Aufbau und Mitgliederakquisition hinaus geschafft haben.

Die größten Fehler am Anfang vermeiden heißt Neues lernen wollen

Das Scheitern kann Hunderte unterschiedliche Faktoren haben. Ein paar Gemeinsamkeiten finden Sie natürlich ebenso bei Facebook-Pages wieder:

➢ mangelndes Anliegen; wir wollen Kunden ist kein anziehendes Anliegen

➢ mangelnde Erfahrung; daher auch der Tipp, diese zuerst zu sammeln

➢ mangelnde Ressourcen; Zeit ist Geld, d. h., eine Gruppe kostet Zeit

➢ mangelnde Kommunikation mit den Mitgliedern (Zuschauern)

➢ mangelndes Angebot an Content (online) oder Reallife-Treffen (offline)

Bevor Sie sich also in wilden Aktionismus stürzen oder sich auf ein Projekt einlassen, in dem Ihre Ressourcen an eine bestimmte kurzfristige Zielerreichung gebunden sind, möchten wir Ihnen dringend empfehlen, Erfahrungen an anderen Stellen zu sammeln als dem eigentlichen Zielprojekt. Sammeln Sie diese Erfahrung dort, wo Sie glauben, mit Spaß und Freude eines Ihrer (ggf. auch privaten) Anliegen auf einer virtuellen Bühne ausprobieren zu können. Der Erfolg Ihres Projekts wird sicher stärker, schneller, intensiver und nachhaltiger, wenn Sie diesen Weg gehen oder aber andere bereits Erfahrene und erfolgreiche Community-Manager für Ihr Anliegen gewinnen können.

Sie haben Erfahrung, Ressourcen, Freude und ein spürbares Anliegen

Das sind die besten Voraussetzungen für ein gutes Gelingen. Denn auch beim ersten Beantragen einer Gruppe wird Ihnen (zumindest auf XING) eine Reihe an Fragen gestellt, die sicherstellen sollen, dass Sie sich ausreichend mit der Gruppengründung beschäftigt haben. Aber keine Sorge, XING prüft meistens nur formale Hintergründe der eingehenden Gruppenanträge.

Dieser Fragebogen gibt ein paar Anhaltspunkte für Ihr Vorhaben

Voraussetzungen für die Genehmigung einer XING-Gruppe

Das Angebot richtet sich an engagierte XING-Mitglieder, die den Austausch in ihrem Fachgebiet anregen und unterstützen wollen. Bitte beachten Sie, dass Gruppen zu den folgenden Themen nicht zugelassen werden: Gruppen mit Themen und Inhalten, die gegen geltendes Recht oder unsere AGB verstoßen – Gruppen für Dating oder Flirt – Gruppen, die hauptsächlich der Diskussion aktueller Tagespolitik dienen oder parteipolitisch motiviert sind – Gruppen zu religiösen Themen oder Religionsgemeinschaften – Gruppen, die hauptsächlich der Jobvermittlung dienen

1. **Titel** der gewünschten Gruppe (suchmaschinenrelevant!)

2. Gewünschter **Kurzname** der Gruppe (URL – suchmaschinenrelevant)

3. Welcher **Kategorie** soll Ihre Gruppe zugeordnet werden? (Am Beispiel Golf* ließen sich diverse Zuordnungen denken: Freizeit und Sport (229), Wirtschaft und Märkte (21), Events (20), Regionales (15), Verbände und Organisationen (13), Firmen (11), Branchen (11), Hochschulen (4), Themen (3), Gesellschaft und Soziales (3), Schulen (2), Kunst und Kultur (2) und Geographie und Umwelt (2), *http://bit.ly/XING_Suche_Golfgruppen.*

4. Beantragen Sie die Gruppe für eine **Organisation**? (Wichtig, wenn es darum geht, die Gruppe für Unternehmen einzusetzen, der XING-Code, *http://bit.ly/XING_Code_of_Conduct*, regelt beispielsweise, inwiefern Werbung zulässig ist) Name der Organisation: Wo befindet sich der Hauptsitz Ihrer Organisation? Sind Sie berechtigt, im Namen der Organisation zu handeln? Wenn ja, welche Position haben Sie in der Organisation inne?

5. **Moderieren Sie eine Gruppe**/ein Forum auf anderen Social-Networking-Seiten?

6. Bitte **beschreiben** Sie die von Ihnen vorgeschlagene Gruppe näher.

7. Wie wollen Sie die **Aktivität** und Qualität innerhalb Ihrer Gruppe sicherstellen?

8. Was ist der **Hauptgrund** für Sie, eine Gruppe zu gründen?

9. **Wie viele Mitglieder** wird Ihre Gruppe schätzungsweise haben?

10. **Woher stammen die zukünftigen Mitglieder** Ihrer Gruppe voraussichtlich?

11. **Hauptsprache** der Gruppe.

12. Wie haben Sie von XING-Gruppen gehört?

Nicht jede Gruppe braucht eine akribische Planung

Je persönlicher und privater Ihr Anliegen ist, desto weniger brauchen Sie eine strategische Vorbereitung. Manchmal ist es auch gar nicht schlimm, wenn eine Gruppe entweder nur für einen bestimmten Zeitraum gegründet wurde oder nur einen bestimmten Zweck erfüllt.

Insbesondere bei geschlossenen Gruppen, die man nur findet, wenn man dazu eingeladen wurde, wie zum Beispiel die Austauschgruppe der offiziellen XING-Trainer von einem fest definierten Kreis, sie bestehend aus 17 Mitgliedern, die die Gruppe dazu nutzen, sich intern auszutauschen und gemeinsame Aktionen zu planen und organisieren, aber auch um sich mit zuständigen XING-Mitarbeitern auszutauschen. So gibt es auch Kleinstnetzwerke und Spaßgruppen, wo wenige Menschen im intimen Kreis miteinander kommunizieren möchte.

Wenn Sie Ziele verfolgen, sollten Sie diese strategisch angehen

In den überwiegenden Fällen haben diejenigen, die eine Gruppe gründen wollen, ein Motiv und ein Ziel. Gehören Sie dazu, empfehlen wir Ihnen, die folgenden Aspekte am besten schon vor der Gruppenbeantragung vorbereitet zu haben.

> **Recherchieren**, welche Gruppen es zum beabsichtigten Thema schon auf der jeweiligen Plattform gibt; sind **regionale Bezüge** wichtig für Sie?

> **Potenzialanalyse** zu Mitgliedern, die sich für Ihr Thema interessieren könnten; würde Ihr Netzwerk Sie unterstützen?

> **Wettbewerbsbeobachtung.** Treten Sie themenrelevanten Gruppen bei, um über Aktivitäten Ihres Gruppenumfelds informiert zu sein.

> **Networking nutzen.** Vernetzen Sie sich mit unterstützenden Gruppenmoderatoren und bereiten Sie Partnerschaften vor.

> **Ihr Angebot und Mehrwert.** Was ist Ihr eigentliches Angebot? Worin besteht der Mehrwert für Ihre Mitglieder? Welche Erwartungen haben Sie an Ihre zukünftigen Mitglieder?

> **Reallife-Treffen.** Welche Möglichkeiten haben Sie, mit Ihren Mitgliedern reale Offlinetreffen zu veranstalten, um Beziehungen zu intensivieren?

> **Content/Inhalte.** Welche Inhalte haben Sie/Ihr Unternehmen, um die Gruppenmitglieder mit Informationen (Mehrwert) zu beliefern?

> **Regeln.** Welche Regeln sollten für die Mitglieder gelten, die noch nicht von dem Code of Conduct oder der Netiquette erfasst sind?

> **Akteure.** Wer sind die Mitmacher, also Regisseure und Akteure?

LinkedIn-Gruppengründungen bedürfen keiner formellen Erlaubnis

Auch wenn die Gruppengründung auf LinkedIn keine formelle Beantragung benötigt, ist die grundsätzliche Beschäftigung mit den berühmten W-Fragen genauso wichtig wie auf XING. Insbesondere das derzeit eher internationale Umfeld und damit zusammenhängender differierender Struktur und Interessen der Mitglieder bedürfen je nach Zielsetzung einer besonderen Aufmerksamkeit und Voranalyse. Ein Interesse an persönlichen Themen ist wesentlich geringer, als Sie es zum Teil noch auf XING vorfinden werden.

Eingaben bei der Gruppengründung auf LinkedIn

1. Logo-Upload
2. Name der Gruppe (ohne LinkedIn)
3. Gruppentyp (Pendant zur Kategorie auf XING)
4. Zusammenfassung (Suchinhalte für das Gruppenverzeichnis)
5. Beschreibung (Gruppenstartseite)
6. Webseite (ein solches Feld gibt es auf XING nicht)
7. E-Mail-Adresse des Gruppenverantwortlichen
8. Zugang der Mitglieder: (a) automatische Bestätigung, (b) Mitglieder müssen bestätigt werden (hinzu kommen Unterpunkte, mit den Sie die Sichtbarkeit der Gruppe und Einladungsmöglichkeiten für die Mitglieder definieren)
9. Sprachen Auswahl aus 44 Sprachen (auf XING nur 16 Sprachen)
10. Standort, soweit es einen geografischen Bezugspunkt gibt (auf XING nicht möglich)
12. Verbindung mit einem Twitter-Account (auf XING nicht möglich)
13. Nutzungsvereinbarung
14. Entscheidung darüber, ob Inhalte der Gruppe offen oder nur für Mitglieder sichtbar sind (auf XING können Sie zwischen geschlossen, nur XING oder Internet entscheiden)

Nach Eingabe dieser Informationen ist Ihre Gruppe schon online. An dieser Stelle macht es Sinn, die Proportionen der Gruppenverteilung beider Plattformen etwas zu vergleichen, damit Sie ein Gefühl für den Wettbewerb und die Gesamtgröße des Raums bekommen, den Mitglieder und Moderatoren auf den beiden Plattformen derzeit als Bühne für die Platzierung Ihre Themen für eine größere Reichweite zum Gefundenwerden und natürlich zum Austausch mit anderen Plattformmitgliedern verwenden können. Der führende Blog zu LinkedIn, *http://linkedinsiders.wordpress.com*, veröffentlich regelmäßig Informationen und Vergleiche beider Plattformen aus einem besonders LinkedIn-freundlichen Blickwinkel.

Sprache	XING	LinkedIn
Alle	45.000	1.213.000
Deutsch	35.000	4.000
Englisch	6.000	991.000
Türkisch	2.000	4.000
Spanisch	1.000	52.000

Verarbeiten – Beziehungen, Partnerschaften und Teambuilding sind die beste Grundvoraussetzung für ein gutes Gelingen Ihre Gruppe

Damit der Bühnenauftritt im Rahmen der Shoppingmall für Ihr Unternehmen, Ihre Idee, Ihr Interessensgebiet eine in Ihrem Sinne erfolgreiche Sache wird, ist es sehr hilfreich, sich immer wieder die Inszenierung eines Theaterstücks oder das Drehen eines Films vorzustellen. Zuschauer für Ihr Stück zu bekommen ist Ihr Ziel. Bevor Sie diese in gewünschter Menge in den Zuschauerraum hineinlassen können, wäre es je nach gegebenem Stückgut, für Sie und das Projekt ein ganzes Team zusammenzustellen, mit dem Sie Ihre Ziele gemeinsam verwirklichen können.

Unterschiedliche Aufgaben, Funktionen und Fähigkeiten

Beim Finden strategischer Partner haben Sie unterschiedliche Herangehensweisen. Ein Unternehmensprojekt eines Mittelständlers wird aufgrund bestehender interner Strukturen anders aufgestellt sein müssen als kleinere bewegliche Einheiten wie ein Familienunternehmen oder EPU (Ein-Personen-Unternehmen). Je größer die Struktur, desto mehr wird auf interne Ressourcen und Unterstützung zugegriffen werden müssen; in diesem Fall ist es besonders empfehlenswert, über den Einkauf von professioneller Unterstützung nachzudenken, dessen Ziel sein könnte, ein internes Community-Management zu entwickeln. Je kleiner die Struktur, desto wichtiger ist das Finden von externen Kooperationspartnern, die sich ergänzend zu Seite stehen.

Die größte Gemeinsamkeit ist der Spaß am Aufbau einer Community

Nichts ist so ansteckend wie Begeisterung. Insofern ist es vom Grundsatz her ganz egal, ob Sie eine Facebook-Fanpage, XING- oder LinkedIn-Gruppe aufbauen. Die Zuschauer werden aufgrund der Konzeption eine bestimmte Erwartung an Sie haben, die es zu erfüllen gilt. Als Belohnung dafür haben Sie eine gute Aussicht darauf, dass Zuschauer über Ihren Film oder Ihr Bühnenstück sprechen, also Inhalte Ihrem Netzwerk weiterempfehlen. Die Krönung der Belohnung Ihrer Arbeit ist es, wenn Zuschauer innerhalb Ihres Bühnenraums selber beginnen, Akteure zu werden.

Wählen Sie Mitarbeiter aus, die Lust auf eine bestimmte Rolle haben

Nicht jeder kann Produzent oder Regisseur sein. Sprich, es wird ein paar wenige geben müssen, die den führenden Ton angeben. Wenn Sie in einer solchen Rolle sind, macht der Ton die Musik. Ein Team (insbesondere kooperativ bei EPUs & Kleinunternehmen) zu führen geht am besten, wenn jeder Mitwirkende sich entsprechend seinen Fähigkeiten entfalten kann. Sie können zum Beispiel eine Person, die ungerne schreibt, schwer dafür gewinnen, die Rolle einer Person zu übernehmen, die Texte verfasst. Ist die gleiche Person aber ein super Smalltalker, könnte sie eine herrliche Ergänzung für die Mitgliederbegrüßung oder für die Gestaltung von Real-life-Events sein. Und wer weiß, vielleicht hat sie besondere Freude daran zu recherchieren und Inhalte für die Gruppe aufzustöbern, die interessant ist.

Bühnenbildner und Requisiteure bleiben auch im Kino oder Theater relativ unsichtbar bzw. erscheinen lediglich im Abspann. In Gruppen haben Kreative mehrere Bereiche, auf denen diese das Bühnenbild gestalten können. Drei unterschiedlich große Logos/Banner auf XING, zwei Logos auf LinkedIn und die XING Start- und Über-Diese-Gruppe-Seite ermöglichen kreativ visuelle Spielräume.

Darüber hinaus stellen die XING-Newsletter für visuell Kreative eine ganz eigene Bühne dar, auf der sie den Inhalten der gerne Schreibenden eine besondere visuelle Note geben können. Eine regelmäßige kreative Wirkungsmöglichkeit für Grafikdesigner, aber auch HTML-Kundige, die sich sonst mit Webseitenproduktion beschäftigen. So erhalten diese eine verlängerte Bühne. Der Produzent muss nur die Begeisterung für diesen Teil der Arbeit bei entsprechenden Kooperationspartnern oder Mitarbeitern entzünden können. Newsletter müssen so oder so geschrieben werden!

Jedes Theaterstück braucht auch **Marketing und Vertrieb**, denn ohne Zuschauer werden Sie Ihr Stück wahrscheinlich gar nicht erst aufführen. Erfolg wird meistens an quantitativen Werten festgemacht. Auf Facebook geht es um Fans (manche lassen sich sogar verleiten, diese zu kaufen), auf Twitter um Follower (dort gibt es Automaten, mit denen Sie den Follower-Aufbau gestalten können) auf XING und LinkedIn ist einer der quantitativen Faktoren, an denen Erfolg gemessen werden könnte, die Menge der

Gruppenmitglieder. Je mehr Mitglieder, desto größer die Reichweite, das ist die häufig gemachte Rechnung. Allerdings leidet die Wirksamkeit der Reichweiten immer mehr unter dem Überangebot im Internet.

Dennoch, wenn Sie Ihr Konzept zum Fliegen bringen wollen, kommen Sie nicht drum herum, bei potenziellen Zuschauern und Akteuren für Ihre Gruppe zu werben; Akquisition zu betreiben. Auch hier gilt, dass Menschen, denen Akquisition und direkte Ansprache liegt, erfolgreicher sein werden als andere.

Diese werden potenzielle **Zuschauer und Akteure** eher empathisch einladen, als stinklangweilige 08/15-Akquisition zu machen. Jedes Theaterstück braucht auch **Marketing und Vertrieb**, denn ohne Zuschauer werden Sie Ihr Stück wahrscheinlich gar nicht erst aufführen. Erfolg wird meistens an quantitativen Werten festgemacht. Auf Facebook geht es um Fans (manche lassen sich sogar verleiten, diese zu kaufen), auf Twitter um Follower (dort gibt es Automaten, mit denen Sie den Follower-Aufbau gestalten können).

Wenn alle Faktoren passen, ...

➢ **Potenzielle Zuschauer** haben genügend Hinweise im Profil, dass sie an Ihrer Gruppe interessiert sein könnten (erweiterte Suche).

➢ **Die Einlader** wählen eine Ansprache, die individuell genug ist (möglichst keine Standardgruppeneinladungen), die wirklich einladend ist und klärt, (a) warum er Mitglied werden soll, (b) was ihm eine Mitgliedschaft bringt, und (c), was von ihm erwartet wird.

➢ **Diese Gruppen-Seite** ist kreativ und ansprechend genug, um der Einladungen und dem Versprochenen gerecht zu werden.

➢ **Foren der Gruppe** haben nicht nur ansprechende Überschriften, sondern auch interessante Inhalte, die regelmäßig erweitert werden.

... haben Sie eine gute Inszenierungsarbeit geleistet!

Nun kann das Stück beginnen, und wir gehen auf die weiteren konkreten, weniger bildhaften Details der optimalen Gruppenmoderation bzw. des Aufbaus und der permanenten Zuschauergewinnung ein.

Moderator und Facilitator

Wie Sie in der Einführung dieses Kapitels zur Gruppenmoderation lesen konnten, sind Sie als Gruppenmoderator fast immer in einer Zwitterrolle. Zum einen geht es Ihnen um eigene Ziele oder Wünsche, die Sie für sich und Ihr Unternehmen verfolgen. Zum anderen sind der eigentliche Mittelpunkt der Gruppe nicht Sie, sondern der Zuschauer, Leser und Mitakteur. Ihre ganze Arbeit bewegt sich in dem Spannungsfeld zwischen jemandem, der dem Prozess der Gruppen- bzw. Community-Bildung ermöglicht (Facilitator), und dem eigenen Wunsch der Gestaltung.

Trennung der Rollen kenntlich machen

Markieren Sie Beiträge, in denen Sie als Moderator aktiv und regulierend in das Gruppengeschehen eingreifen, ganz klar als Moderatorentätigkeit.

Ein Team will zusammengestellt und gemanaget werden

Wenn Sie eine Gruppe nicht für sich alleine eröffnen, gibt es drei wichtige Erfolgsfaktoren für die Organisation Ihrer Gruppe. Die Teamzusammen-stellung und klare interne und externe Rollenverteilung bleiben über die komplette Lebensdauer Ihrer Gruppe ein fortwährender dynamischer Prozess. Perfekt wäre ein Reallife-Treffen 1–2 Mal im Jahr, wenn Sie weiter von-einander entfernt leben, wie es häufig bei nichtregionalen Themengrup-pen der Fall ist. Im echten Leben bekommen Sie ein besseres Gefühl für Ihre Kollegen.

Das virtuelle Team

Sollte dies nicht möglich sein, empfehlen wir in Kombination häufigere Onlinetreffen (Telefonkonferenzen) mittels eines Webinartools wie der Spreed-Applikation auf XING, *http://bit.ly/XING_Spreedmeetings*. Auch Skype, *http://bit.ly/XING_Skype_download*, oder Google+-Hangouts sind geeignet, um die Arbeit eines Teams zu koordinieren. Zur Kommunikation im Alltag ist ein internes Moderatorenforum zu empfehlen. Aber auch im Gruppenalltag ist es sehr empfehlenswert, sich ein System einzurichten, wie im internen Moderatorenforum Themen abgearbeitet, entschieden und kommuniziert werden. Wir kommen später bei Newslettern noch einmal darauf zurück.

Einrichtung einer Gruppe

Das Bild der Theater- oder Filmcrew ist dazu gedacht, dass Sie sich kreativ mit dem Teambuilding beschäftigen können und der Raum einer Gruppe auch als solcher begriffen werden kann. Die technische Realität ist ein wenig anders. XING und LinkedIn haben unterschiedliche Rechte- bzw. Rollensysteme. XING behält immer die Hauptrechte über eine Gruppe, während auf LinkedIn-Gruppengründer die komplette Hoheit über alles in einer Gruppe behalten. XING kümmert sich meistens um ein neues Moderationsteam, wenn ein altes Team die Gruppe beendet.

Rechtevergabe	XING	LinkedIn
XING/Verantwortlicher	XING ändert Moderatoren XING schließt Gruppe	Verantwortlichkeit ändern Gruppe schließen
Moderator/Manager	XING ernennt Moderatoren ernennt Co-Moderatoren gestaltet Layout/Aufbau richtet die Gruppe ein lädt Dateien hoch schreibt Newsletter organisiert Newseinträge verwaltet Mitglieder organisiert Events schreibt Artikel	ernennt Manager ernennt Moderatoren -- richtet Gruppe ein -- schreibt Newsletter organisiert Newseinträge verwaltet Mitglieder -- --
Co-Moderator/ Moderator	lädt Dateien hoch schreibt Newsletter organisiert Newseinträge verwaltet Mitglieder organisiert Events schreibt Artikel	-- -- organisiert Newseinträge -- -- --
Mitglied	schreibt Artikel	schreibt Newseinträge

Über-Diese-Gruppe und Gruppenstartseite haben auf XING und LinkedIn technisch zwei unterschiedliche Funktionen. Die **Startseite** wird auf XING nur von den Mitgliedern gesehen, die Mitglied der Gruppe sind. Sie können beide mit kreativ-visuellen Elementen ausgestattet werden. Die Suchmaschine, innerhalb derer Mitglieder suchen können, greift auf die Über-Diese-Gruppe-Seite (XING) bzw. die Zusammenfassung (LinkedIn) und die Gruppennamen bzw. Links zu. Stellen Sie also sicher, dass der Text die Suchwörter beinhaltet, nach denen mit Sicherheit gesucht wird. Auf XING ist zu beachten, dass eine wahllose Aneinanderreihung von Suchbegriffen, die nicht im Zusammenhang mit der Gruppe stehen, nicht erlaubt ist (Keywort-Spamming).

Erlaubt ist für eine Regionalgruppe eines Landkreises, alle Ortschaften des Kreises zu benennen, nicht aber die des Nachbarlandkreises. Die Inhalte dieser Seite sollten neben der Tatsache, einladend zu sein, die wichtigsten W-Fragen (Nutzen) und die Dos & Don'ts beinhalten, also alles, was mit Net(t)iquette, Regeln, Erwartungen zu tun hat:

> ➢ Welche Inhalte sind in der Gruppe erlaubt oder gewünscht?
> ➢ Werbung ja oder nein, wenn ja, an welcher Stelle?
> ➢ Umgangston und Sprache, Sie oder Du?
> ➢ Wann greifen Moderatoren ein, und gibt es Veranstaltungen?

Beispiele interessanter Gruppenstartseiten inkl. visueller Inhalte:

> ➢ *http://bit.ly/AustrianDesk*
> ➢ *http://bit.ly/XING_TrojanischesMarketing*
> ➢ *http://bit.ly/XING_Hamburg*
> ➢ *http://bit.ly/XING_Education*

Machen Sie mehr daraus und integrieren Ihre CI. Wenn bei Ihnen oder in Ihrem Team keine HTML-Kenntnisse vorhanden sein sollten, können Sie unter *http://bit.ly/Xletter* eine Jahreslizenz zur Gestaltung von XING-Gruppenseiten und Newslettern erwerben. Dies ist kein XING-Produkt. Da XING sukzessive unterschiedliche Bereiche (Über-Mich-Seite, Events & Plus-Unternehmensprofile) mit HTML-Editoren ausgestattet hat, kann man davon ausgehen, dass über kurz oder lang auch XING-Gruppen in das Rollout dieser HTML-WYSIWYG-Editoren kommen.

Wer soll was lesen können? Wer soll die Gruppe finden können?

Das ist nicht nur eine sehr wichtige strategische Frage, die darauf abzielt, Inhalte intim zu halten oder größere Neugier auf die Inhalte durch Verknappung zu schaffen. Sie kann insbesondere dann von gruppendynamisch emotionaler Relevanz sein, wenn Sie eine ehemals geschlossene Gruppe, in der Mitglieder sich sicher wähnten, in einem fest bestimmten Kreis Inhalte zu veröffentlichen und zu diskutieren, die sie vielleicht in einer öffentlicheren Gruppe nie geschrieben hätten, für einen erweiterten Kreis öffnen wollen.

Während es auf LinkedIn nur die Variante gibt, eine Gruppe offen oder geschlossen zu führen, darüber hinaus die Möglichkeit zu regeln, ob Gruppenmitglieder einladen dürfen, die Gruppe im Gruppenverzeichnis und auf den Mitgliederprofilen sichtbar ist, haben Sie auf XING drei unterschiedliche Einstellungsvariabeln.

Grundeinstellungen von XING-Gruppen einstellen.

So kommt es, dass Sie auf XING die eine oder andere Gruppe finden, bei der Sie kein Mitglied sein müssen, um Schreibrechte zu haben. Dies kann ganz unterschiedliche Vorteile mit sich bringen, was die Reichweite, das Freiheitsgefühl für die Gruppenmitglieder betrifft und den Interaktionsgrad angeht. Auf der anderen Seite ist ein XING Mitglied ohne Beitritt auch nicht mit der Gruppe verbunden, sodass keinerlei Reichweitengewinn oder persönliche Bindung zu den nur schreibenden XING-Mitgliedern erreicht wird. Die XING-Gruppe *http://bit.ly/XING_Webtest* erzielt trotz niedrigem Bindungszwang seit sieben Jahren eine sehr hohe Sichtbarkeit. Und bedenken Sie den großen Anteil von Profilbesuchern aus Gruppenaktivitäten!

Die Sprachwahl richtet sich an dem Zielpublikum aus

Auch hier ist weniger mehr. Die Sprachwahl der Foren auf XING reguliert in Kombination mit den persönlichen Systemspracheneinstellungen Ihrer Mitglieder, welche Foren zuerst angezeigt werden. Haben Sie beispielsweise Englisch als Systemsprache, würden deutsche Foren erst nach den englischen angezeigt und umgekehrt. LinkedIn-Gruppen sind von Haus aus multilingual (44 Sprachen).

XING-Gruppen als Leadgenerator verwenden

Wenn Sie die Variante wählen, dass ein Zuschauer eine „Eintrittskarte" (Beitritts-anfrage, die von Moderatoren freigeschaltet werden muss) vorzeigen muss, haben Sie einen besonderen Trumpf zu Leadgenerierung in der Hand. Sie können die Beitrittsseite Ihrer Gruppe so mit geeigneten Fragen ausgestalten, dass deren Beantwortung Ihnen genaue Informationen über die Interessen des zu-künftigen Mitglieds gibt. Eine Qualifikation des Gruppenmitglieds über entspre-chende Kategorien vereinfacht die gezielte Ansprache.

Die Willkommensnachricht zur Einstimmung auf das Kommende

Sowohl XING als auch LinkedIn versenden eine Willkommensnachricht an neue Gruppenmitglieder. Auf XING können Sie die Automatik abstellen, auf LinkedIn geht ohne eigene Nachricht eine Standardbestätigung an das neue Gruppenmitglied raus. In jedem Fall ist eine individuelle Benachrich-tigung empfehlenswert.

Platzkarten oder nicht – Kategorisierung der Mitglieder

Es gibt heutzutage nur noch wenige Theater- oder Kinosäle, die keine Platzkarten für Parkett, Mittelteil, Balkon oder gar Separées vergeben. XING-Gruppen ermöglichen Moderatoren die Vergabe von nicht sichtbaren Kategorien für Mitglieder. Also ganz gleich, ob Sie eine Leadgenerator-Gruppe anpeilen oder nicht, könnte sich zu einem späteren Zeitpunkt her-ausstellen, dass es wichtig sein könnte, Mitglieder nach Kategorien heraus-zufiltern. Insbesondere für Themen-Newsletter und regionale Eventeinla-dungen ist dies ein sehr wichtiger Punkt, um Mitglieder nicht mit versen-deter Information überzustrapazieren. Diese sind ja auch in andern Räu-men unterwegs. Wenn dies einmal wichtig sein könnte, beginnen Sie mit dem ersten Mitglied. Nach ein paar Jahren ist die innere Hürde, mehrere Tausend Mitglieder nachzukategorisieren, schlichtweg zu hoch (auf LinkedIn nicht möglich).

Neumitglieder persönlich anschreiben und/oder zu Kontakten machen?

Wenn Sie ein gut eingespieltes Team haben und die Aufgabenteilung fest-gelegt ist, sollten Sie sogar darüber nachdenken, Gruppenmitglieder per-sönlich anzuschreiben. Thorsten Hahn, Autor des Buchs „77 Irrtümer im Networking erfolgreich vermeiden" und Moderator der größten Banker-gruppe, *http://bit.ly/XING_Bankingclub*, im deutschsprachigen Internet (über 50.000 Mitglieder), empfiehlt die persönliche Kontaktaufnahme aus zwei unterschiedlichen Gründen.

263

a) Beziehungen sind das wichtigste Kapital, daher nannte Frau Andrea Zajicek XING und LinkedIn auch die Vitamin-B-Netzwerke. Wer Beziehungen zu seinen Zuschauern aufbaut, schafft Bindungen und bringt seinen Gruppenmitgliedern persönliche Wertschätzung entgegen, die dazu beiträgt, aus C-Kontakten, B- oder A-Kontakte zu machen. Darüber hinaus steigt auch die Bereitschaft, vom Zuschauer zum Akteur zu werden.

b) Eine Plattform und Gruppe könnte aus diversen Gründen einmal nicht mehr da sein. So zum Beispiel ist die erste Plattform (Handelsblatt.net), auf der ich meine Erfahrungen gesammelt habe, nach neun Monaten Moderationsaktivität abgeschaltet worden. Auch diverse Facebook-Pages mit mehreren 100.000 Fans wurden vom Betreiber entfernt.

Für Produzenten & Regisseure ein Muss: die Premium-Mitgliederschaft

Auch wenn es keine Pflicht ist, sollten Sie Ihr Moderationsteam anhalten, eine Premium-Mitgliederschaft zu haben. Alleine schon aufgrund der Tatsache, dass Moderationstätigkeiten manchmal auch eine nichtöffentliche Kommunikation mit einem Gruppenmitglied erfordert. Wenn das Team aus Ihren eigenen Mitarbeitern besteht, empfehlen wir, allen die Premium-Mitgliederschaft auf XING zu bezahlen. Auf LinkedIn ist dies wie gesagt nicht zwingend erforderlich. Freemium-Mitglieder können mit jedem Gruppenmitglied kommunizieren!

Einrichtung der Gruppenforen – weniger ist mehr

So viel optischer der Eingangsbereich der XING-Gruppen ist, so wenig findet sich innerhalb der Gruppen an optischen Möglichkeiten wieder. LinkedIn bietet zumindest bei Links ein Preview der verlinkten Inhalte und für jeden standardisierten Gruppenbereich (Diskussionen, Jobs und Werbung) einen eigenen Reiter an. Untergruppen bilden jeweils eine separate Gruppe, der man auch einzeln beitreten kann.

Je kleiner die Mitgliederzahl und geringer die Inhalte einer Gruppe, desto weniger Foren sollten Sie verwenden. Die Übersichtlichkeit leidet stark, wenn zu viele Untergruppen vorhanden sind. Konzentrieren Sie sich anfangs auf 3–5 Foren in XING. Zwei (News & Newsletter) werden automatisch vergeben. Diese können nachträglich umbenannt werden.

Beispiele für den kleinen Anfang:

➤ Raum zur Vorstellung von Mitgliedern.
➤ Themenforum.

> Events (soweit geplant oder auch Eigeninitiativen gewünscht sind).

> News werden automatisch bei ersten Newseintrag hinzugefügt.

> Newsletter werden automatisch zum ersten Newsletter-Versand beigefügt.

> Ein verstecktes Moderatorenforum sollten Sie haben.

Suchmaschinenrelevanz der Forentitel (XING)

Bei öffentlichen Gruppeninhalten, aber auch semi-öffentlichen Gruppeninhalten, die nur innerhalb der Plattform gefunden werden können, vergibt XING für den Text, mit dem Sie einen Forentitel formulieren, automatisch eine URL. Wenn Sie suchmaschinenoptimiert agieren möchten, überlegen Sie sich, wie die verwendete Forenüberschrift Sie darin unterstützen kann, gefunden zu werden.

Beispiel: „Social Networking mit XING und LinkedIn"

Suchmaschinen durchsuchen nicht nur die Inhalte einer Webseite (in diesem Beispiel XING), sondern auch die Links. Die Links der Inhalte einer Gruppe haben immer die gleiche Struktur:

1. Linkabschnitt: Gruppenlink, *https://www.xing.com/net/GRUPPEN-URL*

2. Linkabschnitt: /Woerter-im-Forentext-werden-durch-Bindestriche-getrennt/

3. Linkabschnitt: -daran-wird-die-Zaehlzahl-des-Forums-gehaengt/

4. Linkabschnitt: /Ueberschrift-des-Artikels-werden-an-teil-4-angehaengt/

So kommt den verwendeten Wörtern und Headlines eine wichtige Bedeutung zu Beispiel: *http://bit.ly/Googlesuche_social-networking-mit-xing-linkedin*

Auf LinkedIn gilt das nur für Linkabschnitt 1 (Gruppen-URL) und Linkabschnitt 4 (Überschrift des Artikels), der allerdings nicht an Abschnitt 1 angehängt wird.

RSS-Feeds in zwei Richtungen verwenden

Jede öffentliche Gruppe produziert einen RSS-Feed (auf LinkedIn auch jede Untergruppe), als Gruppenmoderator können Sie diese Feeds an unterschiedlichen Orten einlesen. Angefangen von Ihrer Webseite bis hin zu LinkedIn, Twitter, Facebook und Co. Ob und wie weit das Sinn macht, müssen Sie für sich entscheiden. Wir würden dazu raten, jeden Kommunikationskanal und die damit verbundenen Nutzer/Beziehungen einzeln zu bedienen und wertzuschätzen. Anders herum können Sie ebenso RSS-Feeds von außerhalb sowohl auf XING als auch LinkedIn einlesen. Auf XING haben eingelesene Feeds einen separaten Teil auf der für Gruppenmitglieder sichtbaren Gruppenstartseite, während sie auf LinkedIn automatisch als Gruppendiskussion eingefügt werden.

Eine nicht offizielle Messung der Wirksamkeit der Links auf XING-Gruppenstart-seiten vor dem Umbau auf #X4 hat allerdings gezeigt, dass Linkinhalte der Start-seite für Gruppenmitglieder bei Weitem nicht so stark geklickt werden, wie man annehmen könnte. Sollten Sie also daran denken, die Startseite als Werbefläche zu ‚verkaufen‘ (ist so oder so laut XING-AGB nicht erlaubt bzw. nur bei Enter-prise-Groups möglich), wäre es gegenüber Ihren Partnern fair zu sagen, dass die-se nur vor Gruppenbeitritt wirklich gesehen & wahrgenommen werden.

Feeds nach Themen gefiltert versenden – Twitterfeed.com

Wenn Sie vorhaben, eine andere Ihrer Filialen mit dem automatisch erzeugten Feed Ihrer XING- oder LinkedIn-Gruppe informativ zu versorgen, empfehlen wir, dies thematisch zu tun. Als Beispiel zeigen wir Ihnen das Thema Jobs und Karrie-re. Im Kulturraum Twitter werden Themen durch Hashtags (#Thema) gefunden. Mittels des Werkzeugs *http://twitterfeed.com* können Sie kostenfrei sowohl ge-zielt Themen aus Ihrer Gruppe herausfiltern und ausgrenzen, als auch diese für die Twitterzielgruppe mittels #Hashtag-Anhang aufbereiten.

- Legen Sie einen neuen Twitterfeed an, indem Sie die Feed-URL Ihrer Gruppe kopieren und dort einfügen.

- Öffnen Sie dann die „Advanced settings", in denen die Häufigkeit (Update Frequency), ob Inhalt neben der Headline mitgepostet werden soll, der zu ver-wendende URL-Kürzer, Facebook-Optionen, Präfix #Hashtag, Suffix #Hashtag (Nachsatz) und Filter der Schlüsselwörter, aber auch Ausschluss von Schlüs-selwörtern gewählt werden können.

- Der dritte Schritt ist dann, die Auswahl bzw. Verbindungsherstellung zu Ihrem (Ihren) Social-Media-Filialen.

Das Beispiel des Jobfeeds (*http://bit.ly/AD_Jobfeed*) filtert folgende Schlüssel-wörter heraus:

Job, Karriere, Personal, Arbeitsstelle, Human-Ressource, Vertrieb, Beruf, Bewer-bung, Recruiting und Recruiter.

Erhöht wird die Reichweite aller Jobanzeigen durch eine automatische Veröffent-lichung über drei Twitter-Accounts, eine Österreich-spezifische Fanpage und einen LinkedIn-Account von 8.000 Gruppenmitgliedern um 4.000 mögliche Page-views auf 12.000 Adressaten.

Die Wirkung (Steigerung der Pageviews) dieses spezial RSS-Feeds können Sie in folgendem Link zu einem Screenshot gut ablesen: *http://bit.ly/Job_Feed_Wirkung*.

Auf LinkedIn produziert jedes öffentliche Unterforum einen eigenen Feed. Die Filterfunktion entfällt, dennoch ist eine Aufbereitung mittels Twitter-#Hashtags zu empfehlen.

Wenn die Bühne steht, kann es doch losgehen

Der Eingang ist fertig, die Kasse (Beitrittsanfrage & Begrüßungstext) steht, das Bühnenbild ist aufgestellt, Sie haben Ihre anderen (social) Webfilialen nebst Ihrer Webseite und den E-Mail-Signaturen mit einem Hinweis auf Ihre Bühne ausgestattet, und die Rollenverteilung innerhalb des Teams hat begonnen, eine Eigendynamik zu entwickeln. Dann brauchen Sie nur noch Inhalte (Content) bzw. ein Konzept, woher die Inhalte für Zuschauer kommen, die nicht von Anfang an Akteure sein wollen, sondern tatsächlich Zuschauer.

Die 90-9-1-Regel ist dem Pareto-Prinzip ähnlich

Ähnlich dem Pareto-Prinzip (*http://bit.ly/Wikipedia_Pareto*), das allerdings eine 20/80-Regel beinhaltet, die besagt dass 20 % des Aufwands 80 % der Ergebnisse liefert, stellte der Webdesigner Jakob Nielsen im Jahr 2006 die These der 90-9-1-Regel, *http://bit.ly/Wikipedia_1_Prozent_Regel*, auf. Dieser zufolge lesen 90 % der Internetnutzer nur, 9 % der Nutzer beteiligen sich, und 1 % liefert pro-aktiv Inhalte (Content). Eine Gruppe oder auch Unternehmensseite ist Ihre Bühne. Es ist Ihr Stück/Film, das/der gespielt wird. Es müssen tatsächlich so lange Inhalte gespielt werden, bis Sie die restlichen 99 % erreichen können.

„Content is King" lautet ein anderer Social-Media-Mythos

Dies gilt genauso für Ihre Gruppe. Content kann vielfältigster Art sein. Fachlich unterscheidet man zwischen drei unterschiedlichen Arten. Inhalte die Ihnen gehören (owned content), Inhalte, die Sie verdient haben (earned content = was man über Sie sagt), und Inhalte, für die man bezahlt (paid content). Innerhalb einer Gruppe wird es im Wesentlichen um owned content gehen, weil Sie sicher sein müssen, sich im Rahmen der geltenden Copyright-Bestimmungen zu bewegen. Wenn Sie fremde Inhalte verwenden, dann immer mit Quellenverweis und Ihren eigenen Statements. Es soll ja interessant sein für die Zuschauer und anregend für die 9 %, die latent kommunikationswillig sind.

Schaffen Sie Content, bevor Sie Mitglieder in Ihre Gruppe einladen

Ganz unabhängig davon können Sie natürlich vorab die Werbetrommel mit einem schmackhaften Marketingkonzept schlagen, damit Ihr Umfeld schon darauf wartet, dass Sie Ihre Gruppe eröffnen werden. Je stärker Ihre Crew, desto besser ist es für Ihre Gruppe. Je emotionaler oder begeisterter die Beteiligten von der Idee der Gruppe, desto größer ist die Wahrscheinlichkeit auf ein erfolgreiches Gelingen.

Die Zuschauer finden – Akquisition

Wenn Sie Ihre Hausaufgaben zur Potenzialanalyse vor Beantragung der Gruppe gemacht haben, wissen Sie ja schon, wo und wie Sie suchen müssen. An dieser Stelle macht es Sinn, noch einmal auf die Art und Weise des Aufbaus Ihres persönlichen Netzwerks zurückzukommen und jetzt vielleicht doch über die Einladung der Menschen nachzudenken, die noch gar nicht auf der Plattform sind. Der Grund dafür liegt klar auf der Hand. Während Sie bei der Einladung eines persönlichen Offlinekontakts (Kunden, Freunde, Familienmitglieder etc.) immer eine Begründung mitliefern müssen, was der Vorteil einer Mitgliedschaft bei XING oder LinkedIn ist – also die Plattform ,verkaufen' müssen –, haben Sie mit einer Gruppe einen selbsterklärenden Vorteil geschaffen: ein eigenes Austausch- und Informationsmedium zu Ihrem Thema. Die Plattform steht dann nicht mehr so sehr im Vordergrund. Außerdem gewinnen Sie in dieser Klientel auch ein neues Content-Thema hinzu. Ein How-to zur Nutzung des Mediums.

Fangen Sie mit denen an, die Sie wirklich kennen

XING und LinkedIn bieten dafür die Möglichkeit, dass Sie bestehende E-Mail-Adressen (XING bis zu 500; LinkedIn unlimitiert bzw. Upload einer CSV-Datei) im Werkzeug zu Gruppeneinladung verwenden. Bitte bedenken Sie dabei unbedingt, dass Sie Menschen in einen Raum einladen, den diese wahrscheinlich nur vom Hörensagen kennen. Formulieren Sie die Einladung unbedingt fokussiert für diese Zielgruppe. Noch besser ist eine absolut individuelle Einladung per Einzelmail von Ihrem E-Mail-Account aus. Sie werden sehen, dass sich dieser Mehraufwand in Form einer höheren Akzeptanz bezahlt machen wird. Die LinkedIn-Gruppeneinladung als sogenannter Bulk-Invite hat einen Standardtext, den Sie aus Sicherheitsgründen nicht ändern können (XING hat etwaige Sicherheitsbedenken dadurch gelöst, dass in Gruppeneinladungen Links blockiert werden). Also empfehlen wir hier ohnedies den individuellen Weg.

Gehen Sie beim Einladen in Kreisen vor (XING)

Erst Ihre A-Kontakte, die Sie und Ihre Aktivität so oder so empfehlen, dann die B-Kontakte. Vielleicht lassen Sie ja sogar die C-Kontakte zunächst außen vor, um die Gruppe dazu zu nutzen, für diese einen gewissen Sog zu erzeugen, indem Sie einfach nur zeigen, was Sie tolles Neues machen. Neues aus dem Netzwerk bringt Ihren bestehenden Kontakten je nach Ihren Privatsphäreneinstellungen, *http://bit.ly/XING_privacy*, so oder so jede Aktivität Ihrer Crew in den Newsfeed.

Nutzen Sie den individuellen Impuls, den fast jedes Profil hergibt

Dann machen Sie sich auf, die per Suchagenten vorgemerkten erweiterten Suchen abzuarbeiten. Wenn Sie wirklich Erfolg haben wollen, tun Sie sich bitte den Gefallen, sich auf Qualität statt Masse einzustellen. Als Inhaber eines XING-Premium-Accounts heißt das: 20 Einladungen per individueller Nachricht je Tag an gut sortierte Nichtkontakte. Sie können diese natürlich mit den besprochen Tools Phraseexpress.com bzw. Typeit4me.com grundsätzlich vorbereiten, sollten dennoch unbedingt bei jedem Anschreiben an Fremde den eigentlich persönlichen Profilimpuls mitberücksichtigen und individuell in der Situation formulieren. Bitte seinen Sie selbst dann, wenn Sie die Variante einer Standardgruppeneinladung verwenden, von denen man übrigens 50 pro Tag versenden kann, persönlich und individuell.

Vermerken Sie bei jedem Eingeladenen die Einladung im Notizfeld

Da auf LinkedIn die Nachrichtenabläufe anders (für Gruppeneinladungen aufwendiger) sind, bleibt für eine nachhaltige Einladungskommunikation mit nachfolgendem Eintrag im Notizfeld nur die Einzelkommunikation, oder Sie verzichten auf die Notiz und taggen die eingeladenen Kontakte mit einem extra Tag pro Kategorie.

Der Aufbau einer LinkedIn-Gruppe ist aufwendiger

Generell ist die gezielte Akquisition von Mitgliedern für eine LinkedIn-Gruppe aufwendiger als auf XING. Insbesondere dadurch, dass Nachrichten an Nichtkontakte nur mittels bezahlter Nachrichten möglich ist, kommt es insbesondere im deutschsprachigen LinkedIn noch mehr darauf an, ein Multiplikatorennetzwerk aufzubauen, also eine starke eigene Crew, eine Gruppe mit inhaltlich sehr hoher Anziehungskraft (Themen, Firmennetzwerke, Alumnis für die Zielgruppe) und ein sehr starkes A-Kontaktenetzwerk zu haben, welches darin unterstützt, die Gruppe aufzubauen.

Der LinkedIn-Umweg zum Anschreiben von Nichtkontakten

Wie schon im Bereich der Nachrichtenfunktion erwähnt, können Sie jedes LinkedIn-Mitglied, mit dem Sie gemeinsam in einer Gruppe sind, anschreiben, ohne dafür eine Premium-Mitgliederschaft haben zu müssen. Daher erfolgt der größte Teil des neuen Netzwerkaufbaus auf LinkedIn mehr über Gruppeninhalte als dem 1:1-Kontakt mit Unbekannten. Diese Tatsache lässt sich für die Akquisition von neuen Mitgliedern für Ihre Gruppe ausnutzen. Da nur max. 50 Gruppenmitgliedschaften zulässig sind, sollten Sie in großen attraktiven Gruppen beginnen.

Trotz vieler Standardtexte auf LinkedIn gilt auch hier Individualität

Die zuvor angesprochen Tools Phraseexpress (Windows) und Typeit4me (Mac) eignen sich perfekt, um höchst individualisierte Nachrichten für Ihre Einladungen zu erstellen, die Gemeinsamkeiten herstellen:

➢ Position, Beruf, Lebenslauf, Studienort, Arbeitgeber
➢ Interessengebiete, privat, beruflich
➢ Nationalität, regionaler Bezug
➢ Über gemeinsame Gruppe oder Untergruppe
➢ Inhalte aus der Profilseite

Ihnen fallen bestimmt noch etliche andere Gemeinsamkeiten bei den Streifzügen durch die LinkedIn-Gruppen ein, die eine Nachricht von Ihnen als eine fremde Person anschreibendes Netzwerkmitglied sympathisch rüberbringt und zur Anregung des Beitritts zu Ihrer Gruppe geeignet ist. Wenn Sie zudem noch den Kontakt anbieten wollen, ist auf LinkedIn ein Mitsenden Ihrer Mailadresse das beste Mittel, um eine Kontaktanbahnung mit Fremden vorzubereiten.

Ideen zum Beziehungsaufbau & zur Kommunikation

Aktive Moderation Ihrer Bühne

Je besser Sie die Mitglieder Ihrer Gruppe kennen bzw. unbekannte (1 %) Mitglieder in der Art Ihrer Aktivität beobachten, desto besser können Sie oder Crew-Mitglieder tatsächlich moderieren. Nehmen wir mal an, Sie haben viele A-Kontakte dazu bewegen können, Ihrer Gruppe beizutreten, dann ist sicher, dass Sie deren Themenvorlieben, ja sogar positiv besetzte emotionale Themen, kennen. Dadurch ist die Schaffung von neuem Content für Ihre Bühne gar nicht mehr so schwer. Wenn Sie wissen, was den anderen interessiert (denken Sie an die Leadgenerator-Idee) können Sie gezielt eine oder mehrere Personen auch per persönlicher Nachricht auf einen Gruppenbeitrag zu deren Interessen aufmerksam machen

Ein guter Moderator stellt auch andere vor

Bei einer semi-öffentlichen (XING) oder geschlossenen Gruppe könnten Sie darüber nachdenken, dass Sie schon vor dem Gruppenbeitritt verkünden, dass Sie jedes Mitglied anhand der Profilinformationen vorstellen und für diesen einen Vorstellungsbaum einrichten, den Sie nach einer eigenen Vorstellung wieder löschen. Manche Gruppe kommt so auf eine recht beachtliche interne Kommunikation.

Feedback als Gruppenidee

Was halten Sie von der Idee, Feedback und konstruktive Kritik zu nutzen? Die vorgestellte Webtestgruppe auf XING generiert seit Jahren eine hohe Aktivität dadurch, dass das Feedback eine Win-Win-Situation für alle Beteiligten ist. Der Feedbackgeber gibt kostenlos und präsentiert sich dadurch in seiner Professionalität.

Zitate, Aphorismen, Wortspiele, Sport und Spaß

Ein paar der erfolgreichsten Networking-Gruppen bedienen schlichtweg den Spaß und die Begeisterung von Mitgliedern. Da wo man Spaß hat, lernt man sich auch näher kennen. Geschäfte lassen sich immer leichter mit denen machen, mit denen es auch Spaß bereitet. Schauen Sie sich mal die Autogruppen (Porsche, Mercedes) oder Fun+Sports an. Die drehen sich um emotionale Themen und bringen sowohl Aktivität offline als auch online. Regen Sie die Interessen an, die Sie in den Profilen Ihrer Gruppenmitglieder wiederfinden. Jedes Mitglied ist zugleich auch Content, es will nur richtig erkannt und wertgeschätzt werden.

Aktuelle Information zum Plattformumfeld, in dem Sie sich bewegen

Die überwiegende Anzahl der Social-Network-Nutzer ist mit der Geschwindigkeit der permanenten technischen Neuerungen und Anpassungen der sozialen Netzwerke tendenziell überfordert. Da Sie als aktiver Moderator Ihrer Gruppe (z. B. im Steuer-, Rechts-, Finanzberatungs-, HR-, IT-, Logistik-, Consumer-Goods oder wie auch immer gearteten Umfeld) immer mehr von dieser Geschwindigkeit wissen bzw. mitbekommen, stellen regelmäßige Informationen im Rahmen Ihres Kontexts für viele einen Mehrwert dar.

Regelmäßige Newsletter sind etwas Ähnliches wie Theaterabos

Community-Mitglieder können Sie durchaus in Ihrer Gesamtheit mit Theater-Fans vergleichen, die mit Ihrem Community-Beitritt ein neues Theaterabonnement gebucht haben. Nur, dass sie keine extra Abogebühr dafür bezahlen. Die wurde bestenfalls schon beim Betreten der Shoppingmall bezahlt. Insofern ist es auch an Ihnen als Intendant, Produzent oder Regisseur, Ihr Publikum zu einem echten Publikum zu machen. Newsletter (LinkedIn-Ankündigungen) geben Ihnen die Möglichkeit in die Hand, sich Ihren Mitgliedern in Erinnerung zu bringen, Mehrwert zu liefern und sogar eingeschlafene Zuschauer mit einem kreativen Paukenschlag zu wecken.

Newsletter-Tipps

Je regelmäßiger Sie Newsletter (NL) planen, ihn mit wertvollen Inhalten be-stücken, desto höher die Wahrscheinlichkeit, dass Ihre Abonnenten gerne einen NL von Ihnen erwarten. Bedenken Sie, dass LinkedIn- anders als XING-Mitglieder ohnehin Zusammenfassende Nachrichten über aktuelle Inhalte Ihrer Gruppe per Mail erhalten und eine Ankündigung schon wirklich Wichtiges enthalten sollte.

1. Wenn Sie Regelmäßigkeit planen, dann kündigen Sie dies am besten schon bei der Begrüßung mit dem Nutzen an, den sie haben wird.

2. Machen Sie einen Redaktionsplan. Ein nur für Ihr Team sichtbares Unter-forum, in dem Sie die geplanten Inhalte austauschen, diskutieren und ergän-zen ist hilfreich.

3. Falls Sie bestimmte Zielgruppen-Newsletter (XING) machen möchten, sollten Sie von Anfang an die Zielgruppen entsprechend kategorisieren.

4. Beziehen Sie aktuelle Themen Ihrer nichtmoderierenden Gruppenmitglieder mit ein, um deren Aktivität Wertschätzung und Aufmerksamkeit entgegenzu-bringen. Dies ginge zum Beispiel auch durch Verlinkung aktueller Beiträge.

5. Nutzen Sie die Möglichkeit, visuelle HTML-NL zu gestalten. Sie geben optisch mehr her als Nur-Text-Varianten. Natürlich gibt es auch Newsletter, die auf-grund besonders wertvoller Inhalte gelesen werden. LinkedIn bietet keinen HTML-NL an. Das HTML-NL-Tool Xletter für XING-Moderatoren ist ein Werk-zeug, mit dem Sie NL aber auch Über-Diese-Gruppe-Seiten auch ohne jeg-liche HTML-Kenntnisse erstellen können. Eine Jahreslizenz kostet 89,25 € (inkl. USt), *http://bit.ly/Xletter*.

6. NL-Öffnungsraten können Sie durch die Einbindung einer Grafik über einen bit.ly-URL-Kürzer messen. Das Beispiel *http://bit.ly/BLANK_gif+* ist eine durchsichtige Grafik. Sie können für jeden NL eine eigene Grafik mit bit.ly-Link versehen.

Anbei Beispiele erfolgreicher Newsletter visueller und Nur-Text-NL.

➢ *http://bit.ly/HR_Hausaufgaben* (HTML)

➢ *http://bit.ly/Erfolgsmessung* (HTML)

➢ *http://bit.ly/Strategie-Bestimmen_was_man_nicht_macht* (Nur-Text)

➢ *http://bit.ly/XING_India_0508* (Nur-Text – Teamwork – 2 Sprachen)

➢ *http://bit.ly/Immomesse_Hamburg* (HTML – Xletter)

➢ *http://bit.ly/Nationalfeiertag* (HTML – YouTube-Einbindung)

Forenorganisation bei wachsender Menge von Inhalten (XING)

Das Newsletterforum wird automatisch beim ersten Newsletter-Eintrag der jeweils gewählten Newsletter-Sprache hinzugefügt. News und Newsletter-

Einträge erhalten ein eigenes Forum im jeweiligen Sprachforum. HTML-NL können nicht mehr verschoben werden, während Text-Newsletter volle Flexibilität behalten.

Mit wachsenden Inhalten wachsen auch die Möglichkeiten und der Druck, Ordnung zu schaffen, um Inhalte für neue Zuschauer leichter vorzusortieren. Es ist zwar eine Menge Arbeit, aber nach Anlage eines neuen Forums lässt sich jeder bisher geschriebene Beitrag in ein anders Forum verschieben, indem Sie auf die Forenebene gehen und dann unter „Optionen" den Stift zum Bearbeiten anklicken.

Beim Überarbeiten dieses Kapitels wurde sichtbar, dass das letzte Posting dieses Beispiel zwischen dem 18.02. und 30.03.2012 insgesamt 438 Leser hatte und eine exponenzielle Steigerung erfuhr. Die wenige Seiten zuvor beschriebene durchschnittliche Leseranzahl je Beitrag wuchs von 161 auf 165.

Spätestens hier sehen Sie einen weiteren Grund, warum die „Baumfällertaktik" auf Dauer neben mehr Zuschauern und Akteuren auch zu einer saubereren Bühne in Ihrer Gruppe führen wird. Bitte löschen Sie keine Beiträge anderer Mitglieder, soweit nicht explizit von diesen gewünscht, bzw. halten Sie sich dafür an den Ablauf des Codes of Conducts für Moderatoren.

Hilfreiche Links für Moderatoren und andere

➢ *http://bit.ly/XING_Code_of_Conduct*
➢ *http://bit.ly/XING_Gruppenhilfe*
➢ *http://bit.ly/XING_Gruppenrichtlinie*
➢ *http://bit.ly/XING_Gruppengestaltung*
➢ *http://bit.ly/XING_Gruppenstruktur*
➢ *http://bit.ly/XING_Gruppenkommunikation*
➢ *http://bit.ly/XING_Gruppenaktivierung*
➢ *http://bit.ly/XING_Gruppen_einschaetzen*
➢ *http://bit.ly/XING_UeberDieseGruppe*
➢ *http://bit.ly/XING_Gruppenforen*
➢ *http://bit.ly/XING_Gruppenmitglieder*
➢ *http://bit.ly/XING_Gruppeneinstellungen*

Reallife-Treffen sind die Krönung aller virtuellen Bemühungen, damit kommen wir von der Pflicht zur Kür oder Königsdisziplin im Social Networking:den Offline-Events!

Ihre Take-Aways

> Gruppen eignen sich für mehrere Zugänge: als Vorfilter für interessante Mitglieder mit deklarierten Interesse für das Thema der Gruppe, für inhaltliche Diskussion & Kommunikation, für Positionierung und Vermarktung und für Recherche.

> Achten Sie bei der Gruppenrecherche auf Themenbezug (der zu Ihnen und Ihren Themen/Produkten passt), Mitgliederanzahl, regionaler Bezug und Aktivität der Gruppe sowie Real-Life-Aktivität, emotionale Relevanz und gemeinsame Kontakte.

> Bedenken Sie in Bezug auf auch eine „interne" Öffentlichkeit in Gruppen, dass das Internet „nicht vergisst" und dass Ihre Kommentare auch viel später nachzulesen sein werden – legen Sie sie also langfristig und strategisch an – und bedenken Sie, dass selbstverständlich auch Ihre Konkurrenz mitlesen wird.

> Ihre Beiträge in Gruppen werden besser gelesen und mehr kommentiert, wenn Sie insbesondere die Überschrift „sexy" texten.

> Beziehen Sie Emotionen in Ihre Kommunikation ein – positive Assoziationen können beispielsweise mit Zitaten, Fragen oder persönlichem Interesse eingebracht werden.

> Planen Sie Ihre Gruppenaktivität und ziehen Sie in Betracht, wie viel Zeit Sie verwenden können. Davon leiten Sie ab, ob Sie selbst eine Gruppe aufbauen und moderieren oder besser in anderen Gruppen mitmachen.

> Virtuelle Kontakte in sozialen Netzwerken sind gut – sozusagen die Pflicht. Die Kür absolvieren Sie erfolgreich, wenn Sie virtuelle Kontakte ins reale Leben zu Veranstaltungen bringen: Die Königsdisziplin ist das Generieren von Reallife-Events, die echte persönliche Bindungen herstellen.

5.7 Beziehung 1.0 – Events: die Galaveranstaltung des Social Networking optimal nutzen und umsetzen

Sei höflich zu allen, gesellig mit vielen, und wirklich befreundet mit wenigen.

Benjamin Franklin

Wahrnehmen – nichts vermag das echte Kennenlernen zu ersetzen, daher sind Offlinetreffen und Beziehungsaufbau fast das Wichtigste

Einer der roten Fäden unseres Buchs besteht darin, Ihre Wirklichkeit – also Selbstverständlichkeiten der analogen Welt – auf die digitale zu übertragen. Mit einem Treffen in der analogen Welt heben Sie Ihre Netzwerkqualität auf das Niveau Ihrer realen Wirklichkeit und Wahrnehmung. Die folgende Grafik zeigt unterschiedliche Stadien des Beziehungsaufbaus auf und sortiert sie absteigend nach Aufwand und Intensität.

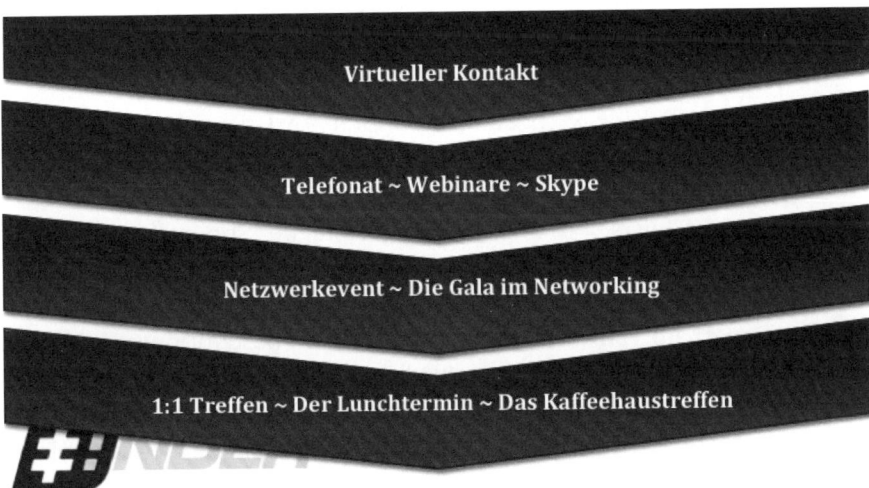

Vom virtuellen Networking zum „Make it a reallife Happening", Quelle: networkfinder.cc.

Der Verkauf eines Workshops, Seminars oder einer Veranstaltung mit größerem finanziellen Aufwand jenseits des Networkings ist bewusst nicht in dieser Liste, da diese in den allermeisten Fällen ein echtes Verkaufen, also realer Begegnung bedürfen. Ohne sich gezielt die Erlaubnis Ihres Gegenübers eingeholt zu haben, werden Ihre Event-Einladungen bestenfalls Zufallstreffer landen, *http://bit.ly/Erlaubnis_Marketing.*

Das an sich ist kein Problem, da Sie dies ja zum Beispiel bei Ihren zuvor geführten Kommunikationen oder als Gruppenmoderator mittels der Vorschaltung einer Beitrittsabfrage machen können und echte Interessenten mittels Kategorien von nur Netzwerkern fein säuberlich trennen können. Das Wahrnehmungsproblem oder noch schlimmer Kollateralschäden entstehen dann, wenn die Erlaubnis zur kommerziellen Einladung nicht vorliegt. Und Sie wissen selber. Die meisten Menschen sind so erzogen, dass sie Ihnen nicht sagen, wenn sie etwas stört. Sie ziehen sich entweder unbemerkt zurück oder sprechen schlimmstenfalls in anderen Netzwerken oder zufällig bei irgendwelchen Treffen darüber, wie sehr sie die Unmenge an Informationen, Einladungen und Newslettern stört.

Die Networking-Gala als zeiteffizienten Kennenlernraum verstehen

Nachdem wir nun mindestens sechs Räume beschrieben haben, ...

➢ Die eigene Webseite (Flagshipstore – Zentrale, in der alles zusammenläuft)

➢ Die LinkedIn- oder XING-Profile (Schaufenster der B2B-Filiale)

➢ Die XING-Über-Mich-Seite (die B2B-Filiale)

➢ Die Lieferanten (Blog, Twitter, Facebook und Google)

➢ Die Aktionsflächen (Updates und die Powersuche)

➢ Das ganz große Kino & Theater (Communitys & Gruppen)

... können Sie sich auch nach einem „Ballsaal" (oder „Opernball") umsehen.

Der könnte zum Beispiel im angrenzenden Hotel der Shoppingmall liegen. Der Besuch einer Networking-Gala ist an Zeiteffizienz kaum zu überbieten. Die können bestehende reale, noch unbekannte und noch ganz fremde Kontakte innerhalb von wenigen Stunden treffen, beschnuppern, sich ein Bild von diesen machen und einen bleibenden Eindruck hinterlassen. Bei uns in Österreich ist die Ballsaison das, was im Rheinland die Karnevalssaison ausmacht. Im Grunde genommen eine Aneinanderreihung vieler Networking-Events.

Vorarbeiten – was Sie vor einer Veranstaltung machen können

Etliche Werkzeuge erleichtern Ihnen die Entscheidung darüber, wie interessant eine Veranstaltung für Sie aus Networking-Sicht sein kann. Events auf LinkedIn weichen sowohl von der Funktionalität als auch von den Inhalten sehr stark von XING-Events ab. Während Sie auf LinkedIn überwiegend sehr inhaltliche Business-Events vorfinden, von denen die meisten außerhalb D-A-CH stattfinden, haben die XING-Events schon historisch gesehen eine sehr große Event-Vielfalt auch privater Interessen (z. B. Kunst, Coaching, Golfen, Sport und sonstige Freizeittreffen) vor allem aber Networking-Events unter dem Motto „Persönliches zählt und Geschäftliches ergibt sich", die vor allem von ofiziellen Ambassador-Gruppen ausgehen.

Aktuelle Event-Verteilung in D-A-CH auf XING per 5. März 2012:

- ➢ 6.053 Vorträge und Seminare
- ➢ 639 Messen und Kongresse
- ➢ 484 Kunst und Kultur
- ➢ 399 Networking-Veranstaltungen
- ➢ 378 Freizeit- und Sportveranstaltungen
- ➢ 293 Sonstiges
- ➢ 130 Firmenpräsentationen
- ➢ 74 soziale Veranstaltungen
- ➢ *http://bit.ly/XING_Eventsuche*

Die LinkedIn-Suche ist da regional auf D-A-CH bezogen wenig aufschlussreich, da Sie nicht nach Ländern filtern können. Daher nur Versuchsweise eine weltweite LinkedIn-Zahl zu eher privaten Interessen:

- ➢ 552 Arts & Crafts, Photography, Writing, Performing Arts weltweit
- ➢ *http://linkd.in/Eventsuche_Arts*

Die Gästelisten

Die Listen unterstützen darin zu entscheiden, wie effektiv der Besuch einer Networking-Gala sein könnte bzw. wer aus Ihrem Netzwerk noch zugegen sein wird. Das setzt auf XING allerdings voraus, dass der Veranstalter diese mindestens für alle Eingeladenen sichtbar gemacht hat. Wenn Sie Ihre Zeit besonders effizient gestalten wollen, können Sie sich so vorbereiten, dass Sie sich gezielt mit dem einen oder anderen Kontakt dort verabreden oder bei einem öffentlichen Event noch nicht eingeladene Kontakte per Empfehlungsfunktion darauf aufmerksam machen, dass Sie sich dort treffen könnten.

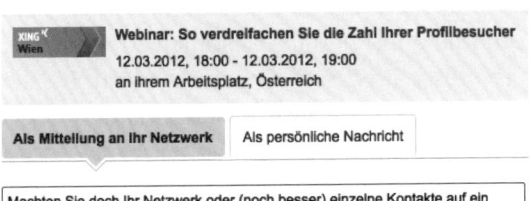

Events, bei denen Sie anzutreffen sind, könnten ein wichtiges Motiv für Ihre Kontakte sein, zum Event zu kommen, um Sie zu treffen oder kennenzulernen. Machen Sie es publik.

Neues aus dem Netzwerk zur Veranstaltungssuche nutzen

Auch in „Neues aus dem Netzwerk/Updates" erfahren Sie von Veranstaltungen, zu denen Mitglieder Ihres Netzwerks gehen, zu denen Sie vielleicht gar nicht eingeladen wurden, in dem Sie die Ansicht nach Events filtern (XING) bzw. auf die erweiterte Update-Ansicht gehen (LinkedIn). Oftmals finden Sie auf diesem Weg die Veranstaltungen, wo mehrere Ihrer Kontakte zugegen sein werden.

Die erweiterte Veranstaltungssuche ist inhaltlicher Art

Aus der Veranstaltungssuche bei XING erhalten Sie ausschließlich inhaltliche Information. Weder Teilnehmeranzahl noch die Teilnehmer selber werden angezeigt. Die LinkedIn-Event-Applikation zeigt auch in der Themenübersicht, wer an den Veranstaltungen teilnehmen wird, sodass Sie dort auch etwas über die Teilnehmer erfahren, ohne in die Gästeliste gehen zu müssen.

➢ *http://linkd.in/Eventsuche*
➢ *http://bit.ly/XING_erweiterte_Eventsuche*

Handeln – Events besuchen und nachbearbeiten

Bei der Frage der Vorbereitung oder nicht scheiden sich die Networking-Geister. Natürlich ist es hilfreich, sich vorzubereiten, doch geht bei zu viel an strategischer Vorbereitung oft der Blick für das verloren, was einem aufgrund der Fokussierung in den Schoß fällt. Dieses Zufallsprinzip nennt man Serendipity, *http://bit.ly/Wiki_Serendipity*.

Sie halten jetzt schon das fast komplette Handwerkszeug für professionelles Networking in der Hand. Beim Offline-Networking kommt es noch mehr als bei allen zuvor beschriebenen Kontaktmöglichkeiten darauf an, dass Sie sich dem Moment „hingeben" und sich in der konkreten Situation situativ auf die Menschen einlassen, denen Sie begegnen.

Situativer Smalltalk

Stellen Sie sich wieder die Galaveranstaltung vor und überlegen Sie sich, worauf es wirklich ankommt, um mit Menschen ins Gespräch zu kommen. Das Wichtigste wird ehrliches Interesse an Ihrem Gegenüber sein. Da Sie auch auf einer Gala nicht wild mit Ihrer Visitenkarte heraumlaufen würden, empfehlen wir auch hier, auf die Situation einzugehen und zu networken. Sog zu erzeugen, dass bestenfalls Sie gefragt werden, was Sie denn nun genau beruflich machen und sich das Mit-der-Tür-ins-Hausfallen so lange verkneifen, bis Sie ein Signal von Ihrem Gegenüber bekommen.

Speeddating und Crosstable Diner

Auf XING finden Sie aber auch so manches Event, bei dem es genau anders herum gedacht ist. Da geht es dann tatsächlich darum, in so kurzer Zeit wie möglich so viel wie möglich an Eindruck beim Gegenüber hinterlassen zu haben. Meistens bekommen dabei jeweils zwei Personen die Möglichkeit, sich für eine festgelegte Zeit auszutauschen (Speeddating), oder man wechselt Tische zum Aperitif, der Vorspeise, der Hauptspeise und dem Nachtisch (Crosstable-Dinner).

Elevator Pitch

Es ist sicher hilfreich, Ihren Elevator Pitch so verinnerlicht zu haben, dass Sie bei der Frage, was Sie beruflich machen, in ca. 30 Sekunden prägnant, knackig, vor allem aber nachhaltig wirksam bei Ihrem Gegenüber in Erinnerung bleiben. Diesen bei der erstbesten Networking-Gala zu üben ist nur dann sinnvoll, wenn Sie sich sicher sind, dass die emotionale Botschaft transportiert wird, *http://bit.ly/Wikipedia_Elevator_Pitch.*

Der Elevator Pitch

(Quelle: Wikipedia; *http://de.wikipedia.org/wiki/elevator_pitch*; Text unterliegt der Lizenz CC-BY-SA, *http://creativecommons.org/licenses/by-sa/3.0/deed.de*)

Der Elevator Pitch, *http://bit.ly/Wikipedia_Elevator_Pitch*, (oder auch Elevator-Speech) ist ein kurzer Überblick über eine Idee für eine Dienstleistung oder ein Produkt und bedeutet „Aufzugspräsentation". Die Bezeichnung stammt daher, dass der Pitch (das Verkaufsgespräch) in der kurzen Zeit einer Fahrstuhlfahrt (ca. 30 Sekunden) durchgeführt werden kann. In den 1980er-Jahren nutzten junge karriereorientierte Vertriebler die Dauer einer Aufzugsfahrt, um ihre Vorgesetzten von ihren Anliegen zu überzeugen.

Der Begriff wird heute typischerweise im Kontext von Unternehmern benutzt, die ihre Idee mit dem Ziel, finanzielle Mittel zu akquirieren, vor potenziellen Geldgebern (z. B. Risikokapitalgebern) präsentieren. Diese bewerten die Qualität einer Idee und des Gründungsteams oft auf Basis der Qualität des Elevator Pitches, um somit unzureichende Ideen schnell auszusondern.

Wesentlich beim Elevator Pitch ist die herausstechende Präsentation durch gedankliche Bilder, Vergleiche und Beispiele gemäß der AIDA-Formel (Attention-Interest-Desire-Action). Gerade in der heutigen Zeit knapper Zeitbudgets nimmt die Anwendbarkeit einer prägnanten 30-Sekunden-Präsentation zu.

Bei der Vorbereitung sollte man die Ziele des Elevator Pitches, den relevanten Markt, die Zielgruppe und die Besonderheit der eigenen Produkte oder Dienstleistungen im Vergleich zu den Wettbewerbern analysieren und festlegen.

Für den Erfolg eines Elevator Pitches zählen aber nicht nur Daten und Fakten: Entscheidend ist die emotionale Ansprache. Das gute Gefühl wird beim Gesprächspartner durch eine bildhafte Sprache, die positive Assoziationen weckt, die Körpersprache und die Stimme erreicht.

Die Visitenkarte ist die Krönung eines Networking-Gesprächs

Nur bei einem vereinbarten Akquisitionsgespräch oder Termin im Hause eines Interessenten Ihrer Dienstleistung oder Produkte steht die Visitenkarte am Anfang der Kommunikation. In einem Networking-Gespräch ist sie der Abschluss. Sie gestalten das Gespräch am besten so interessant und empathisch, dass Ihr Gegenüber nach Ihrer Visitenkarte fragt. Haben Sie ruhig den Mut, so lange zu warten, bis Sie gefragt werden. Werden Sie nicht gefragt, so ist dies doch auch ein Zeichen dafür, dass es (noch) kein ausreichendes Interesse an Ihnen gibt. Haben Sie allerdings Visitenkarten ausgetauscht, so notieren Sie sich auf die Rückseite das, was Ihnen an der Person interessant war bzw. woran Sie beim nächsten Gespräch anknüpfen können.

Virtuelle Event-Nachbereitung

Wenn Sie sich am Folgetag des Events Zeit nehmen, die neu kennengelernten Menschen und erhaltenen Visitenkarten virtuell nachzubearbeiten, indem Sie um Kontakt anfragen und dieser bestätigt wird, ist sicher, dass die virtuelle Verbindung beiden Seiten die Möglichkeit gibt mitzubekommen, was sie machen um miteinander zu interagieren. Die Notizen auf der Visitenkarte unterstützen die Kategorisierung und die hoffentlich individuelle Ansprache. Sollten Sie beabsichtigen, zu (Business-)Events einzuladen und Sie haben es nicht zuvor abgesprochen, hätten Sie jetzt noch einmal die Gelegenheit, darüber zu sprechen.

Handeln – Events veranstalten und bewerben

Im Jahr 2011 wurden – laut Q3/2011 – mit dem XING-Event-Tool gut 200.000 Events veranstaltet. Eine recht große Anzahl. Aktuell sind es in D-A-CH gut 8.400 öffentlich sichtbare Veranstaltungen, von denen ca. 20 % eher persönlichen Charakter haben (siehe: *http://bit.ly/XING_Eventsuche*). Grundsätzlich empfehlen wir das Event-Werkzeug nicht als das Verkaufswerkzeug Ihrer Events zu betrachten, sondern als Bekanntmachung oder

PR-Meldung für das Event. So vermeiden Sie zwangsläufige Enttäuschungen, wenn Sie die schon in den vorhergehenden Kapiteln mehrfach besprochene Qualifikation eines Kontakts noch nicht umgesetzt haben. Der Erfolg Ihrer Events ist davon abhängig, wie ernsthaft Sie diese Qualifikation betreiben und wie sehr Sie beherzigen, dass nicht jeder Kontakt ein potenzieller Kunde ist.

Der Verkauf eines Events findet auf klassischem Weg statt

Unserer Beobachtung zufolge gibt es drei besonders erfolgreiche Zugangswege, um die Veranstaltungswerkzeuge von XING/LinkedIn zu verwenden.

1) **Als Organisationswerkzeug** eines so oder so stattfindenden Events. Ganz gleich, ob es eine Networking-Veranstaltung, ein Konzert, eine Gala, ein Seminar, ein Workshop, eine Konferenz oder eine Firmenpräsentation ist. Jeder zusätzliche Gast, der am Event teilnimmt, ist ein großer Zugewinn, der sich möglicherweise gerade durch die anderen Teilnehmenden angezogen fühlt.

2) **Networking-Veranstaltungen**, bei denen es um Networking mit Mehrwert geht wie Businessfrühstücke, Informationsveranstaltungen mit Vortrag, Abendveranstaltungen und sonstige Treffen mit Mehrwert ohne Kaufzwang sind die erfolgreichsten Veranstaltungsformate auf XING.

3) **Webinare** sind Onlinetreffen, Seminare und Workshops. Meistens werden sie abgehalten, um Informationen zu transportieren oder ein Unternehmen bzw. dessen Produkt vorzustellen, indem dessen Mehrwert informativ in den Vordergrund gestellt wird. Der besondere Vorteil dieser Event-Form ist, dass niemand anreisen muss und fast immer Mehrwerte transportiert werden. Das Webinar ist die moderne Verkaufsveranstaltung schlechthin.

Veranstaltungen/Events als Organisationswerkzeug nutzen

Für den internen Workflow innerhalb Ihres Unternehmens ist es wichtig, eine grundsätzliche Entscheidung zu treffen, wo Sie Ihre Events abwickeln. Nur für den Fall, dass Sie sich vor oder nach dem Buch entscheiden, die sozialen Netzwerke zur zentralen Abwicklung aller Netzwerkaktivitäten zu machen, sollte auch eine komplette Abwicklung Ihrer Veranstaltungen über XING (bei mehreren Netzwerken Amiando direkt) laufen. Sie und Ihre Kontakte kommen sonst durcheinander.

Warum XING-Events für eine komplette Abwicklung geeignet sind

XING bietet vier mögliche Kontaktarten, die Sie einladen können. Wenn Sie die eigentliche Chance dahinter erfasst haben, werden Sie den Nutzen, XING oder LinkedIn lediglich als PR-Kanal zu betrachten, besonders schätzen lernen. Wir drehen den Spieß mit XING einfach um und denken verkehrt herum. Anders als der eigentliche Wunsch nach Neuem ist.

Das eigene Netzwerk einbringen

Wie zuvor beschrieben, haben Sie vor allem dann ein Heimspiel, wenn Sie so oder so stattfindende Veranstaltungen dazu nutzen, Ihren Netzwerkauf- und Ausbau zu forcieren. Damit handeln Sie anders als andere und bringen Ihre bereits bestehenden A+B+C-Kontakte in Ihr Netzwerk mit ein. Geben zuerst und erzeugen Sie dadurch mittel- und langfristige Sog- statt starke Push-Effekte.

Laden Sie Ihre Kontakte in „Wellen" ein. Beginnend mit Teilnehmern, die schon zugesagt haben, über Netzwerkkontakte bis hin zu kategorisierten Gruppenmitgliedern. Quelle: Michael Rajiv Shah – networkfinder.cc.

Das Flohmarktprinzip wirkt auch bei der Netzwerkgala

Wenn Sie das Event-Werkzeug dazu nutzen, zukünftig zum Beispiel Ihre Teilnahmebestätigungen an bis zu 1.000 Nichtmitglieder zu versenden, können diese in Ihrem Event als Teilnehmer angezeigt werden, ohne dass Sie bisher eine einzige Person aus dem virtuellen Netzwerk aus Kontakten oder den von Ihnen moderierten Gruppen eingeladen haben.

Dazu brauchen Sie nur die Gästeliste Ihres Events aufzurufen, die unbeantworteten anzuklicken, die verwendete Mailadresse auszusuchen und deren Status manuell umzustellen.

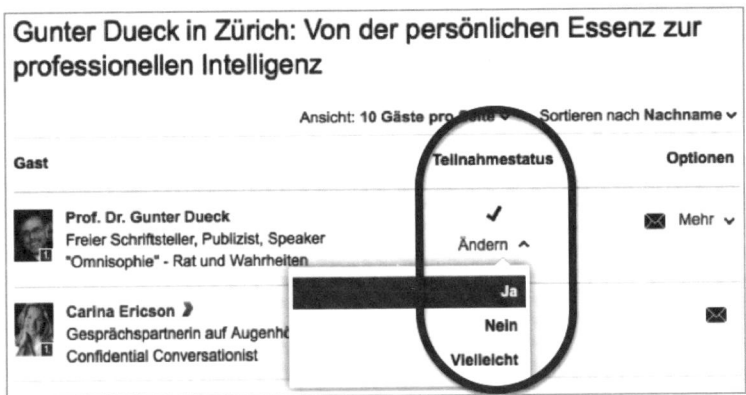

Nutzen Sie Ihre Administratorenfunktion eines Events so, dass Sie aktiv den Teilnehmerstatus aktualisieren.

Nebeneffekt der Einladung vermeintlicher Nichtmitglieder

Da das System die eingetragenen Mailadressen mit den auf XING hinter-legten Mailadressen seiner Mitglieder abgleicht, finden Sie so auch heraus, wer von Ihrem Reallife-Netzwerk doch unverhoffter Weise bereits auf der Plattform angemeldet ist. Die Mailadressen von Nichtmitgliedern werden aus datenschutzrechtlichen Gründen nur dem Veranstalter, nicht aber den anderen Gästen angezeigt.

Das Ticketingsystem Amiando stärkt Ihre interne Verwaltung

Nur wenn Sie diese Reallife-Kontakte mit einbeziehen, ist das Veranstal-tungswerkzeug eine echte Organisationsunterstützung. Mit Amiando kön-nen Sie gegen ein Entgelt einen Großteil Ihrer Buchhaltung (Fakturierung und Zahlungseingänge) auslagern. Dabei ist es unerheblich, welche Event-Art es ist. Berücksichtigen sollten Sie allerdings, dass bei entgeltpflichtigen Veranstaltungen mit Ticketing auch eine Provision für diesen Dienst zu zahlen ist, die unbedingt in Ihre Kalkulation einfließen sollte. Wickeln Sie beispielsweise einen Workshop für 450 € ab, müssen Sie bis zu 27,54 € (5,9 % Provision + 0,99 € je Ticket) einkalkulieren.

Abwicklung über mehrere Social-Media-Kanäle & den Flagshipstore

Die Unabhängigkeit Amiandos von XING – Amiando ist Europas stärkste Eventplattform – ermöglicht sowohl eine gezielte Abwicklung Ihres Events auf Facebook als auch Ihrer eigenen Webseite. Insofern hätten Sie mehrere Zugriffswege auf Ihre Veranstaltung.

Wollen Sie ein Event sowohl über XING als auch andere Kanäle (Filialen & Flagshipstore) verbreiten, muss das Event zuerst auf XING eingetragen sein. Anders herum entsteht keine Verbindung zu Ihrem XING-Event!

Events	XING	Amiando	LinkedIn
Eventarten	Gruppen-Event öffentliches Event privates Events	öffentliches Event	öffentliches Event
Gestaltungs-möglichkeiten	Fotoupload HTML-WYSIWYG Schlagwörter Anfahrtskarte Kalendersync Pinwand -- -- -- -- -- -- -- -- -- -- --	Foto-Upload HTML-Editor -- Anfahrtskarte Kalendersync Pinwand Design Template YouTube Newsfeed Umfrage Flickr (Fotos) Freier HTML-Code Event-Übersicht Datei-Upload Facebook embed Code	Foto-Upload NurText labels -- -- Pinwand -- -- -- -- -- -- -- -- -- -- --
Einladung an	Nichtmitglieder Kontakte Gruppenmitglieder	Nichtmitglieder Kontake --	-- -- --
Share-Funktion	Statusmeldung 10 Kontakte Facebook Twitter --	-- Kontakte Facebook Twitter --	Statusmeldung (Nicht-)Kontakte Facebook Twitter Gruppen

Die Vielfalt der Networking-Galas für Ihre Ideensammlung nutzen

Die meisten Networking-Veranstaltungen auf XING finden auf regionaler oder thematischer Ebene statt. Bevor Sie mit einem größer gedachten Format starten, empfehlen wir den Besuch von so vielen Netzwerktreffen wie möglich. So können Sie sich ein Bild machen, was zu Ihnen und Ihrem

Unternehmen passen kann. Beim Beobachten anderer lernen Sie viel und gewinnen Ideen und Impulse für Ihr eigenes Projekt hinzu.

Oder fangen Sie mit einem Lunch klein an

Sicher reisen Sie hin und wieder durch die Weltgeschichte. Machen Sie es sich zur Gewohnheit, bei jeder Reise, die Ihnen genug Zeit für ein Mittag-, Abendessen oder auch ein Frühstück lässt, Ihre Kontakte in der jeweiligen Region rechtzeitig zu informieren, dass Sie zu einem bestimmten Zeitpunkt in einem bestimmten Lokal sind und sich freuen, Ihr Netzwerk kennenzulernen oder auch wiederzusehen.

Der relativ neue Lunchplaner auf XING könnte das richtige Werkzeug dafür sein, wenn Sie wissen, welcher Ihrer Kontakte in der angepeilten Region lebt. Das Tool *http://bit.ly/XING_Lunchtime* schlägt Ihnen sowohl Locations vor Ort (Anbindung an die Bewertungsplattform Qype) als auch die komplette Auswahl Ihrer Kontakte (ohne Kategorien) vor. Ist Ihr Netzwerk so groß, dass Sie Ihre Kontakte nicht mehr regional zuordnen können, ist ein normales Event mittels Einladung über Ihre Kategorien angebrachter. Ein weiterer Workflow könnte sein, zwei Tabs oder Browser zu öffnen, um sich auf dem einen Ihre Kategorien anzeigen zu lassen und auf dem anderen über den Lunchplaner die Einzuladenden auszuwählen.

Kategorienauswahl für Ihre Events

Wie schon zuvor angezeigt, drehen Sie den Impuls und Wunsch nach Neuem um und konzentrieren sich auf die, die wirklich mit Ihnen und Ihrem Unternehmen zu tun haben wollen.

Je besser Sie Ihre Netzwerke qualifiziert kategorisiert haben, umso klarer können Sie eine Sogwirkung von innen nach außen entstehen lassen.

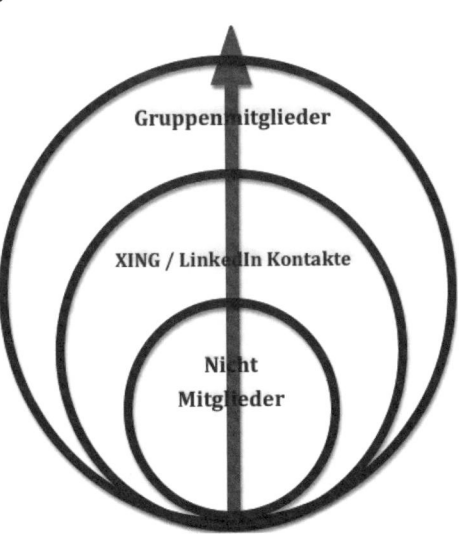

285

Die Kategorien Ihrer Kontakte optimal verwenden

Bei der Auswahl aus „Ihren Kontakten" können Sie unterschiedliche Dinge und Kategorien miteinander kombinieren, indem Sie gewünschte Kombinationen in das Suchfeld durch ein Komma getrennt (Und-Funktion) eingeben.

```
Gäste einladen                                    * = Pflichtfelder

● Ihre Kontakte    ○ Ihre Kontaktkategorien    ○ Ihre Gruppen    ○ Nicht-XING-Mitglieder

  Klicken Sie auf die Kontakte, die Sie einladen möchten. Nutzen Sie die Filtermöglichkeit, um Kontakte
  gezielt nach Name, Firma, Ort, PLZ oder gewählten Kategorien auszuwählen.


  Kontaktliste filtern nach:    [                    ]    in Name, Firma, Ort und
                                                          Kategorien ⌄
```

Auswahlmaske für Event-Einladungen auf XING.

Beispielsweise in den im Kapitel zu Kategorien verwendeten „INDIEN, NRWRhein" werden alle Kontakte angezeigt, die sowohl mit dem Thema Indien kategorisiert wurden als auch aus dem Rheinland (NRW) kommen. Sie können die Auswahl genauso mit anderen Profilangaben mischen:

➢ Filtern nach Namen
➢ Filtern nach Firma
➢ Filtern nach Ort
➢ Filtern nach Kategorien
➢ Filtern nach Namen, Firma, Ort, Kategorien

Ihre Kontaktkategorien ermöglicht ausschließlich die Auswahl einer kompletten Kategorie. Diese bekommen vor allem für alle, die mehr als 3.000 Kontakte haben, eine besondere Relevanz, da alle Kontakte, die über 3.000 hinaus gehen, ab dem jeweiligen Buchstaben (wegen Browserproblemen) nicht mehr angezeigt werden können. Sollten Sie eine Reichweitenstrategie wie Herr Thorsten Hahn (BANKINGCLUB) haben und qualifiziert zu Events einladen wollen, brauchen Sie für den Fall von o. g. Beispiel Indien eine Kombination aus Region und Thema. Das ist aber als Vorgang schon sehr fortgeschritten.

Gruppenmoderatoren können die Mitgliederkategorien sowohl für Events als auch zum Target-Newsletter-Versand verwenden

Hier ist es ebenso wie bei der Kontaktkategorieauswahl. Sie können nur eine komplette Kategorie einladen. Sollte Ihre Gruppe also aus unterschiedlichen Regionen und Themen aufgebaut sein, ist eine Kombination unbedingt empfehlenswert, um gezielt zu Events einladen zu können. Im folgenden Beispiel sehen Sie folgende Kombinationen „FinanceWien, ImmoWien, KulturWien und WiSpiWien", da die Gruppe nach Themen und regional fokussiert zu Events einlädt.

Alle | Kontakte ohne Kategorien

admod AGB-Verstoß Alpenregion **Berlin Burgenland D D-Bayern** FinanceBerlin **FinanceWien** Frankreich ImmoBerlin **ImmoWien Kärnten** Kärntenxsgr **KulturWien** MLM **mod** NÖ **NÖSüd** NÖSüdxsgr **OÖ** OÖxsgr **Personal Salzburg** Salzburgxsgr Salzburgxxx Schweden Schweiz **Steiermark** Steiermarkxsgr Steiermarkxxx test **Tirol Vorarlberg Wien** Wienxsgr Wienxxx WiSpi WiSpiNÖ **WiSpiWien**

Kategorisierte Gruppenmitglieder ermöglichen Ihnen, fokussierte regionale oder thematische Einladungen.

Kollaboration in der Event-Vermarktung

XING-Events waren von Beginn an sehr stark durch Gruppenmoderationen getrieben. Daher gibt es auch unterschiedliche Arten der technischen Kollaboration bei Veranstaltungen.

➢ **Gruppeneinladungen** sind an die Gruppe gekoppelt und werden aus dem Moderationsbereich heraus angelegt. Alle Moderatoren haben Zugriff auf die Veranstaltung und können über die Gruppenmitglieder hinaus auch Ihre persönlichen Kontakte, die nicht Mitglieder der Gruppe sind, einladen. Nach Anlage des Events ist es auf der Gruppenstartseite sichtbar.

➢ **Öffentliche Events** sind an den Veranstalter – eine Person – gekoppelt. Ist dieser auch Moderator einer oder mehrerer Gruppen, besteht Zugriff auf alle Mitglieder der moderierten Gruppen und die persönlichen Kontakte. Der Veranstalter kann unterschiedliche Personen zu Mitveranstaltern machen und dadurch den Kreis der Einladenden weiter ausdehnen. Sind die Mitveranstalter auch Moderatoren anderer Gruppen, haben diese auch Zugriff auf die eigenen Gruppen und Kontakte.

➢ **Private Events** sind geschlossene Veranstaltungen, die nur von Eingeladenen gesehen werden können.

Die Bandbreite der Zusammenarbeit mit anderen Netzwerkpartnern ist also sehr groß, worauf Sie unbedingt achten sollten, ist der achtsame Umgang mit diesem kollaborativen Netzwerk. Ihre Mitveranstalter sollten mit mindestens der gleichen Wertschätzung Ihr Networking betreiben wie Sie, damit sich möglichst keiner der Eingeladenen über die Art und Weise Ihrer Arbeit beschweren kann. Denn es gibt auch für die Event-Einladungen ganz klare Richtlinien, die XING zum Schutz seiner Mitglieder verwendet.

Bitte bedenken Sie:

➢ Masseneinladungen werden schnell als Spam eingestuft und gemeldet.

➢ Zu viele Einladungen eines Absenders werden von den Empfängern oft ignoriert.

➢ Auch für Gruppenmitglieder ist nicht jede Einladung zu einem Gruppen-Event relevant, z. B. wenn der Veranstaltungsort zu weit vom Wohnort entfernt ist.

➢ Das gilt insbesondere für die bis zu fünf Sammelnachrichten an alle, die mit ja, vielleicht oder noch nicht geantwortet haben.

Die Headline führt die Entscheidung für den ersten Klick herbei und der Einladungstext, ob ein zweiter Klick in die Event-Information erfolgen wird.

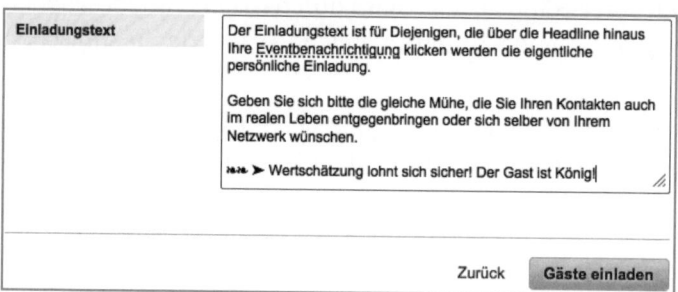

Verfassen Sie für jede einzeln eingeladene Zielgruppe einen eigenen Einladungstext, damit man sich auch tatsächlich angesprochen fühlt.

Wenn Sie dem vorgeschlagenen A-B-C-Kontaktsystem folgen bzw. einzelne Kategorien oder Kategoriekombinationen einladen, wird es Ihnen auch gelingen, den Einladungstext auf die jeweilige Zielgruppe anzupassen.

➢ Nichtmitglieder, denen Sie eine Bestätigung oder Einladung schicken, werden sich wundern, dass sie eine Mail mit einem XING-Logo bekommen. Weil Sie das jetzt wissen, können Sie anders schreiben.

➢ XING-A-Kontakte könnten Sie vielleicht sogar mittels einer ganz persönlichen Nachricht anschreiben. Es sind immerhin Empfehlungsgeber, und wer weiß, vielleicht würden diese ja gar Mitveranstalter werden und Ihr Event weiterempfehlen.

➢ Bayern könnte man anders anschreiben als Berlin oder Wiener und so weiter.

Auch wenn Ihnen der Aufwand jetzt hoch erscheinen mag. Die langfristige Ernte, die Sie daraus beziehen, sind fruchtbare Beziehungen.

Das Webinar – Drahtseilakt zwischen „grüner Kommunikation", Ressourcenschonung, Effizienz und Kaffeefahrt

Webinar

(Quelle: Wikipedia; *http://de.wikipedia.org/wiki/webinar*; Text unterliegt der Lizenz CC-BY-SA, *http://creativecommons.org/licenses/by-sa/3.0/deed.de*)

Ein Webinar ist ein Seminar, das über das World Wide Web gehalten wird. Die Bezeichnung ist ein Neologismus bzw. ein Kofferwort aus den Wörtern „Web" (von World Wide Web) und „Seminar".

Im Unterschied zum on-demand Webcast, bei dem die Information nur in einer Richtung übertragen wird, ist ein Webinar interaktiv ausgelegt und ermöglicht beidseitige Kommunikation zwischen Vortragendem und Publikum. Ein Webinar ist „live" in dem Sinne, dass die Information entsprechend einem Programm mit einer festgelegten Start- und Endzeit übermittelt wird. In den meisten Fällen werden die mündlichen Erläuterungen des Vortragenden zu dem am Bildschirm Gezeigten via VoIP (Voice over Internet Protocol) übertragen. Das funktioniert in der Regel auch bidirektional, wenn der Teilnehmer ein Mikrofon an seinem Computer angeschlossen hat und der Webinar-Moderator ihm Sprachrechte zugeteilt hat. In manchen Fällen (vor allem in der Anfangszeit der Webinare) mussten sich die Zuhörer das Tonsignal über eine gesonderte Telefonschaltung übermitteln lassen. Weitere, typische Interaktionsmöglichkeiten sind der Download von Dateien, Fragestellungen via Chat oder die Teilnahme an Umfragen.

Charakteristisch für Webinare ist, dass nahezu unbegrenzt viele Personen teilnehmen können, sodass sie auch für größere Veranstaltungen, wie zum Beispiel E-Learnings, Online-Analystengespräche, kommerzielle Produkteinführungen (und -erläuterungen) oder Online-Pressekonferenzen eingesetzt werden. Demzufolge sind die Funktionalitäten der meisten Lösungen auf diese Szenarien zugeschnitten: robustes Event-Einladungsmanagement, interaktive Umfragen und umfassende Auswertungen zu den Teilnehmern.

Webinare und Onlinemeetings sind die effizientesten Formen der interaktiven Kommunikation. Man spart sich lange umweltbelastende Anfahrtswege, die Kosten für die Technologie sind gering, eine Stunde ohne vom Arbeitsplatz wegzumüssen ist schneller in den Alltag integriert als jede andere Form des Reallife-Networkings.

Je nach Art des Netzwerks werden Sie auf XING zwischen 10–25 % Webinar-Einladungen erhalten. Die meisten davon sind nicht mit Kosten für die Teilnehmer verbunden. Sie stellen eines der wichtigsten Akquisewerkzeuge in sozialen Netzwerken dar. Nicht umsonst hat XING beim Relaunch der Plattform in 2011 an den Speed-Meetings festgehalten und das Werkzeug für Onlinemeetings zum festen Bestandteil der Plattform gemacht. Als Mitglied haben Sie die Möglichkeit, Ad-Hoc ein Onlinemeeting (bis zu drei Teilnehmer für Freemium-Nutzer) oder eine Onlinetelefonkonferenz (bis zu fünf Teilnehmer für Premium-Nutzer) zu starten. Darin sind folgende Interaktionswerkzeuge enthalten, *http://bit.ly/Spreed_auf_Xing*.

> ➢ Office-Dokumente präsentieren
> ➢ Audio/Video senden
> ➢ Teilnehmern Ihren Bildschirm oder eine bestimmte Anwendung zeigen
> ➢ auf einer elektronischen Tafel zeichnen
> ➢ Mindmaps erstellen
> ➢ Windows fernsteuern
> ➢ viele weitere Funktionen, wie z. B. die Aufzeichnung Ihrer Meetings

Also ein optimales Werkzeug, um die Nachteile regionaler Entfernung zu egalisieren. Teambesprechungen, regelmäßige Konferenzen, Kunden- und Firmenpräsentationen sind nur ein paar Anwendungsbeispiele, die Sie zum Teil sicher auch schon über Skype oder Google-Hangouts kennengelernt haben. Eine der spannendsten Onlineexperimente meiner „Karriere" als Community-Manager im Jahr 2008 war eine Studie an der 30 Personen online teilnahmen, die neben einer täglichen Aufzeichnung bestimmter Abläufe 30 x 24 Stunden über Skype vernetzt waren. Die Bindungen, die in dieser Zeit aufgebaut wurden, eine davon ist die Rechtsanwältin aus Halle, Frau Winkler, gehören zu den intensivsten und persönlichsten Verbindungen, die sich in den letzten sechs Jahren entwickelt haben.

Üben, üben und noch mal üben ist die beste Formel für Erfolg

Ähnlich wie zuvor für Reallife-Veranstaltungen ist die Teilnahme an vielen unterschiedlichen Webinaren eine der besten Möglichkeiten, um sich ein Bild vom Markt und seinen Möglichkeiten zu machen. Sie werden dabei schnell die unterschiedliche Qualität der Technik, der Veranstalter, der Dramaturgie und der Inhalte kennenlernen und sehen, dass Sie selber üben müssen, um erfolgreich größere Onlineveranstaltungen umzusetzen.

Für den Auftritt vor einer Kamera und dem gleichzeitigen Beherrschen technischen Equipments ist die Zusammenarbeit mit einer zweiten Person empfehlenswert. Dennoch, lieber Sie starten im kleinen Kreis und beginnen mit bestehenden Kunden, Gespräche über Onlineräume zu führen, um Erfahrungen zu sammeln, als es aus Perfektionsansprüchen ganz zu lassen. Webinare sind sicher die Meeting-Werkzeuge, die uns in der Zukunft begleiten werden und manche Reise unnötig machen bzw. auch einer Vorentscheidung dienlich sind, ob Sie oder potenzielle Interessenten an Ihren Diensten eine Reise aufnehmen wollen oder nicht.

Kaffeefahrt oder handfester Mehrwert mit Geldwert

Wenn Ihre Dienstleistung wertvoll ist, dann verschenken Sie nichts. Ein Webinar als Firmenpräsentation wird dann positiv aufgenommen, wenn klar ist, dass es darum geht, Ihre Dienstleistung anzupreisen und zu zeigen, was Sie so drauf haben. Das ist definitiv gut und legitim. Aber sagen Sie bitte vorher, dass es darum geht, sich zu präsentieren. Wenn Sie Informationen preisgeben, die nicht nur generellen Mehrwert darstellen und nebenher Ihre Arbeit anpreisen, dann tun Sie sich den Gefallen und nehmen auch Geld für Ihre Arbeit. Es kann wahrscheinlich nicht der übliche Betrag sein, den Sie verlangen, da der Aufwand auch geringer ist und Sie eine größere Zielgruppe erreichen. Sicher aber ist, dass Sie damit Ihrem Kerngeschäft nicht in die Quere kommen.

Ihre Take-Aways

➢ Echte Events brauchen eine professionelle und systematische Vorbereitung.

➢ Organisieren Sie eine Veranstaltung nur, wenn Sie bereits vorab sicher sein können, dass eine Mindestteilnehmerzahl erreicht wird – selbst tausend Gruppenmitglieder als Eingeladene garantieren keine gut gefüllte Präsenzveranstaltung. Sie müssen über Kommunikation vorab die Bereitschaft und das Interesse zur Teilnahme abschätzen können.

➢ Wählen Sie interessante Veranstaltungsformate, die persönliches Kennenlernen unterstützen, wie beispielsweise Speeddating oder Crosstable-Dinner.

➢ Formulieren Sie griffig den Mehrwert Ihrer Veranstaltung: Würde ein Journalist Ihren Veranstaltungshinweis aufgreifen? So gut und interessant muss das Veranstaltungskonzept sein.

➢ Gehen Sie beim Einladen professionell vor und selektieren Sie beispielsweise thematisch und regional, um nicht Kontakte einzuladen, die zu weit entfernt wohnen und sich dadurch nicht ernst genommen und gespammt fühlen könnten.

➢ Ziehen Sie auch Webinare und Onlinemeetings in Betracht, diese sind eine gute Vorstufe zu Präsenzveranstaltungen – der persönliche Kontakt wird zumindest auf Sprache und Video erweitert und der Eindruck von einander vertieft.

5.8 Advertising 2.0: Marketing und Werbung

Nur der Überzeugte überzeugt.

Joseph Joubert

**Wahrnehmen – Networking mag ein Teil des Marketings sein –
Marketing ist kein Networking**

XING und LinkedIn bieten recht unterschiedliche Möglichkeiten des Marketings. Aber Hand mal aufs Herz. So wie Sie nun bald über 200 Seiten zur Qualität des Networkings gelesen haben, kann Networking ein sehr wichtiger Teil Ihrer neuen Marketingstrategie sein, nicht aber umgekehrt.

Betrachtet man die technischen Möglichkeiten beider Plattformen, muss man noch ein wenig weiter aus der Szene herauszoomen und mit der Werbeform von Google einen Vergleich herstellen.

> ➢ **Google Ads:** Wer eine solche Werbeform klickt, hat zuvor eine individuelle Suchanfrage getätigt. Das heißt, die dann erscheinende Werbung ist auf die Suchanfrage zugeschnitten. Es besteht ein konkretes Interesse am Thema.

> ➢ **XING Werbung** erfolgt entweder über Targeting, Newsletter oder Vorteilsangebote. Diese müssen über die XING-Zentrale geschaltet werden. In allen drei Formen muss ein konkretes Interesse vorliegen, damit sie wirksam wird. Es ist wie das Hintergrundrauschen Ihres Wochenend-Fernsehprogramms.

> ➢ **LinkedIn Werbung:** Größere Werbeformate müssen wie bei XING über LinkedIn geschalten werden. Dafür bietet LinkedIn die Möglichkeit wie Facebook Direct Ads zu schalten.

Die LinkedIn-Ads werden entweder unterhalb des Menüs oder Kontaktvorschläge angezeigt und werden immer über sogenannte Target-Informationen aus den Profilen der Mitglieder gesteuert. Dies können sein:

> ➢ **Geografische Informationen** (Länder)
> ➢ **Unternehmensinfo** (Name oder Industrie und Unternehmensgrößen)
> ➢ **Jobbescheibungen** (Funktion und Karrierestufe)
> ➢ **Gruppenmitgliedschaften**
> ➢ **Geschlecht**
> ➢ **Alter**

Aus Sicht des Networkings sind wir nicht davon überzeugt, dass diese probate Mittel zur Zielerreichung mittels Networking darstellen. Wenn Sie es dennoch versuchen möchten, Ihre Zielgruppe zu erreichen, empfehlen wir Ihnen, die bereits unter der DaWos-Strategie erwähnten Überlegungen zu Targeting zu verwenden.

Sie können die Ads auf LinkedIn auch dazu verwenden, Ihr Unternehmensprofil bekannt zu machen. Dazu brauchen Sie im Unternehmensprofil lediglich die Werbung zu aktivieren. Um eine Werbung schalten zu können, müssen Sie eine Kreditkarte für die Bezahlung hinterlegen. Die Werbekonzepte sind insofern interessant, als dass Sie bei einer sehr genau umrissenen Klientel (Targeting) eine große Sichtbarkeit erzielen können. Abgerechnet wird nach dem klassischen Pay-Per-Klick-Modell.

Ihre Take-Aways

➤ Um neue Interessenten anzuziehen, die aus Interesse aktiv auf Ihre Webpräsenz klicken, bieten sich Anzeigenschaltungen auf Plattformen an, die zielgruppen- und interessensegmentiert angezeigt werden (Hypertargeting).

➤ Sehen Sie sich dazu die Möglichkeiten zu Google Ads, XING Werbung und LinkedIn-Werbung in diesem Kapitel genauer an. Evaluieren Sie aber genau, ob Ihre Werbeaussage und die Zielgruppen zusammen passen.

➤ Experimentieren Sie mit einem kleinen Budget, um zu sehen, ob Ihre Schaltungen auf Interesse stoßen.

6. Best-Practice-Beispiel: tolle Fallbeispiele aus der Praxis

Zuhören können ist der halbe Erfolg.

Calvin Coolidge

Wie wir zu unseren Best-Practice-Beispielen gekommen sind und warum LinkedIn gegebenenfalls zu Unrecht kaum vertreten ist

Bei den Recherchen für dieses Buch war es keiner der beiden Plattformen möglich, nachvollziehbare Best-Practice-Beispiele zu liefern, deren Erfolgreiches Auftreten für Leser von außen (Unternehmensprofil oder einer Gruppe) nachvollziehbar gewesen wäre. Eigentlich sehr spannend, dass wir ausschließlich Unternehmensnamen geliefert bekamen, die entweder Konzerne sind oder mit den Netzwerkbetreibern gute Recruiting-Umsätze machen. Da es um Erfolgsstrategien für kleine und mittelständische Unternehmen geht, machten wir uns selber auf die Suche. Dabei mussten wir uns vor allem auf unsere bestehenden Netzwerkverbindungen und Kontakte konzentrieren bzw. denen, die uns in dem fast neunmonatigen Projekt positiv auffielen. Bevor wir Ihnen unsere subjektiven Best-Ofs präsentieren möchten wir Sie bitten, sich noch einmal auf den Beginn einzulassen: der sehr divergierenden Mitglieder- und Unternehmensstrukturen beider Netzwerke.

LinkedIn ist bei hoher Großkonzerndichte am erfolgreichsten

Die kürzlich veröffentlichten Jahresergebnisse in Kombination mit statistischen Mitglieder- und Mediadaten sind sehr aufschlussreich. So gibt der Annual-Report des Jahres 2011 folgende Informationen preis:

➤ 68 % aller Umsätze werden in den USA getätigt (39 % der Mitglieder)

➤ 32 % aller Umsätze werden außerhalb der USA getätigt (61 % Mitglieder)

➤ nur UK (Great Britain) kam 2009 über 10 % des Gesamtumsatzes

Nun die Informationen über die Unternehmensgrößen

➤ 94,5 % der LinkedIn-Unternehmen in den USA sind > 1.000 MA

➤ 65,6 % der LinkedIn-Unternehmen in UK sind > 1.000 MA

➤ 52,9 % der LinkedIn-Unternehmen in Deutschland sind > 1.000 MA

➤ 31,1 % der LinkedIn-Unternehmen in der Schweiz sind > 1.000 MA

> 30,7 % der XING-Unternehmen (Mediadaten) sind > 1.000 MA

> 6,5 % der LinkedIn-Unternehmen in Österreich sind > 1.000 MA

Die Informationen hierzu stammen aus drei unterschiedlichen Quellen.

> *http://investors.linkedin.com/results.cfm*

> *http://www.zoomsphere.com*

> *https://www.xing.com/app/user?op=advertise*

Beim Sortimentsvergleich ist LinkedIn tief und XING breit aufgestellt.

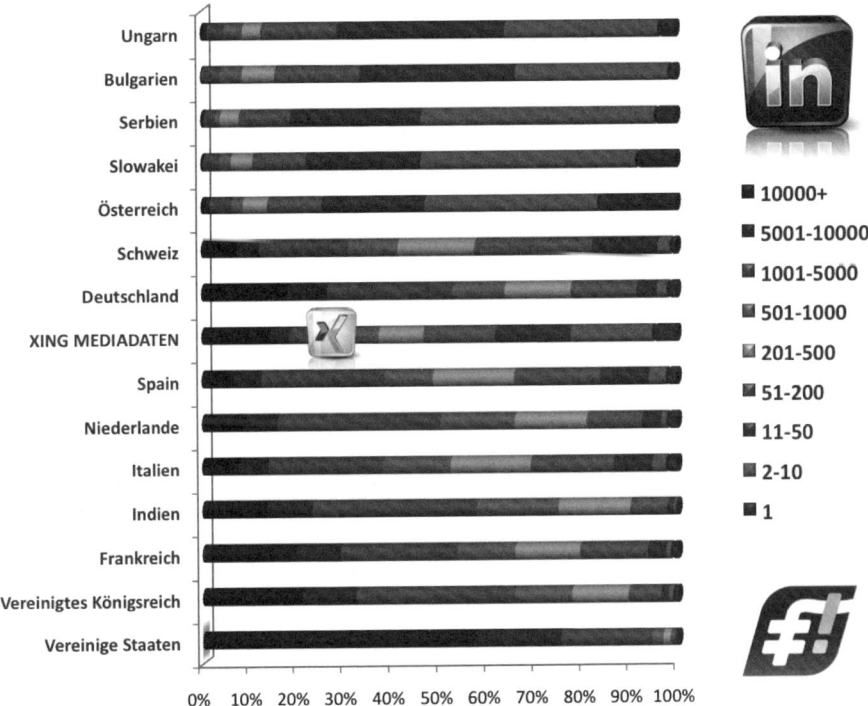

Unternehmensgrößen auf LinkedIn in %
Datenbasis von http://www.zoomsphere.com & XING-Mediadaten

Die Unternehmensstrukturen auf XING und LinkedIn weichen zum Teil massiv voneinander ab. Wie regional für D/A/CH üblich, sind Unternehmensgrößen auf beiden Plattformen wesentlich breiter verteilt als im angelsächsischen Sprachraum. Quelle: www.zoomsphere.com & *XING Mediadaten.*

Gehen wir noch einen Schritt weiter und betrachten spielerisch das Sortiment der Unternehmensprofile beider Netzwerke, so kann man auf D-A-CH bezogen sagen, dass LinkedIn ein sehr tiefes Sortiment, also Unternehmensprofile mit wesentlich mehr Mitarbeitern als dasselbe Unternehmen auf XING ausweist, *http://bit.ly/LinkedInsiders_DAX30_Vergleich*. Betrachtet man nun die Gesamtmenge der Unternehmensprofile in Deutschland, Österreich und der Schweiz, so wendet sich das Bild genau anders herum. Aus Sicht eines Handelsstandorts könnte man sagen, dass LinkedIn ein Großfachmarkt mit sehr großer Tiefe (Konzern und Mittelstandstiefe ab 500 MA), während XING aufgrund seiner stärkeren KMU-Struktur (62,5 % bis 500 MA) ein breites Shoppingcenter mit vielen Facheinzelhändlern ist. Im ehemaligen Habsburg (Österreich, Ungarn, Serbien, Slowakei usw.) wird es dann übrigens besonders interessant, *http://bit.ly/ XING_breit_LinkedIn_tief*.

6.1 Einpersonenunternehmen

Auf XING befinden sich laut Mediadaten 5,1 % Einzelunternehmer, was einer absoluten Zahl von 270.000 Personenprofilen entspräche. Auf LinkedIn ergeben sich aus den Daten (*http://www.zoomsphere.com*) ca. 80.000 Einpersonenunternehmen in Deutschland, Österreich und der Schweiz.

Einpersonenunternehmen

> LinkedIn DE   2,0 % entspräche ca. 33.000 Mitgliedern
> LinkedIn AT   16,6 % entspräche ca. 36.000 Mitgliedern
> LinkedIn CH   1,3 % entspräche ca. 9.000 Mitgliedern
> XING Mediadaten 5,1 % entspräche ca. 270.000 Mitgliedern

2–10 Mitarbeiter (Kleinunternehmen)

> LinkedIn DE   2,1 % entspräche ca. 35.000 Mitgliedern
> LinkedIn AT   36,2 % entspräche ca. 79.000 Mitgliedern
> LinkedIn CH   2,5 % entspräche ca. 17.000 Mitgliedern
> XING Mediadaten 17,3 % entspräche ca. 917.000 Mitgliedern

Das Verhältnis von 209.000 Klein- und Kleinstunternehmen auf LinkedIn zu 1.187.000 auf XING ist schon sehr erstaunlich.

Christian H. Leeb – holistic business development

Nach einer 17-jährigen Karriere in diversen Konzernen (u. a. voestalpine AG, CSC, VA TECH AG) auch in geschäftsführenden Positionen und einer heute noch andauernden Lehrtätigkeit an der Donau-Universität Krems gründete Christian Leeb sein Startup im gleichen Jahr wie XING (ehemals openBC). Er selbst nennt sich Hebamme für Entrepreneure. Wenn Sie nachlesen möchten, mit welcher Philosophie Herr Leeb sein Business gestartet hat, empfehlen wir Ihnen die Lektüre seines ersten Weblogeintrags: „über *http://bit.ly/spezialisten_generalisten_holisten*".

Als „Businesshebamme" und Investor, der Startups aus dem Sektor der IT-Technologie fit für dem Weltmarkt macht, ist Herr Leeb von allen Best-Practice-Beispielen einer derjenigen, der beide Netzwerke benötigt, um die überwiegend österreichischen Startups mit dem Silicon Valley, aber auch dem weltweiten Venture-Kapitalgebern zu vernetzen.

Network-Steckbrief – Christian H. Leeb	
XING	Mitglied seit 03/2004 47.000 Seitenaufrufe 2.400 Kontakte mit 1 Empfehlung keine Über-Mich-Seite 8 weitere Profile im Web 11 aktuelle Unternehmen (0 Unternhmensprofile) 84 sichtbare Gruppenmitgliedschaften (1 Moderation) *http://bit.ly/XING_ChristianH_Leeb*
LinkedIn	650 Kontakte mit 10 Empfehlungen 2 weitere Profile im Web 9 aktuelle Unternehmen (5 Unternehmensprofile) 33 sichtbare Gruppenmitgliedschaften *http://linkd.in/ChristianH_Leeb*
Kontakt-Strategie	100 %-ige Offenheit für alle Arten von Anfragen

Christian H. Leeb – Business Angel, Visionary, Consultant, Teacher, Speaker

Unternehmensbeschreibung

Ich bin Hebamme für Entrepreneure und bringe deren Unternehmen auf die Welt. Für mich ist entscheidend die Businessidee selbst, die eine Chance haben muss, weltweit etwas Neues zu schaffen, und der Wille des Entrepreneurs sich wirklich für seine Idee einzusetzen. Dabei spielt das Internet mit seinen Möglichkeiten, neue Business- und Revenuemodelle am Markt zu etablieren, eine große Rolle. Ich arbeite als Einzelperson und ziehe bei Bedarf Experten aus meinem Netzwerk hinzu.

Wie alles begann

Ich weiß gar nicht mehr genau, wann ich mit den Social Networks begonnen habe, kann mich aber erinnern, dass ich das Entstehen der Wikipedia als sensationell empfunden habe. Damals gab es sehr viele, die behauptet hatten, dass das nie gehen könne. Ich habe aber bereits damals das Potenzial der über Internet verbundenen Menschen gesehen. Dies spielt bis heute in meinen Startups eine große Rolle.

Ich stieß zu XING im März 2004, als es noch openBC hieß. Es war Walter Kuhn, der mich aufmerksam machte. Ihn wiederum kannte ich von der Donau-Universität Krems.

Wie viele Kontakte ich anfangs hatte, weiß ich nicht mehr. Ich habe jedenfalls meine paar Hundert Kontakte aus meinem persönlichen Adressbuch zu openBC/ XING eingeladen, und einige davon haben den Kontaktwunsch angenommen. Über die Zeit sind es immer mehr geworden, auch weil ich mich zu den Themen in den Gruppen äußerte, zu denen ich etwas wusste. Heute habe ich 2400 direkte Kontakte, ca. 900.000 Kontakte zweiten Grades und ca. drei Millionen Kontakte dritten Grades.

Weiter gab es anfangs auch immer wieder physische Treffen der openBC-Community in Wien, die ich besucht hatte. Sogar am Münchner Oktoberfest war ich einmal, um dort Netzwerker zu treffen.

Später kamen andere Netzwerke hinzu: LinkedIn (über 1500 Kontakte), Myspace, Studios, Netlog, video und natürlich Facebook (über 2875 Freunde). Auch auf Twitter war ich relativ früh und habe mittlerweile über 1.700 Follower. Klar bin ich auch auf Google+ oder auch etwas weniger bekannten Diensten wie Pearltrees.

Welche Ziele haben Sie sich gesetzt?

Mein Ziel ist einerseits, immer wieder neue Netzwerke und Tools auszuprobieren, damit ich inhaltlich immer am Puls der Zeit bin. Nur so bin ich in der Lage, für weitere Startups Ideen zu liefern und meine Visionen zu kreieren. Und andererseits möchte ich so im Internet präsent sein, dass ich mir Werbung und klassischen Verkauf sparen kann.

Welche Strategien haben Sie dafür verfolgt?

Meine Strategie war von Anfang an, mich mit vielen Menschen zu vernetzen, hier also nicht wählerisch zu sein. Und oft haben sich aus Kontakten, die eher zufällig am Internet entstanden sind, tolle Partnerschaften entwickelt, während mit Menschen, die ich persönlich schon lange kenne und mit denen ich mich auch immer wieder physisch getroffen habe, nichts entstanden ist.

Wie überprüfen Sie Ihre Ziele?

Ich schaue mir von Zeit zu Zeit auf Klout an, wie ich auf Twitter gesehen werde, und ich schaue hin und wieder auf Google Analytics und auf bit.ly. Und ich mache schon jahrelang keine Werbung und keinen Verkauf. Das ist für mich eigentlich der beste Beweis, dass Netzwerken funktioniert.

Haben sich Ihre Ziele und Strategien im Laufe der Zeit verändert?

Meine Ziele haben sich nicht wirklich verändert. Mit der Zeit entwickle ich nur mehr Sensibilität, mit welchen Menschen ich weiterarbeite und mit welchen nicht. Es sind sehr viele Zeitdiebe und Energieräuber unterwegs. Hier hilft mir mein Netzwerk ebenfalls, diese rechtzeitig zu erkennen.

Welche Rolle hat Ihr bestehendes Netz dabei gespielt?

Meine Grundeinstellung ist, dass es immer um Menschen geht, dass Menschen sich auf gleicher Augenhöhe begegnen, egal woher sie kommen und wohin sie gehen, und dass ich mit interessanten Menschen interessante Dinge an interessanten Orten verwirklichen möchte. Hier hilft das Netz, weil solche Menschen mitunter geografisch am anderen Ende der Welt sind und ich sie nur über das Netzwerk (mithilfe meiner direkten Kontakte) finden kann. Durch das Teilen von sehr vielem (meine Bücher auf goodreads, meine Präsentationen auf slideshare oder prezi, meine Meinungen auf meinem Blog usw.) können sich Menschen, wenn sie wollen, ein umfangreiches Bild von mir machen. Ich bin am Netz genau derselbe wie bei einem physischen Treffen.

Die Netzwerke und Ihr Markt

In welchen Ländern ist Ihr Unternehmen tätig?

Hauptsächlich im deutschsprachigen Europa, in UK und in USA, teilweise Indien mit einigen Kontakten nach Singapur und Japan und in andere Teile der Welt.

Wie viel Prozent Ihrer Aktivitäten haben Sie in welches Netzwerk investiert?

Ich habe da keine Ahnung. Im Prinzip merke ich, dass LinkedIn im Vergleich zu XING zugenommen hat, dass ich sehr viel auf Facebook mache und dass Twitter so integriert ist, dass ich einen Tweet auf mehreren Sites automatisiert sehe. MySpace ist dramatisch zurückgegangen, ebenso andere Netze, die bei mir fast keine Rolle mehr spielen.

Wo sind Ihre Bemühungen bisher an erfolgsreichsten?

Ich habe durch XING am meisten gelernt, finde aber LinkedIn und Facebook professioneller. Twitter ist für mich anders zu beurteilen; das gehört einfach dazu, meine Kontakte mit aus meiner Sicht interessanten Informationen zu versorgen. Dies inkludiert übrigens auch meine Check-ins mittels Foursquare. Somit wissen meine Kontakte relativ genau, wo ich mich aufhalte.

Was waren Ihre allergrößten Erfolgsergebnisse, die Sie direkt oder indirekt diesen Aktivitäten zuordnen können?

Ich kann das nicht direkt zuordnen. Zu netzwerken und diese Social Networks zu verwenden entspräche eher einem Lebensstil als einer kausal wirkenden Strategie, die bewusst geplant ist. Aber die Erfolge der Startups, z. B. jetzt die Tatsache, dass Wappwolf binnen drei Tagen 10.000 User bekommen hat, ist dem Netzwerken zuzuschreiben.

Ihre wichtigsten Erkenntnisse und Botschaften an die LeserInnen

Was hat sich für Sie, seitdem Sie mit Business-Networking begannen, im Markt oder für Sie verändert?

Ich sehe, wie sich die Art und Weise, wie Menschen miteinander umgehen, verändert. Es geht immer weniger um Titel, Positionen, Zeugnisse, sondern mehr um (Internet-)Reputation, Empfehlungen durch Dritte, denen man vertraut. Damit ändert sich die Art und Weise zu denken und zu handeln. Für mich bedeutet das auch, dass ich in klassischen Strukturen nicht mehr arbeiten will und kann, dass ich durch das Netzwerken viele interessante und tolle Persönlichkeiten kennengelernt habe, die ich ansonsten nicht getroffen hätte. Und es ermöglicht mir, in diesem Markt der neuen Businessideen und Businessmodelle eine aktive Rolle mit meinen Startups einzunehmen und innovativ nach vorne blicken zu können. Damit fühle ich mich anschlussfähig gegenüber den nächsten Generationen, die mit Internet und Smartphones, mit Apps und Co. aufwachsen.

Was ist die wichtigste Empfehlungen für neu beginnende B2B-Networker?

Einfach einen Powernetworker nehmen (z. B. mich) und verbinden, hallo sagen und in das Netzwerk Informationen einspeisen. Alle Unternehmen, die sich dem verschließen, verschließen sich der Innovation, neuen Märkten und bekommen damit auch nicht die MitarbeiterInnen, die sie brauchen würden. Damit werden sie ineffizient und starr und können nur so lange überleben, wie ihre Kunden sie bezahlen.

Was war die größte Überraschung im Laufe Ihrer Aktivitäten in B2B-Netzwerken?

Die größte Überraschung ist, wie wenig Menschen wirklich bereits sind, neue Dinge auszuprobieren, und wie viele Gegner mit fadenscheinigen Argumenten unterwegs sind. Anderseits bin ich überrascht, dass es sehr viele Menschen gibt, die selbstverständlich so wie ich auch die Netze und die Tools nutzen. Das verbindet uns weltweit, lässt Unterschiede zurücktreten und erzeugt Dynamik und Freude!

Wie würden Sie Ihren größten Erfolg in B2B-Networks beschreiben?

Ich mache seit Jahren keine Werbung und keinen Vertrieb. Das spart Zeit und Geld.

Was war Ihr größter Irrtum beim Business-Networking?

In meinen Erwartungen habe ich mich nicht geirrt. Ich treffe nur relativ oft Menschen, die erst dann ans Netzwerken denken, wenn sie etwas brauchen, die aber das Prinzip des Geben und Nehmens im Netzwerk nicht verstanden haben. Netzwerke sind keine Seilschaften.

Paul Pleus – International Executive Recruiting

Herr Pleus und sein Unternehmen IER International Executive Recruiting ist der Inbegriff eines Social Recruiters, der soziale Netzwerke zum Hauptmedium seiner Aktivitäten gemacht hat und völlig auf in der Branche übliche Anzeigen in Printmedien oder Jobportale verzichtet. Nach 17 Jahren unterschiedlicher Führungsfunktionen im Finance- & Bankenbereich ist Herr Pleus seit dem Jahr 2008 als Headhunter, Recruiter und Trainer selbstständig tätig.

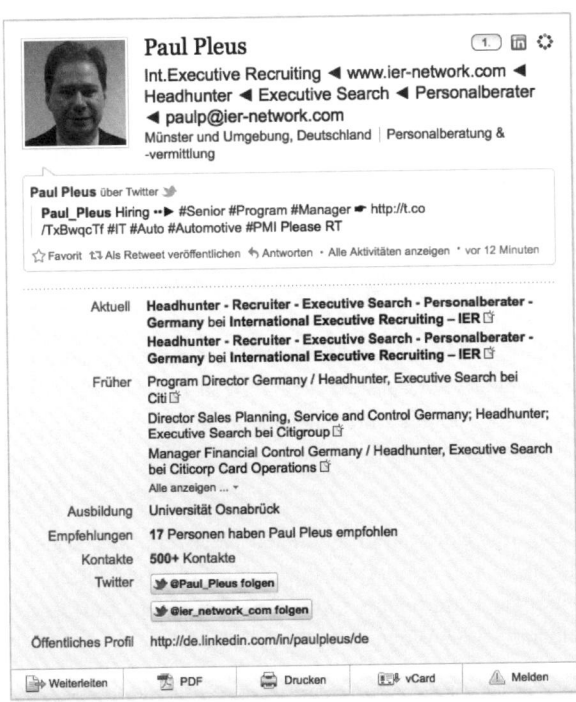

Mit dem konsequenten Aufbau diverser Gruppen auf XING und LinkedIn finden Sie hier ein waschechtes Reichweitenkonzept vor, das Herr Pleus über XING (vier Gruppen mit 68.000 Mitgliedern) und LinkedIn (drei Gruppen 7.500 Mitgliedern) hinaus auf Twitter (53.000 Follower) aufgebaut hat. Herr Pleus bekommt seine Aufträge ganz im Gegensatz zu Christian H. Leeb, der durch soziale Medien völlig auf Akquisition verzichtet, vor allem durch aktive Akquisition.

Network Steckbrief – Paul Pleus	
XING	Mitglied seit 09/2007 85.600 Seitenaufrufe 6.600 Kontakte ohne Empfehlung mit Über-Mich-Seite 4 weitere Profile im Web 2 aktuelle Unternehmen (1 Unternehmensprofil) 82 sichtbare Gruppenmitgliedschaften (4 Moderationen) *http://bit.ly/XING_Paul_Pleus*
LinkedIn	500+ Kontakte (nicht einsehbar) mit 17 Empfehlungen 2 weitere Profile im Web 2 aktuelle Unternehmen (2 Unternehmensprofile) 19 sichtbare Gruppenmitgliedschaften (3 Moderationen) *http://linkd.in/Paul_Pleus*
Kontakt-Strategie	Aktive und gezielte Ansprache geeigneter Ansprechpartner

Wir haben Herrn Pleus IER vor allem ausgewählt, weil er mit seiner aktiven Expansion trotz relativ spätem Einstieg auf der XING-Theaterbühne sehr gut vormacht, dass Content, also der Transport wertvoller Inhalte, die zum größten Teil noch nicht einmal selber produziert wurden (kein owned Content), eine recht große Sichtbarkeit erzeugt und dadurch gewinnt.

Paul Pleus – IER International Executive Recruiting

International Executive Recruiting – IER ist auf die Vermittlung von internationalen Fachkräften und Top-Managern spezialisiert. Wir nutzen die vielfältigen Möglichkeiten für Personaler und Personalberater in LinkedIn, XING, Facebook und Twitter, um Top-Kandidaten zu rekrutieren.

Unternehmensbeschreibung

Wir sind eine Personalberatung mit einem internationalen Netzwerk. Wir konzentrieren uns auf die Rekrutierung von erfahrenen Fach- und Führungskräften. Unsere Kunden sind internationale Unternehmen aus allen Branchen. Bei der Personalsuche gehen wir neue innovative Wege.

Wie alles begann

Wir starteten im Jahr 2008 und hatten null Kontakte in sozialen Medien. Heute beträgt die Reichweite über die diversen Netzwerke hinweg über 100.000 Kontakte und Follower.

Welche Ziele haben Sie sich gesetzt?

Das Unternehmen International Executive Recruiting – IER bekannt und erfolgreich zu machen.

Welche Strategien haben Sie (dafür) verfolgt?

Kontinuierlicher, zielgerichteter Aufbau von Gruppen, Kontakten, Kunden und Kandidaten im Bereich Recruiting – Executive Search.

Wie überprüfen Sie Ihre Ziele?

Periodisches Messen, Regeln, Steuern aller Aktivitäten!

Haben sich Ihre Ziele und Strategien im Laufe der Zeit verändert?

Die Ziele sind gleich geblieben, die Strategien wechseln bzw. werden immer weiter verfeinert.

Welche Rolle hat Ihr bestehendes Netz dabei gespielt?

Keine.

In welchen Ländern ist Ihr Unternehmen tätig?

Weltweit – Amerika, Asien und Europa.

Wie viel Prozent Ihrer Aktivitäten haben Sie in welches Netzwerk investiert?

42 % XING, 42 % LinkedIn, 1 % Facebook, 5 % Twitter, 0 % Blogs.

Wo sind Ihre Bemühungen bisher an erfolgsreichsten?

42 % XING, 42 % LinkedIn, 1 % Facebook, 5 % Twitter, 0 % Blogs.

Was waren Ihre allergrößten Erfolgsergebnisse, die Sie direkt oder indirekt diesen Aktivitäten zuordnen können?

Wir gewinnen viele Aufträge und fast alle Kandidaten in diesen Netzwerken!

Was sind Ihre wichtigsten Erkenntnisse und Botschaften an die Leser?

Businessnetzwerke sind bekannter und „angesagter" geworden. Es gibt somit immer mehr „Scharlatane", die Business-Networking auf fragwürdige Weise nutzen. Langfristig stellt sich so aber kein Erfolg ein.

Was ist die wichtigste Empfehlungen für neu beginnende B2B-Networker?

Vor dem Start sollte Mann/Frau sich klar machen, was man erreichen will. Darauf aufbauend gilt es, Strategien und Prozesse zu entwickeln. Ausdauer ist gefragt sowie die Bereitschaft, Strategien und Prozesse ständig zu verbessern.

Was war die größte Überraschung im Laufe Ihrer Aktivitäten in B2B-Netzwerken?

Die enormen Möglichkeiten, die sich mit Businessnetzwerken ergeben. Vieles, was wir heute mit unserer Firma tun, wäre vor fünf Jahren nicht möglich gewesen.

Wie würden Sie Ihren größten Erfolg in B2B-Networks beschreiben?

Erfolgreicher Aufbau einer internationalen Personalberatung trotz Finanz- und Wirtschaftkrise.

Was war Ihr größter Irrtum beim Business-Networking?

Auf selbsternannte Experten zu hören, die glauben, sie kennen die einzige erfolgreiche Strategie. Mittlerweile ist mir klar, dass es je nach Ziel völlig unterschiedliche Strategien und Vorgehensweise gibt.

Jürgen Auer – der Ausnahmemoderator

Herr Auer war auf einmal da. Mit „da" ist nicht etwa XING gemeint; nein, es ist Twitter gemeint. Die Share-Funktionen der Businessnetzwerke sind oft der Einstieg in ein anderes Netzwerk.

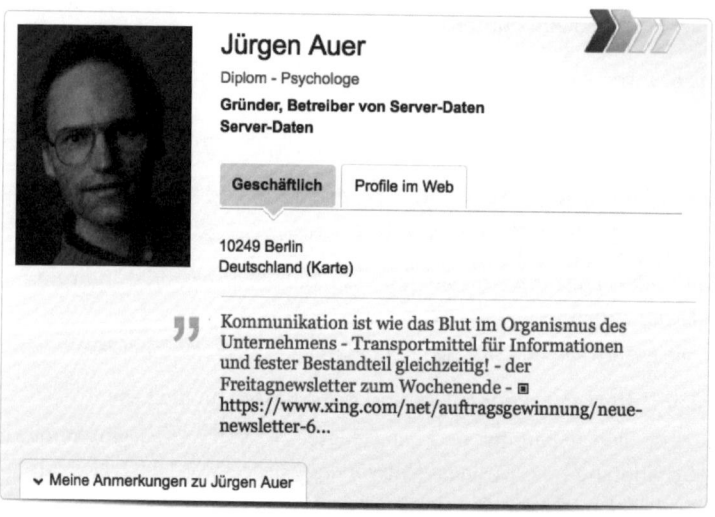

Herr Auer war Ende 2011 auf einmal in der Hashtag #XING Timeline als Unterstützer der XING AG auf Twitter präsent. Sie müssen wissen, dass XING in der #XING Timeline oft relativ kritischen Unterton liest. Zunächst fiel Herr Auer dadurch auf, dass er besonders bei kritischen Wortmeldungen seine Sicht der Dinge preisgibt. Im nächsten Schritt postete er jeden

Freitag seinen wöchentlichen Gruppen-Newsletter. Für diejenigen unter Ihnen, die noch keine Gruppe moderieren, sei gesagt, dass eine so hohe Newsletter-Frequenz einen sehr großen Seltenheitswert hat. Die Newsletter sind auch inhaltlich ganz entgegen allem, was man in Marketingkreisen als „State of the Art" bezeichnet. Sie sind lang, es fehlen jegliche visuellen Bestandteile, und sie werden dennoch gelesen. Dies ist der Grund, warum wir Herrn Auer als Best-Practise-Beispiel ausgewählt haben.

Wie man Sog erzeugt

Content (wertvolle Inhalte mit Mehrwert) zur Verfügung zu stellen ist einer der Schlüssel für den Ausnahmemoderator der XING-Gruppe „Aufträge & Kundengewinnung, Selbstständigkeit & Wirtschaft, Ideen & Kontakte", *http://bit.ly/XING_Gruppe_Auftragsgewinnung*, mit bald 7.000 Mitgliedern. Die Gruppe wurde nicht von Herrn Auer gegründet, sondern im Jahr 2010 mit ca. 3.400 Mitgliedern übernommen. Sie wuchs seither völlig ohne Akquisition (Werbung) in 1,5 Jahren um 3.600 Mitglieder. Das bringt selbst einen Moderator wie mich, der den *http://bit.ly/AustrianDesk* 2010 mit ca. 5.000 Mitgliedern übernommen hat und ebenso keine Akquisition betreibt, ins Staunen.

Die Schlüssel für organisches Gruppenwachstum

➢ regelmäßige (mehrwerte) Inhalte
➢ Interaktion mit den Mitgliedern
➢ geben statt nehmen

Network Steckbrief – Jürgen Auer	
XING	Mitglied seit 01/2006 111.931 Seitenaufrufe 12.189 Kontakte ohne Referenzen mit Über-Mich-Seite 6 weitere Profile im Web 2 aktuelle Unternehmen (kein Unternehmensprofil) 23 sichtbare Gruppenmitgliedschaften (1 Moderation) *http://bit.ly/XING_Juergen_Auer*
LinkedIn	10 Kontakte 1 weiteres Profil im Web 4 aktuelle Unternehmen (kein Unternehmensprofil) *http://linkd.in/Juergen_Auer*
Kontakt-Strategie	Offen für jeden Kontakt und gezielte 1:1-Ansprache

Über seine Gruppenmoderation hinaus ist er zudem ein Beispiel dafür, wie viel Sinn es machen kann, nach dem ersten Frust die Strategie zu überdenken.

Jürgen Auer – Diplom Psychologe – Server-Daten-Spezialist

Diplom-Psychologe, Abschluss 1994 in Berlin, diverse Tätigkeiten als IT-Freiberufler, Entwicklung von Datenbanken vor Ort. Ab 2003 Fulltime-Entwicklung von Server-Daten, einer Fabrik für Onlinedatenbanken, Onlinebetrieb seit 2006.

Unternehmensbeschreibung/Branche/Größe (Pitch): Freiberuflicher Betrieb von Server-Daten: KMU lassen sich Datenbanken individuell einrichten, teilen sich Hardware/Software mit anderen Kunden. Kunden im zweistelligen Bereich, Nutzer im vierstelligen Bereich. Kunden kommunizieren mit eigenen Kunden über die Datenbank. Kunden in D/A/CH, alles läuft per Telefon/E-Mail. Oft Gespräche nicht bloß mit dem Geschäftsführer/Hauptauftraggeber, sondern zusätzlich mit diversen Mitarbeitern, welche die Datenbank nutzen.

Wie alles begann

Im Internet aktiv seit 2003, seit der Fulltime-Entwicklung von Server-Daten. Zunächst in klassischen Foren, teils mit Klartextname, teils per Pseudonym.

Wie viel Kontakte/Follower hatten Sie?

Einstieg XING 2006, lange passiv, in den Anfangsjahren auf anderen Plattformen (klassischen Foren) aktiv, in XING-Gruppen nur selten. Ab 2009 relativ regelmäßige Kontaktanfragen.

Wie viele Kontakte/Follower haben Sie heute?

Ca. 12.000 auf XING. Die XING-Gruppe wuchs von etwa 3.400 Mitgliedern im September 2010 auf inzwischen etwa 6.600 – organisch, ohne Einladungen.

Ziele, Strategie, Messung und Adaption

Welche Ziele haben Sie sich gesetzt?

Richtige Ziele gibt es nicht. XING lief teils nebenbei, war aufgrund der giftigen/ Chat-artigen Beiträge in Gruppen eher nervig/frustrierend (2006–2008). Dann zeigte sich, dass man über Kontaktanfragen ganz andere Leute kennenlernen kann, eine Ebene unterhalb/außerhalb der Gruppen. Die Entwicklung der eigenen Gruppe (Übernahme im September 2010) ist so ziemlich die allergrößte Überraschung. Die regelmäßigen, wöchentlichen und langen Newsletter halten die Gruppe zusammen. Es gibt immer wieder Reaktionen per PN, Anfragen zu allen möglichen Themen der XING-Nutzung. Es wird oft nicht allzu viel geschrieben, kein rasender Chat. Stattdessen wenige, gewichtige, schön formulierte Beiträge von sehr unterschiedlichen Personen unterschiedlichen Alters.

Welche Strategien haben Sie dafür verfolgt?

Das wechselte. Wesentlich war learning by doing. Die XING-Aktivitäten haben sich als ein interessanter Gegenpol zu meinen beruflichen Aktivitäten entwickelt. Früher wurde ein Artikel gelesen – und abgehakt. Heute wird ein Verweisartikel draus – und von den Rückmeldungen über das Netzwerk und in der Gruppe profitiere ich selbst sehr viel, weil ich so mit Leuten kommunizieren kann, mit denen ich aufgrund von zeitlichen/räumlichen Einschränkungen meiner eigenen Arbeit ansonsten nie kommunizieren könnte.

Wie überprüfen Sie Ihre Ziele?

Keine Ziele, keine Überprüfungen ;-)

Haben sich Ihre Ziele und Strategien im Laufe der Zeit verändert?

Ja, siehe oben. Was in einem Jahr sein wird? Keine Ahnung. Dazu entwickeln sich das Internet, XING und meine eigene Arbeit zu häufig ständig weiter.

Welche Rolle hat Ihr bestehendes Netz dabei gespielt?

Kontakte produzieren interessante und hilfreiche Rückmeldungen, sofern man sie nicht mit Werbung belästigt. Meine Dienstleistung ist so dermaßen speziell, die benötigen die meisten meiner Kontakte und die meisten Gruppenmitglieder niemals. Wer sein Netzwerk nur nutzt, um sein eigenes Produkt zu pushen, der wird nach einiger Zeit nicht mehr ernstgenommen, erhält nur noch lästernde Rückmeldungen. Wer darauf dagegen von vornherein ganz konsequent verzichtet, der wird wertvoll für andere – ohne es zunächst selbst zu merken. Dann gibt es plötzlich eine PN: „Ich freue mich jede Woche auf Ihren Newsletter".

In welchen Ländern ist Ihr Unternehmen tätig?

Im deutschsprachigen Raum D/A/CH.

Wie viel Prozent Ihrer Aktivitäten haben Sie in welches Netzwerk investiert?

98 % XING, 2 % Twitter.

In gewisser Weise funktioniert die Gruppe wie ein gemeinsamer Blog. Die Gruppenmitglieder wissen, dass ich regelmäßig interessante Inhalte einbringe und dass es den regelmäßigen informativen Newsletter gibt. Ein Gruppenmitglied schrieb einmal: „Eine schöne Zusammenfassung immer zum Wochenende hin".

Wo sind Ihre Bemühungen bisher an erfolgreichsten?

100 % XING.

Was waren Ihre allergrößten Erfolgsergebnisse, die Sie direkt oder indirekt diesen Aktivitäten zuordnen können?

Ab und zu finde ich per XING neue Kunden. Mit Umsätzen im fünfstelligen Bereich. Allerdings ist die Zahl der Kunden ohnehin nicht so hoch, da ein wesentlicher Teil des Geschäfts aus Folgeaufträgen und regelmäßigen Mieteinnahmen besteht. Wichtiger ist mir die Möglichkeit, inzwischen eine geradezu unendliche Vielfalt an Wissensquellen von Personen so zur Verfügung zu haben. Entscheidend auf XING ist die Kommunikation mit „Niemals-Kunden", also mit Personen, die ich gerade nicht auf eine Funktion als Kunde reduziere. Und davon gibt es sehr viele ;-)

Was hat sich für Sie, seitdem Sie mit Business-Networking begannen, im Markt oder für Sie verändert? Wenn ja, was?

Man kann mit Leuten kommunizieren, mit denen man ansonsten nie kommunizieren, die man nicht einmal kennenlernen könnte. Macht man das regelmäßig, dann ergibt sich daraus eine immense Reichweite. Insofern sind beispielsweise Kontaktanfragen von mir Einladungen, von den Hinweisen auf meiner Über-mich-Seite und von meinen regelmäßigen Gruppenaktivitäten zu profitieren. Man kann das annehmen, sich darauf einlassen. Man kann es auch ignorieren oder ablehnen. Aber ich muss insofern beispielsweise nicht jeden Kontakt persönlich kennen. XING-Kontakte können damit Follower im Twitter-Sinn sein, allerdings mit dem Zusatz der Eindeutigkeit plus typischer Informationen im Profil.

Was ist die wichtigste Empfehlungen für neu beginnende B2B-Networker?

Learning by doing. Glauben Sie nicht jenen, die Ihnen nur ihre eigene Dienstleistung verkaufen wollen. Leute, die 20 Jahre Versicherungen verkaufen, dann in XING überaktiv sind, sich als selbsternannte Web.2.0-Experten ausgeben und faktisch ständig abmahnfähig Werbung verschicken. Also Web.1.0-Spam.

Ansonsten hängt das von der eigenen beruflichen Situation ab. Mit der Entwicklung und dem Start von Server-Daten habe ich meine eigene berufliche Zukunft langfristig festgelegt. Entweder die Pleite (dann müsste ich ohnehin neu anfangen) oder der langfristige Betrieb. Da passt so eine langfristige XING-Orientierung gut dazu, weil ich auf XING mit Leuten über „dritte Themen" ins Gespräch kommen kann.

Deshalb ist das, was ich mache, wahrscheinlich auch für „neue Selbstständige", für Leute, die überlegen, sich selbstständig zu machen, oder für Angestellte nur bedingt relevant.

Was war die größte Überraschung im Laufe Ihrer Aktivitäten in B2B-Netzwerken?

Wenn man durch viele lose Kontakte eine „kritische Masse" erreicht und dann selbst plötzlich etwas Neues beginnt (die Übernahme der Gruppenmoderation im September 2010): Dann profitieren plötzlich Kontakte von Anregungen und steuern eigene Informationen bei. Etwas, das zum Zeitpunkt der „losen Kontaktaufnahme" überhaupt nicht absehbar war – für beide Seiten nicht. Ein Kontakt war irgendwann mal geschlossen, jahrelang passierte nichts. Nun wird der Kontakt für beide Beteiligten produktiv. Insofern verstehe ich Leute nicht, die nach einem halben Jahr Kontakte mangels Relevanz wieder löschen. Leben heißt, einen langen Atem zu haben.

Wie würden Sie Ihren größten Erfolg in B2B-Networks beschreiben?

2007/2008 war ich von XING frustriert, weil mich das heftige Chatten in Kombination mit immer wieder sehr giftigen Threads frustrierte. Glücklicherweise bin ich damals nicht raus, sondern habe – zunächst ganz langsam – lose, unspezifische Kontaktanfragen gestellt. Daraus ergab sich schließlich eine erste Co-Moderation, dann der Wechsel in die andere Gruppe, schließlich dort der Moderatorenwechsel mit den damit möglichen eigenen Gestaltungsmöglichkeiten. Und dann nicht auf den schnellen Erfolg (wir müssen jetzt wachsen, heftige Einladungsaktionen, zehn Co-Moderatoren) gescheit, sondern einfach regelmäßig in einem gewissen Maß aktiv sein. Das genügt, um immer wieder interessante Leute in die Gruppe zu bringen. Wobei entscheidend ist, dass diese regelmäßige Aktivität mit den eigenen beruflichen Anforderungen verträglich ist. Es gibt immer wieder Leute, die erst unheimlich powern, überaktiv sind – und dann wieder verschwinden. Das ist für eine Gruppe Gift. Da merken sich die Leute: „Der macht mal kurz etwas – und dann verliert er die Lust oder ihm werden andere Dinge wichtiger".

Was war Ihr größter Irrtum beim Business-Networking?

Einen „größten Irrtum" gab es nicht. Es gab und gibt immer wieder viele kleine Dinge, wo ich mich frage: „So oder lieber anders". Dann mache ich das eine – und lerne über die Resonanzen dazu. Ein „größter Irrtum" wäre es rückblickend gewesen, wenn ich 2008 aus XING rausgegangen wäre. Die erste Gruppenmoderation war unergiebig, insofern eine Sackgasse. Aber sie brachte mich dazu, neu über die Möglichkeiten einer Gruppenmoderation nachzudenken und lieferte das Sprungbrett zum Wechsel in eine andere Gruppe.

Roman Anlanger – Buchautor „Trojanisches Marketing"

Roman Anlanger ist eine besondere Spezies des Social Networkers. Der Studiengangsleiter der Fachhochschule des bfi-Wiens ist Privat-Musiker, zweifacher XING-Ambassador, Extremnetzwerker und freiberuflicher Buchautor. Schon zu Beginn meiner Tätigkeit als Networkcoach im Jahr 2007 in Wien fiel er mir immer wieder aufgrund unserer sehr zahlreichen gemeinsamen Kontakte auf, ohne dass die vielen Menschen, die ich persönlich getroffen habe, ihn persönlich kannten. In der Außensicht könnte man sein Engagement in drei bis vier strategische Phasen einteilen:

➢ Netzwerkaufbau (2008 waren es ca. 4.000 Kontakte)
➢ Crowdsoucring (Gruppenaufbau Trojanisches Marketing)
➢ XING-Ambassador der Marketing Community Austria
➢ XING-Regional-Ambassador

Das Buch, welches wir hier auch im Rahmen der DaWos-Strategie kurz angerissen haben, erscheint erstmalig im Jahr 2008 und wurde aufgrund der stillen langfristigen Vorbereitung von Herrn Anlanger und seinem Autorenkollegen Wolfgang Engel zu einem der Sachbuchbesteller der letzten Jahre. Herr Anlanger ist ein Spezialist dafür, strategische „Low Budget"-Vertriebsideen in die Welt zu bringen.

Als erster Xpert-Ambassdor Österreichs (Xpert-Gruppen agieren überregional) gelang es ihm gemeinsam mit anderen XING-Moderatoren, das Thema Social Media bei offiziellen Veranstaltungen, aber auch XING bei größeren Veranstaltungen wie der DMX in Wien einzubringen.

Network Steckbrief – Roman Anlanger	
XING	Mitglied seit 01/2005 85.000 Seitenaufrufe 9.300 Kontakte, 3 Referenzen mit Über-Mich-Seite 14 weitere Profile im Web 4 aktuelle Unternehmen (2 Unternehmensprofile) 24 sichtbare Gruppenmitgliedschaften 8 Gruppenmoderationen (38.500 Mitglieder) *http://bit.ly/XING_Roman_Anlanger*
LinkedIn	221 Kontakte 4 weiteres Profil im Web 1 aktuelle Unternehmen (kein Unternehmensprofil) *http://linkd.in/Roman__Anlanger*
Kontakt-Strategie	Offen für jeden Kontakt

In dem nun folgenden Gastbeitrag beschreibt Herr Anlanger, wie mittels Crowdsoucing über eine Gruppe nicht nur die Vermarktung eines Buchs, sondern auch darüber hinaus ein Charity-Projekt durch die Einbindung unterschiedlichster Partner möglich wurde.

Die eigene Community als Crowdsourcing-Basis für den nächsten Buchbestseller

Kennen Sie „Trojanisches Marketing"? Nein, dann wissen Sie immer noch nicht, wie man erfolgreiches Low-Budget-Marketing betreiben kann. Trojanisches Marketing ist eine interdisziplinäre Disziplin, wie man indirekt das Kundenherz erobert. Und es wirkt. Das Bestsellerbuch „Trojanisches Marketing" war 2008 und 2009 das erfolgreichste neue Marketingfachbuch im ganzen deutschsprachigen Raum.

Um das Buch in Zeiten vom Web 2.0 optimal vermarkten zu können, wurde der Ansatz der Community als eine der zentralen Vertriebsstrategien gewählt. Der Themenfokus, der das Herz jeder Commuity bildet, war durch das Buch bereits vorgegeben. Unkonventionelles Marketing und im Speziellen Trojanisches Marketing. Daraus wurde dann auf XING die Gruppe „Club Trojanisches Marketing" ins Leben gerufen. Communitys, welcher Art auch immer, gehorchen dem Gesetz, das sagt: „Menschen bewegen sich immer in gleichen Kreisen". Wenn Sie z. B. ein begeisterter Saxophonspieler sind, dann wählen Sie sich natürlich Personen aus, die ebenfalls mit Leidenschaft beim Saxophonspielen sind. Das trifft natürlich auch auf alle Sportarten, Freizeitaktivitäten, Glaubensrichtungen etc. zu.

Nach der Gründung der Gruppe „Club Trojanisches Marketing" wurden zuerst Personen in die Gruppe eingeladen, die sich im Umfeld „unkonventionelles Marketing" positioniert haben oder bei ihrem XING-Suchfeld „Ich suche" unkonventionelles Marketing stehen haben. Dadurch wurde sichergestellt, dass eine hohe Eigenmotivation der angeschriebenen Personen für dieses Thema vorhanden ist. Der Rücklauf der in die Gruppe eingeladenen Personen lag/liegt bei über 90 %. Dadurch konnte eine der schwersten Hürden, der Gruppenaufbau, in kurzer Zeit genommen werden.

Viele Personen denken, wenn sie eine Gruppe selbst neu gegründet haben, dass sie innerhalb kürzester Zeit eine Menge Mitglieder von selbst haben. Dem ist aber nicht so. Die Phase des Gruppenaufbaus (Community Building) ist oft mühselig und liefert auch nicht immer das gewünschte Ergebnis. Dazu gesellt sich noch des Weiteren das Phänomen der sog. „Ein-Prozent-Regel". Diese besagt, dass nur eine Person unter 100 einen Beitrag zur Gruppe liefert. Maximal neun weitere Personen geben durch Kommentare zum Beitrag in der Gruppe einen Kommentar ab. Ernüchternde Erkenntnisse!

Eine der wichtigsten Konsequenzen daraus ist, Networking so zu verstehen, dass es Zeit und Ressourcen bindet. Work impliziert Arbeit, und darauf verzichten dann schon wieder einige, wenn diese eine Community erfolgreich aufbauen sollen. Bei all dieser Aufbauarbeit geht es darum, die „kritische Masse" in einer Gruppe zu erreichen, sodass ein bestimmtes, aber gelenktes Eigenleben stattfinden kann. Dazu müssen die Gruppenmoderatoren auch Anreizsysteme entwickeln. Bei Non-Profit-Organisationen oder Privatpersonen müssen vor allem intrinsische Faktoren an die Adresse der Gruppenmitglieder gerichtet werden (Anerkennung, Erhöhung der Onlinereputation, Appell an das gute Gewissen etc).

Beim Club Trojanisches Marketing wurde diese Ansprache an die Gruppenmitglieder durch die Form des Trojan Award, Preis für bestes Trojanisches Marketing, erreicht.

Um was geht es beim Trojan Award als intrinsischer Anreiz und in weiterer Folge als Crowdsouring-Ansatz?

Ziel dieses Preises ist es, die beste Aktion von Trojanischem Marketing jedes Jahr zu prämieren. Eingeladen zur Einreichung sind jedes Jahr:

Unternehmen, die im vergangenen Jahr eine erfolgreiche Marketingaktion mit trojanischen Methoden organisiert und umgesetzt haben. Personen, die eine besonders eindrucksvolle trojanische Marketingaktion beobachtet haben und diese „vor den Vorhang" bringen möchten. StudentInnen, die sich im Rahmen ihres Studiums mit der Analyse trojanischer Marketingaktionen beschäftigt haben.

Eine Jury wählt die beste trojanische Aktion aus. Stellvertretend für den Gewinner wird der ausgeschriebene Preis von € 2.000 an die St. Anna Kinderkrebsforschung überreicht.

Jörg Mann, der grenzüberschreitende Unternehmerlounger

Jörg Mann kommt aus dem Marketingbusiness und hat nach einer langjährigen erfolgreichen Karriere nicht nur den Standort von Deutschland nach Österreich verlegt, sondern auch den Fokus vom Selbst-Marketingführungskraft zu sein, durch diverse Weiterbildungen zum zertifizierten Coach und NLP-Trainer gewechselt. Wie Sie später noch am Beispiel des BANKINGCLUBs lesen werden, brachte Herrn Mann auch mehrere „Unternehmensbühnen" (Gruppenkonzepte) an den Start, um schließlich mit grenzüberschreitenden Aktivitäten und dem Einsatz moderner Webinarinstrumente zum eigentlichen Erfolgsdurchbruch zu kommen.

Unternehmens- und Lebensberatung finden zusammen

Insbesondere weil Businessnetzwerke besonders viele Unternehmer anziehen, die bei allem Erfolg wegen immer stärker ausufernden Anforderungen offen für sogenanntes Work-Life-Balance sind, eröffnet dies einem erfahrenen Marketingmenschen in Kombination mit Lebensberatung eine nicht zu unterschätzende Marktnische. Eine Kommunikationsplattform wie die Unternehmerlounge, mittels Einbeziehung diverser Spezialisten unterschiedlicher Fachbereiche als Mitmoderatoren, dem Netzwerk zu stiften, war sicher einer der entscheidenden Erfolgsfaktoren, die Sie auch bei Jürgen Auer sehen, *http://bit.ly/XING_Gruppe_Unternehmerlounge*.

Network Steckbrief – Jörg Mann	
XING	Mitglied seit 06/2006 38.000 Seitenaufrufe 5.400 Kontakte 5 Referenzen mit Über-Mich-Seite 4 weitere Profile im Web 1 aktuelles Unternehmen (kein Unternehmensprofil) 2 sichtbare Gruppenmitgliedschaften 2 Gruppenmoderationen (6.600 Mitglieder) *http://bit.ly/XING_Joerg_Mann*
LinkedIn	9 Kontakte keine Empfehlungen 4 weiteres Profil im Web 1 aktuelles Unternehmen (kein Unternehmensprofil) *http://linkd.in/Joerg_Mann*
Kontakt Strategie	Offen für jeden Kontakt

Jörg Mann – der Coach für Unternehmer

Gerne berichte ich über meine Erfahrungen mit Social Media, ganz konkret mit XING.

Zunächst einige Worte zu meiner Tätigkeit: Als Unternehmercoach und -berater – ich bin Einzelunternehmer – biete ich Unternehmern aktive Hilfe dabei, unternehmerische oder persönliche Herausforderungen zu lösen, Schwachstellen, Hindernisse und Engpässe im Unternehmen und im unternehmerischen Handeln zu finden und zu beseitigen sowie die Veränderungen herbeizuführen, dass sie ihre unternehmerischen Potenziale erfolgreicher einsetzen können.

Meine Zielgruppe sind dabei Gründer, Postgründer sowie Unternehmer mit kleinen Unternehmen mit hochwertigen, Dienstleistungsangeboten insbesondere aus den Bereichen Marketingkommunikation und Informationstechnologien. Mein Firmensitz ist in Österreich, meine Kunden kommen aus verschiedenen Gründen primär aus Deutschland.

Mir war bereits nach der ersten eingehenderen Beschäftigung mit Social Media klar, dass XING für mich eine sehr gute Möglichkeit sein würde, als Unternehmercoach meine Bekanntheit in meiner Zielgruppe zu erhöhen und hierüber auch Kunden zu erreichen. Hierzu trug die Positionierung von XING als Businessnetzwerk, vor allem aber die Möglicheit bei, Personen, die zu meiner Zielgruppe gehören, aktiv anzusprechen.

Insofern intensivierte ich meine Aktivitäten ab 2008/09 deutlich. Mir wurde deutlich, dass die Gruppen zu den verschiedenen Themenbereichen eine interessante Möglichkeit darstellen, sich mit seiner Leistung bei Mitgliedern der eigenen Zielgruppe zu profilieren.

Ich wurde zunächst Co-Moderator in zwei Gruppen, die zwar meinem beruflichen Interessengebiet weniger entsprachen, in denen ich aber erste Erfahrungen darüber sammeln konnte, wie man als Moderator Gruppen entwickeln kann. Letztendlich erfuhr ich dabei allerdings auch, dass nur wenige Moderatoren – vermutlich aufgrund des häufig nicht erkannten persönlichen Nutzens – langfristig das Durchhaltevermögen und die Energie haben, eine Gruppe auf Dauer lebendig zu erhalten.

2009 gründete ich dann die XING-Gruppe „Unternehmer-Lounge", später noch die Gruppen „Agentur-Wachstum" und „Gründer 50 +/-" – alle Gruppen verstehen sich als Markenfamilie und haben daher ein gleiches optisches Erscheinungsbild.

Die „Unternehmer-Lounge" – meine mit Abstand wichtigste Gruppe – hat verschiedene Themenbereiche, sogenannte Kompetenzkreise, die von Co-Moderatoren moderiert werden, deren Fachgebiet der jeweilige Kompetenzkreis ist.

Die „Unternehmer-Lounge" wurde anfänglich recht kurzfristig durch aktives Einladen auf ca. 1.000 Mitglieder gebracht, m. E. die Mindestmitgliederzahl für eine halbwegs ausreichende Aktivität. Heute verfügt die Gruppe über ca. 6.500 Mitglieder und ist – auch dank weiteren aktiven Einladungen – im XING-Universum die größte und aktivste Gruppe für diese Zielgruppe.

Von Anfang an wurde die Zahl der Coaches und Berater klein gehalten, somit verfügt diese Gruppe heute über einen außergewöhnlich niedrigen Anteil von Mitgliedern dieser Berufsgruppe, während vergleichbare Gruppen zu mehr als 50 % aus Beratern bestehen.

In der Unternehmer-Lounge wird auch eher restriktiv mit Werbung und Veranstaltungshinweisen außerhalb der hierfür vorgesehenen Foren umgegangen, der Diskussionsstil in der Gruppe verzichtet auf unangemessene Emotionen oder gar persönliche Angriffe.

Als Gründer dieser Gruppe begrüße ich jedes neue Mitglied per Mail – dabei werden alle Mitglieder über Tags kategorisiert – und biete dabei auch die Kontaktaufnahme an – meine Kontaktzahl wuchs so von ca. 200 auf nunmehr ca. 5.400.

Als Gründer der Unternehmer-Lounge biete ich den Mitgliedern eine monatliche „Sprechstunde" zu unternehmerischen Problemen (Impulscoaching für Unternehmer) an, dieses Format hat sich sehr bewährt und bei mir in der Folge auch zu etlichen Aufträgen geführt. Sei etwa zehn Monaten biete ich monatlich ein kostenfreies Webinar mit interessanten Referenten zu unternehmerischen Themen.

Generell haben mir meine Aktivitäten im Zusammenhang mit der Gruppe „Unternehmer-Lounge" – also meine Moderation sowie die von mir eingebrachten Inhalte, der monatlich versendete Gruppen-Newsletter, die Einladungen zu den Webinaren sowie zu den Impulscoachings, regelmäßige Statusmeldungen in mein großes persönliches Netzwerk sowie die Geburtstagsglückwünsche an meine Kontakte – zu einer so hohen Bekanntheit und Präsenz in Teilen meiner Zielgruppe geführt, dass heute etwa 80 % meiner Aufträge über XING ihren Anfang nehmen. Dabei erreiche ich Kunden unabhängig von meinem geografischen Geschäftssitz, die größte Entfernung betrug bislang etwa 1.200 km. Meine Gruppe „Unternehmer-Lounge" ist damit zum wichtigen Fundament für meine Kundengewinnung geworden.

Problematisch sind in diesem Zusammenhang oft Veränderungen bei XING, insbesondere der Relaunch im Jahr 2011 hat sich negativ auf die Aufmerksamkeit, die Gruppenaktivitäten erhalten, ausgewirkt. Hier muss die eigene Strategie immer wieder überprüft und optimiert werden. Dennoch bleibt XING das Netzwerk, auf das ich derzeit mit absoluter Priorität setze, da ich hier meine Zielgruppe vorfinde und sie selektiv und gezielt ansprechen kann. Zudem habe ich festgestellt, dass es für mich nicht möglich ist, meine Präsenz in mehreren Netzwerken gleichzeitig mit der erforderlichen Intensität zu pflegen.

Mein Tipp an jemanden, der Social Media geschäftlich nutzen will, ist, sich möglichst genau zu überlegen, wo und wie er seine Zielgruppe am besten erreichen kann. Man sollte sich auch darüber klar sein, dass Social Media weniger mit Werbung, sondern viel mit sichtbarer Präsenz und Geben zu tun hat. Social Media macht m. E. auch nur dann Sinn, wenn man persönlich Spaß am Dialog und an der aktiven Kommunikation hat und – ganz wichtig – mit den Möglichkeiten, die das gewählte Medium bietet, immer wieder experimentiert, um für sich die besten Optionen zu finden.

Wenn Sie nun mehr über mich erfahren wollen, dann geht das unter *www. coach-fuer-unternehmer.com.*

Viele Grüße

Jörg Mann
Der Coach für Unternehmer

6.2 Kleinunternehmen und Mittelstand

Das Publikum beklatscht ein Feuerwerk,
aber keinen Sonnenaufgang.

Friedrich Hebbel

Wikipedia definiert Kleinunternehmen mit einer Größe bis zu zehn Mitarbeitern und Mittelstand von 10–500 Mitarbeitern. Noch einmal auf XING und LinkedIn bezogen bedeutet es bei Richtigkeit der ZoomSphere-Daten folgende Verteilung der Mitgliederdaten.

2–10 Mitarbeiter (Kleinunternehmen)

➢ LinkedIn DE   2,1 % entspräche ca. 35.000 Mitgliedern
➢ LinkedIn AT   36,2 % entspräche ca. 79.000 Mitgliedern
➢ LinkedIn CH   2,5 % entspräche ca. 17.000 Mitgliedern
➢ XING-Mediadaten   17,3 % entspräche ca. 917.000 Mitgliedern

11–500 Mitarbeiter (Mittelstand)

➢ LinkedIn DE   32,1 % entspräche ca. 526.000 Mitgliedern
➢ LinkedIn AT   38,2 % entspräche ca. 83.000 Mitgliedern
➢ LinkedIn CH   54,7 % entspräche ca. 364.000 Mitgliedern
➢ XING-Mediadaten   40,1 % entspräche ca. 2.125.000 Mitgliedern

Dr. Nico Rose – EXCELLIS Coaching – Multitalent

Dr. Nico Rose fällt in unseren Best-Practice-Beispielen besonders aus der Rolle. Herr Rose ist nicht nur Director Corporate Management Development (Leitung Employer Branding) der Bertelsmann AG, sondern zugleich auch Dozent an der ISM in Dortmund und Inhaber der EXCELLIS Coaching. Ebenso wie wir auf Herrn Auer aufmerksam wurden, fanden wir ihn außerhalb der Netzwerke, um die es hier eigentlich geht. Herr Rose schrieb in seinem Blog ein paar sehr interessante Beiträge zu XING-Profilen, *http://bit.ly/Profilneurose_PDF*, und Kontaktanfragestereotypen. Er fiel dabei besonders durch eine besondere Art der Authentizität auf, öffentlich konstruktive Kritik zu üben, dabei aber auch über seine eigenen Fehler in der Entwicklung seines eigenen Umgangs mit Business-Networking zu schreiben.

Herr Rose moderiert trotz starkem beruflichen Engagement insgesamt sechs Gruppen mit 15.000 Mitgliedern. Anders als Herr Auer wurde die größte mit 11.000 Mitgliedern durch händische Akquisition aufgebaut. Unsere eigentliche Empfehlung als Best-Practice-Beispiel bekommt Herr Rose aufgrund der Vielfältigkeit der Entwicklungen, die er mit seiner relativ frühen Mitgliedschaft aus dem Jahr 2004 aufweist. Im beigefügten Interview beschreibt er die Bandbreite und Wandlung des Social Networkings der letzten sieben Jahre von klassischen Communitys (Gruppen) zur eher themen- und kontakt- bzw. Follower-orientierten Kommunikation der Timelincs. Nicht zuletzt aber auch wegen des persönlichen Erfolgs, den Herr Rose mit den Businessnetzwerken XING und LinkedIn hat.

Network Steckbrief – Dr. Nico Rose	
XING	Mitglied seit 04/2007
	165.000 Seitenaufrufe
	3.250 Kontakte keine Referenzen
	mit Über-Mich-Seite
	10 weitere Profile im Web
	4 aktuelle Unternehmen (1 Unternehmensprofil)
	24 sichtbare Gruppenmitgliedschaften
	8 Gruppenmoderationen (11.000 Mitglieder)
	http://bit.ly/XING_DrNico_Rose
LinkedIn	440 Kontakte (keine Empfehlungen)
	4 weitere Profile im Web
	2 aktuelle Unternehmen (1 Unternehmensprofil)
	7 sichtbare Gruppen
	http://linkd.in/DrNico_Rose
Kontakt-Strategie	Offen für intelligente qualifizierte Anfragen

Dr. Nico Rose – EXCELLIS; Director Bertelsmann AG

Kurzvita (Pitch): Dipl.-Psychologe mit Promotion in BWL. Experte für Coaching und Employer Branding. Fleißiger Vortragender und Schreiberling.

Unternehmensbeschreibung

EXCELLIS ist die Beratung für Menschen, die den Unterschied machen. Gemeinschaftlich mit meiner Frau biete ich erstklassige Dienstleistungen rund um Ihre persönliche und berufliche Entwicklung an: Ich selbst bin Ansprechpartner für die inneren Aspekte Ihres Erfolgs: Coaching, Training, Karriereberatung. Meine Frau Ina ist Ansprechpartnerin für die äußeren Aspekte Ihres Erfolgs, z. B. Farb- und Stilberatung, Einkaufsbegleitung und moderne Umgangsformen (Kniggetraining), *www.excellis.de.*

Wie alles begann

Wann: 2004

Ich war früh, noch in den ersten Monaten, bei openBC dabei. Meine Kontaktzahl war auch recht schnell vierstellig, weil ich damals a) für ein sehr beliebtes Unternehmen als Personaler gearbeitet und b) sehr zeitig Gruppen moderiert habe und daher entsprechend häufig kontaktiert wurde. Einen Blog (Rosige Zeiten) betreibe ich seit Anfang 2009 mal mehr, mal weniger regelmäßig.

Für viele andere Netzwerke bin ich fast schon eher ein Late Adopter. Auf Facebook bin ich später als viele Bekannte gestoßen; mittlerweile geht es aber auch dort Richtung vierstellige Kontaktzahl. LinkedIn läuft seit einigen Jahren mit, aber erst seit etwa einem Jahr mit echter Aufmerksamkeit. Einen Twitter-Account hatte ich schon in der Frühphase, habe mich aber nach einer Woche wieder abgemeldet – weil ich es schrecklich fand. Den Nutzen des Twitterns habe ich erst vor gut einem Jahr wirklich verinnerlicht. Ich folge aber vergleichsweise wenigen Menschen, von denen ich verlässlich relevante Informationen bekomme.

Darüber hinaus habe ich mich aus einigen Netzwerken auch schon lange wieder verabschiedet, z. B. dem VZ-Netzwerk und Schwarze Karte.

Welche Ziele haben Sie sich gesetzt?

Das ursprüngliche Ziel, openBC beizutreten, war, männliche Praktikanten für meinen damaligen Arbeitgeber, den L'Oréal-Konzern, zu finden – was aufgrund einer ausgeprägten Überzahl an Bewerbungen von Frauen nicht immer ganz einfach war. Ich habe seinerzeit auch alle ausscheidenden Praktikanten zu openBC eingeladen, was mein Netzwerk schnell vergrößerte.

Im Laufe dieser Zeit hatte ich einfach Spaß am Onlinenetzwerken selbst gefunden – weshalb ich heute (und auch für die zurückliegenden sieben Jahre) kaum sagen kann, irgendein bestimmtes Ziel verfolgt zu haben. Das Netzwerken selbst ist das Ziel – die „guten Dinge" entstehen seitdem irgendwie von allein.

Welche Strategien haben Sie dafür verfolgt?

Es gab nie eine explizite Strategie. Wenn, dann kann ich sagen, dass ich den Nutzen der Rolle als XING-Gruppen-Moderator erkannt habe. Ich moderiere immer noch eine Handvoll Gruppen (mehr oder weniger aktiv) und habe einige davon selbst gegründet. Mit Abstand am meisten investiert habe ich in eine Coaching-Gruppe, die ich beim Stand von ca. 500 Mitgliedern übernommen und dann in einigen Jahren bis zu einer Größe von +10.000 Menschen begleitet habe. Etwa die Hälfte dieser Menschen habe ich persönlich eingeladen, viele davon, bevor es die offizielle „Einladen-Funktion" gab.

Da es nie wirklich ein Ziel und/oder eine Strategie gab, kann ich auch nichts anpassen oder evaluieren. Ich stelle lediglich fest, dass ich seit zwei Jahren a) deutlich weniger Menschen kontaktiere bzw. Kontaktgesuche bestätige und b) dafür viel mehr reale Treffen zum Networking nutze. Plus: Die neuen Timeline- und Sharing-Funktionen („Facebookisierung") der Businessnetzwerke verändern natürlich das Nutzungsverhalten insgesamt. Diskussionsforen haben für mich seitdem etwas an Bedeutung verloren, das Pflegen diverser Timelines und Walls dafür an Relevanz hinzugewonnen.

Welche Rolle hat Ihr bestehendes Netz dabei gespielt?

Als ich openBC beitrat, war ich knapp 26 und frisch in meinem ersten Job nach der Uni. Es gab also nicht wirklich ein bestehendes Netzwerk. Ich habe aber, wie schon zuvor berichtet, zum einen die zahlreichen, scheidenden Praktikanten meines ersten Arbeitgebers zu openBC eingeladen (von denen sich nach nunmehr sieben Jahren viele schon in verantwortungsvollen Positionen wiederfinden); und zudem immer schon recht konsequent Kollegen meiner diversen Arbeitgeber und Ausbildungsstationen in mein Netzwerk eingepflegt. In diesem Sinne kann ich sagen, dass ich den Großteil meiner +3.000 XING-Kontakte auch persönlich kenne.

In welchen Ländern ist Ihr Unternehmen tätig?

Als selbstständiger (nebenberuflicher) Coach bin ich primär in Deutschland unterwegs. Für meinen derzeitigen Arbeitgeber, die Bertelsmann AG, darüber hinaus weltweit im Bereich Employer Branding.

Wie viel Prozent Ihrer Aktivitäten haben Sie in welches Netzwerk investiert:

Bis vor gut zwei Jahren hätte die Antwort im Prinzip wie folgt gelautet: 99,9 % XING. Mittlerweile haben in der Reihenfolge: Facebook, Twitter, LinkedIn, Google+, andere Netzwerke ein gutes Stück davon abgeknabbert. Da ich hauptberuflich für die HR-Themen der Social-Media-Kommunikation meines Arbeitgebers verantwortlich bin, muss ich meine Aufmerksamkeit ein Stück weit auf alle relevanten Kanäle verteilen.

Was waren Ihre allergrößten Erfolgsergebnisse, die Sie direkt oder indirekt diesen Aktivitäten zuordnen können?

Da gibt es viele erwähnenswerte Dinge:

- Etwa 30–40 % meiner Coaching-Klienten finden direkt via XING zu mir.
- Eine zweistellige Anzahl Presseanfragen kam bisher ebenfalls über dieses Netzwerk.
- Einen früheren Job habe ich direkt über XING gefunden; zwei weitere (u. a. den aktuellen) zumindest über XING mit „klargemacht" (Abklären der Verfügbarkeit und des Anforderungsprofils der Stelle mit späteren Kollegen).
- Etwa ein Drittel der Stichprobe für meine empirische Doktorarbeit habe auch direkt via XING akquiriert.
- Und eine (Ex-)Freundin – bzw. sie mich :-)
- Schließlich ist noch zu erwähnen: Viel (verschriftlichte) Zuneigung und Dankbarkeit von den Mitgliedern der Coaching-Gruppe, die ich lange mit viel Herzblut aufgebaut und moderiert habe.

Ihre wichtigsten Erkenntnisse und Botschaften an die LeserInnen

Was hat sich für Sie, seitdem Sie mit Business-Networking begannen, im Markt oder für Sie verändert?

Die bereits zuvor erwähnte „Facebookisierung" (Timelines mit Neuigkeiten, Share-Button etc.) hat die Aktivität in den einschlägigen Businessnetzwerken sicherlich verändert, vermutlich haben diese Funktionen viel Aufmerksamkeit von den Diskussionsforen abgezogen. Ich kann nicht sagen, ob das an sich gut oder schlecht ist – es ist eben so; wahrscheinlich, weil „Sharen" etc. bequemer ist, als Beiträge in Foren zu schreiben. Selbiges hat mit Sicherheit die Spam-Rate erhöht – ich habe jedoch kein Problem damit, Leute auszublenden oder einfach zu löschen, wenn ich keinen Mehrwert erkennen kann.

Was ist die wichtigste Empfehlungen für neu beginnende B2B-Networker?

Geben ist seliger denn Nehmen. Ich bin über diverse Jahre „in Vorleistung gegangen", z. B. was die Moderation der zuvor erwähnten Coaching-Gruppe betrifft. Es hat drei bis vier Jahre gedauert, bis es einen konkreten „Return on Networking" gab, z. B. in Form von Coaching-Klienten oder Headhunter-Anrufen.

Was war die größte Überraschung im Laufe Ihrer Aktivitäten in B2B-Netzwerken?

Ich wundere mich persönlich immer wieder, dass es offenbar ein veritables Geschäftsmodell für XING-Trainer etc. gibt. Ich leide da offenbar am sogenannten „Curse of Knowledge", also dem Phänomen, dass man sich nicht mehr vorstellen kann, dass andere etwas nicht können, was man selbst gut beherrscht und verinnerlicht hat.

Wie würden Sie Ihren größten Erfolg in B2B-Networks beschreiben?

Ein hohes Maß an Authentizität. Meine Onlineaktivitäten spiegeln ziemlich gut die reale Person Nico Rose wieder. Da ist nicht mehr und nicht weniger. Jeder kann alles lesen, ich benutze keine Circles oder Freundeslisten.

Was war Ihr größter Irrtum beim Business-Networking?

Ich habe in meiner frühen openBC-Phase definitiv Dinge gemacht, die heute auf meiner schwarzen Liste der Networking-Unarten stehen. Unter anderem habe ich mehr oder weniger wahllos Leute mit nichtssagenden Kontaktanfragen zugemüllt und ebensolche bestätigt. Das kann man wunderschön an folgender Tatsache erkennen: Mit +3.000 Kontakten gehöre ich vermutlich immer noch zu den hypervernetzten Menschen auf XING. Ich habe jedoch vor etwa 1,5 Jahren schon einmal ca. 1.000 Kontakte aus der Frühphase gelöscht. Ganze zwei davon haben überhaupt irgendwie darauf reagiert.

Heute bestätige ich nur einen kleinen Teil der an mich gerichteten Kontaktanfragen und kontaktiere selbst praktisch nur Menschen, die ich im realen Leben kennengelernt habe.

CONFARE GmbH – Gemeinsam. Besser. Machen.

Die CONFARE GmbH ist ein relativ junges Veranstaltungsdienstleistungsunternehmen, Konferenz- und Seminaranbieter aus Österreich. Der österreichische Konferenzmarkt ist eigentlich seit vielen Jahren fest unter internationalen und regionalen Anbietern verteilt. Die meisten Unternehmen dieses Sektors kommen aus der Old Economy und setzen nur zögerlich auf die sozialen Medien.

Soziale Netzwerke als Motor für ein neues Businessmodell in einem gesättigten und wettbewerbsintensiven Marktumfeld

Die CONFARE GmbH ist ein Best-Practice-Beispiel dafür, wie mittels sozialer Netzwerke innerhalb eines verteilten und wahrscheinlich auch gesättigten Marktumfelds neue Businessmodelle entstehen können. So war das Aufkommen von sozialen Medien auch der eigentliche Ausgangspunkt für die Gründung des Unternehmens im Jahre 2007.

Das Netzwerk wird durch Einbindung zum Multiplikator

Wenn Sie sich den Spuren der beiden Unternehmensgründer Michael und Alexander Ghezzo im Social Web an die Fersen hängen, werden Sie ein Gespür dafür bekommen, was an CONFARE anders ist. Der CONFARE gelingt es durch ein ausgeklügeltes, aber menschlich intuitiv sehr ansprechendes Networking mit Sponsoren, Kunden, Referenten und Unterstützern in den sozialen Medien eine sehr hohe Sichtbarkeit zu erlangen. Die Akquisition von Teilnehmern an sich läuft dennoch über klassische Wege wie Direktmarketing und insbesondere persönlichen Gesprächen mit möglichen Kunden.

Auch die Tatsache, dass die Seminare und Konferenzen schon fast als Prinzip einen Bezug zwischen Old Economy und Neuen Medien herstellen, ermöglicht eine einzigartige Positionierung in diesem Marktsegment.

Network Steckbrief – CONFARE GmbH/Michael Ghezzo	
XING	Mitglied seit 01/2006 26.000 Seitenaufrufe 1.800 Kontakte 6 Referenzen mit Über-Mich-Seite 15 weitere Profile im Web 3 aktuelle Unternehmen (1 Unternehmensprofil – 9 MA) 96 sichtbare Gruppenmitgliedschaften 3 Gruppenmoderationen (1.500 Mitglieder) *http://bit.ly/XING_DrNico_Rose*
LinkedIn (persönlich)	380 Kontakte (8 Empfehlungen) 3 weitere Profile im Web 1 aktuelles Unternehmen (kein Unternehmensprofil) 3 sichtbare Gruppen *http://linkd.in/DrNico_Rose*
Kontakt-Strategie	Offen für intelligente qualifizierte Anfragen

Der „CONFARE"-Zugang zum Social Web oder „Wie sich ein junges Unternehmen durch Präsenz auf XING, Facebook, Twitter & Co positionieren kann"

Als Unternehmer bin ich wohl einer der wenigen, die ihr Geschäft hauptsächlich im B2B-Umfeld machen und die nicht kopfschüttelnd nach dem ROI von Social-Media-Aktivitäten fragen. Mir ist klar, Geschäft passiert selbstverständlich immer nur zwischen Menschen – aber ich weiß, dass viel von dem Umsatz, den unser Unternehmen erwirtschaftet, seinen Ausgangspunkt fand oder zumindest einen entscheidenden Impuls nahm aus den Social Networks. Es ist für mich daher auch keine Frage, ob unsere Mitarbeiter Social Networks nutzen dürfen, sie werden sogar dazu angehalten.

Innovative Positionierung via Social Media

Wir haben das Unternehmen vor fünf Jahren gegründet – in einem wettbewerbs-intensiven Markt – wir sind Konferenz- und Seminarveranstalter. Dieses Geschäft wird von großen internationalen Anbietern und deren Wiener Dependancen sowie jahrelang etablierten Familienunternehmen beherrscht. Wir traten an mit Branchen-Know-how und einem hohen persönlichen Vernetzungsgrad in der österreichischen Wirtschaft. Von Beginn an war es der „Web 2.0"-Gedanke, der uns inspiriert hat, die Dinge vielleicht ein wenig anders anzugehen und uns anders zu positionieren als die etablierten Anbieter. Natürlich machen auch wir Post-Mailings wie alle anderen, doch unsere Printbroschüren waren von Beginn an mit einer Tag-Wolke versehen, wie man sie von Blogs kennt. Im B2B-Marketing wird die Wirkung von Social-Media-Aktivitäten oft unterschätzt, und so hatten wir auch als Erste in diesem Geschäft in Österreich einen aktiven Twitter-

Account, eine XING-Gruppe und eine Facebook-Seite, die alle gemeinsam nicht als Beiwerk gedacht waren sondern als wichtiger Bestandteil unsere Kundenkommunikation.

Für uns war der Schritt eigentlich recht leicht. Als Konferenzveranstalter sammeln wir relevante Themen, für die wir denken, möglichst viele Interessenten begeistern zu können, suchen uns Sprecher, sowohl Praktiker wie Theoretiker, Anbieter und Anwender, und vernetzen auf einem Kongress oder einer Konferenz Menschen, die gemeinsame fachliche Interessen haben – dazu passen die Prinzipien des Web 2.0 perfekt – auch hier spielt User Generated Content eine Rolle, denn die Sprecher kommen direkt aus der angesprochenen Zielgruppe. Das Prinzip des Give & Take spielt, wenn man so will, bei unseren Offlinenetzwerken genauso eine Rolle, wie es das in der Welt von XING, Facebook und Co. macht. Und ebenso wichtig ist der CRM-Aspekt, den Social Networks bieten, der für jedes Dialogmarketing, wie wir es im Bereich E-Mailings, Postversand und Tele Sales betreiben, entscheidend ist.

Wo angefangen?

Der erste Schritt war die Schaffung einer XING-Gruppe. Die Ziele dahinter waren eine engere Identifikation unserer Peers mit dem Unternehmen, der Austausch, das „Meinung einholen" und Kundenbindung durch gesteigerte Interaktion. Wir wollten unseren Konferenz- und Seminarteilnehmern die Möglichkeit geben, sich auch online zu vernetzen und den Erfahrungsaustausch fortzusetzen. Gleichzeitig nutzen wir One-to-One-Vernetzung auf XING, etwas weniger auch auf LinkedIn, um schneller die geeigneten Ansprechpartner zu finden und möglichst rasch eine Beziehungsebene herzustellen.

Um weitere multimediale Inhalte teilen zu können, waren wir dann bald auf Facebook und Twitter präsent. Hier ist die Interaktion unmittelbarer, aber auch weniger tiefgängig. Werfen Sie einfach selbst mal einen Blick auf unsere Gruppen/Seiten/Accounts – wir freuen uns über jeglichen Austausch und jede Kontaktaufnahme.

Give & Take – Networking, Kundenbeziehungen und Sales via Social Networks

Beginnen Social Networks unsere bisherigen Sales- und Marketingkonzepte auf den Kopf zu stellen? Die Herausforderung im B2B-Marketing ist es ja letztendlich, in der Informationsflut, mit der Entscheider in Ihrem beruflichen Alltag konfrontiert sind, herauszustechen. Das funktioniert in den Social Networks auf zweierlei Weise – einerseits dadurch, dass schneller eine Beziehungsebene erreicht wird. Selbst bei Kaltakquise lassen sich viel rascher Schnittstellen und gemeinsame Interessen finden. Andererseits, indem man sich „finden lässt".

Pull vs. Push – Sag was Du willst, hör was Du willst!

Pull statt Push heißt das in der Social-Media-Welt. Das reizvolle dabei ist, dass man sich im Social Web anders als im klassischen Dialogmarketing nicht immer nur darüber Gedanken machen muss, wen man adressiert. Der Inhalt findet schon seinen Adressaten – oder umgekehrt. Das geht aber nur, wenn man authentisch Informationen, Ansichten und Kontakte mit seinem Netzwerk teilt. Gemeinsame Interessen verbinden im Social Web noch schneller, als sie es beim Offlinenetzwerk tun. Wer Kontakte zu österreichischen IT-, Marketing- oder Industrie-Managern sucht, stößt ziemlich rasch auf CONFARE – wahrscheinlich sogar mit einer einfachen Google-Abfrage – aber ganz sicher bei einer XING-Suche, beim Beobachten der Twitter-Timeline oder auf der Suche nach relevanten Inhalten auf Facebook.

Mundpropaganda – teile deine Ansichten – und die anderer!

Und dann sprechen unsere Kunden, Kontakte, Freunde für uns. Man sieht schnell, wie hochkarätig unser Netzwerk ist und wo unsere Schwerpunkte liegen, wenn man einen Blick auf die Mitgliederliste unseres XING-Forums wirft. Hier sagen wir unsere Meinung – und mit etwas Glück bekommen wir auch Ihre Meinung zu hören – oder die unserer Kunden.

Für Unternehmen ist es ja wirklich schwer, zufriedene Kunden dazu zu bringen, ihre positiven Erfahrungen zu teilen. Unzufriedene Kunden reden jedoch gerne über jene Dienstleister und Produkte, die sie enttäuscht haben. Das Social Web bietet hier ganz neue Chancen. Die Hürde über positive Erfahrungen zu berichten ist auf Facebook viel niedriger – ein „gefällt mir" geht leicht von der Hand. Auch seinem Ärger kann man mit einem bösen Kommentar oder Status leichter Gehör verschaffen – und hier haben wir als Anbieter auch die Möglichkeit angemessen zu reagieren, nämlich nicht aggressiv und kleinkariert, sondern mit Verständnis und Engagement. Vor wirklich ungerechten Anschuldigungen oder Aggressionen ist man im öffentlichen Raum unserer Erfahrung nach relativ sicher – denn man hat ja seine Fans, die reagieren können und schon mal Stellung beziehen. Allerdings: Besteht ein Geschäftsmodell auf „schneller Abzocke", wird sie im Social Web schnell auffliegen. Da sollte man sich auf traditionelle Marketingmaßnahmen beschränken.

Man lernt nie aus!

Wir haben uns inzwischen recht gut in der Welt von Facebook, Twitter & Co. positioniert und haben damit in unserer Branche bis zu einem gewissen Grad ein Alleinstellungsmerkmal. Wir sind auf vielen Plattformen präsent, beobachten ihre Entwicklung und wie wir sie für uns nutzen könnten. Sicher ist, dass sich das Social Web rasch verändert. Die Nutzer und Anbieter lernen immer weiter mit den neuen Werkzeugen umzugehen. Daraus ergeben sich wieder neue Möglichkeiten und auch Risiken. Vor denen haben wir aber keine Angst. Würden wir keine Fehler machen, würden wir nicht dazu lernen. Wer auf Nummer sicher geht, verpasst auch eine Menge Chancen. Daher ist mein Drang nach langfristigen Strategien, Policies und Mitarbeiterkontrolle in diesem Zusammenhang eher gering, es bleibt ein Learning by Doing, und am Ende ist die einfachste aber auch effektivste Social Media Policy, die wir unseren Mitarbeitern mitgeben: Don't do anything stupid!

Ich freue mich auf Ihre Kontaktaufnahme und Meinungsaustausch auf XING, LinkedIn, Facebook, Twitter, Google+ und wo Sie mich sonst so finden.

Thorsten Hahn – BANKINGCLUB GmbH

Thorsten Hahn ist ein Mann der ersten Social-Network-Stunden. Als Herr Hahn vor acht Jahren bei openBC einstieg, war er noch hauptberuflich Vertriebstrainer mit einem Branchenschwerpunkt auf Finance und Banking. Das Internet und die frühen Rufe zum Web 2.0 brachten ihn schnell auf die Idee einer Erweiterung seines Businessfokus auf die Vernetzung der Finanz- und Bankenbranche an sich. Familie Hahns Weg als Web-2.0-Unternehmen begann mit der Gründung des „BankingCub Online" im Jahr 2005.

Content – Community – Clubbing

Das skalierbare Geschäftskonzept verbindet eine eigene klassische Web-1.0-Content-Plattform mit Online-Commity-Building zunächst nur auf XING (& Handelblatt.net wurde nach wenigen Monaten abgeschaltet) und dem wichtigsten Faktor des Reallife-Business-Clubs. Dieses CCC-Modell ist für alle, die wirklich bereit sind, ein Businessmodell mit sozialen Netzwerken aufzubauen, der Prototyp aller erfolgreichen B2B-Beispiele.

Nur aufgrund der Konsequenz im Handeln und der Bereitschaft, dauerhaft Ressourcen zur Verfügung zu stellen und nicht vorhanden Ressourcen mittels professionellem Networkings zu organisieren (ähnlich übrigens wie CONFARE) ist dieser nachhaltige Erfolg möglich geworden.

Thorsten Hahn
Diplom-Kaufmann
Geschäftsführer
BANKINGCLUB GmbH PLUS

Geschäftlich   Profile im Web

50858 Köln
Deutschland (Karte)

„ Social Media Spezialist gesucht: ☑
http://www.bankingclub.de/jobs/kategorie
/Marketing–Produktm...

⌄ Meine Anmerkungen zu Thorsten Hahn

Network Steckbrief – BANKINGCLUB/Thorsten Hahn	
XING	Mitglied seit 03/2004 475.000 Seitenaufrufe 38.000 Kontakte 9 Referenzen mit Über-Mich-Seite 10 weitere Profile im Web 4 aktuelle Unternehmen (1 Unternehmensprofil – 9 MA) 52 sichtbare Gruppenmitgliedschaften 4 Gruppenmoderationen (ca. 64.000 Mitglieder) *http://bit.ly/XING_Thorsten_Hahn*
LinkedIn	1.550 Kontakte (9 Empfehlungen) 4 weitere Profile im Web 2 aktuelle Unternehmen (1 Unternehmensprofil) 10 sichtbare Gruppen 2 Gruppenmoderationen (138 Mitglieder) *http://linkd.in/Thorsten_Hahn*
Kontakt-Strategie	Offen für jede Anfrage

Wer mehr als einen Setzling pflanzt, hat mehr Überlebenschancen

Die BANKINGCLUB Community, *http://bit.ly/XING_BANKINGCLUB*, ist mit über 55.000 branchenrelevanten Mitgliedern im deutschen Sprachraum die Größte ihrer Art. An dieser Stelle sei auch erwähnt, dass Familie Hahn zu Beginn mit mehreren Branchenclubs an den Start gegangen ist und die stärkere der beiden Communitys zu dem heutigen Geschäftsmodell herangereift ist. (Anm. die zweite Community heißt INSURANCECLUB). Die Reichweite in anderen Netzwerken mit nur knapp 8.000 Followern zeigt, wie stark die Branche – im Sinne der DaWos-Strategie – im deutschsprachigen Raum auf XING fokussiert ist. Wäre es anders, könnten Sie „Gift darauf nehmen", dass der BANKINGCLUB auch da wäre, wo seine Zielgruppe ist!

Thorsten Hahn – Gründer des BANKINGCLUB

Kurzvita: Gelernter Bankkaufmann und nach 14 Jahren als Verkaufstrainer und Berater Gründer und Geschäftsführer des BANKINGCLUB.

Unternehmensbeschreibung
Wirtschaftsclub für Mitarbeiter bei Banken, Versicherungen und Finanzdienstleistern mit zwölf Mitarbeitern.

Wie viel Kontakte/Follower hatten Sie?
Na ja, jeder fängt bei null an, oder?

Wie viele Kontakte/Follower haben Sie heute?

Fast 38.000 bei XING und hier und da auch „virtuelle Freunde" auf anderen Plattformen.

Ziele, Strategie, Messung und Adaption

Welche Ziele haben Sie sich gesetzt?

Den größten Wirtschaftsclub für Mitarbeiter bei Banken und Versicherungen aufzubauen.

Welche Strategien haben Sie dafür verfolgt?

Immer das Ziel im Auge behalten. Hartnäckig bleiben und nicht bei jeder Delle gleich aufgeben. Und schließlich Fehler zulassen, aber jeden Fehler immer nur einmal!

Wie überprüfen Sie Ihre Ziele?

... einfach prüfen, ob BANKINGCLUB der größte Wirtschaftsclub ist ...

Haben sich Ihre Ziele und Strategien im Laufe der Zeit verändert?

Ziel und Strategie eher nicht. Die Wege und Maßnahmen auf dem Weg zum Ziel schon.

Welche Rolle hat Ihr bestehendes Netz dabei gespielt?

Immer die bedeutendste!

Die Netzwerke und Ihr Markt

In welchen Ländern ist Ihr Unternehmen tätig?

Deutschland, Schweiz, Österreich mit Veranstaltungen. Wir erreichen aber mit unseren Publikationen auch Banker, die weiter weg arbeiten.

Wie viel Prozent Ihrer Aktivitäten haben Sie in welches Netzwerk investiert?

80 % XING, 5 % LinkedIn, 5 % Facebook, 5 % Twitter, 5 % Blogs.

Wo sind Ihre Bemühungen bisher am erfolgsreichsten?

Das kann man in Prozenten nicht ausdrücken. Der Mix macht den Erfolg aus.

Was waren Ihre allergrößten Erfolgsergebnisse, die Sie direkt oder indirekt diesen Aktivitäten zuordnen können?

Bin dem Ziel mit dem größten Wirtschaftsclub für Banker ziemlich nah gekommen. Wir sind immer noch auf dem besten Weg, das Ziel zu schaffen. Jede Begegnung mit einem zunächst virtuell geschlossenen Kontakt in der realen Offlinewelt ist für mich immer wieder ein Erfolgserlebnis.

Ihre wichtigsten Erkenntnisse und Botschaften an die LeserInnen

Was hat sich für Sie, seitdem Sie mit Business-Networking begannen, im Markt oder für Sie verändert?

Deutliche Steigerung des Bekanntheitsgrads. Sowohl für die Firma als auch persönlich.

Was ist die wichtigste Empfehlungen für neu beginnende B2B-Networker?

- Geduld
- Beharrlichkeit
- Netzwerken Sie immer bedingungslos und starten Sie neue Kontakte nicht immer mit schnöder Kaltakquise.
- Wenn Sie Tipps von echten Profis lesen, wie man am besten Kontaktanfragen testet: nicht anwenden. Es nervt die Empfänger und zeugt von mangelnder Kommunikationsfähigkeit.
- Streichen Sie Win-Win, Win-Win-Win, Kooperation und Synergie aus Ihrem Networking-Wortschatz. Nur verwenden, wenn es wirklich drum geht (Anm. Es geht aber so gut wie nie drum!).

Was war die größte Überraschung im Laufe Ihrer Aktivitäten in B2B-Netzwerken?

Die Aussage: „Herr Hahn, es gibt Sie ja tatsächlich."

Wie würden Sie Ihren größten Erfolg in B2B-Networks beschreiben?

Eine Antwort schmälert alle kleinen Erfolge. Die gehören aber zum Gesamterfolg dazu.

Was war Ihr größter Irrtum beim Business-Networking?

Mit diesen Irrtümern habe ich mich sehr lange und intensiv beschäftigt und 77 zu Papier gebracht. Da ist mir selber der größte Irrtum erspart geblieben.

ECOS Office Center – Marianne Pfefferkorn

Das ECOS Office Center ist ein erfreulicher Zufallsfund und Best-Practice-Beispiel für die Führung eines professionellen Unternehmensprofils. Bei der Vorbereitung zu einem Workshop mit Thomas Hutter (dem Facebook-Experten aus der Schweiz) fand ich das Unternehmensprofil unter den Workshopteilnehmern.

Was ist an dem ECOS-Unternehmensprofil Besonderes

Die Interaktionsrate. Die meisten Unternehmensprofile (normale Größenordnung = zwischen 10–2.000 Followern) haben eine relativ geringe Interaktion mit Ihren Followern. Mitarbeiter sind wie gesagt automatisch auch

Follower Ihres Unternehmensprofils auf XING. ECOS generiert durchschnittlich 7–10 „Interessantmeldungen" (Likes) je gesendetem Beitrag. XING als Benchmark genommen liegt durchschnittlich darunter. Eine Interaktionsrate von 7–10 % ist selbst für Facebook ein Traumergebnis!

➢ *http://bit.ly/XING_Unternehmensprofil_Updates* (~ 2.200 Follower)

➢ *http://linkd.in/XING_Unternehmensprofil* (~ 1.200 Follower)

➢ *http://bit.ly/XING_ECOS_Unternehmensprofil* (~ 100 Follower)

Employer Branding – Mitarbeiter werden Unternehmensbotschafter

Wir hakten also nach, ob der erste Impuls der Außenwahrnehmung und der Instinkt, dass hier die Mitarbeiterschaft aktiviert werden konnte, einer Überprüfung Stand hält. Und ja, es ist im Wesentlichen die Mitarbeiterschaft (derzeit 33), die hinter dem Unternehmen steht und bedingt zur Sichtbarkeit des eigenen Unternehmens beiträgt. Interessant wird es, wenn Sie das Interview lesen, denn der Unternehmensleitung ist gar nicht bewusst, welchen relativ großen Vorsprung die sozialen Medien bei der ECOS Officecenter GmbH genießen.

Der überwiegende Teil an Unternehmen, die sogar eigene Social-Media-Manager oder gar ganze Abteilungen für Öffentlichkeitsarbeit im Social Web haben, würden sich freuen (prozentual gesehen), ein solches Feedback aus der eigenen Mitarbeiterschaft zu bekommen. Bei XING sind es derzeit über 400 Mitarbeiter, die Ihrem eigenen Unternehmensprofil auf XING (bis zum Abschluss des Buchs) ein wesentlich geringeres Augenmerk schenkten. Selbst wenn Sie sich große Employer Brands wie zum Beispiel SAP mit fast 3.000 Mitarbeitern und über 5.000 Followern anschauen, werden Sie in absoluten Zahlen eine geringere Interaktion finden. Im LinkedIn-Unternehmensprofil der SAP gibt es trotz 106.000 Followern eine Interaktionsquote von weit unter 1 %!

➢ *http://bit.ly/XING_SAP_Unternehmensprofil* (~ 5.200 Follower)

➢ *http://linkd.in/SAP_UNternehmensprofil* (~ 106.000 Follower)

Die Center-Managerin Marianne Pfefferkorn aus Hamburg betreut das Unternehmensprofil der international tätigen ECOS Office Center GmbH.

Network Steckbrief – Marianne Pfefferkorn/ECOS	
XING	Mitglied seit 11/2005 8.900 Seitenaufrufe 640 Kontakte 1 Referenz keine Über-Mich-Seite 3 weitere Profile im Web 1 aktuelle Unternehmen (1 Unternehmensprofil – 32 MA) 31 sichtbare Gruppenmitgliedschaften *http://bit.ly/XING_Marianne_Pfefferkorn*
LinkedIn	30 Kontakte (1 Empfehlung) 1 weitere Profile im Web 1 aktuelle Unternehmen (kein Unternehmensprofil) 1 sichtbare Gruppenmitgliedschaft *http://linkd.in/Marianne_Pfefferkorn*
Kontakt-Strategie	Offen für qualifizierte Anfragen

Marianne Pfefferkorn – Mitarbeitermotivatorin

53 Jahre alt, verheiratet, fünf Kinder. Studium Anglistik/Amerikanistik/Geschichte – Abschluss Magister. Seit über 20 Jahren arbeite ich in unserem gemeinsamen Unternehmen. Vielseitige Interessen, kulturell (Theater, Konzert, Oper, Literatur), wandern, kochen, Kontakte mit Familie und Freunden, lebenslanges Lernen, Persönlichkeitsentwicklung.

Unternehmensbeschreibung/Branche/Größe

Businesscenter, gegründet im Juli 1985. Im Jahr 1989 Gründung des zweiten Centers am jetzigen Standort, 1993 drittes Center. Seit 2001 Konzentration auf ein Center, ca. 900 qm, 20 vermietbare Büros, sechs Besprechungs-/Konferenz- und Schulungsräume. 2006 Beitritt zur ecos Gruppe – dem größten Verbund inhabergeführter Business-Center mit 30 Standorten in Deutschland, Frankreich, Portugal, Luxemburg und der Schweiz. In Hamburg betreuen wir ca.120 Kunden der unterschiedlichsten Branchen.

Wie alles begann

Wann? 2010.

Wie viel Kontakte/Follower hatten Sie? Ca. 150.

Wie viele Kontakte/Follower haben Sie heute? Ca. 600.

Ziele, Strategie, Messung und Adaption

Welche Ziele haben Sie sich gesetzt?

Das Ziel war und ist, die Dienstleistung Businesscenter in allen ihren Facetten bekannt(er) zu machen und den Lesern/Abonnenten Mehr-Wert zu bieten mit unseren Beiträgen.

Welche Strategien haben Sie dafür verfolgt?

Buchung eines professionellen XING-Unternehmensprofils, in das möglichst 1 x wöchentlich ein Beitrag eingestellt wird. Darüber hinaus pflegen einige Kolleginnen und Kollegen individuelle Facebook-Unternehmensseiten für ihr Center sowie Twitter-Accounts. Da wir auch internationale Kontakte haben, spielt auch LinkedIn eine immer größere Rolle zum Erfahrungsaustausch.

Wie überprüfen Sie Ihre Ziele?

Die Resonanz ist in unserem Bereich kaum messbar, außer durch direktes Befragen der Interessenten und Kunden. Die Abonnenten des Unternehmensprofils wachsen kontinuierlich, auf Facebook gibt es entsprechende Kommentare.

Haben sich Ihre Ziele und Strategien im Laufe der Zeit verändert?
Ziele: Nein.

Strategien: Ja – uns wurde klar, dass aufgrund der Struktur der ecos-Gruppe zusätzlich zum gemeinsamen Auftreten auch jeder einzelne individuell etwas für sein Center tun muss (Imagefilm, Twitter, Facebook).

Welche Rolle hat Ihr bestehendes Netz dabei gespielt?

Eine sehr große. Meine bestehenden XING- und Facebook-Kontakte sind wichtige Multiplikatoren.

Die Netzwerke und Ihr Markt

In welchen Ländern ist Ihr Unternehmen tätig?

Die ecos-Gruppe hat Center in Deutschland, Frankreich, Portugal, Luxemburg und der Schweiz. Durch unser Dienstleistungsangebot sind wir für Kunden aller Länder attraktiv. So haben wir zurzeit in unserem Center auch Kunden aus Indonesien, China, Japan, der Türkei, Italien, Russland ...

Wie viel Prozent Ihrer Aktivitäten haben Sie in welches Netzwerk investiert:

50 % XING, 5 % LinkedIn, 30 % Facebook, 10 % Twitter, 5 % Blogs.

Wo sind Ihre Bemühungen bisher an erfolgsreichsten?

70 % XING, 5 % LinkedIn, 20 % Facebook, 5 % Twitter, 0 % Blogs.

Was waren Ihre allergrößten Erfolgsergebnisse, die Sie direkt oder indirekt diesen Aktivitäten zuordnen können?

Die Erfolge sind bei uns kaum messbar. Es geht um den Bekanntheitsgrad der Center und der Dienstleistungen. Kundengewinnung ja, doch bis jetzt ausschließlich im Besprechungs- und Konferenzbereich und auch da eher durch persönliche Kontakte, u. a. bei XING-Events.

Ihre wichtigsten Erkenntnisse und Botschaften an die LeserInnen

Was hat sich für Sie, seitdem Sie mit Business-Networking begannen, im Markt oder für Sie verändert?

Sowohl ich als Person als auch unsere Dienstleistung werden stärker wahrgenommen. Ich bin der Überzeugung, dass für unser Produkt die persönlichen Kontakte unerlässlich sind. Die Aktivitäten im Netz können und sollen diese ergänzen.

Was ist die wichtigste Empfehlungen für neu beginnende B2B-Networker?

Pflegen Sie die persönlichen Kontakte mindestens genauso gut wie die virtuellen.

Was war die größte Überraschung im Laufe Ihrer Aktivitäten in B2B-Netzwerken?

Wie wichtig ein authentischer Auftritt und ein authentisches Foto sind.

Wie würden Sie Ihren größten Erfolg in B2B-Networks beschreiben?

Wie schon gesagt, der größte Erfolg ist, dass wir wahrgenommen werden. Dass man uns kennt.

Was war Ihr größter Irrtum beim Business-Networking?

Zu glauben, dass die Empfehlungen quasi von alleine funktionieren.

6.3 Aus der Kulisse der beiden Unternehmen

Bei einem großen Teil unserer Inhalte zum Business-Networking sind XING und LinkedIn nur die Kulisse, vor der Sie Ihre Unternehmen in Szene setzen können. Jetzt, da wir uns dem Abschluss nähern, geben wir den Kulissen die Möglichkeit, uns Ihre Sicht der Dinge zu präsentieren.

Gudrun Herrmann – Communication-Managerin LinkedIn D-A-CH

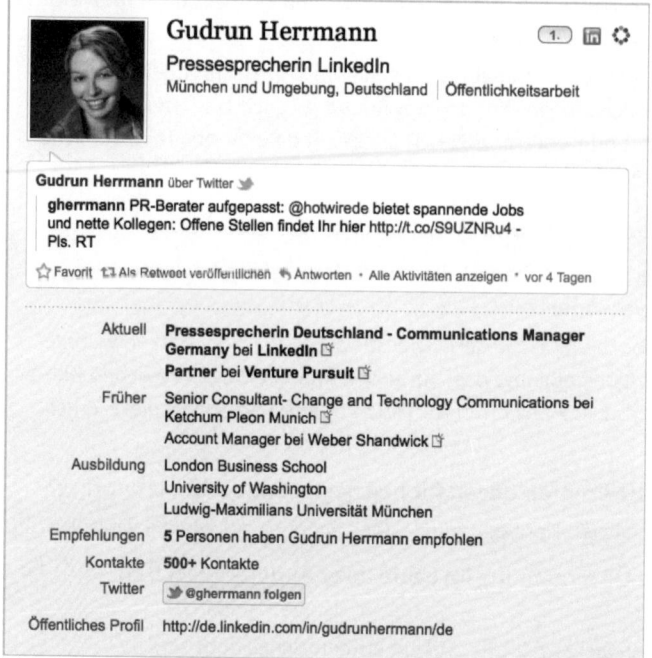

Was ist das Geschäftsmodell von LinkedIn?

LinkedIn ist optimiert für die kostenlose Mitgliedschaft. Die Mehrzahl der Funktionen und Innovationen, die wir entwickeln, geben wir an alle Mitglieder weiter, ohne dass wir dafür Geld verlangen. Der einfache Grund: Wir glauben daran, dass der Mehrwert, den wir unseren Mitgliedern bieten, der entscheidende Faktor für unseren Erfolg ist. Wenn unsere Mitglieder sich erfolgreich vernetzen, indem sie z. B. leicht neue Geschäftskontakte finden können, sind auch wir erfolgreicher.

Die Grundlage für unser kostenloses Konto mit seinen weitreichenden Funktionen ist unser diversifiziertes Geschäftsmodell. Es basiert zu rund 20 Prozent auf Erlösen mit Premium-Accounts. Der überwiegende Teil unseres Umsatzes mit 51 % kommt aus den Bereichen Hiring Solutions, das sind z. B. Recruitment-Tools. Weitere 30 % erwerben wir mit unseren Marketinglösungen, bei denen es um die Darstellung von Firmen als Arbeitgeber geht. Ein gutes Beispiel sind die Unternehmensseiten von SAP. Idealerweise stellt man sich das Zusammenspiel unserer Recruiting-Lösung und der Marketinglösung als Kreis vor: Ein Unternehmen präsentiert sich mit seinem Employer Brand sowie Karrieremöglichkeiten auf LinkedIn. Gleichzeitig ermöglicht die Recruiter-Lösung, nach passenden Kandidaten zu suchen – die sich wiederum auf LinkedIn über das Unternehmen informieren können.

Wie entwickelt sich LinkedIn in Deutschland, Österreich und der Schweiz?

Deutschland, Österreich und die Schweiz ist ein wichtiger Markt für LinkedIn. Kleine und mittelständische Unternehmen dominieren die Wirtschaft und 71 Prozent dieser Unternehmen exportieren Waren oder Dienstleistungen oder arbeiten für Unternehmen, die dies tun. Diese drei Länder haben also eine sehr internationale Wirtschaft. Die DACH-Bewohner sind außerdem sehr aktive Netzwerker, sowohl im privaten wie auch im professionellen Bereich. Wir sehen, dass unsere Mitglieder LinkedIn aktiv nutzen. Sie netzwerken und verbinden sich mit anderen, sie suchen Informationen und stellen Informationen zur Verfügung, um ihr Berufsleben weiterzuentwickeln. Etwa jeder fünfte Nutzer engagiert sich in einer Gruppe. Zurzeit haben wir mehr als 135 Millionen Mitglieder weltweit, über 31 Millionen in Europa und mehr als zwei Millionen Mitglieder im deutschsprachigen Raum – Tendenz steigend. Wir sind sehr zufrieden mit diesem Erfolg, da wir erst im August 2011 unser Büro in München eröffnet haben.

Marc-Sven Kopka – XING AG Vice President Communication

Fachkräftemangel? Social Recruiting!

Derzeit verändert sich die Arbeitswelt radikal. Was gestern noch normal schien, wird künftig immer mehr zur Ausnahme. Die früheren Standards, nach denen Personen geradlinige Karrieren im immer selben Unternehmen machten, gehören schon heute mehr oder weniger der Vergangenheit an. Bereits heute wechseln Menschen ihre Arbeitgeber häufiger als früher. Phasen, in denen sie als Angestellte arbeiten, wechseln sich ab mit selbstständigen Tätigkeiten.

Die Zukunft wird noch deutlich weitreichendere Veränderungen mit sich bringen. Katalysator dieser Entwicklung wird die sogenannte Generation Y sein. Sie ist die erste Generation, die mit dem Internet groß geworden ist. Für sie ist es das Haupt-Medium, sie ist hoch vernetzt, kommunikativ. Sie ist anspruchsvoll ihren Arbeit- oder Auftraggebern gegenüber. Im Mittelpunkt steht der Begriff „Purpose" – das heißt, was sie tut, muss aus ihrer Sicht sinnvoll sein. Sie legt Wert auf eine ausgeprägte Work-Life-Balance, Genuss und Abwechslung sind für sie wichtig.

Diese Generation trifft auf einen Arbeitsmarkt, der im deutschsprachigen Raum wesentlich von Fachkräftemangel geprägt ist. Studien sagen der deutschen Wirtschaft einen Mangel von bis zu 5,2 Mio. Fachkräften bis zum Jahr 2030 voraus. Die Vorzeichen kehren sich also um: Unternehmen bewerben sich um Talente, nicht umgekehrt. Und diese Talente erwarten von ihren Arbeitgebern etwas anderes, als diese traditionell zu bieten haben – siehe oben.

Wie bewerben sich Unternehmen am sinnvollsten? Die Jobanzeige in der lokalen Zeitung reicht nicht länger aus. Es führt kein Weg vorbei an sozialen Medien. Sie machen die Hauptaktivität im Internet aus, hier informieren sich Talente, konsumieren mediale Inhalte und kommunizieren mit ihrem Netzwerk. Arbeitgeber müssen auf sich aufmerksam machen, präsent sein und sich öffnen. Denn Social Recruiting bedeutet vor allem eins: offene und transparente Kommunikation. Und die Konkurrenz schläft nicht. So gehört Social Recruiting für viele Personaler zum festen Repertoire. Der Studie „Recruiting Trends 2012" zufolge setzt bereits mehr als jedes zweite Unternehmen Social Media in der Personalarbeit ein. Von den untersuchten Kanälen wird das professionelle Onlinenetzwerk XING am häufigsten zur Veröffentlichung von Stellenanzeigen und für die aktive Suche nach geeigneten Kandidaten sowie nach zusätzlichen Informationen über bereits identifizierte Kandidaten eingesetzt. Kein anderes berufliches Netzwerk im deutschsprachigen Raum wird so intensiv von Personalverantwortlichen genutzt.

Die wichtigste Voraussetzung, sich als attraktiver Arbeitgeber zu positionieren, ist aber, ein attraktiver Arbeitgeber zu sein. Denn im Zeitalter sozialer Vernetzung sind die eigenen Mitarbeiter die wichtigsten Botschafter der eigenen Marke. Ihre Empfehlung ist das stärkste Argument für externe Talente.

Von Marc-Sven Kopka, Vice President Corporate Communications, XING AG

Konstantin Guericke – Mitgründer von LinkedIn

Da Herr Guericke nicht mehr für LinkedIn tätig ist, können Sie seine Worte ausschließlich als an Sie (uns) persönlich gerichtetes privates Statement und Tipps für die besten Erfolge mit LinkedIn betrachten!

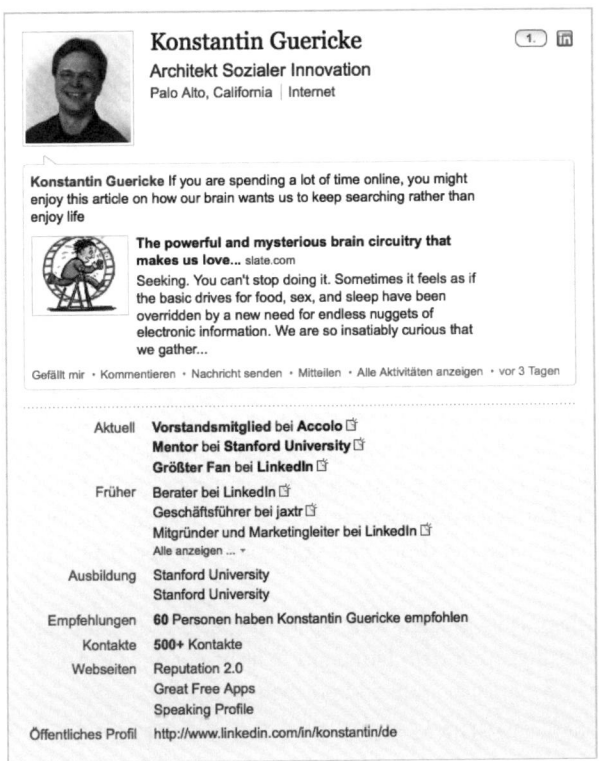

LinkedIn bietet eine sehr breite Palette von Funktionen an – für viele eventuell erst einmal überwältigend. Grob kann man das Produkt in drei Bereiche einteilen, um sich dann der Reihe nach bei jedem der drei Bereiche einzufuchsen. Im ersten Bereich geht es darum, dass man auch gefunden wird von Leuten, die nach Personen oder Firmen wie einem selbst suchen. Wenn man ein marktrelevantes Produkt oder einen Service anbietet, so kann man davon ausgehen, dass jährlich mehrere Tausend LinkedIn-Mitglieder nach so etwas suchen.

Insgesamt wurden 2011 über vier Milliarden Suchen auf LinkedIn gemacht. Wurden Sie 2011 schon von potenziellen Kunden, Mitarbeitern, Investoren oder Partnern auf LinkedIn gefunden? Aus meiner Erfahrung bekommen Firmen und Personen, die sich geschickt präsentieren, jährlich Dutzende von relevanten Anfragen. Das erste Ziel muss sein, dass man bei den relevanten Suchbegriffen auch in den Suchergebnissen vorkommt. Es wird bei LinkedIn nicht nur nach Personen gesucht, sondern auch nach Unternehmen, Updates, Antworten, Kenntnissen & Fähigkeiten, Diskussionen, Veranstaltungen, Umfragen und Jobs. Nicht jeder hat eine offene Stelle, aber jeder sollte sich darum kümmern, in den anderen sieben Bereichen präsent zu sein – und mit den relevanten Stichwörtern.

Wenn man auf LinkedIn nach Lösungen sucht, so wird in der Regel nicht ein Personen- oder Firmenname eingegeben, sondern der Nutzer sucht nach speziellen

Begriffen wie „hydraulic fracturing" oder „security assessment". Bei diesen Begriffen wird man auf LinkedIn auch fündig: 2.324 für „hydraulic fracturing" und 149.834 bei „security assessment". Probieren Sie selbst Suchen aus und versuchen Sie, Sachen zu finden, wo man nicht bei LinkedIn fündig wird. Es ist möglich, aber immer schwieriger, da man zu fast jedem Thema Tausende von passenden Experten und Dutzende von Firmen findet.

Sie können sich relativ einfach einen „unfairen" Vorteil bei LinkedIn einräumen, indem Sie die Stichwörter, für die Sie gefunden werden wollen, geschickt in Ihrem persönlichen Profil, Ihrem Firmenprofil, Ihren Antworten usw. einbauen. Denn obwohl es für „security assessment" fast 150.000 Suchtreffer gibt, so gibt es sicherlich Hunderte von Tausenden oder gar Millionen von Mitgliedern, die zwar in diesem Bereich Erfahrung haben und Dienste anbieten, aber die diesen Begriff nicht in ihren Profilen und Antworten stehen haben. Wer also genau weiß, wo er Kompetenz hat und für welche Begriffe er gefunden werden möchte, der hat den großen Vorteil, dass er viel eher gefunden wird als die vielen Mitglieder und Firmen, die nicht daran gedacht haben und nur ihre vorherigen Firmen usw. bei LinkedIn eingegeben haben.

Da auf LinkedIn viel englischsprachig gesucht wird, sollte man sein Profil und die eigenen Produkte/Dienstleistungen auf dem Firmenprofil nicht nur auf Deutsch, sondern auch auf Englisch und evtuell in anderen Sprachen anlegen.

Aber in den Suchergebnissen zu erscheinen ist erst ein Drittel der Miete. Man muss hoch genug platziert sein, dass der Suchende sich auch das eigene Profile oder die entsprechende Antwort ansieht. Bei LinkedIn ist Netzwerknähe sehr wichtig. Das ist auch sinnvoll, denn wenn ich jemanden suche, so sind Firmen, bei denen meine Kontakte jemanden kennen, relevanter als andere, da es eine gemeinsame Vertrauensbasis gibt. Das bedeutet, dass man wesentlich häufiger auf der ersten Seite der Suchergebnisse erscheint, wenn man auch mit seinen echten Kontakten auf LinkedIn verbunden ist. Und noch wichtiger, man erscheint gerade bei den Personen prominenter, die einen auch aufgrund des gemeinsamen Beziehungspunkts viel eher kontaktieren und anheuern würden. Es kommt also nicht nur auf die Anzahl der Kontakte an, sondern auf die Relevanz und die Belastbarkeit der Beziehung, denn LinkedIn zeigt die gemeinsamen Kontakte zu einer Person oder Firma direkt in den Suchergebnissen an.

Aber noch ist das zweite Drittel der Miete nicht in der Tasche. Die Frage ist, bei welchen Suchergebnissen der ersten oder zweiten Seite klickt der Sucher durch und sieht sich die entsprechenden Profile an? Bei der Personensuche wird neben den gemeinsamen Bekannten, der Region und der Industrie immer das Foto und der Profil-Slogan angezeigt. Das Foto und der Profil-Slogan sollten daher sehr sorgfältig ausgewählt sein, sodass man bei den Suchergebnissen positiv auffällt und auch später in guter Erinnerung bleibt. Wenn der Suchende die erweiterte Ansicht nutzt, so erscheinen neben der Anzahl der Kontakte und der ersten aktuellen und ehemaligen Position auch die Gruppen und die Anzahl der Empfehlungen. Beide sind sehr wichtig, da die Wahrscheinlichkeit, einen Profilklick zu bekommen, wesentlich höher ist, wenn man Empfehlungen besitzt. Empfehlungen sind auch ein wichtiger Faktor bei der Relevanz, was die meistgenutzte Suchsortierung auf LinkedIn ist.

Mitgliedschaft in Gruppen hilft besonders, wenn der Suchende in der gleichen Gruppe ist, da man dann höher erscheint und auch als Basismitglied kostenlos direkt kontaktierbar ist. Wer Premium-Mitglieder ist, kann übrigens dem Open-Link-Netzwerk beitreten, wodurch man für jedes der 150 Mio. LinkedIn-Mitglieder kostenlos kontaktierbar wird. Mitgliedschaft in den richtigen Gruppen ist auch deswegen wichtig, da Gruppenmitglieder auch häufig in den Mitgliederverzeichnissen und Diskussionen der fachlich relevanten Gruppen nach Ansprechpartnern suchen. Bei Firmenprofilen ist auf die Follower-Zahl zu achten, da diese in den Suchergebnissen prominent anzeigt wird und auch neben Unternehmensgröße und Region ein wichtiger Suchfilter ist. Für Antworten ist die Aktualität wichtig und auch ob die Antwort vom Fragenden als beste ausgewählt wurde. Bei der Suche nach Kenntnissen und Fähigkeiten muss man die genaue Fähigkeit im Profil haben und auch mit anderen Personen verbunden sein, die diese Fähigkeit besitzen. Beide Suchen sind weniger häufig als Personen- und Unternehmenssuchen, aber die Relevanz ist dafür ungleich höher.

Wenn man den Profilklick bekommen hat, so sind zwei Drittel der Miete schon eingespielt. Auf Profilen sind neben den genannten Kriterien die Zusammenfassung und die Beschreibungen der Berufserfahrung wichtig. Hier muss man seine Story auf angenehme Weise effektiv kommunizieren. Aber auch die gemeinsamen Kontakte werden häufig angeguckt, um zu sehen, wie vertrauenswürdig die Person ist, mit welchen Leuten die Person verbunden ist und bei wem man sich mehr über diese Person informieren kann. Die Inhalte der Empfehlungen sind auch sehr wichtig, denn obwohl natürlich dort nichts Negatives auftaucht, so erliest man doch aus dem Text der Empfehlung schnell eine Menge heraus. Die Empfehlung zeigt auch an, was die Basis der Empfehlung war und ob man gemeinsame Bekannte mit dem Empfehlenden hat oder diesen sogar kennt. Empfehlungen von Kunden oder direkten Vorgesetzten haben in der Regel mehr Gewicht als die von allgemeinen Kontakten. Bei Firmenprofilen sind auf den Produktseiten die Empfehlungen auch sehr wichtig. Aber auch die Mitarbeiterstatistiken werden gern genutzt, um die Solidität der Firma in Augenschein zu nehmen. Natürlich sollten alle Mitarbeiter auch die Firma auf dem LinkedIn-Profil haben, da man wie bei Personenprofilen durch die Netzwerknähe eher in den Suchergebnissen der Bekannten der Mitarbeiter erscheint und die Firmenprofile auch häufig über die Profile der Mitarbeiter erreicht werden.

Neben diesem ersten Bereich „Gefunden zu werden" gibt es zwei ebenso wichtige Bereiche. Der eine Bereich ist die gezielte Suche nach Kontakten und Firmen und deren effektive Ansprache. Das ist ein Thema, was diesen Rahmen hier sprengt, aber sich von einem Kontakt vorstellen zu lassen, ist sehr wichtig. Und man sollte die Möglichkeit nutzen, über Kleinanzeigen auf seine Produkte oder Dienste aufmerksam zu machen, da diese Anzeigen zum Beispiel gezielt für Mitarbeiter einer Firma geschaltet werden können oder nur an Mitglieder mit einer speziellen Position in einer gewissen Branche. Das kann viel Zeit sparen und man kann damit auch sehr gut Offlinemeetings mit einem potenziellen Kunden oder Partner vorbereiten.

Der dritte Bereich hat mit der Beziehungspflege zu tun. Es gibt hier bei LinkedIn eine breite Palette von Möglichkeiten, bei bestehenden Kunden und dem Zielsegment auf angenehme Weise im Blickfeld zu bleiben. Auch dieser Bereich ist mindestens ebensoviel Engagement wert wie die ersten beiden. Ich wünsche Ihnen vor allem viel Erfolg. Denn das war unser Ziel bei der Gründung von LinkedIn. LinkedIn ist ein vielfältiges Tool mit enormer Reichweite, aber der Erfolg hängt in der ersten Linie von einem selbst ab. Kluger Einsatz, langfristiges Denken, guter Umgang im Offlinebereich und allgemeine Hilfsbereitschaft sind wichtige Merkmale von Fach- und Führungskräften, die LinkedIn erfolgreich für ihr Geschäft nutzen.

7. Der CEO-Flüsterer: Was die Geschäftsführung wissen muss

Eine berechtigte Schwierigkeit für manchen CEO der heutigen Zeit ist die eigene persönliche Distanz zu Social Networks. Der, der sich immer ausschließlich auf das Networking verlassen hat, was es schon immer gab – Reallife-Networking –, muss heute für virtuelle Räume Entscheidungen fällen, die weit vom eigenen operativen Business und persönlichen Erfahrungen entfernt liegen. Um dazu eine informierte und sichere Entscheidung treffen zu können, brauchen Sie einen Wissenstransfer von Personen, denen Sie weder persönliche Vorlieben für ein Thema, noch Unerfahrenheit oder Verkaufsinteressen unterstellen könnten. Sie wollen auf verlässliche Einschätzungen und Erfahrung zurückgreifen.

Möchten Sie Ihrem CEO knackig und kurz rüberbringen, was es mit virtuellem Business-Networking auf sich hat und welche Entscheidungen anstehen, legen Sie ihm nur dieses Kapitel hin. Wenn Sie selbst der CEO sind und wenig Zeit haben, sind Sie bei diesem Kapitel vorerst einmal richtig.

7.1 Management Summary – Ihre wichtigsten Entscheidungspunkte

> *Strategie konzentriert,*
> *das Handeln realisiert.*
>
> *Josef Herget*

Zu Beginn der Elevator Pitch der Management Summary – für die ganz eiligen. Erfolgreiches Businessnetzwerken in 1,5 Minuten: Wenn Sie mit uns im Lift vom 15. Stock ins Erdgeschoss fahren und beim Einsteigen fragen: „Worum geht es in Ihrem Buch?", dann wollen wir die Grundregel beherzigen, die grundlegender Erfolgsfaktor auch für Ihre Informationsvermittlung sein wird: Sie können über alles in einer ganzen Bibliothek oder in vier Semestern dozieren, aber auch in einem Tag oder einem Buch zusammenfassen, kurz in einem einstündigen Vortrag oder einem kurzen Magazinartikel einen Überblick geben, das Ganze aber auch in 1,5 Minuten sagen – oder auch nur in einem Satz – und im Idealfall in einem Wort. Erfolgreiches Businessnetzwerken ist ... was? Mit einem Wort? Ja, das geht:

Das Wort lautet „Sympathie". Nun zu der Version für 1,5 Minuten (Elevator Pitch):

1. Erfolg (in Businessnetzwerken) hängt von Sympathie, einer authentischen Persönlichkeit und einer bestechenden Vision ab.

    a) Kaltakquise und Hardselling gehört auf Businessnetzwerken zu den verbotensten Dingen – es funktioniert auch nicht.

    b) Strategie und Authentizität (Glaubwürdigkeit) sind Ihre zentralen Erfolgsfaktoren: Vermeiden Sie reaktive Vorgehensweisen, gehen Sie gezielt vor und folgen Sie immer Ihrem authentischen (wiedererkennbaren) Stil!

    c) Beachten Sie für Ihr Tätigwerden den Kreislauf von Zuhören (was Kunden brauchen/suchen) – Planen (Ihrer Aktionen und Kommunikation) – Agieren (umsetzen von Aktionen und Kommunikation)

2. Online Reputationspflege zu unterlassen, kann sich bitter rächen: Ohne Monitoring und gezielte Teilnahme und nicht mit Mitarbeitern koordiniert ist Ihre Reputation im Web „allein gelassen" – und das sollte sie nicht: „Hinter Ihrem Rücken" können sich handfeste Krisen entwickeln, die Sie ohne Monitoring zu spät bemerken werden. Drehen Sie deshalb den Spieß um und beteiligen Sie sich und Ihr Unternehmen strategisch an der Onlinekommunikation.

Für die Auswahl der Plattform, auf der Sie tätig werden, gilt: Wählen Sie die Plattform(en) entsprechend Ihrer eigenen Zielgruppen – seien Sie dort, wo Sie Ihre Zielgruppen abholen können. XING ist dabei dominanter im deutschsprachigen Markt, LinkedIn ist weltweit vertreten und insgesamt wesentlich größer. In Abgrenzung zu Facebook sind die Businessnetzwerke LinkedIn und XING der Anzugkultur zuzurechnen, Facebook eindeutig der „Badehosenkultur" und dem reinen B2C-Bereich. Grundsätzlich ist aber zu betonen, dass mögliche Kunden im Web nicht auf soziale Netzwerke gehen, um etwas zu kaufen, sondern auf Suchmaschinen. Der Vorteil von Businessnetzwerken liegt darin, dass Sie über eigene Kontakte und Empfehlungen an neue mögliche Kontakte herankommen und damit jenen noch wesentlich relevanteren Entscheidungsgrund für Käufer aufmachen, nämlich den Faktor Vertrauen – der nur über persönliche Kontakte entstehen kann. Behalten Sie immer das Motto im Hinterkopf: **„Persönliches zählt und Berufliches ergibt sich."**

Gehen Sie strategisch vor: Definieren Sie den IST-Zustand, den SOLL-Zustand (Ziele, Visionen) – und daraus leiten Sie dann den GAP ab (was fehlt).

Daraus entwickeln Sie danach die Maßnahmen, die diesen GAP schließen sollen – also die Methoden und Vorgehensweisen, mit denen Sie von hier nach dort gelangen. Diese Maßnahmen sollten dann auch noch ein WIE haben: Welchen erkennbaren Stil verfolgen Sie dabei? Strategie ist hier das WIE auf dem Weg von IST nach SOLL.

Ziehen Sie folgende Möglichkeiten für das Tätigwerden auf Businessplattformen in Betracht:

➢ Gestalten Sie ein interessantes Firmenprofil.

➢ Optimieren Sie Ihr eigenes Profil auf gewünschte Suchergebnisse hin.

➢ Entwickeln Sie einen Kommunikationsplan.

➢ Werden Sie als Arbeitgeber auf Plattformen tätig (bringt Sympathien, Arbeitgeberschaft ist positiv besetzt).

➢ Nutzen Sie Status-Updates, Powersuche, erweiterte Suche, Facetten-filter, Referenzen, Vorstellen, Events, Nachrichten und Gruppen für Ihre Kommunikation.

➢ Analysieren Sie Ihre Profilbesucher systematisch.

➢ Binden Sie Ihre Webseite an Ihr Profil an: mit einem statischen Link, einer Mitteilungsfunktion (Share-Button) oder über eine API-Schnitt-stelle. Alle zusätzlichen Links, die auf Ihre Präsenzen zeigen, verbes-sern Ihr Suchmaschinenranking.

➢ Virtuelle Kontakte in sozialen Netzwerken sind gut – sozusagen die Pflicht. Die Kür absolvieren Sie erfolgreich, wenn Sie virtuelle Kontakte ins reale Leben zu Veranstaltungen bringen: Die Königsdiziplin ist das Generieren von Reallife-Events, die echte persönliche Bindungen her-stellen.

➢ Ziehen Sie auch Webinare und Onlinemeetings in Betracht, diese sind eine gute Vorstufe zu Präsenzveranstaltungen – der persönliche Kon-takt wird zumindest auf Sprache und Video erweitert und der Eindruck von einander vertieft.

➢ Erstellen Sie Social Media Guidelines und schulen Sie Ihre Mitarbeiter im Umgang mit sozialen Medien (Medienkompetenz Training).

Zusammenfassend einige Tipps, die Ihnen nützlich sein können

Integrieren Sie die für das Businessnetzwerken anfallenden Arbeiten in die täglichen Prozesse (ihrer eigenen bzw. der Ihrer Mitarbeiter). Reservieren Sie Zeit dafür – „nebenbei" ist zu wenig. Investieren Sie gezielt. Bedenken

Sie: ohne Investment kein Return. Dazu gehört, dass Sie Ihre Mitarbeiter strategisch einbinden – nur Mitarbeiter, die wissen, wohin die Reise geht, werden im Businessalltag die richtigen Dinge tun, die Ihre Gesamtstrategie unterstützen. Ist die Strategie nicht bekannt, wird das Auftreten der einzelnen im Außen notgedrungen uneinheitlich wirken.

Ziehen Sie in Betracht, einen externen, unbefangenen Berater ohne Verkaufsinteresse für konkrete Fragen und strategische Planung zu engagieren – wenn Sie speziell für größere Unternehmen Entscheidungen mit größerer Tragweite (Agenturaufträge usw.) treffen. Das rentiert sich immer. Sie haben die Zeit nicht, um dieses Erfahrungs- und Expertenwissen in akzeptabler Zeit selbst zu erwerben.

Erwarten Sie trotz alledem keine Instant-Wunder: Auch in der realen Welt führt nur ein kleiner Teil direkter Kontakte zu Businesschancen. Legen Sie deshalb Ihre Aktivität strategisch so an, dass Sie langfristige, nachhaltige und stabile Kontakte aufbauen, die nicht auf Produkten, sondern auf positiver Wahrnehmung und Wertschätzung basieren – Loyalität wird nicht über Produkte erzielt, sondern über Vertrauen und Sympathie.

7.2 Social Media Guidelines zur Mitarbeiterunterstützung

Klarheit ist keine Frage der Form.

Leo Tolstoi

Warum brauchen wir überhaupt Social Media Guidelines? Leider ist es trotz der großen Verbreitung der Nutzung sozialer Plattformen immer noch so, dass die Nutzer stark unterinformiert sind über die Funktionsweisen, Zusammenhänge, Transparenz, Sicherheitslücken und Fallstricke, die Onlineplattformen und Onlinekommunikation an sich bedeuten. Das Informations- und Kommunikationsverhalten, das Nutzer an den Tag legen, hat leider nicht mit der Vermehrung der Informationsmengen Schritt gehalten. Die Qualitätsprüfung und das Hinterfragen von Information war bis vor der großen Verbreitung des Web 2.0 an Journalisten, Medien und Informationsanbieter delegiert – und man konnte davon ausgehen, dass die angebotene Information einer Mindestqualität genügt. Man durfte auch noch zu Zeiten des Web 1.0 (also im Wesentlichen ohne die Möglichkeit der Nutzer, Beiträge zu kommentieren oder selbst zu publizieren, wie es unter Web 2.0 möglich ist) erwarten, dass Information von ihren Verfassern überprüft wurden, bevor sie publiziert wurden.

Die Verantwortung der Überprüfung der Seriosität einer Quelle und deren Glaubwürdigkeit bzw. Sicherheit liegt heute beim einzelnen, weil die weit überwiegende Mehrzahl der heute verfügbaren Informationen im Web von einfachen Nutzern bereitgestellt wird, ohne irgendeine Qualitätsprüfung. Trotzdem wird von den Nutzern immer noch Information viel zu oft unreflektiert und ungeprüft übernommen und verbreitet, Inhalte und Kommentare gepostet und kommentiert, ohne über die Herkunft und Verbreitung zu reflektieren und ohne darüber Bescheid zu wissen, wie elektronisch verfügbare Information gesammelt und aggregiert wird bzw. durchsuchbar ist, sodass die Spuren, die jeder einzelne hinterlässt, ein meist sehr präzises Bild ergeben.

Onlinereputationsmanagement

Die Pflege des persönlichen Profils, der eigenen Außenwirkung, betreiben die meisten Menschen im realen Leben durchaus konsequent – im virtuellen Umfeld des Internet oft gar nicht. Im realen Leben achten wir darauf, wie wir uns kleiden, welches Auto wir fahren, wie wir auftreten und welche Handy- und Laptop-Marke wir kaufen. Im virtuellen Umfeld findet Profilpflege so gut wie nicht statt. Dabei gibt diese ein viel nachhaltigeres und bleibenderes Bild als ein realer Eindruck. Ein realer Eindruck wird oft vergessen oder durch viele folgende persönliche Eindrücke in den Hintergrund gerückt. Virtuell wird nichts vergessen – es gibt kein Delete im Internet.

Sich dessen bewusst zu sein und sein Onlineprofil, also die eigenen Spuren im Web, gezielt zu pflegen und auf die eigene Onlinereputation zu achten, gehört zu den Dingen, die aktuell dringenden Schulungsbedarf – oder besser Aufklärungsbedarf – haben (siehe dazu auch die Ausführungen in Kapitel 3.5 zu Medienkompetenztrainings und dem Bedarf zur Sensibilisierung von Mitarbeitern). Viele – insbesondere junge – Mitarbeiter nehmen jedoch an, sie wären medienkompetent, allein wenn sie ein Jahr lang „unfallfrei" einen Facebook-Account bedienen können. Diese Einschätzung ist freilich nicht zutreffend. Der Auftrag, Mitarbeiter zu sensibilisieren und strategisch in die Unternehmenskommunikation und den gemeinsamen „Stil" einzubinden, liegt aktuell bei den Unternehmen, weil entsprechende Kompetenzen nur in seltenen Ausnahmen in den Lehrplänen vorgesehen sind und Mitarbeiter daher entsprechend unvorbereitet bei Ihnen im Unternehmen ankommen. Mitarbeiter, deren Schulabschluss derzeit länger als fünf Jahre zurückliegt, können überhaupt keine Ausbildung dazu erhalten haben – denn das Phänomen der massenhaften Onlineteilung von Information (Web 2.0) erreichte erst 2006 relevante Verbreitung, und seriöse Trainings, die diese Bezeichnung verdienen, gibt es vielleicht seit 2007 – und sie sind in guter Qualität leider auch heute noch rar.

Verbote und ihre Wirkungen

Das vielfach diskutierte Verbot oder die starke Restriktion von Teilnahme durch die Mitarbeiter tut zwei Dinge: Es positioniert Ihr Unternehmen implizit als rigid und unzeitgemäß. Und: Ihre Mitarbeiter werden ohnedies an sozialen Netzwerken teilnehmen, dann eben ohne Ihr Wissen und ohne dass Sie das Potenzial eines gemeinsamen Auftritts und die Unterstützung durch Ihre Mitarbeiter nutzen könnten. Ein Unternehmen gibt durch Sperre von sozialen Netzwerken überdies den eindeutigen Anschein, dass das Klima im Unternehmen wohl nicht stimmen wird und man den Mitarbeitern nicht über den Weg traut – auch wenn in der Öffentlichkeit vorgegeben wird, es handle sich um Sicherheitsbedenken technischer oder inhaltlicher Natur.

Die Wirkung, die so etwas auf Kunden hat, ist letztlich verheerend und nicht zu unterschätzen: Wenn Sie Ihren Mitarbeitern nicht trauen, werden die Kunden das im Zweifel auch nicht tun. Welche vorgefasste Meinung dazu Sie immer haben mögen: An der Öffnung von sozialen Medien und einer gezielten Schulung von Mitarbeitern für einen geeigneten zeitlichen und inhaltlichen Umgang damit führt kein Weg vorbei. Sie unterdrücken Kommunikation und ein Netzwerken, das Sie nutzen könnten – und das Ihre Konkurrenz nutzen wird. Sie lassen damit möglicherweise unwiederbringlich positive neue Anknüpfungspunkte und Kunden links liegen, die Ihre Konkurrenz dankbar nehmen wird. Und bestehende und mögliche Kunden werden gerne gehen – dorthin, wo sie mit Kommunikation und Beachtung wertgeschätzt werden.

Der Platz, wo das stattfinden kann, ist heute in sozialen Netzwerken. Kunden lassen sich heute nicht mehr verordnen, wo sie sich über Unternehmen und Produkte informieren. Gartner[1] schätzte bei seiner Jahreskonferenz 2011, dass 2015 bereit 80 % der Kaufentscheidungen von Diskussionen in den sozialen Medien beeinflusst sein werden. Durch die massive Zunahme der Informationsmengen (man kann mindestens von einer jährlichen Verdoppelung der gesamtgesellschaftlichen Informationen ausgehen) hat der einzelne zunehmend den Eindruck, dass er die für eine sinn-

---

1 http://www.gartner.com

volle, vernünftige und tragfähige Entscheidung nötigen Informationen nicht mehr überblickt, und tendiert immer mehr dazu, Personen seines Vertrauens um Rat zu fragen. Generell fallen Entscheidungen letztlich so gut wie immer im Umfeld von Vertrauen. Sympathie und Vertrauen sind vorn die Entscheidungskriterien Nummer 1. Halb so viel Bedeutung und weniger haben alle anderen Kriterien wie Preis, Leistung, Produkteigenschaften. Wenn der Kunde vertraut und ein Produkt oder einen Verkäufer sympathisch findet und er sich wertgeschätzt fühlt, wird er das Produkt oder die Leistung kaufen, auch wenn es/sie teurer ist und unter Umständen in der Leistung nur das/die zweitbeste am Markt ist.

Die Ausnahme hierbei bilden preissensitive Kundensegmente aus den sozial ärmsten Schichten, die nicht anders können, als das billigste Produkt zu kaufen – für die meisten Unternehmen ist dies allerdings nicht die vorrangige Zielgruppe. Zielt das Marketing nur auf den Verkauf über Rabattaktionen, so erziehen Sie Ihre Kunden zu Pawlowschen Hunden, die dann nur mehr zu Sonderkonditionen kaufen wollen und niemals mehr einen regulären Preis zahlen. Vertreiben Sie Ihre Produkte über eine im Alltag durchgehaltene Vision und über Sympathie, die oftmals nur durch persönlichen Kontakt bestätigt werden kann, erreichen Sie eine Kundenbindung und Markenloyalität, die weit jenseits derer liegt, die Sie mit immer neuen Aktionen und Rabatten haben können.

Erstellung Ihrer Social Media Guidelines

Was gehört denn nun in Ihre Social Media Guidelines? Wie bauen Sie sie auf, was sollen sie beinhalten und wie kommunizieren Sie sie?

Achten Sie bei der Erstellung der Guidelines aber unbedingt darauf, dass sie kurz und knapp gehalten sind, leicht verständlich und übersichtlich. Ein 50-Seiten-Dossier, das alle Eventualitäten abdeckt, tut keine guten Dienste. Ergänzen Sie ein knappes, allenfalls sogar Bulletpoint-artiges Dokument eventuell sogar durch interessant gemachte Schulungen und ein kurzes, originell gestaltetes Video (im Wesentlichen würde hier sogar eine gut gemachte und mit Screencast-Software abgefilmte Powerpoint-Präsentation ausreichen – Sie brauchen nicht unbedingt eine Studio-Agenturversion, es sei denn, die Unternehmensgröße rechtfertigt es). Achten Sie bei der Länge darauf, dass für ein Video fünf Minuten nicht überschritten werden – in einer weiteren Langversion allenfalls zehn Minuten (die Kurzversion sollte nicht fehlen, wenn sie alle Mitarbeiter erreichen wollen!). Präsenztrainings sollten interessant gestaltet werden und viele Übungen und Diskussion beinhalten, allzu viel Frontalvortrag sollte eher vermieden werden.

1. Warum brauchen wir Social Media Guidelines?

Erklären Sie einleitend, weshalb es wichtig ist, dass Guidelines für die Beteiligung an sozialen Netzwerken gestaltet werden. Hier erklären Sie insbesondere die Bedeutung von Onlinereputationspflege, wie wir sie am Beginn dieses Kapitels erörtert haben. Achten Sie darauf, dass diese unbedingt frei von juristischen Formulierungen und einfach zu verstehen sind. Das Credo muss lauten: Wie gelingt es, die Guidelines möglichst breit verstanden zu wissen? Nicht die genaueste, sondern die verständlichste Form der Formulierung gewinnt in diesem Fall.

2. Welche Prinzipien und Werte wollen wir voraussetzen?

Beispiele für Werte, die Sie hier diskutieren können, sind Respekt, Transparenz, Offenheit, authentisches Auftreten und Wertschätzung gegenüber Gesprächspartnern online. Am besten bringen Sie die Aussagen hier in Einklang mit den Firmenleitlinien, der Mission und Vision Ihres Unternehmens. In diesen Teil gehört auch eine leicht verständliche Grundorientierung über Datenschutz und Copyright.

3. Welches Bild wollen wir im Web abgeben?

Dazu ziehen Sie Information aus Kapitel 3.4 – welche „Persönlichkeit" stellt Ihr Unternehmen dar? Was verkaufen Sie eigentlich – außer Ihren Produkten und Dienstleistungen? Stehen Sie für Vertrauen, Kundenservice als oberstes Prinzip, Sicherheit ...?

4. Technische Möglichkeiten, Fallstricke und Sicherheitslücken

In diesen Teil fällt eine Erklärung technischer Möglichkeiten zur Analyse von Web-Content, mit dem Inhalte zugeordnet und Profile von Personen erstellt werden können. Hier räumen Sie mit dem Vorurteil auf, in der großen Menge der Daten könne man ohnedies nichts finden: Software zur Verarbeitung großer Datenmengen wird zum Analysieren eingesetzt, heute werden Inhalte längst nicht mehr händisch abgesucht – und die Profile, die von Nutzern über alle Plattformen hinweg entstehen, sind genauer und aussagekräftiger, als der einzelne Nutzer das selbst auflisten könnte.

Typische Sicherheitslücken wie Hackerangriffe auf Nutzerprofile, insbesondere wenn sie für exponierte Unternehmen tätig sind, sind keine Seltenheit. Fazit als Nachricht an Ihre Mitarbeiter muss deshalb sein: Was nicht auch auf Seite 1 der Bild-Zeitung stehen kann, schreiben Sie ganz prinzipiell nirgendwo im Web – auch nicht in eine Direktnachricht, die Sie jemandem innerhalb einer Plattform senden. Sie könnte morgen gehackt oder geknackt sein, und Sie stehen damit in der Öffentlichkeit. Was Ihnen nicht recht ist, auf diese Weise veröffentlicht zu werden, schreiben Sie deshalb absolut nirgendwo hin. Diese Disziplin sollte jeder Nutzer aufbringen, um sich nicht in eine Karrierefalle oder noch größere Schwierigkeiten zu bringen, und auch, um sich nicht erpressbar zu machen. Menschen haben ein natürliches Bedürfnis, sich auch mit delikaten Details zu äußern. Wenn dieses Bedürfnis ganz leicht zur Selbstbeschädigung werden kann, tut man sich leichter, Gewohnheiten abzustellen – denn die Karriere und den persönlichen guten Ruf wird wohl kaum jemand leichtfertig opfern wollen, wenn man es denn weiß.

Das aktuelle Problem ist vielmehr: Viel zu wenige wissen, welch dünnes Eis sie von einem beruflichen Supergau trennen kann. Im Wesentlichen geht es in diesem Teil also um eine Bewusstseinsbildung und Aufklärung. Viel zu oft ist zu hören „Ach, diese Kommentare sehen ohnedies nur meine Kontakte". Die Gegenfrage lautet: „Und wie lange braucht ein durchschnittlich begabter Hacker, Ihr Profil zu knacken?" Fünf Minuten? Vielleicht zehn? Vielleicht aber tut auch ein Softwarefehler die Arbeit und veröffentlicht Ihre persönlichen Nachrichten, wie es jüngst bei Facebook passiert ist.

5. Spezifika der Onlinekommunikation allgemein

Hier hinein gehören die grundlegenden Dos und Don'ts der Onlinekommunikation, Hinweise über sorgfältige Formulierung und Wortwahl sowie über Mechanismen, die zur Eskalation von Onlinediskussionen führen können, und wie man am besten de-eskaliert. Das Umgehen mit Onlinekritik und in welchen Fällen Unterstützung durch die Unternehmenskommunikation in einer kritischen Situation angezeigt ist, sollte hier diskutiert und vermittelt werden. Onlinediskussionen haben durch die reine Schriftlichkeit ohne die Möglichkeit zu sehen und zu fühlen, wie etwas gemeint sein kann, einen klaren Nachteil gegenüber Präsenzdiskussionen. Worte werden von Gesprächspartnern oft sehr unterschiedlich aufgefasst, und ohne die Möglichkeit wie in einem persönlichen Gespräch zu erfühlen und zu sehen, wie eine Aussage zu verstehen ist, werden Bedeutungen oft anders interpretiert, als sie eigentlich gemeint waren. Das führt dazu, dass virtuelle Diskussionen viel leichter „entgleisen" und Dinge formuliert werden, die sich die beteiligten Personen im persönlichen Gespräch niemals ins Gesicht sagen würden. Deshalb ist hier eine Sensibilisierung für Mitarbeiter angezeigt, die darauf speziell eingeht und Tipps & Tricks im Umgang mit Onlinekommunikation gibt.

Dabei sollte aufgezeigt werden, welche Formulierungen und Reaktionen (insbesondere auf Kritik) besser und welche schlecht funktionieren. Ein typisches Beispiel dazu wäre eine online für alle einsehbare Kritik an einem Produkt oder an einem online gemachten Statement. Unpassende Reaktion: verteidigen, rechtfertigen, beleidigte Antwort.

Passende Reaktion: Vielen Dank für Ihre Antwort bzw. Ihren Hinweis, wir wissen das sehr zu schätzen. Wir wollten unseren Kommentar so ... verstanden haben, oder: ... werden gerne zukünftig darauf achten ... hilft uns bei der Optimierung unserer Inhalte oder Leistungen ... oder so ähnlich. Auch Kritik kann wertschätzend entgegengenommen werden – und wenn der Kritiker sich mit seinem Hinweis angenommen fühlt statt abgelehnt und man sich auch noch erkenntlich zeigt, kann es durchaus sein, dass man mit einer sympathischen Reaktion noch einen neuen Fan gewinnt, und das mit Öffentlichkeitswirkung – weil es ja online immer genügend Mitleser gibt.

Ein prominentes Beispiel dazu hat Frank Eliason, der damalige Customer Service Chef von Comcast gegeben: Er fand online eine Unzahl von Beschwerden über sein Unternehmen und machte sich daran, einem Beschwerdeführer nach dem anderen öffentlich zu antworten mit dem Angebot, ihm den Fall zu schicken, er würde sich persönlich dafür verwenden, dass das Problem behoben werde. Das hielt er dann natürlich ein – und die Problemlösung wurde wieder online kommuniziert, was sukzessive Comcast von einer Customer-Service-Wüste in einen Customer-Service-Helden verwandelte. Die Onlinereputation von Comcast ist bis heute davon gekennzeichnet. Kunden erwarten keine Fehlerfreiheit, aber sie erwarten, mit ihren Interessen ernst genommen zu werden. Persönliche Befindlichkeiten sollten hier hintangestellt werden – Wertschätzung auszudrücken und Verständnis aufzubringen sind die gewinnenden Prinzipien.

6. Unternehmensspezifische Hinweise

Hier bringen Sie Informationen über typische Terminologie bzw. Schreibweisen von Begriffen, typischer Stil, Freigabe-Richtlinien usw. unter.

Best-Practise-Beispiele

Schriftliche Guidelines: IBM

Die anerkannt besten Social Media Guidelines stammen von IBM, die in ihrer ursprünglichen Version bereits 2005 vorgelegt wurden – was als sehr vorausschauend anerkannt werden kann. Die Guidelines liegen in englischer Sprache vor – sind aber leicht verständlich geschrieben. Sie können sie hier nachlesen:

http://www.ibm.com/blogs/zz/en/guidelines.html

Video-Guidelines: Tchibo – „Herr Bohne geht ins Netz"

Originell und insbesondere auch hinsichtlich der Länge Best Practise sind die Social Media Guidelines von Tchibo. In 2:15 Minuten kann auf originelle Weise vermittelt werden, worum es geht. Sehen Sie selbst:

http://youtu.be/e_mLQ_eWk_o

Video-Guidelines: Department of Justice (Victoria, Australia)

Ein weiteres Best-Practise-Beispiel findet sich beim australischen Justizministerium: Insbesondere in einem Umfeld des öffentlichen Diensts, der den Umgang mit komplexen Formulierungen und umständlichen Texten gewöhnt ist, fällt diese Gestaltung besonders positiv auf.

http://www.youtube.com/watch?v=8iQLkt5CG8I

Ihre Take-Aways

> Onlinereputation ist heute unter Umständen wichtiger als jede andere Form von Reputationspflege, die Sie betreiben – allein gelassen und nicht mit Mitarbeitern koordiniert, können sich gravierende Probleme „hinter Ihrem Rücken" entwickeln, die sich zu einer handfesten Reputationskrise entwickeln können.

> Sensibilisierung statt Verbote: Das Verbot an Mitarbeiter auszusprechen, auf sozialen Plattformen aktiv zu sein, nutzt bekanntlich gar nichts – und es outet Sie als Unternehmen als gestrig: Unternehmen, die heute nicht in der Lage sind, mit ihren Mitarbeitern die Onlinepräsenz gemeinsam förderlich zu gestalten, outen ein gravierendes Problem der internen Kommunikation, und zwar implizit. Verhindern Sie einen solchen Eindruck durch eine positive, die Mitarbeiter einbindende, gemeinsame Strategie.

> Erstellen Sie Social Media Guidelines und schulen Sie Ihre Mitarbeiter im Umgang mit sozialen Medien (Medienkompetenz Training).

> Sehen Sie sich Best Practise zu Social Media Guidelines an – es gibt sehr sympathische Beispiele, wie Sie vorgehen könnten.

7.3 Wen fragt ein CEO? Und was ist ein CEO-Flüsterer?

Ich benütze nicht nur das Gehirn,
das ich besitze,
sondern ich borge mir noch zusätzlich,
was ich bekommen kann.

Thomas Woodrow Wilson

Onlinekommunikation und die typischen Mechanismen, die im Umfeld von Social Media wirken, haben im Wesentlichen drei Eigenschaften, die sie für Entscheider zu einer relevanten Größe machen:

1. **Risiko**

   Durch ihren Multiplikatoreffekt haben sie potenziell zu jeder Zeit möglichen, großen Einfluss auf die Wahrnehmung des Unternehmens im Außen.

2. **Kontrollverlust**

   Es gelten Prinzipien der Unternehmenskommunikation, die nicht allein vom Unternehmen gesteuert werden können, weil sie unter Umständen ganz ohne die Beteiligung des Unternehmens zustande kommen.

3. **Mangelndes Wissen**

   Es gelten Prinzipien und Wirkungszusammenhänge, für deren Interpretation und Entscheidungsfindung jene professionelle Erfahrung nötig ist, wie sie auch für andere Disziplinen erwartet wird.

Wir haben für die Konzernbilanzierung jemanden, der über genau jenes spezialisierte Know-how verfügt, die Pressekonferenz richtet auch jemand aus, der dafür qualifiziert ist usw. – und mit diesen Personen werden wir uns auch beraten, wenn Entscheidungen anstehen. Für Entscheidungen im Umfeld von Social Media gilt das Gleiche. In vielen Jahren Erfahrung im Umgang mit Fachgebieten des eigenen Unternehmens, die nicht der eigenen Kernkompetenz entsprechen, sind Geschäftsführer oftmals bereits geübt, man weiß dann nach einiger Zeit aus Erfahrung, wie Ereignisse und Situationen zu werten sind. Dort wo aus nachvollziehbaren Gründen in Entscheidern dieser Erfahrungszeitraum nicht angesiedelt sein kann (die Disziplin ist schlicht zu „jung"), sollten Sie sich eine solche nicht zumuten, sondern bei unabhängigen oder unparteiischen Beratern Rat und Austausch suchen.

Verständlicherweise ist es so, dass sich Entscheider nicht zu jedem Thema, das neu auf sie selbst oder ihr Unternehmen zukommt, in ein Seminar oder in eine Ausbildung setzen werden, um von Grund auf diesen Bereich zu erlernen. Das muss schneller gehen. Mundgerecht und konkret anhand des aktuellen Anlassfalls soll eine Beratungsleistung abrufbar sein. Wenn im Unternehmen eine entsprechende Kompetenz nicht aufgebaut wurde oder ein Profi als Mitarbeiter engagiert wurde, bleibt nur, sich an einen vertrauenswürdigen, externen Partner zu wenden. Entscheidungen in einem solch kritischen Bereich der Firmenreputation bzw. Außenwahrnehmung sollten – so unser Rat – nicht ohne entsprechende professionelle Sachkenntnis getroffen werden. Zu riskant ist das Umfeld.

Oftmals reagieren Geschäftsführer mit der Vermeidung einer Entscheidung – und in vielen Fällen, lassen sich Dinge auch „aussitzen". Im Falle von Social-Media-Krisen ist dies nicht zu empfehlen – diese tendieren dazu, immer weiter zu eskalieren, und können beträchtlichen Schaden anrichten. Vermeidung ist hier also die schlechteste aller Entscheidungen. Nicht teilzunehmen kommt aus professioneller Sicht nicht in Frage. Und auch hier gilt Watzlawicks Feststellung, dass man nicht „nicht kommunizieren" kann – auch die Absenz einer Entscheidung sagt etwas über ein Unternehmen aus. Ist die Kompetenz im Unternehmen nicht da, muss also Hilfe geholt werden.

Wer oder was ist nun ein CEO Whisperer?

Ein CEO Whisperer ist neutraler (!) Berater ohne Verkaufshintergrund: Er verkauft nicht jene Dienstleistungen oder Produkte, zu denen er inhaltlich berät. Der CEO Whisperer ist ein unparteiischer Sparringpartner. Verständlicherweise misstrauen Entscheider jenen Experten, die ihnen gleichzeitig das Produkt oder die Leistung, zu der sie beraten, auch verkaufen wollen. Deshalb scheiden Personen mit dieser Art Doppelfunktion als Berater aus.

Ein CEO Whisperer wird von seinen Auftraggebern meist

- ➢ kurzfristig angerufen
- ➢ zu einem Projekt oder Thema eingeladen
- ➢ bespricht dieses Thema mit dem Auftraggeber persönlich
- ➢ oder begutachtet extern
- ➢ liefert dabei fachlichen Hintergrund bzw. Fachwissen, Beurteilungskriterien, Kritik
- ➢ identifiziert Schwachstellen

- liefert Ideen, Feedback, Inspiration
- muss/will für seinen/ihren Input nicht genannt werden
- ist eine Vertrauensperson mit Schweigepflicht, mit der man offen sprechen kann und wo es keine dummen Fragen gibt

Wer braucht überhaupt einen CEO Whisperer?

Er/sie wird von Entscheidern engagiert, die

- eine Außensicht auf ihre Firmenprojekte wollen
- sich nicht in ein Seminar setzen wollen/können (ja, das gibt's und das ist selbstverständlich legitim)
- einen sofort verfügbaren Sparringpartner zur Diskussion einer aktuellen Frage brauchen
- sich Wissen (in der nötigen Geschwindigkeit) nicht anlesen, sondern Antworten auf konkrete Fragen haben wollen
- auch mal ungeschminkte Kritik und Außenwahrnehmung suchen und vertragen
- Inspiration und neue Ideen hereinholen wollen
- in einem Bereich Entscheidungen treffen müssen, der ihnen nicht geläufig ist und wo sie aktuell verdichtet konkretes Erfahrungswissen abfragen wollen – ohne sich lange und mühselig einarbeiten zu müssen

Jeder CEO Whisperer hat seine Spezialgebiete, in denen er gut ist. Er gibt auch zu, was er nicht kann – kennt aber oft Leute, die andere Fachbereiche gut und neutral (!) abdecken und kann gute Leute empfehlen.

Was unterscheidet einen CEO Whisperer von einem Spezialisten?

Ein Spezialist einer Branche oder eines Fachgebiets ist oft an Unternehmen gebunden, entweder im Rahmen einer Anstellung oder – was insbesondere hinderlich ist – verkauft eine (eigene) Dienstleistung oder ein Produkt. Damit wird schon unbewusst Parteilichkeit unterstellt – die vielleicht nicht vorhanden ist, aber Entscheider wollen sich nicht darauf konzentrieren müssen, ob ihnen vielleicht gerade sublim etwas verkauft wird. Solche Personenkreise eignen sich schon durch diesen Background weniger, weil ein zentraler Punkt durch das persönliche Vertrauen begründet ist, das dadurch schon befördert wird, dass einem ein CEO Whisperer nichts verkaufen muss und er frei von externen Einflussnahmen ist.

Im besten Sinne des Wortes ist der CEO Whisperer unbestechlich, weil er/sie ein Experte seines Faches ist und sein Wissen interessanten Persönlichkeiten als Sparringpartner zur Verfügung stellt – aus Interesse an spannenden Problemstellungen und an interessanten Menschen, der aber weiter keinen „Umsatz" braucht. Ein CEO Whisperer sollte also nicht nur ein Mensch mit viel Wissen und Erfahrung, sondern vor allem mit hohen Freiheitsgraden sein, der es nicht nötig hat, käuflich zu sein.

Erkennungsmerkmale – mit Augenzwinkern

CEO Whisperer kommen in der freien Wirtschaftswildbahn eher selten vor und treten prinzipiell nicht in Rudeln auf. Sie können nicht gezähmt oder domestiziert werden, sind aber von freundlichem Naturell (also nicht bissig … meistens jedenfalls). Trotzdem ist es wichtig, dass Sie ein Exemplar finden, das zu Ihnen passt (farblich natürlich) … Ach ja, fast vergessen: Manchmal können CEO Whisperer auch blödeln – und dadurch ein Hindernis und eine Denkblockade ausräumen, die man später vergeblich sucht.

Ihre Take-Aways

> Die Exposure des Unternehmens im Social Web ist gegeben – jeder spricht mit jedem, und Sie können es nicht verhindern. Damit ist auch ein kritischer Einfluss auf Ihr Unternehmen gegeben. Ob Sie wollen oder nicht, Sie müssen sich damit beschäftigen – um Gefahren, die aus dieser Onlinekommunikation resultieren, vorzubeugen, rechtzeitig zu erkennen oder zu reagieren.

> Holen Sie sich Wissen ins Haus – und zwar schneller, als Sie das selbst in verschiedenen Seminaren und Ausbildungen (deren Qualität am Markt von inakzeptabel bis genial reicht) absitzen könnten. Sie brauchen dieses Know-how und eine Strategie sofort – sollten Sie nicht schon eine haben.

> Ziehen Sie als CEO Whisperer – also als Ihren persönlichen Berater – nur jemanden in Betracht, der Ihnen gegenüber neutral ist, der Ihnen also nicht beipielsweise auch noch etwas verkaufen will. Der Anbieter einer Social-Media-Lösung, Ihres Webdesigns oder Ihre Agentur sind dafür nicht geeignet. Sie brauchen Expertise, die diese Aktivitäten mit dem kritischen Auge und mit Erfahrung betrachten würde, mit der Sie mit Ihrer eigenen Kernexpertise (die vermutlich auf einem anderen Gebiet liegen wird) ebenfalls vorgehen würden.

> Orientieren Sie sich über die Erkennungsmerkmale (der letzte Absatz dieses Kapitels) …

7.4 Wie Datenschutz auf das Handeln in Netzwerken wirkt

Es ist einfacher,
für ein Prinzip zu kämpfen,
als ihm gerecht zu werden.

Adlai E. Stevenson

Datenschutz entwickelt sich zunehmend zu einem heiklen Thema, und das in Zeiten zunehmender Virtualisierung des Geschäftsverkehrs mit E-Marketing und sozialen Medien einerseits und einem vielfach unbedachten Umgang der Nutzer mit ihren persönlichen Daten andererseits. Gleichzeitig steigen durch die gesamtgesellschaftliche Informationsvermehrung (Schätzungen liegen bei mindestens einer Verdoppelung der jährlichen Menge an Informationen) die Belastung und der Druck auf jeden einzelnen in Bezug auf die Bearbeitung und Verarbeitung der Informationsflut.

Im Lichte dieser Entwicklung ist es nur zu verständlich, dass Nutzer und Kunden eine steigende Empfindlichkeit an den Tag legen, auch wenn sie freilich die Flut an Spam-Mails selbst durch Unvorsichtigkeit ein Stück weit mit ausgelöst haben. Durch die automatisierte Verarbeitung der Informationen wissen aber natürlich unter Umständen Firmen mehr über ihre Kunden, als denen tatsächlich lieb ist. Im Gegenzug tendieren Kunden dazu, mit persönlichen Informationen zu knausern – oftmals an der falschen Stelle: Die Einhaltung des Datenschutzes wird durch professionelle Anbieter meist geeignet garantiert und eingehalten, gleichzeitig reicht ein unvorsichtiger Kommentar in einem privaten Onlineforum, und Ihre E-Mail wird geklaut und gnadenlos mit Spam belagert. Der Druck auf die Unternehmen, die Kundendaten verarbeiten, wächst trotzdem – während von diesen dem Kunden gegenüber tendenziell die geringste Gefahr ausgeht. Trotzdem gilt es, einige relevante Punkte zu beachten.

Die Hinweise in diesem Artikel erheben keinen Anspruch auf Vollständigkeit. Sie sind ausschließlich als Orientierungshilfe gedacht, ersetzen aber keine Rechtsberatung.

Ihre Datenschutz-Checkliste

1. **Zustimmung durch den Kunden**
   Achten Sie darauf, die Zustimmung des Kunden einzuholen. Ungefragt zugesendete Nachrichten wie Newsletter oder E-Mails bedürfen genau-

so wie Anrufe der vorherigen Zustimmung. Obwohl immer noch im Graubereich, gilt dies im Wesentlichen auch auf Businessplattformen bzw. anderen sozialen Netzwerken. Die „Werberesistenz" ist mittlerweile durch die hohen gesamtgesellschaftlichen Informationsmengen sehr ausgeprägt, und Kunden schützen sich vor einem Overload mit ungefragten Zusendungen und Nachrichten dann mit Verweis auf das Telekommunikationsgesetz bzw. auf das Datenschutzgesetz.

2. **Information und Transparenz**

   Informieren Sie transparent über die Datennutzung, bevor der Interessent oder Kunde sich entscheidet. Geben Sie beispielsweise bei einer XING-Gruppe klar an, dass Sie die Gruppenmitglieder beispielsweise einmal monatlich mit einem Gruppen-Newsletter über aktuelle Themen informieren und dass ein Abbestellen der Zusendung oder ein Austritt aus der Gruppe jederzeit möglich ist. Der Versuch, Personen „einzufangen", um sie dann besser bewerben zu können, geht zumeist nach hinten los und erzeugt Ablehnung und Ärger – also das Gegenteil dessen, was erreicht werden sollte. Transparenz voraus hilft hier gleich von Beginn, Missverständnisse zu vermeiden, und bringt Ihnen jene Interessenten, die sich bewusst entschieden haben.

3. **Sorgfalt und klare Prozesse**

   Achten Sie darauf, wie Sie die Transparenz aus Punkt 2 im Alltag durchhalten. Dazu sind klare Prozesse und Guidelines für Mitarbeiter eine große Hilfe. Für größere Kundenkreise, die eine individuelle Kundenverwaltung nicht mehr sinnvoll machen, empfiehlt sich die Unterstützung durch professionelle CRM-Software. Damit lassen sich Kundendaten und Kundenbedarf, Vorgespräche, Angebote, Beschwerden, Interessen usw. systematisch abbilden und nutzbar machen. Sie erreichen eine gezielte Zielgruppensegmentierung und können einzelne Kundengruppen individuell ansprechen. Achten Sie dabei jedoch unbedingt darauf, für die Datensicherheit auch Punkt 4 zu beachten. Cloud-CRM-Software genügt den aktuellen Bestimmungen zur Datensicherheit meist nicht (siehe Punkt 4).

4. **IT-Einbindung und Datensicherheit**

   Datenspeicherung und die Nutzung von Kundendaten bringt auch Verantwortung mit sich. Es lohnt sich, die Bestimmungen ernst zu nehmen – Sie wollen bestimmt keinen Rechtsstreit und auch keine Onlinekrise wegen mangelhafter Datensicherung riskieren.

Hier sind die Eckpunkte einer technischen Absicherung, die für die Vorhaltung personenbezogener Daten zu beachten sind (siehe dazu insbesondere § 9 des Bundesdatenschutzgesetztes – analog in Österreich).

Angemessene technische und organisatorische Maßnahmen, die zumeist im Rahmen eines Sicherheitskonzepts vorgelegt werden:

1. **Zutrittskontrolle:** Unbefugte dürfen keinen Zutritt zu IT-Anlagen haben, mit denen personenbezogene Daten verarbeitet oder genutzt werden.

2. **Zugangskontrolle:** Es ist zu verhindern, dass IT-Systeme von Unbefugten genutzt werden können

3. **Zugriffskontrolle:** Hier geht es im Wesentlichen um eine korrekte Zugriffsrechteverwaltung, mit der ausschließlich Berechtigte auf die ihrer Berechtigung entsprechenden Daten zugreifen können. Personenbezogene Daten sollen bei der Verarbeitung, Nutzung und nach der Speicherung nicht unbefugt gelesen, kopiert, verändert oder entfernt werden können.

4. **Weitergabekontrolle:** Personenbezogene Daten dürfen demnach bei der elektronischen Übertragung, während ihres Transports oder ihrer Speicherung nicht unbefugt gelesen, kopiert, verändert oder entfernt werden. Es ist dabei auch dafür zu sorgen, dass überprüft und festgestellt werden kann, an welche Stellen eine Übermittlung personenbezogener Daten vorgesehen ist bzw. durchgeführt wird.

5. **Eingabekontrolle** gewährleistet, dass nachträglich überprüft werden kann, ob und von wem personenbezogene Daten in Datenverarbeitungssysteme eingegeben, verändert oder entfernt worden sind.

6. **Auftragskontrolle** bedeutet, dass personenbezogene Daten, die im Auftrag verarbeitet werden, nur entsprechend den Weisungen des Auftraggebers verarbeitet werden können.

7. **Verfügbarkeitskontrolle** soll sicherstellen, dass personenbezogene Daten gegen zufällige Zerstörung oder Verlust geschützt sind.

8. **Verschlüsselung:** Es soll gewährleistet werden, dass zu unterschiedlichen Zwecken erhobene Daten getrennt verarbeitet werden können. Eine geeignete technische Maßnahme, um dies zu garantieren, ist insbesondere die Verwendung von dem Stand der Technik entsprechenden Verschlüsselungsverfahren.

Ihre Take-Aways

➢ Behalten Sie zu Ihrer eigenen rechtlichen Absicherung folgende Punkte genau im Auge: Zustimmung des Kunden zur direkten Ansprache ist einzuholen, Information und Transparenz müssen gewahrt sein, Sorgfalt und klare Prozesse sind ein Imperativ, Datensicherheit in Ihrer IT – wie gewährleisten Sie diese?

➢ Etablieren Sie ein Sicherheitskonzept zum Datenschutz, das mindestens folgende Punkte umfasst: Zutrittskontrolle, Zugangskontrolle, Zugriffskontrolle, Weitergabekontrolle, Eingabekontrolle, Verfügbarkeitskontrolle (Verschlüsselung).

Anhang: Kleines Weblink-Verzeichnis

Nützliche Weblinks & Blogs mit Fokus auf XING, LinkedIn & Social Network

- *http://blog.linkedin.com/*
- *http://blog.xing.com/category/german/*
- *http://www.rumohr.de/blog/*
- *http://linkedinsiders.wordpress.com*
- *http://www.networkfinder.cc/blog/*
- *http://www.networkfinder.cc/tag/Linksammlung*

Stichwortverzeichnis

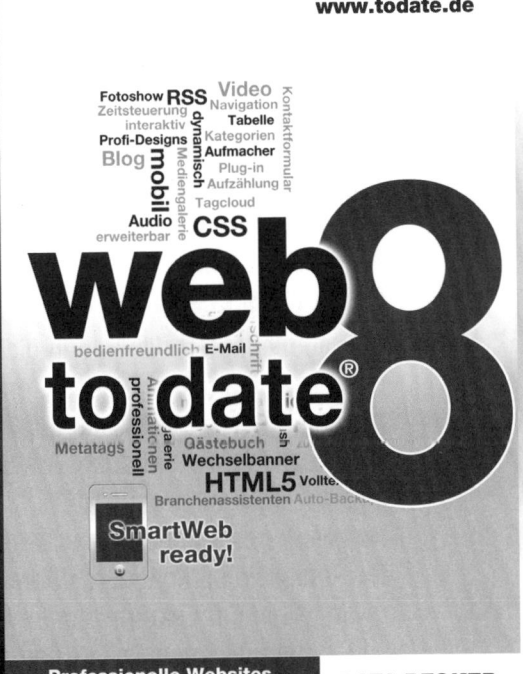